{第三版}

戰勝C語言

這本書是我規劃 C 語言學習地圖的第二本。看完第一本的「樂在 C 語言」後，希望您能「戰勝 C 語言」，這也是第二本取名的考量因素。同時在內容的深度與廣度上也加以擴大，俾能對「C」有更進一步的了解。第三本是「精通 C/C++指標」期使您對 C 語言的核心主題──指標，能更上一層樓。

有人常問我學好程式設計的秘方是什麼，其實沒有秘方，只要在碰到有錯誤（bugs）時，能務必親自除錯（debug）。常發現同學在上機實作時，遇到 bugs 會請別人幫他 debug，久而久之，幫忙 debug 的同學功力向上提昇，而被幫忙的另一方卻向下沉淪。因為親自除錯，不僅可以知道撰寫程式時常易犯錯的地方外，也能增加實力，下次再遇到時一定可以戰勝它，此時心中一定相當的喜悅，有時還會因 debug 成功而睡不著覺。

基於上述除錯的重要性，因此在每章的每一小節後，皆有「除錯題」。在程式包含有錯誤的方式加以呈現，讓您親自來 debug，以了解此程式常犯錯的地方，下次再撰寫這類程式時就難不倒您了。而「練習題」部份，測試您對這小節一的了解程度。若沒有百分百的了解，請將對應的章節再看一遍，同時幾乎每一章皆有應用範例，得以讓您了解本章主題的應用之處。

本書內容共有十三章，希望您能依序閱讀。各章除了上述提到的除錯題與練習題外，在章末皆附有「問題演練」與「程式實作」，以測試您對這一章的了解程度。感謝東華大學電機系陳美娟教授的修正，讓本書更加精彩和增加可看度。筆者一校再校，希望它達到完美，若有疏漏不足之處，期盼您來信批評與指教。

蔡明志

mjtsai168@gmail.com

目錄

第 4 章 選擇敘述

第 5 章 迴圈敘述

第 6 章 函數與儲存類別

第 8 章 淺談指標

第 9 章 再論指標

第 10 章 字元與字串庫存函數

第 11 章 結構

第 12 章 檔案

下載說明

本書範例程式請至 http://books.gotop.com.tw/download/ACL061100 線上下載。其內容僅供合法持有本書的讀者使用，未經授權不得抄襲、轉載或任意散佈。

C 程式語言概觀

撰寫程式時，您一定會用變數來表示問題中某項名稱。就讓我們從如何取變數名稱開始。

1-1 變數

變數（variable），顧名思義就是會隨著程式的執行而改變其值。取變數名稱應儘量與其要代表的事項名稱相符，如以 score 表示分數，總比您取 a 來得好吧！在撰寫 C 程式時，取變數名稱是有所限制的，如表 1-1 所示：

表 1-1 取變數名稱的限制條件

限　　制	說　　明
第一個字須為英文字母或是 _（底線）	英文字母 a~z、A~Z 與 _
第二個字之後可為英文字母、數字及 _	英文字母 a~z、A~Z，數字 0~9 與 _
不可使用保留字	C 程式語言中系統保留字，如 if，int

範例 1-1a 下列哪些是合法的變數名稱：

	變數名稱	是否合法	說明
	=======	========	=======
(1)	num_dat	是	
(2)	s23.5	否	不可使用小數點（.）
(3)	_word	是	
(4)	123data	否	開頭不可為數字
(5)	int	否	int 為保留字
(6)	xyz?256	否	不可使用?
(7)	Finder	是	
(8)	x_file+	否	不可使用+
(9)	c&c	否	不可使用&
(10)	i_num	是	

1. 請問下列何者是不合法的變數名稱，請您加以訂正之：

(1) star (2) main (3) #abc (4) _why (5) print data (6) 586

(7) k6-2 (8) q&a (9) B_W

1-2 常數

常數（constant），表示不會隨著程式的執行而改變其值。例如，在數學式 x = 5 中，5 為一個確定的數值，所以 5 為常數且是整數常數。除了整數常數外，還有其它種類，如表 1-2 所列。

表 1-2 常數分類一覽表

種　類	說　明
整數常數	不含小數點，它由數字 0~9 組成。
浮點數常數	由數字 0~9 及小數點組成，可使用指數（e 或 E）表示。
字元常數	由單引號（' '）括起來的字元稱之。
字串常數	雙引號（" "）括起來的字串稱之。

範例 1-2a 下列各代表何種常數：

(1) 20 整數

(2) 55.5 浮點數

(3) 2.152e+02 浮點數（以小數表示為 215.2）

(4) 'a' 字元（利用單引號括起來）

(5) "computer" 字串（利用雙引號括起來）

1. 試問下列何者為不合法的常數名稱，請您加以訂正之：

(1) 100 (2) 3.5 (3) 5.1e-02 (4) "Z" (5) 'abcde'

1-3 資料型態

每一個變數前都會給一**資料型態**（data type），其用意是告訴編譯器要分配多少記憶體空間給這個變數。資料型態大致可分為**整數**（integer）、**浮點數**（floating point number）及**字元**（character）三種。

由於各種資料型態所占記憶體空間不同，其儲存值的範圍也不相同。表 1-3 是以 Dev-C++ 4.9.9.2 的編譯器為例，列出不同的資料型態所占的記憶體空間及其範圍。

在 32 位元電腦的 Dev-C++編譯器中，long int 資料型態所占的記憶體空間和 int 資料型態是一樣的，所以 long int 較少在這裡被使用。short int 占 2 個 bytes。從上表得知，整數型態和字元型態可加上 unsigned 的修飾字，此時表示不會出現負數。而浮點數型態不可加上 unsigned 的修飾字。若您使用 64 位元電腦的編譯器，則 long int 佔 8 個 bytes。

一般可以使用 short 和 long 來表示 short int 和 long int。

1. 試問下列何者為不合法的資料型態，請加以訂正之：

(1) long li; (2) short si; (3) unsigned double dn;

(4) unsigned float fn; (5) unsigned long li;

表 1-3 各種資料型態所占記憶體空間及其範圍

型態種類	資料型態	記憶體空間	範　　圍
整數型態	int	4 Bytes	-2,147,483,648 ~ 2,147,483,647
	short int	2 Bytes	-32,768 ~ 32,767
	long int	4 Bytes	-2,147,483,648 ~ 2,147,483,647
	unsigned int	4 Bytes	0 ~ 4,294,967,295
	unsigned short int	2 Bytes	0 ~ 65,535
	unsigned long int	4 Bytes	0 ~ 4,294,967,295
浮點數型態	float（單準確度浮點數）	4 Bytes	$-3.4*10^{-38}$ ~ $3.4*10^{38}$
	double（倍準確度浮點數）	8 Bytes	$-1.7*10^{-308}$ ~ $1.7*10^{308}$
字元型態	char	1 Byte	-128 ~ 127
	unsigned char	1 Byte	0 ~ 255
資料型態前加 **unsigned**，表示沒有負號，亦即都是正數，可用於整數和字元型態。			

1-4 變數的定義

知道有哪些資料型態後，就可以進行變數的定義了。變數定義的完整語法如下：

```
資料型態　變數名稱 < = 初值 > < , 變數名稱 < = 初值 >, ... > ;
```

在這個語法中，<> 中的項目表示是選擇性的（optional），亦即可有可無。我們最好取個有意義的變數名稱，以利往後修改及閱讀。如以下敘述：

```
int score = 0, total = 0;
double average;
```

表示變數 score 和 total 是一 int 變數，而且初值皆設定為 0，而 average 變數為 double 浮點數。變數在定義時，指定其初值是一個很好的習慣，可避免使用到先前留在記憶體的殘餘值。好比您要搬入新宿舍時，要先將它清理乾淨後才搬入，否則會凌亂不堪。

1. 下一敘述是將兩個整數變數 num1 和 num2，指定其初值皆為 100，您認為這樣定義對嗎？若不對，請您加以訂正之。

   ```
   int num1, num2=100;
   ```

1-5 從一個簡單的範例談起

讓我們以一個簡單的範例，說明 C 程式的基本架構。

範例 1-5a

```
01  /* ex1-5a.c */
02  #include <stdio.h>
03  int main()
```

```
04  {
05      int num=30;
06      printf("指定 num 的初值為 30\n");
07      printf("num = %d\n", num);
08      return 0;
09  }
```

輸出結果

```
指定 num 的初值為 30
num = 30
```

【程式剖析】

上面的程式我們稱之為**原始程式**（source code），檔名為 ex1-5a.c，經由所使用的**編譯器**（compiler），如 Dev-C++、Visual C++或 Xcode C 編譯器，將它**編譯**（compile）成**目的程式**（object code），此時目的程式為 ex1-5a.obj，最後，經由**連結器**（linker）將目的程式與所需要**庫存函數**（library function）的 .obj 連結起來，此時便產生**可執行檔**（execution file），檔名為 ex1-5a.exe。

為了方便程式以後的修改及閱讀，通常在重要區段加上一些**註解敘述**（comment statement）來解釋或說明其用意。**一個好的程式是要讓所有的人看得懂你寫的程式，因此，要善加利用註解敘述來說明**。C 程式語言的註解敘述是以 /* 開始，並以 */ 作為結束。如範例程式的第 1 行

```
/* ex1-5a.c */
```

敘述即是。也可以使用 // 單行註解敘述。一般稱 /*…*/ 為區段註解敘述，因為它可用於多行。

程式中 #include <stdio.h> 是一**前置處理器**（preprocessor）的指令，由字面上大略可知，它表示將載入 stdio.h 的**標頭檔**（header file）到程式中，此檔案定義了標準輸入/輸出之庫存函數的**原型**（prototype）或稱**語法**（syntax），如此一來，若程式中所呼叫的庫存函數，與編譯器所提供的庫存函數之原型不符時，則在編譯時期（compile time）將產生錯誤的訊息，不必

等到執行時期（run time）才得知。庫存函數是編譯器所提供的函數，呼叫這些庫存函數時，只要合乎其原型就可以執行。**所以當程式中呼叫 printf 的輸出函數或 scanf 輸入函數時，要將 stdio.h 的標頭檔載入**。如範例程式的第 2 行

```
#include <stdio.h>
```

敘述即是。

程式從 main() 函數開始執行，而其主體敘述是在左、右大括號內。在 main() 函數的主體內只使用了一個庫存函數—printf()，其功能是將雙引號括起來的字串輸出於螢幕上，如第 6 行

```
printf("指定 num 的初值為 30\n");
```

表示將 "指定 num 的初值為 30" 的字串，顯示於螢幕上。其中 \n 是**控制字元（control character）**，其功能為**跳行**。

若雙引號內的字串有 % 開頭的字元，如 %d、%f、%c...等等，表示有一變數或常數將會在此處被輸出。這些變數和常數是放在雙引號後，並以逗號隔開。如第 7 行敘述所示：

```
printf("num = %d", num);
```

其中 %d，表示其所對應的變數或常數為整數資料型態，所以 printf("num = %d", num); 亦即將 num = 30 輸出於螢幕上。有關 printf 庫存函數和控制字元，我們將在第 2 章詳談。

main() 函數的語法如下：

```
int main()
{
    ...
    return 0;
}
```

main() 函數前面的 int，表示此函數結束時，將回傳一整數值，正常的狀態下是回傳 0。在 main() 的主體內，每一行的敘述後有一個分號（;）的符號，表示敘述的結束點。

範例 1-5b

```
01  /* ex1-5b.c */
02  #include <stdio.h>
03  int main()
04  {
05      int i_num1 = 300;
06      int i_num2;
07      double d_num = 33.5;
08      char c_letter1 = 'a', c_letter2 = 'b';
09      printf("i_num1 = %d\n", i_num1);
10      printf("i_num2 = %d\n", i_num2);
11      printf("d_num = %f\n", d_num);
12      printf("c_letter1 = %c\n", c_letter1);
13      printf("c_letter2 = %c\n", c_letter2);
14      return 0;
15  }
```

輸出結果

```
i_num1 = 300
i_num2 = 416
d_num = 33.500000
c_letter1 = a
c_letter2 = b
```

【程式剖析】

第 12-13 行 %c 表示對應的變數或常數為字元資料型態，第 11 行 %f 表示對應的變數或常數為浮點數資料型態。第 5 行定義變數 i_num1 為 int 的資料型態，而且初值設為 300。這是不錯的定義變數方式，可以依據最前面的字母，得知是哪一種資料型態的變數。若將同一資料型態的變數定義在同一行，則各變數之間需以逗號（,）隔開，如第 8 行所示：

```
char c_letter1 = 'a', c_letter2 = 'b';
```

所以範例程式中的第 5-6 行 i_num1 和 i_num2 也可以使用

```
int i_num1=300, i_num2;
```

表示之。

由於第 6 行 i_num2 並沒有設定初值，所以印出記憶體的殘留值—416（它是垃圾值），您印出的值可能和我不一樣。由此可知，設定變數的初值是很重要的。

注意！若有一敘述如下：

```
int i_num3, i_num4=200;
```

則只有 i_num4 設定其初值為 200，而 i_num3 是沒有設定初值的。

除錯題

1. 這是小五剛學 C 語言時所寫的第一個程式，可否請您幫它 Debug 一下。

```
include <stdio>
mains()
(
char var = 'a';
print("variable var is %c", var);
)
```

2. 這是小李子所寫的第一個程式，可否也請您幫它 Debug 一下。

```
#include <stdio.h>
INT MAIN
{
    DOUBLE TAX, RATE=2.5
    TAX =10000*RATE;
    PRINTF("TAX = %F\N", TAX);
    RETURN 0;
}
```

練習題

1. 試定義 vara、varb 與 varc 三個變數，其資料型態分別為 char、int 與 double，任意給定初值後，以 printf 印出各變數的值。

2. 試問下列程式的輸出結果：

```
#include <stdio.h>
int main()
{
    int month = 2;
    int day = 16;
    int year = 2009;
    printf("Date:");
    printf("%d/ %d/ %d\n", month, day, year);
    printf("歡迎大家來學 C 語言");
    printf("開學了，要開心喔!!!\n");
    return 0;
}
```

1-6 問題演練

1. 寫出下列常數分別屬於哪一種資料型態。

(a) 'b'　(b) 1066　(c) 99.44　(d) 123.345e+12

2. 下列哪些是正確的變數名稱？

(a) dollar$value　(b) sum_value　(c) 2Smith　(d) Smith2

(e) SMITH2　(f) _abc　(g) a　(h) @tsai

3. 下列哪些是錯誤的整數常數，為什麼？

(a) 十進位常數 1A　(b) 八進位常數 039　(c) 十六進位常數 0x5g

4. 試問下列是一正確的註解敘述嗎？並請說明原因。

```
/* This is a
/* comment which
*/ extends over several lines
*/
```

1-7 程式實作

試撰寫一程式，利用 printf 函數，印出您的學號、姓名、行動電話。此題的目的是，熟悉您使用的編譯器。

標準的輸出與輸入

在程式的撰寫中，最基本也是最常用的就是**標準的輸入與輸出**（Standard input/output）功能。標準的輸出/輸入表示，結果從螢幕輸出/ 從鍵盤輸入資料，其庫存函數分別是 printf() 與 scanf()。就讓我們先從 printf() 開始介紹起！

2-1 printf() 函數

printf() 函數的語法如下：

```
printf("欲輸出於螢幕的內容", 變數或常數);
```

簡單的使用方式，請參閱以下的範例及其剖析。

範例 2-1a

```
01  /* ex2-1a.c */
02  #include <stdio.h>
03  int main()
04  {
05      printf("標準的輸出與輸入函數計有:\n");
06      printf("printf() 和 scanf()\n");
07      return 0;
08  }
```

輸出結果

```
標準的輸出與輸入函數計有:
printf() 和 scanf()
```

【程式剖析】

第 5-6 行的 printf() 函數將雙引號內的資料加以輸出。在雙引號內的 \n 是控制字元，具有跳行的功能，若沒有 \n，則輸出結果如下所示：

```
標準的輸出與輸入函數計有:printf() 和 scanf()
```

有關控制字元往後會再詳述。

範例 2-1b

```
01  /* ex2-1b.c */
02  #include <stdio.h>
03  int main()
04  {
05      int number = 8;
06      char letter = 'z';
07      /* %d、%c 為格式特定字 */
08      printf("1 加 1 是 %d\n", 2);
09      printf("1 加 7 是 %d\n", number);
10      printf("%c 是第一個英文字母\n", 'a');
11      printf("%c 是最後一個英文字母\n", letter);
12      return 0;
13  }
```

輸出結果

```
1 加 1 是 2
1 加 7 是 8
a 是第一個英文字母
z 是最後一個英文字母
```

【程式剖析】

在雙引號內的格式特定字，是由 % 加上一個英文字母所組成的，如程式中第 8-11 行的 %d、%c 就是。逗號後之變數或常數，乃是一對一的與格式特定字相對應之。%d 對應的是整數的變數或常數，而 %c 對應的是字元的變數或常數。

2-1-1 printf() 函數的格式特定字

除了 %d 與 %c 之外，還有一些 printf() 函數常用的**格式特定字**（format specific character），如表 2-1 所示。

表 2-1 printf() 函數常用的格式特定字

格式特定字	功能	對應的變數或常數
%c	印出單一字元	char
%d	印出十進位整數（有正負號）	int
%x	印出十六進位整數（無正負號）	int
%o	印出八進位整數（無正負號）	int
%f	印出浮點數（使用小數表示）	float、double
%%	印出百分比的符號（%）	

我們以下列幾個範例加以解說之。

範例 2-1c

```
01  /* ex2-1c.c */
02  #include <stdio.h>
03  int main()
04  {
05      char letter1 = 'a';
06      char letter2 = 'b';
07      char letter3 = 'c';
08      char letter4 = 't';
09      printf("%c %c %c are known by everyone\n", letter1, letter2,
10             letter3);
11      printf("I have a %c%c%c \n", letter3, letter1, letter4);
```

```
12      return 0;
13  }
```

輸出結果

```
a b c are known by everyone
I have a cat
```

【程式剖析】

此範例使用多個格式特定字，以印出其對應的變數值或常數。注意，每一格式特定字與後面的變數或常數，是一對一的對應，若有三個變數，則會有三個對應的格式特定字元。

範例 2-1d

```
01  /* ex2-1d.c */
02  #include <stdio.h>
03  int main()
04  {
05      int i_num1= 100;
06      printf("100%% orange juice\n");
07  
08      /* 使用有關整數的格式特定字輸出 */
09      printf("輸出 100 使用 %%d: %d\n", i_num1);
10      printf("輸出 100 使用 %%x: %x\n", i_num1);
11      printf("輸出 100 使用 %%o: %o\n", i_num1);
12      return 0;
13  }
```

輸出結果

```
100% orange juice
輸出 100 使用 %d: 100
輸出 100 使用 %x: 64
輸出 100 使用 %o: 144
```

【程式剖析】

在程式中輸出時，其中第 9-11 行使用 %%，即代表輸出 %，而 %d、%x、%o 格式特定字對應的是整數變數。

範例 2-1e

```
01  /* ex2-1e.c */
02  #include <stdio.h>
03  int main()
04  {
05      float f_number = 123.456;
06      double d_number = 123.456;
07      printf("f_number = %f\n", f_number);
08      printf("d_number = %f\n", d_number);
09      return 0;
10  }
```

輸出結果

```
f_number = 123.456001
d_number = 123.456000
```

【程式剖析】

此範例說明，浮點數變數對應的格式特定字元是 %f（第 7-8 行）。float 資料型態的數值，輸出時可能會有誤差，但 double 資料型態的數值不會有誤差。一般系統將**浮點數常數**預設為 double。

2-1-2 控制字元

控制字元是以反斜線為首，如 '\n'，表示跳行。表 2-2 列出 printf() 函數常用的**控制字元**（control character）。

表 2-2　printf() 函數常用的控制字元

控制字元	功能	對應鍵盤按鍵
\n	跳行	Enter, return
\t	跳格	tab
\b	倒退一格	←
\r	回到此列最前端	Home
\f	跳頁	
\'	印出單引號（'）	

控制字元	功能	對應鍵盤按鍵
\"	印出雙引號（"）	
\\	印出反斜線（\）	
\xhh	印出 ASCII 十六進位碼所對應的字元	
\oo 或\ooo	印出 ASCII 八進位碼所對應的字元	

有關控制字元的用法，我們以範例 2-1f 來說明。

範例 2-1f

```
01  /* ex2-1f.c */
02  #include <stdio.h>
03  int main()
04  {
05      printf("We don\'t have enough time\n");
06      printf("Everybody say \" Later is better than never\"\n");
07      printf("Computer is powerfuk\bl\n");
08      printf("    can make it\rYou\n");
09      printf("Failure \151\163 the mother \x6f\x66 success\n");
10      return 0;
11  }
```

輸出結果

```
We don't have enough time
Everybody say "Later is better than never"
Computer is powerful
You can make it
Failure is the mother of success
```

【程式剖析】

在上例中第 9 行，八進位 ASCII 的 151、163 所對應的字元是 i 和 s，所以 \151 會印出 i，而 \163 則印出 s。十六進位 ASCII 的 6f、66 所對應的字元是 o 和 f，所以 \x6f 會印出 o，\x66 則印出 f。有關 ASCII，請參閱附錄 A。

2-1-3 輸出欄位寬

回頭看看範例 2-1e，使用 %f 輸出的浮點數，小數點後面是否太多位數了？若想少一點的位數是否可以呢？此問題可以使用**欄位寬（width）**加以控制。請參閱表 2-3：

表 2-3 欄位寬的功能

格式	功能	適用格式
%nc	設定欄位寬為 n。	%c
%-nc	設定欄位寬為 n，而且靠左對齊。	%c
%nd	設定欄位寬為 n。	%d
%-nd	設定欄位寬為 n，而且靠左對齊。	%d
%n.mf	設定欄位寬為 n，小數點後欄位寬為 m。	%f
%-n.mf	設定欄位寬為 n，小數點後欄位寬為 m，並向左靠齊。	%f
%.mf	設定小數點後欄位寬為 m。	%f

欄位寬的用法，請參閱以下的範例及其剖析。

範例 2-1g

```
01  * ex2-1g.c */
02  #include <stdio.h>
03  int main()
04  {
05      char letter = 'a';
06
07      printf("|%c| using %%c\n", letter);
08      printf("|%10c| using %%10c\n", letter);
09      printf("|%-10c| using %%-10c\n", letter);
10      return 0;
11  }
```

輸出結果

```
|a| using %c
|         a| using %10c
|a         | using %-10c
```

【程式剖析】

從輸出結果可明顯的看出，使用 %10c 與 %-10c 的不同。第 8 行使用 %10c，輸出的資料會向右對齊，而第 9 行 %-10c 則是向左對齊。

範例 2-1h

```
01  /* ex2-1h.c */
02  #include <stdio.h>
03  int main()
04  {
05      int number1 = 123;
06      double number2 = 123.456;
07      printf("使用 %%d--------|%d|\n", number1);
08      printf("使用 %%10d------|%10d|\n", number1);
09      printf("使用 %%-10d-----|%-10d|\n", number1);
10      printf("使用 %%2d-------|%2d|\n", number1);
11      printf("使用 %%10.2f----|%10.2f|\n", number2);
12      printf("使用 %%.2f------|%.2f| \n", number2);
13      return 0;
14  }
```

輸出結果

```
使用 %d--------|123|
使用 %10d------|       123|
使用 %-10d-----|123       |
使用 %2d-------|123|
使用 %10.2f----|    123.46|
使用 %.2f------|123.46|
```

【程式剖析】

第 11 行使用 %10.2f，表示欄位寬為 10（包含整數、小數與小數點），小數後輸出二位，結果為 | 123.46|（四捨五入）；在範例中第 10 行的 %2d 會變為 %d，因為 number1 的位數大於 2，故 2 會被忽略掉。第 9 行 %-10d 則將輸出結果向左靠齊。

我們為變數設定欄位寬，可使輸出結果整齊美觀。請參閱範例 2-1i。

範例 2-1i

```
01  /* ex2-1i.c */
02  #include <stdio.h>
03  int main()
04  {
05      double num1=123.456, num2=12.34, num3=12.345 ;
06      double num4=4.456, num5=45.67, num6=456.789 ;
07      printf("%f %f %f\n", num1, num2, num3);
08      printf("%f %f %f\n", num4, num5, num6);
09  
10      printf("\n\n使用欄位寬...\n");
11      printf("%8.3f %8.3f %8.3f\n", num1, num2, num3);
12      printf("%8.3f %8.3f %8.3f\n", num4, num5, num6);
13      return 0;
14  }
```

輸出結果

```
123.456000 12.340000 12.345000
4.456000 45.670000 456.789000


使用欄位寬...
 123.456   12.340   12.345
   4.456   45.670  456.789
```

【程式剖析】

從輸出結果得知，設定欄位寬可使輸出結果更加美觀。

printf() 函數暫時介紹到這，接下來介紹 scanf() 輸入函數。

以下是小王學完這一節後所寫的程式，請您訂正之。

1.

```
/* bugs2-1-1.c */
#include <stdio.h>
int main()
{
    char letter = 'a';

    printf("|%c|\n", letter);
    printf("|10%c|\n", letter);
    printf("|-%10c|\n", letter);
    return 0;
}
```

2.

```
/* bugs2-1-2.c */
#include <stdio.h>
int main()
{
    int number1 = 123;
    double number2 = 123.456;

    printf("10|%d|\n", number1);
    printf("-|%10d|\n", number1);

    printf("|%10|f\n", number2);
    printf("-|%10.2f|\n", number2);
    return 0;
}
```

3.

```
/* bugs2-1-3.c */
#include <stdio.h>
int main()
{
    int i_number = 100;
    double d_number = 123.456;
    printf("i_number = %f\n", i_number);
    printf("d_number = %d\n", d_number);
    return 0;
}
```

1. 試撰寫一程式，以 printf 函數配合適當的格式特定字，輸出下列變數的值。
   (1) var1（資料型態: char, 值: 'a'）
   (2) var2（資料型態: short int, 值: 123）
   (3) var3（資料型態: double, 值: 123.45）
   (4) var4（資料型態: int, 值: 1234567）
   (5) var5（資料型態: unsigned short int, 值: 60000）
2. 試以 printf 函數，輸出 1、10、100、1000，以及 10000，其格式為 |%-4d|。
3. 試以 printf 函數，輸出 9.9、99.99、999.999，以及 9999.9999，其格式為 |%10.4f| 和 |%-10.4f|。
4. 試問 printf("abcde\tfghij\rklmno\tpqrst\buvwxyz\n") 的輸出結果為何？
5. 試利用 printf 函數與控制字元，將 "1/5 = 20%" 輸出於螢幕上。

2-2 scanf() 函數

scanf() 函數是從鍵盤輸入資料，其語法與 printf() 相似，我們以範例 2-2a 說明之。

範例 2-2a

```
01  /* ex2-2a.c */
02  #include <stdio.h>
03  int main()
04  {
05      int x;
06      printf("請輸入一整數值: ");
07      scanf("%d", &x);  /* &為位址運算子 */
08      printf("您輸入的整數是 %d\n", x);
```

```
09        return 0;
10    }
```

輸出結果

```
請輸入一整數值: 300
您輸入的整數是 300
```

【程式剖析】

您是否發現 scanf() 與 printf() 函數語法的不同之處。在第 7 行 scanf() 函數中，變數前面多了一個 & 的符號，以取得此變數在記憶體中的位址。& 為**位址運算子（address operator）**。

scanf() 的完整語法為：

```
scanf("格式特定字", 變數的位址);
```

由於 scanf() 將輸入的資料，根據變數的位址加以存放之，因此必須藉由 & 來取得此變數在記憶體的位址。這好比郵差必須依據收件人的地址投遞信件，否則，信件將無法送達。

範例 2-2b

```
01    /* ex2-2b.c */
02    #include <stdio.h>
03    int main()
04    {
05        int x;
06        printf("請輸入一整數值: ");
07        scanf("%d", x);
08        printf("您輸入的整數是 %d\n", x);
09        return 0;
10    }
```

輸出結果

```
請輸入一整數值: 100
(此會產生錯誤訊息)
```

【程式剖析】

在上例第 7 行 scanf 函數中，x 變數前沒有加上 &，雖然使用者輸入的值為 100，但會產生錯誤訊息。此乃因為編譯程式不知道要將輸入值置於何處。

2-2-1 scanf() 函數的格式特定字

scanf() 除了上述與 printf() 不同外，在格式特定字也有一些相異的地方，請參閱表 2-4：

表 2-4 scanf() 的格式特定字及其功能

scanf() 的格式特定字	功　能	對應的變數型態
%c	輸入字元	char
%d	輸入十進位整數（有正負號）	int
%f	輸入單準確度的浮點數	float
%lf	輸入倍準確度的浮點數	**double**

值得注意的是，使用 scanf() 於輸入 double 浮點數的變數時，則需用 %lf，而輸入 float 浮點數的變數時，只需用 %f 即可。在輸出方面，不論是 float 或 double 的變數，皆使用 %f。請參閱 2-2c。

範例 2-2c

```
01  /* ex2-2c.c */
02  #include <stdio.h>
03  int main()
04  {
05      char ch;
06      float f_num;
07      double d_num;
08      /* 要求輸入各種格式的值 */
09  
10      printf("請輸入一字元: ");
11      scanf("%c", &ch);
12  
13      printf("請輸入 float 浮點數: ");
14      scanf("%f", &f_num);
```

```
15
16      printf("請輸入double 浮點數: ");
17      scanf("%lf", &d_num);
18
19      /* 將輸入結果輸出至螢幕上 */
20      printf("---------------------------------------------------\n");
21      printf("您輸入的字元是 %c\n", ch);
22      printf("您輸入的float 浮點數是 %f\n", f_num);
23      printf("您輸入的double 浮點數是 %f\n", d_num);
24      return 0;
25  }
```

輸出結果

```
請輸入一字元: p
請輸入 float 浮點數: 123.456
請輸入 double 浮點數: 123.456
---------------------------------------------
您輸入的字元是 p
您輸入的 float 浮點數是 123.456001
您輸入的 double 浮點數是 123.456000
```

【程式剖析】

輸出 float 的變數值時會有誤差，而 double 則不會。

2-2-2 特殊輸入的處理

scanf() 在輸入時可以加入一些特殊符號當作分隔字元，如冒號（:）或分號（;），而這些特殊符號在輸入資料時，也必須加以輸入這些特殊符號，否則 scanf 函數無法成功讀取輸入的資料。請參閱範例 2-2d 及其說明。

範例 2-2d

```
01  /* ex2-2d.c */
02  #include <stdio.h>
03  int main()
04  {
05      int hour, min, sec;
06      int year, month, days;
07      char letter1, letter2;
08      printf("請輸入兩個字元，中間以空白隔開: ");
```

```
09        scanf("%c %c", &letter1, &letter2);    /* 輸入兩個字元 */
10        printf("請輸入現在的時間? (hour:min:sec): ");
11        scanf("%d:%d:%d", &hour, &min, &sec);  /* 輸入時間 */
12        printf("請輸入現在的日期? (month-day-year): ");
13        scanf("%d-%d-%d", &month, &days, &year);  /* 輸入日期 */
14        printf("\n");
15        printf("兩個字元分別為: %c 和 %c\n", letter1, letter2);
16        printf("現在時間是: %d 點 %d 分 %d 秒\n", hour, min, sec);
17        printf("現在的日期是: 西元 %d 年 %d月 %d日\n", year, month, days);
18        return 0;
19    }
```

輸出結果

```
請輸入兩個字元，中間以空白隔開: a b
請輸入現在的時間? (hour:min:sec): 11:15:30
請輸入現在的日期? (month-day-year): 4-22-2021

兩個字元分別為: a 和 b
現在時間是: 11 點 15 分 30 秒
現在的日期是: 西元 2021 年 4 月 22 日
```

【程式剖析】

此範例第 9 行輸入資料的分隔字元為空白，但第 11 行與第 13 行則分別為 : 和 -。若輸入時不含這些分隔字元，將會產生錯誤的結果。

以下是阿三學完這一節後所寫的程式，請您訂正之。

1. 此程式試以 123.45 浮點數輸入。

```
/* bugs2-2-1.c */
#include <stdio.h>
int main()
{
    double x;
    printf("請輸入一浮點數: ");
    scanf("%d", x);
    printf("Number is %f\n", x);
    return 0;
}
```

2. 請以 123.12 和 123.12 資料輸入。

```
/* bugs2-2-2.c */
#include <stdlio.h>

int main()
{
    float f_num;
    double d_num;

    printf("輸入單準確度浮點數: ");
    scanf("%f", &f_num);

    printf("請輸入倍準確度浮點數: ");
    scanf("%f", &d_num);

    printf("f_number = %f\n", f_num);
    printf("d_number = %f\n", d_num);
    return 0;
}
```

3. 請以輸入的提示訊息之格式輸入資料，查看是否有問題。

```
/* bugs2-2-3.c */
#include <stdio.h>
int main()
{
    int hour, min, sec;
    int year, month, days;

    printf("請輸入現在的時間? (hour:min:sec): ");
    scanf("%d:%d:%d", &hour, &min, &sec);  /* 輸入時間 */
    printf("請輸入現在的日期? (month/day/year): ");
    scanf("%d-%d-%d", &month, &days, &year);  /* 輸入日期 */
    printf("\n");

    printf("現在時間是: %d 點 %d 分 %d 秒\n", hour, min, sec);
    printf("現在的日期是: 西元 %d 年 %d 月 %d 日\n", year, month, days);
    return 0;
}
```

1. 試先定義變數 var1、var2 與 var3 為字元、整數與浮點數之資料型態，然後以 scanf讀取使用者輸入資料後，利用 printf輸出每一變數的內容。
2. 試利用 scanf 函數，要求使用者依序輸入五個浮點數，並將輸入資料顯示至螢幕上。
3. 試以 scanf 函數，要求使用者輸入一個日期（包括年、月、日），並以斜線 / 分隔輸入的值。

2-3 問題演練

1. 試問下一個程式的輸出結果為何？

```
#include <stdio.h>
int main()
{
    char letter = 'a';
    printf("|%c| using %%c\n", letter);
    printf("|%10c| using %%10c\n", letter);
    printf("|%-10c| using %%-10c\n", letter);
    return 0;
}
```

2. 試問下一個程式的輸出結果為何？

```
#include <stdio.h>
int main()
{
    int number1 = 12345;
    double number2 = 123.456;
    printf("|%d| using %%d\n", number1);
    printf("|%10d| using %%10d\n", number1);
    printf("|%2d| using %%2d\n", number1);
    printf("|%10.3f| using %%10.3f\n", number2);
    return 0;
}
```

3. 試問下一程式之輸出結果為何？

```
#include <stdio.h>
int main()
{
    double f = 678.90;
    printf("The original floating point is %f\n", f);
    printf("|%f|\n", f);
    printf("|%3.2f|\n", f);
    printf("|%7.2f|\n", f);
    printf("|%-7.2f|\n", f);
    printf("|%7.0f|\n", f);
    return 0;
}
```

4. 試問下一程式之輸出結果為何？

```
#include <stdio.h>
int main()
{
    printf("Hello, how are you?");
    printf("\r");
    printf("\r Hello, how are you?\n");
    printf("\t Hello, how are you?\n");
    printf(" \bHello, how are you?\n");
    return 0;
}
```

2-4 程式實作

1. 試修正此程式錯誤之處。

```
/* prog2-1.c */
#include <stdio.h>
int main()
(
    int a, b;
    printf("Please enter the date today: ")
    scanf('%d %d %d', a, b, c);
    print("Today is %d:%d:%d", a, b);
)
```

2. 試以 scanf 函數，要求使用者輸入六位同學的 C 語言分數（double 的浮點數），每三位同學印成一列。請以 printf 函數配合欄位寬的設定，美化其輸出結果。

運算子

運算子（operator）是一具有特殊意義的符號。在程式語言中，它扮演十分重要的角色。本章將對常用的運算子做一個完整的介紹。

3-1 淺談運算子

程式實作以一個數學式子 x = a + 1，包含了三個重要的元素－**運算元**（operand）、**運算子**（operator）與**運算式**（expression）。+與=為運算子；而被用來運算的 a 和 1，及存放結果的 x，則為運算元；整個數學式子，則為運算式。在運算式的後面加上分號就變成**敘述**（statement）。這些名詞摘要如下：

- 運算元：可為常數（如：1）或變數（如：x 和 a）。
- 運算子：具有特殊意義的符號（如：+ 和 =）。
- 運算式：由運算子及運算元所組成的式子（如：x=a+1）。
- 敘述：在運算式後加上分號（如：x = a + 1;）。

我們將 C 語言的運算子加以分類，如表 3-1 所示。

表 3-1 C 語言運算子

<table>
<tr><th>種類</th><th>運算子</th><th>簡單說明</th></tr>
<tr><td rowspan="5">算術運算子</td><td>+</td><td>加</td></tr>
<tr><td>-</td><td>減</td></tr>
<tr><td>*</td><td>乘</td></tr>
<tr><td>/</td><td>除</td></tr>
<tr><td>%</td><td>兩數相除取其餘數</td></tr>
<tr><td rowspan="6">關係運算子</td><td><</td><td>小於</td></tr>
<tr><td><=</td><td>小於等於</td></tr>
<tr><td>></td><td>大於</td></tr>
<tr><td>>=</td><td>大於等於</td></tr>
<tr><td>==</td><td>等於</td></tr>
<tr><td>!=</td><td>不等於</td></tr>
<tr><td rowspan="6">指定運算子</td><td>=</td><td>指定</td></tr>
<tr><td>+=</td><td>加等於</td></tr>
<tr><td>-=</td><td>減等於</td></tr>
<tr><td>*=</td><td>乘等於</td></tr>
<tr><td>/=</td><td>除等於</td></tr>
<tr><td>%=</td><td>除等於（取餘數）</td></tr>
<tr><td rowspan="3">邏輯運算子</td><td>&&</td><td>且</td></tr>
<tr><td>||</td><td>或</td></tr>
<tr><td>!</td><td>反</td></tr>
<tr><td rowspan="2">遞增、遞減運算子</td><td>++</td><td>遞增</td></tr>
<tr><td>--</td><td>遞減</td></tr>
<tr><td rowspan="6">位元運算子</td><td>&</td><td>且</td></tr>
<tr><td>|</td><td>或</td></tr>
<tr><td>^</td><td>互斥或</td></tr>
<tr><td><<</td><td>左移</td></tr>
<tr><td>>></td><td>右移</td></tr>
<tr><td>~</td><td>反</td></tr>
<tr><td>條件運算子</td><td>? :</td><td>條件判斷</td></tr>
<tr><td>位址運算子</td><td>&</td><td>位址</td></tr>
</table>

其中算術運算子、關係運算子、指定運算子、邏輯運算子、遞增運算子、遞減運算子及位元運算子，本章將會有詳細的解說；位址運算子在第 2 章已提過，在此不再贅述；而條件運算子，將於第 4 章再加以介紹。

3-1-1 運算優先順序與結合性

運算子於運算時有兩個重要的性質－**運算優先順序**（priority）與**結合性**（associative）。在一個運算式中，哪一個運算子先運算，哪一個後運算，則視運算子的優先順序之高低而定，優先順序高的先執行，優先順序低的後執行。如我們所熟悉的先乘除、後加減，表示乘、除的運算優先順序高於加、減。

若兩運算子具有相同優先權時，何者先執行，此時則要由結合性來決定。由左至右逐一執行同等級的運算子，稱為左結合；由右至左逐一執行，則稱為右結合。有關運算子的優先順序和結合性，請參閱表 3-2。舉一例子說明結合性的重要性。若有一敘述如下：

```
num = 300 / 20 * 5;
```

試問 num 變數值為何？因 * 與 / 的運算優先順序，比 = 來得高，所以會先執行 * 和 /。但 * 與 / 具有相同的運算優先順序，先執行 / 或先執行 * 呢？若沒有結合性，將會有 75 及 3 兩種答案；若加入結合性，由於 * 與 / 是由左至右執行，所以先計算 300 / 20，得到 15，再計算 15 * 5，所以 num 最後的答案是 75。

表 3-2 列出各運算子的運算優先順序及結合性，越上層的運算子，表示其優先優先順序越高，在同一層的運算子，則擁有相同的運算優先順序。結合性，若以→表示，則運算的順序是由左到右、若以 ← 表示，則表示運算順序是由右到左。從表 3-2 可知，大部分的結合性是由左到右，少數是由右到左。

表 3-2 C 語言運算子的運算優先順序及其結合性

優先順序	運　算　子	結合性
高	( ) [ ] -> .	→
	-（負號） ~ ! ++ -- &（位址） sizeof（type） *（指標）	←
	* / %	→
	+ -	→
	<< >>	→
	< <= > >=	→
	== !=	→
	&	→
	^	→
			→
	&&	→
	||	→
	?:	←
	= += -= *= /= %=	←
低	,（分隔符號）	→

表 3-2 是一完整的列表，有一些是本章討論的主題，其它的運算子將在後面的章節中再闡述之。當您用及運算子時，應隨時注意它的運算優先順序及其結合性。

練習題

1. 我們都知道算術運算是先乘除、後加減。試以 i = 6 / 2 * 3 + 2; 說明運算優先順序和結合性的重要性。

以下將逐一討論每一種運算子的功能。

3-2 算術運算子

算術運算子（arithmetic operator）是用來處理一般數學運算，它包含五個運算子：+、-、*、/、%。其中 *、/、% 的運算優先順序高於 +、-。功能說明如表 3-3 所示：

表 3-3 算術運算子

運算子	功 能 說 明
+	對兩個運算元做加法運算；如 A+B：將 A 與 B 相加。
-	對兩個運算元做減法運算；如 A-B：將 A 與 B 相減。
*	對兩個運算元做乘法運算；如 A*B：將 A 與 B 相乘。
/	對兩個運算元做除法運算；如 A/B：將 A 除以 B，取其商。
%	將兩個運算元相除取其餘數；如 A%B：將 A 除以 B，取其餘數。

請看以下的範例及其說明。

範例 3-2a

```
01  /* ex3-2a.c */
02  #include <stdio.h>
03  int main()
04  {
05      printf("15 + 7 = %d\n", 15+7);
06      printf("10 - 2 = %d\n", 10-2);
07      printf("20 * 5 = %d\n", 20*5);
08      printf("10 / 2 = %d\n", 10/2);
09      printf("20 %% 7 = %d\n", 20%7);
10      return 0;
11  }
```

輸出結果

```
15 + 7 = 22
10 - 2 = 8
20 * 5 = 100
10 / 2 = 5
20 % 7 = 6
```

【程式剖析】

此範例第 5-9 行示範一些簡單整數的加、減、乘、除，以及餘數運算。

算術運算子不僅能對整數做運算，也可以對浮點數或字元加以運算之。請參閱範例 3-2b。

範例 3-2b

```
01  /* ex3-2b.c */
02  #include <stdio.h>
03  int main()
04  {
05      printf("20/3 = %d\n", 20/3);
06      printf("20/3. = %f\n", 20/3.);
07      return 0;
08  }
```

輸出結果

```
20/3=6
20/3.=6.666667
```

【程式剖析】

從輸出結果得知，若 A/B 中，只要 A 或 B，其中一個是浮點數(如：20/3.)，其結果將是浮點數如第 6 行所示，否則結果將是整數（如：20/3），如第 5 行所示。

範例 3-2c 是字元的運算。

範例 3-2c

```
01  /* ex3-2c.c */
02  #include <stdio.h>
03  int main()
04  {
05      char c_letter;
06      c_letter = 'a' + 'd' - 'b';
07
```

```
08        printf("a + d - b = %c\n", c_letter);
09        return 0;
10    }
```

輸出結果

```
a + d - b = c
```

【程式剖析】

第 6 行字元的算術運算是將字元所對應的 ASCII 碼做運算，如 a 的十進位 ASCII 碼為 97、d 為 100、b 為 98，所以運算結果為 99(97 + 100 – 98)，其對應的字元為 c。除了算術運算子外，第 6 行還有一個指定運算子（assignment operators）= 也出現在此範例中，其作用為將右邊運算元指定給左邊的運算元，由此可見，左邊的運算元必須是變數才可以。請參閱 3-3 節。

小蔡老師上完這一小節後，出了以下的除錯題，請大家一起來除錯，題目如下：

1.
```
/* bugs3-2-1.c */
#include <stdio.h>
int main()
{
    double d;
    printf("請輸入一浮點數: ");
    scanf("%f", &d);
    printf("%d/3 = %d\n", d, d/3);
    return 0;
}
```

2. 輸入一整數，將它除以 3，取其結果為何？如輸入 100，得到的答案應為 33.33。

```
/* bugs3-2-2.c */
#include <stdio.h>
int main()
{
    int i;
    printf("請輸入一整數: ");
    scanf("%d", &i);
    printf("%d/3 = %f\n", i, i/3);
    return 0;
}
```

1. 試計算下列運算式的結果為何。

(1) 50 + 100 – 30

(2) 60 * 50 / 18

(3) 70 + 50 * 60 – 80 / 40

(4) 60 % 40 / 10 + 50 % 15

(5) 'A' + 'B' + 'C'

3-3 指定運算子與算術指定運算子

= 是**指定運算子**（assignment operator），表示將右邊的值指定給左邊的變數。在前一範例已看過了。除此之外，還有算術運算子和指定運算子結合的**算術指定運算子**（arithmetic assignment operator），請參閱表 3-4：

表 3-4 算術指定運算子

運算子	運　算　式	作　用
+=	A += B;	相當於 A = A + B;
-=	A -= B;	相當於 A = A - B;
*=	A *= B;	相當於 A = A * B;
/=	A /= B;	相當於 A = A / B;
%=	A %= B;	相當於 A = A % B;

我們以範例 3-3a 說明之。

範例 3-3a

```
01  /* ex3-3a.c */
02  #include <stdio.h>
03  int main()
04  {
05      int num1, num2;
06      num1 = 60;
07      num2 = 30;
08      printf("num1 = %d, num2 = %d\n", num1, num2);
09      num1 -= num2;
10      printf("num1-=num2 => num1 = %d, num2 = %d\n", num1, num2);
11      num1 /= num2;
12      printf("num1/=num2 => num1 = %d, num2 = %d\n", num1, num2);
13      num1 += num2;
14      printf("num1+=num2 => num1 = %d, num2 = %d\n", num1, num2);
15      num1 *= num2;
16      printf("num1*=num2 => num1 = %d, num2 = %d\n", num1, num2);
17      num1 %= num2;
18      printf("num1%%=num2 => num1 = %d, num2 = %d\n", num1, num2);
19      return 0;
20  }
```

輸出結果

```
num1 = 60, num2 = 30
num1-=num2 => num1 = 30, num2 = 30
num1/=num2 => num1 = 1, num2 = 30
num1+=num2 => num1 = 31, num2 = 30
num1*=num2 => num1 = 930, num2 = 30
num1%=num2 => num1 = 0, num2 = 30
```

【程式剖析】

我們發現第 9、11、13、15 以及 17 行僅 num1 的值在改變，而 num2 一直都維持在 30。指定運算子是將右邊運算結果指定給左邊運算元，因此左邊運算元必須是變數。

除錯題

1. 以下是小王以數學觀點寫出的程式，試問他這樣寫會不會有問題？

```
/* bugs3-3-1.c */
#include <stdio.h>
int main()
{
    int num1, num2;
    num1 = 100;
    num2 = 200;
    printf("num1 = %d, num2 = %d\n", num1, num2);
    300 = num2;
    num1 -= num2;
    printf("num1-=num2 => num1 = %d, num2 = %d\n", num1, num2);
    300 = num1+num2;
    printf("num1 = %d, num2 = %d\n", num1, num2);
    return 0;
}
```

練習題

1. 若 a=100、b=20 時，試問下列算術運算式，計算後的 a 及 b 值各為何（以下有連續關係）？

   (1) a += b;

   (2) a -= b;

   (3) a *= b;

   (4) a /= b;

   (5) a %= b;

3-4 遞增、遞減運算子

遞增/遞減運算子（increment / decrement operator）是用來將運算元加 1（遞增）、或減 1（遞減）。遞增/遞減運算子僅作用於一個運算元。以遞增為例，前置加，是將 ++ 置於運算元之前，如 ++num；後繼加，則是將 ++ 置於運算元之後，如 num++。前置加/減與後繼加/減的運算順序，如表 3-5 所示：

表 3-5 前置加/減與後繼加減的運算順序

運算子	運算順序	
	前置加/減	後繼加/減
++	先對運算元加 1，再執行其它運算子的運算。	先執行其它運算子的運算後，再對運算元加 1。
--	先對運算元減 1，再執行其它運算子的運算。	先執行其它運算子的運算後，再對運算元減 1。

我們以範例 3-4a 說明之。

範例 3-4a

```
01  /* ex3-4a.c */
02  #include <stdio.h>
03  int main()
04  {
05      int num = 20, total = 0;
06      total = ++num + 30;
07      printf("total = %d, num = %d\n", total, num);
08      total = 0;
09      num = 20;
10      total = num++ + 30;
11      printf("total = %d, num = %d\n", total, num);
12      return 0;
13  }
```

輸出結果

```
total = 51, num = 21
total = 50, num = 21
```

【程式剖析】

從輸出結果得知，num 不管是前置加或後繼加，最後皆會加 1，而 total 的值，則依前置加，或後繼加而有所不同。其實第 6 行

```
total = ++num + 30;
```

可視為下列兩個敘述

```
++num;
total = num + 30;
```

先將 num 加 1（因為 ++num 是前置加），再執行加 30 的動作。而第 10 行

```
total = num++ + 30;
```

則可視為下列兩個敘述

```
total = num + 30;
num++;
```

先執行 + 運算子的動作（亦即加 30 的動作），再將 num 加 1（因為 num++ 是後繼加）。

num++; 也可使用 num = num + 1; 或者是 num += 1; 來表示。但 num++ 較其它兩種運算方式比較起來簡潔得多，所以在運算式中，只對變數加或減 1，使用 ++ 及 -- 是最佳的選擇。若要加 2，則使用算術指定運算子，如 num += 2 是最佳的方法，千萬不可寫成 num++++，這是錯誤的寫法，因為 num++ 後是一常數，所以不能再加 1 後指定給此常數。

除錯題

1. 小蔡老師上完這一小節後，請大家自己上機撰寫程式，以下是小李所撰寫的程式，試問他的程式錯在哪裡？

```
/* bugs3-4-1.c */
#include <stdio.h>
int main()
{
    int num = 20, total = 0;
    total = ++num + 2;
    printf("total = %d, num = %d\n", total, num);
    total = 0;
    num = 20;
    total = num++++;    /* 將 num 加 2 */
    printf("total = %d, num = %d\n", total, num);
    return 0;
}
```

練習題

1. 試問下列程式的輸出結果為何？

```
#include <stdio.h>
int main()
{
    int a = 5, b = 5;
    int c = 0, d = 0;
    c = ++a;
    printf("a = %d, c = %d\n", a, c );
    d = b++;
    printf("b = %d, d = %d\n", b, d );
    return 0;
}
```

2. 試問下列片段程式的輸出結果為何？

```
int num = 100, total = 0;
total = ++num * 2 + 10;
printf("total = %d, num = %d\n", total, num );
total = 0;
total = num++ * 2 + 10;
printf("total = %d, num = %d\n", total, num );
```

3-5 關係運算子

關係運算子（relational operator）是用來判斷運算式的真假值。若為真，則傳回 1；若為假，則傳回 0。請參閱表 3-6 的說明。

表 3-6 關係運算子

運算子	詳細說明	傳回值	
		真	假
<	判斷左邊的值是否小於右邊值	1	0
<=	判斷左邊值是否小於或等於右邊值	1	0
>	判斷左邊值是否大於右邊值	1	0
>=	判斷左邊值是否大於或等於右邊值	1	0
==	判斷左邊值是否等於右邊值	1	0
!=	判斷左邊值是否不等於右邊值	1	0

我們以範例 3-5a 說明之。

範例 3-5a

```
01  /* ex3-5a.c */
02  #include <stdio.h>
03  int main()
04  {
05      int num1, num2;
06      num1 = 90;
07      num2 = 80;
08      printf("%d < %d: %d\n", num1, num2, num1 < num2);
09      printf("%d <= %d: %d\n", num1, num2, num1 <= num2);
10      printf("%d > %d: %d\n", num1, num2, num1 > num2);
11      printf("%d >= %d: %d\n", num1, num2, num1 >= num2);
12      printf("%d == %d: %d\n", num1, num2, num1 == num2);
13      printf("%d != %d: %d\n", num1, num2, num1 != num2);
14      return 0;
15  }
```

輸出結果

```
90 < 80: 0
90 <= 80: 0
90 > 80: 1
90 >= 80: 1
90 == 80: 0
90 != 80: 1
```

【程式剖析】

程式第 8-13 行的輸出結果不是 0 就是 1。從表 3-2 得知，<、<=、>、>= 的運算優先順序，高於 == 和 !=。關係運算子主要是用於後面兩章，分別是選擇敘述與迴圈敘述。屆時再詳加討論之。

1. 小蔡老師出了一道題目，要大家比較一下，所輸入 num 的值是否等於 100，或不等於 100。以下是小董所寫的程式，請您幫他看一下，問題出在哪裡。

```
/* bugs3-5-1.c */
#include <stdio.h>
int main()
{
    int num1;
    printf("請輸入一整數: ");
    scanf("%d", &num1);
    printf("%d = %d: %d\n", num1 = 100);
    printf("%d <> %d: %d\n", num1 <> num2);
    return 0;
}
```

1. 試問下列敘述何者為真，何者為假？

(a) 100 > 100

(b) 200 <= 200

(c) 100 >= 100 == 200 <= 200

(d) 3 > 2 != 1

3-6 邏輯運算子

當兩個條件要結合時，則需使用**邏輯運算子（logical operators）**。若最後的結果為真，則傳回 1；若為假，則傳回 0。請參閱表 3-7 的說明：

表 3-7 邏輯運算子

運算子	詳細說明	傳回值	
		真	假
&&	判斷兩個條件，若有一者為假，則為假，否則為真	1	0
||	判斷兩個條件，若有一者為真，則為真，否則為假	1	0
!	若結果為假，則為真；若結果為真，則為假	1	0

這三個運算子，只有 ! 僅需一個運算元，其它需要兩個運算元。請參閱範例 3-6a。

範例 3-6a

```
01  /* ex3-6a.c */
02  #include <stdio.h>
03  int main()
04  {
05      int num1 = 50, num2 = 70, num3 = 60, b;
06      printf("num1 = %d\n", num1);
07      printf("num2 = %d\n", num2);
08      printf("num3 = %d\n", num3);
```

```
09        b = num2 > num1 && num2 > num3;
10        printf("num2 > num1 && num2 > num3 => %d\n", b);
11        b = num2 > num1 && num1 > num3;
12        printf("num2 > num1 && num1 > num3 => %d\n", b);
13        printf("-------------------------------------------\n");
14        b = num1 > num2 || num2 > num3;
15        printf("num1 > num2 || num2 > num3 => %d\n", b);
16        b = num1 > num2 || num3 > num2;
17        printf("num1 > num2 || num3 > num2 => %d\n", b);
18        printf("-------------------------------------------\n");
19        b = !(num1 > num3 && num2 > num3);
20        printf("!(num1 > num3 && num2 > num3) => %d\n", b);
21        b = !(num1 > num2 || num3 > num1);
22        printf("!(num1 > num2 || num3 > num1) => %d\n", b);
23        return 0;
24    }
```

輸出結果

```
num1 = 50
num2 = 70
num3 = 60
num2 > num1 && num2 > num3 => 1
num2 > num1 && num1 > num3 => 0
-----------------------------------------------------
num1 > num2 || num2 > num3 => 1
num1 > num2 || num3 > num2 => 0
-----------------------------------------------------
!(num1 > num3 && num2 > num3) => 1
!(num1 > num2 || num3 > num1) => 0
```

【程式剖析】

由於關係運算子的優先權較邏輯運算子（除了 ! 運算子外）為高，所以會先執行關係運算子的運算，之後再將執行邏輯運算子，如程式第 9、11、14 以及 16。要先被執行的部分，可以用括號 ( ) 括起來，因為 ( ) 的優先權較高，可用來改變運算優先順序，如程式第 19 行與 21 行。

順便一提的是，當使用 A && B 來判斷真假時，若 A 的條件式是假，則 B 條件式就不必再判斷了，因為整個運算式已可知其為假，只有在 A 的條件式是真時，B 的條件式才要進一步的判斷。同理，使用 A || B 來判斷真假時，

若 A 的條件式是真，則 B 條件式就不必再判斷了，因為整個運算式已知其為真，只有在 A 的條件式是假時，B 的條件式才要進一步的判斷。

除錯題

1. 小蔡老師要大家比較一下，(1) 您所輸入的 i 是否大於 100，而且 j 是否小於 200；(2) 您所輸入的 i 是否大於 100，或 j 是否小於 200，以下是 Jennifer 所寫的程式，請您幫她看一下，哪裡有問題。

```
/* bugs3-6-1.c */
#include <stdio.h>
int main()
{
    int i, j;
    printf("請輸入 i 的值: ");
    scanf("%d", &i);
    printf("請輸入 j 的值: ");
    scanf("%d", &j);

    printf("%d > 100 而且 %d < 200 ===> %d\n", i, j, i>100 & j < 200);
    printf("%d > 100 或 %d < 200 ===> %d\n", i, j, i>100 | j < 200);
    return 0;
}
```

練習題

1. 假設 a = 100、b = 50，試問下列輸出結果何者為真，何者為假？

   (1) a < b

   (2) a >= b

   (3) a != b

   (4) a > b && a != b

   (5) a <= b || a != b

   (6) !(a == b && a < b)

3-7 位元運算子

位元運算子（bitwise operators）的運算對象為位元（bit），這與先前介紹的運算子不太相同（其對象為變數或常數）。位元運算子有 ~（反，not）、&（且，and）、|（或，or）、^（互斥或，exclusive or）、<<（左移，left shift）與 >>（右移，right shift），其功能請參閱表 3-8：

表 3-8 位元運算子

<table>
<tr><th>運算子</th><th>功 能 說 明</th></tr>
<tr><td>~</td><td>一元運算子。位元的值為 0，結果為 1；位元的值為 1，則結果為 0。</td></tr>
<tr><td>&</td><td>只有當兩個位元皆為 1 時，結果才為 1；其餘情況為 0。</td></tr>
<tr><td>|</td><td>只有當兩個位元皆為 0 時，結果才為 0；其餘情況為 1。</td></tr>
<tr><td>^</td><td>當兩個位元皆為 0 或 1 時，結果為 0；其餘情況為 1。</td></tr>
<tr><td><<</td><td>左移 n 個位元。</td></tr>
<tr><td>>></td><td>右移 n 個位元。</td></tr>
</table>

從表 3-9 可清楚的看出 ~、&、|、^ 運作情形。

表 3-9 位元運算子的運作情形

<table>
<tr><th>A 位元</th><th>B 位元</th><th>~A</th><th>~B</th><th>A & B</th><th>A | B</th><th>A ^ B</th></tr>
<tr><td>0</td><td>0</td><td>1</td><td>1</td><td>0</td><td>0</td><td>0</td></tr>
<tr><td>0</td><td>1</td><td>1</td><td>0</td><td>0</td><td>1</td><td>1</td></tr>
<tr><td>1</td><td>0</td><td>0</td><td>1</td><td>0</td><td>1</td><td>1</td></tr>
<tr><td>1</td><td>1</td><td>0</td><td>0</td><td>1</td><td>1</td><td>0</td></tr>
</table>

一般而言，1 個 byte（位元組）占 8 個 bits（位元），假設某個系統的 short 變數占 2 個 bytes，則每一個 short 整數占有 16 bits，如 10：

以 2 進位表示為：

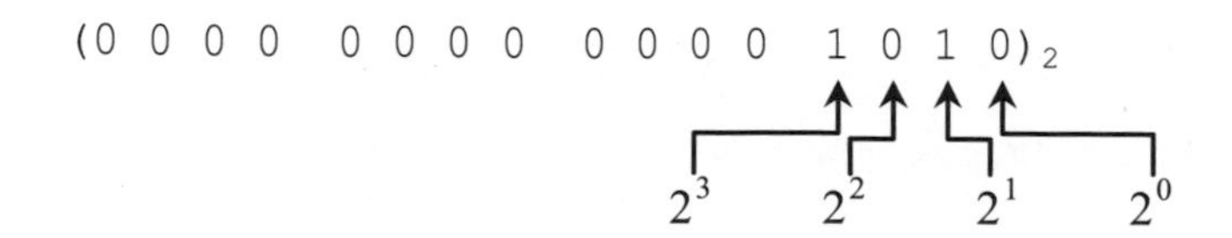

十六進位表示為：

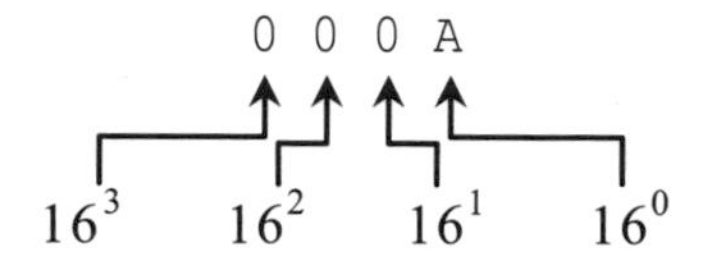

即將二進位表示的位元，由右至左，每 4 個位元集結為 1 個，底下將以範例加以剖析位元運算子的用法。

範例 3-7a

```
01  /* ex3-7a.c */
02  #include <stdio.h>
03  int main()
04  {
05      short int i = 15;
06      short int j = 11;
07      printf("i & j = %hx\n", i & j);
08      printf("i | j = %hx\n", i | j);
09      printf("i ^ j = %hx\n", i ^ j);
10      printf("~i = %hx", ~i);
11      return 0;
12  }
```

輸出結果

```
i & j = b
i | j = f
i ^ j = 4
~i = fff0
```

【程式剖析】

程式第 7 行 & 位元運算子表示當 2 個 bits 皆為 1 時才為 1；否則為 0。第 8 行 | 位元運算子，表示只要兩個中有 1 個 bits 為 1 即為 1。第 9 行 ^ 位元運算子，則表示兩個位元不一樣時才為 1。第 10 行 ~ 位元運算子，則將位元為 0 的變為 1，1 變為 0。程式中的第 7-10 行 %hx，則以十六進位方式印出。%hx 中的 h 表示 short int。

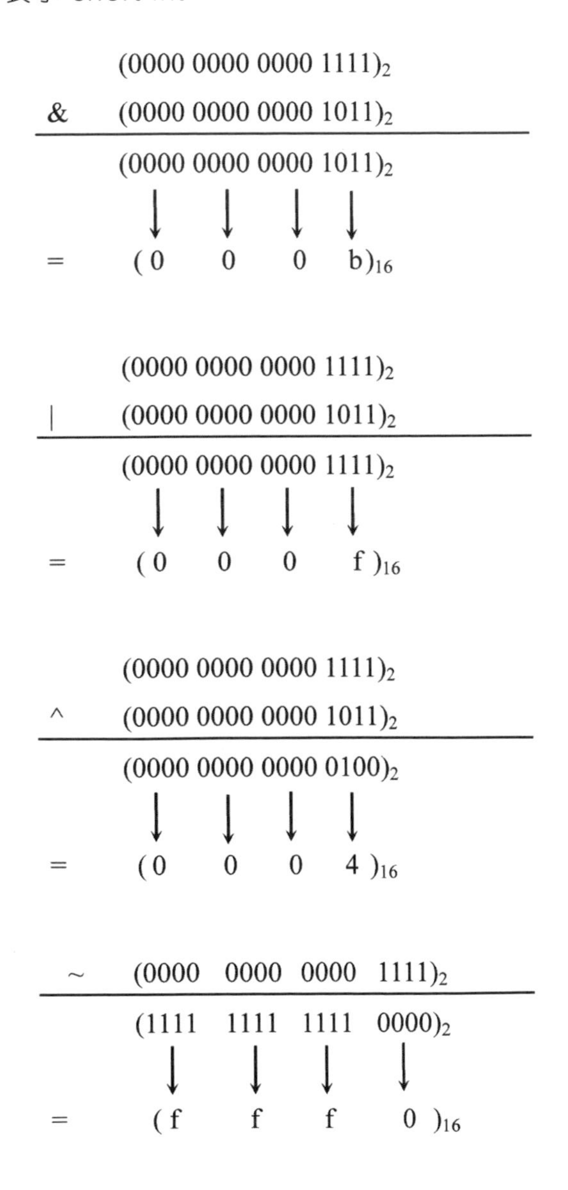

接下來討論位元的左移（<<）和右移（>>）。**左移（left shift）**就是將左邊的位元移出，並在右邊加入 0，加入幾個 0 視移出去位元數目而定。如

```
short int i = 8;
```

則 i << 3; i 的值為 64（等於 8×2^3）

```
i = (0000 0000 0000 1000)2
i << 3;
000 0 0000 0000 1000  000
```

丟棄的位元　　補入的位元

以十六進位表示如下：

```
0000 0000 0100 0000
 0    0    4    0
```

此數字相當於十進位的 64。

右移（right shift），此時必須考慮正數或負數。若正數，則右移時在左邊補 0；反之，若為負數，則在左邊補 1。同理，補多少個 0 或 1，完全看右移出多少的位元數目而定。

```
i = (0000 0000 0000 1000)2 = (8)10
i >> 3;
```

將右邊的三個 0 丟棄，並在左邊補三個 0，

```
i = (000 0000 0000 0000 1)2 = (1)10
```

此數字相當於 1，由此得知，右移 n 位元的結果，相當於將某數除以 2^n，此範例即為 $(8 \div 2^3)$。

接下來，討論負數的表示方法，通常以 2 的補數表示之。如 i 等於 -8；以 2 的補數表示負數，中間轉換的過程如下：

步驟 1：只考慮 8，不考慮負數，8 的二進位表示如下：

```
0000 0000 0000 1000
```

步驟 2：將 0 變為 1，1 變為 0

```
1111 1111 1111 0111
```

步驟 3：將上一步驟的結果加 1

```
1111 1111 1111 1000
```

此結果即為 -8，您是否看出最左邊的位元為 1，此位元又稱符號位元（sign bit），當符號位元為 1 時，此數為負；反之為正。

接著討論左移、右移的問題。若有一敘述如下：

```
short int i = -8;
```

試問 i >> 3 和 i << 3 之後的結果？

前面得知 i = -8 相當於二進位的

```
1111 1111 1111 1000
```

先來看 i >> 3。由於最左邊的位元為 1，當右移 3 位時，左邊的位元需補 1，如下所示：

```
1111 1111 1111 1111
```

此數字相當於 -1，讀者可以反向的處理 2's 補數，首先將 1 變為 0，0 變 1

```
0000 0000 0000 0000
```

之後，再加 1

```
0000 0000 0000 0001
```

此為 1，但要記得在前面加個負號，即為 -1。

而 i << 3，只要將左邊 3 個 1 丟棄，在右邊加 3 個 0 即可，如下所示：

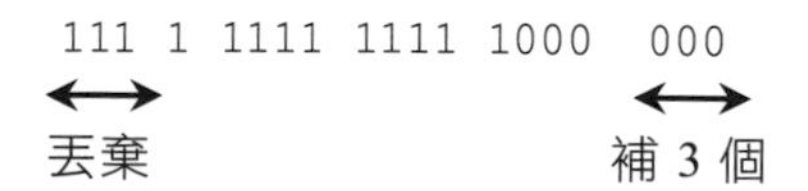

此數字即為 -64。請參閱範例 3-7b 及其輸出結果。

範例 3-7b

```
01  /* ex3-7b.c */
02  #include <stdio.h>
03  int main()
04  {
05      short int a = 8;
06      short int b = -8;
07      printf("a = %d\n", a);
08      printf("a << 1 = %d\n", a << 1);
09      printf("a << 2 = %d\n", a << 2);
10      printf("a << 3 = %d\n", a << 3);
11      printf("a >> 1 = %d\n", a >> 1);
12      printf("a >> 2 = %d\n", a >> 2);
13      printf("a >> 3 = %d\n", a >> 3);
14
15      printf("\n");
16      printf("b = %d\n", b);
17      printf("b << 1 = %d\n", b << 1);
18      printf("b << 2 = %d\n", b << 2);
19      printf("b << 3 = %d\n", b << 3);
20      printf("b >> 1 = %d\n", b >> 1);
21      printf("b >> 2 = %d\n", b >> 2);
22      printf("b >> 3 = %d\n", b >> 3);
23      return 0;
24  }
```

輸出結果

```
a = 8
a << 1 = 16
a << 2 = 32
a << 3 = 64
a >> 1 = 4
a >> 2 = 2
a >> 3 = 1

b = -8
b << 1 = -16
b << 2 = -32
b << 3 = -64
b >> 1 = -4
b >> 2 = -2
b >> 3 = -1
```

除錯題

1. 小蔡老師要大家將 i 和 j 兩變數做位元且和或的運算。以下是 Linda 所撰寫的程式，請您幫她看一下，哪裡出了問題。

```
/* bug3-7-1.c */
#include <stdio.h>
int main()
{
    short int i = 3;
    short int j = 6;
    printf("i && j = %x\n", i && j);
    printf("i || j = %x\n", i || j);
    return 0;
}
```

1. 將下列空白處填入正確的數字。（bitjohn 和 bitmary 是帶符號的整數資料型態變數）

運算式	二進位表示法	十進位表示法
bitjohn	|0000|0000|0000|1010|	10
bitmary	|1111|1111|1001|1001|	
~bitjohn		
~bitmary		
bitjohn & bitmary		
~bitjohn & bitmary		
~bitjohn & ~bitmary		
bitjohn ^ bitmary		
~(bitjohn) ^ bitmary		

2. 試問下列片段程式的輸出結果？

```
char i = 'a';
char j = 'z';
printf("%d\n", i << 1);
printf("%d\n", j << 1);
```

3. 假設 a、b 為整數變數，分別為 10、20，試問執行完下列敘述後，a 與 b 的值為何？

```
a = a ^ b;
b = a ^ b;
a = a ^ b;
```

4. 假設 a 與 b 皆為 char 的資料型態，

(a) 令 a = 10、b = 20，以位元運算子計算 ~a、~b、a & b、a | b、a ^ b 的結果為何？

(b) 令 a = -10，以位元運算子計算 a >> 2、a << 2 的結果為何？

3-8 問題演練

1. 我們皆知前置加和後繼加作用時機點不同，如有下列兩個獨立的敘述，並假設 i 的初值為 100，total 初值為 0。

```
total = i++;      /* 敘述 1 */
total = ++ i;     /* 敘述 2 */
```

得知敘述 1 為後繼加，因此，先處理將 i 指定給 total 的動作，所以 total 為 100；但敘述 2 的 total 為 101。不管敘述 1 或敘述 2，i 皆會加 1 成為 101。試問哪一種情況下，您使用的前置加和後繼加，最後的結果會一樣？

2. 假設 short int a = 170，試寫出下列運算式的值為何？

    (a) a << 2

    (b) a >> 2

    (c) ~a

3. 試問下列哪些關係運算式為真？

    (a) 100 > 3

    (b) 'a' > 'c'

    (c) 100 > 3 && 'a' > 'c'

    (d) 100 > 3 || 'a' > 'c'

    (e) !(100 > 3)

4. 試問下列運算式之值？

    (a) 5 > 2

    (b) 3 + 4 > 2 && 3 < 2

    (c) x >= y || y > x

    (d) d = 5 + (6 > 2)

    (e) 'x' > 'T' ? 10: 5

5. 根據下列題意，寫出其關係運算式。

(a) number 是大於等於 1，但小於 9。

(b) ch 不等於 q 或 k 字元。

(c) number 介於 1 至 9 之間，但不等於 5。

(d) number 不介於 1 至 9 之間。

6. 依序寫出下列的 quack 變數值（有連續性）。

(a) int quack = 2;

(b) quack += 5;

(c) quack *= 10;

(d) quack -= 6;

(e) quack /= 8;

(f) quack %= 3;

7. 試問下列哪一運算式為真？

(a) 1 > 2

(b) 'a' < 'b'

(c) 1 == 2

(d) '2' == '2'

8. 下列是一些有關 C 語言的運算子，您是否能按照其運算優先順序，由大到小排列出來？

+= ! + % && ^ = =

9. 假設每一變數皆為整數的資料型態，試問執行每一敘述後的變數值為何？

(a) x = (2 + 3) * 6;

(b) x= (12 + 6) / 2 * 3;

(c) y = x = (2 + 3) / 4;

(d) y = 3 + 2 * (x = 7 / 2);

(e) x = 3.8 + 3.3;

(f) x = (2 + 3) * 10.5;

(g) x = 3 / 5 * 22.0;

(h) x = 22.0 * 3 / 5;

10. 假設 x 是整數，y 與 z 是 double 浮點數，試問下列敘述的 z 值為何？

(a) y = 60;
　　x = 5;
　　z = y / x;

(b) y = 6.0;
　　x = 5.7;
　　z = x + y;

11. 請寫出下一程式的輸出結果。

```
#include <stdio.h>
int main()
{
    char c1, c2;
    int diff;
    float num;
    c1 = 'D';
    c2 = 'A';
    diff = c1 - c2;
    num = diff;
    printf("%c%c%c:%d%3.1f\n", c1, c2, c1, diff, num);
    return 0;
}
```

12. 試問下一程式的執行出結果？

```
#include <stdio.h>
int main()
{
    short int a = 0x15, b = 0x12, c = 0x1, ans;
    ans = a | b & c;
    printf("a | b & c = %x\n", ans);
    ans = a ^ b & c;
    printf("a ^ b & c = %x\n", ans);
    ans = a & ~b | c;
    printf("a & ~b | c = %x\n", ans);
    printf("a ^ a = %x\n\n", a ^ a);
    return 0;
}
```

13. 試問下一程式的執行出結果？

```
#include <stdio.h>
int main()
{
    unsigned int ui = 0xffff1111;
    printf("ui << 3 = %x\n", ui << 3);
    printf("ui >> 3 = %x\n", ui >> 3);
    return 0;
}
```

14. 假設 a = 0101、b = 1010

```
Step 1. c = a^b;
Step 2. a = c^b;
```

試問執行了上述兩個步驟後，a 變數值為何？試解釋之。

3-9 程式實作

1. 試撰寫一程式，先輸入一整數給整數變數 num，然後計算 num 的平方與立方值。

2. 試撰寫一程式，要求使用者輸入三個整數 a、b、c，接著計算此三數之和，並計算 a 和 b 相除後的商及餘數。

3. 試撰寫一程式，要求使用者輸入三個數 a、b、c，其資料型態為 char，然後以位元運算子計算下列運算式的值：

   (a) a & b & c

   (b) a | b | c

   (c) a & b | c

   (d) ~a & ~b & ~c

   (e) a << 2 & b >> 3 & c << 1

4. 試撰寫一程式，先輸入一正整數 100，然後分別乘以 4 與除以 4。再利用位元運算子做同樣的事，試問是否也可以達到此結果？

選擇敘述

基本上，程式敘述的執行是一行接著一行執行的，因此需利用**控制流程**（control flow）使程式敘述的執行更加有彈性。控制流程敘述包括**選擇敘述**（selection statement）和**迴圈敘述**（loop statement）。所謂選擇敘述，簡單的說，就是在多種情況下，經由條件運算式執行其所對應的敘述，這是本章討論的主題。而迴圈敘述，則是重複執行某些敘述，這一主題將在第 5 章再詳談。

4-1 if 敘述

if 可當作「若…，則…」來解釋。例如，若我有 50000 元，則會去買一支 iPhone 手機。我有 50000 元是一「條件」，若這條件成立（為真），則去買一支 iPhone 手機。if的語法為：

```
if (條件運算式) {
    條件運算式為真時所執行的敘述;
}
```

if 緊接著以小括號括起來的條件運算式，若條件運算式為真，則執行左、右大括弧內的敘述；若為假，會直接跳過左、右大括弧內的敘述。

在 if 之條件運算式這一行，不可以加入分號（;），否則，其執行敘述是空的（請參閱 P4-4 除錯題的第 2 題）。**執行的敘述有兩個或兩個以上時，此稱為複合敘述（compound statement），大括弧是不可以省略的**，若執行單一敘述，則可以省略（請參閱 P4-4 除錯題的第 3 題），建議初學者不管是複合敘述或是單一敘述皆加上左、右大括號，往後維護會較容易，但對老手而言，他會覺得多此一舉。值得一提的是，**C 語言視所有非 0 的數字為真，而 0 為假**。

我們來看 if 簡單的用法，如範例 4-1a 所示：

範例 4-1a

```
01  /* ex4-1a.c */
02  #include <stdio.h>
03  int main()
04  {
05      int score;
06      printf("若分數大於等於 60 分，則再加 10 分\n");
07      printf("請輸入您的分數: ");
08      scanf("%d", &score);
09      if (score >= 60)
10          score += 10;
11      printf("您最後的分數為 %d\n", score);
12      return 0;
13  }
```

輸出結果 1

```
若分數大於等於 60 分，則再加 10 分
請輸入您的分數: 78
您最後的分數為 88
```

輸出結果 2

```
若分數大於等於 60 分，則再加 10 分
請輸入您的分數: 50
您最後的分數為 50
```

輸出結果 3

```
若分數大於等於 60 分，則再加 10 分
請輸入您的分數: 60
您最後的分數為 70
```

【程式剖析】

此程式第 9 行只關心分數是否大於或等於 60，並不關心小於 60 的分數，所以在輸出結果 2 中，並沒有將分 50 數再加 10 分。請將當條件運算式為真時，所要執行的敘述內縮 4 格，這樣比較容易閱讀。

1. 下一程式的題意是，輸入一整數變數 score，若大於等於 60，則印出 "您通過了"。以下是 Jennifer 撰寫的程式，請您幫她除錯一下。

```
/* bugs4-1-1.c */
#include <stdio.h>
int main()
{
    int score;
    printf("請輸入您的分數: ");
    scanf("%d", score);
    if (score >= 60) then
        printf("您通過了\n");
    return 0;
}
```

2. 題意同上，但這是 Peter 撰寫的程式，請你幫他除錯一下。

```
/* bugs4-1-2.c */
#include <stdio.h>
int main()
{
    int score;
    printf("請輸入您的分數: ");
    scanf("%d", score);
    if (score >= 60);
        printf("您通過了\n");
    return 0;
}
```

3. 下一程式的題意是，輸入一整數變數 score，若大於等於 60，則印出"恭喜，您通過了"。以下是 Amy 撰寫的程式，請你幫她除錯一下，請以 67 和 33 分數測試之。

```
/* bugs4-1-3.c */
#include <stdio.h>
int main()
{
    int score;
    printf("請輸入您的分數: ");
    scanf("%d", &score);
    if (score >= 60)
        printf("恭喜， ");
        printf("您通過了\n");
    return 0;
}
```

1. 請修改範例 4-1a，要求使用者輸入整數。若輸入的數字不是負數，則加以輸出。
2. 撰寫一程式，要求使用者輸入兩個整數，將較大的整數加以輸出。

4-2 if…else 敘述

if…else 可以看成是「如果…否則…」。也就是說當 if 的條件運算式，若為真，則處理 if 所對應的敘述，若為假，則處理 else 下面的敘述，其語法為：

```
if (條件運算式) {
    條件運算式為真時所執行的敘述;
}
else {
    條件運算式為假時所執行的敘述;
}
```

與 if 敘述一樣，在 if 的條件運算式後及 else 後皆不可加上分號，否則會有錯誤發生。若執行的敘述是單一敘述時，則大括號可以省略。

範例 4-2a

```
01  /* ex4-2a.c */
02  #include <stdio.h>
03  int main()
04  {
05      int score;
06      printf("若分數大於等於 60 分，則再加 10 分，否則加 5 分\n");
07      printf("請輸入您的分數: ");
08      scanf("%d", &score);
09      if (score >= 60)
10          score += 10;
11      else
12          score += 5;
13      printf("您最後的分數為 %d\n", score);
14      return 0;
15  }
```

輸出結果 1

```
若分數大於等於 60 分，則再加 10 分，否則加 5 分
請輸入您的分數: 78
您最後的分數為 88
```

輸出結果 2

```
若分數大於等於 60 分，則再加 10 分，否則加 5 分
請輸入您的分數: 50
您最後的分數為 55
```

【程式剖析】

我們將範例 4-1a 加入第 11 行 else 的敘述，使得分數小於 60 的也可以加 5 分。您可從輸出結果中得知。

很多初學者常誤將指定運算子（=）當作等於運算子（==）使用之。請參閱範例 4-2b：

範例 4-2b

```
01  /* ex4-2b.c */
02  #include <stdio.h>
03  int main()
04  {
05      int num = 200;
06      if (num = 100)   /* =為指定運算子 */
07          printf("num is 100\n");
08      else
09          printf("num is 200\n");
10      return 0;
11  }
```

輸出結果

```
num is 100
```

【程式剖析】

您是否覺得奇怪，第 5 行 num 的值不是 200 嗎？為何會輸出

```
num is 100
```

那是因為第 6 行使用了指定運算子（＝），將 100 指定給 num。由於此時的 num 是 100，不為 0，所以此敘述為真，當然印出 num is 100。

若將條件運算式稍作修改，就可正常執行，請參閱範例 4-2c。

範例 4-2c

```
01  /* ex4-2c.c */
02  #include <stdio.h>
03  int main()
04  {
05      int num = 200;
06      if (num == 100)    /* ==才是等號運算子 */
07          printf("num is 100\n");
08      else
09          printf("num is 200\n");
10      return 0;
11  }
```

輸出結果

```
num is 200
```

【程式剖析】

我們將範例 4-2b 第 6 行 = 改為關係運算子 ==，程式就能正確判斷 num 是否與 100 相等。再次的提醒您，這是犯錯率最高的地方。

若條件運算式不只有一個條件時，則需藉助第 3 章所談論的邏輯運算子，例如，且（&&）、或（||）運算子，請參閱範例 4-2d。

範例 4-2d

```
01  /* ex4-2d.c */
02  #include <stdio.h>
03  int main()
04  {
05      int num;
06      printf("正確的數字範圍是從 100 到 200\n");
07      printf("請輸入一數字: ");
08      scanf("%d", &num);
09      if(num >= 100 && num <= 200)
10          printf("此為正確的數字!!\n");
11      else
12          printf("此為不正確的數字!!\n");
13      return 0;
14  }
```

輸出結果 1

```
正確的數字範圍是從 100 到 200
請輸入一數字: 150
此為正確的數字!!
```

輸出結果 2

```
正確的數字範圍是從 100 到 200
請輸入一數字: 250
此為不正確的數字!!
```

【程式剖析】

此範例第 9 行使用邏輯運算子 && 處理複合的判斷。輸入數字若大於或等於 100，而且小於或等於 200 時，才為真，並印出 "此為**正確的數字 !!** "，否則，印出 "此為**不正確的數字 !!** "。一定要根據題意使用適當的邏輯運算子，像這裡就只能使用 &&（且），不可使用 ||（或），否則不論輸入任何數，判斷結果都會為真。

當要執行的是複合敘述時，必須藉助左、右大括號。請參閱範例 4-2e。

範例 4-2e

```
01  /* ex4-2e.c */
02  #include <stdio.h>
03  int main()
04  {
05      int num;
06      printf("請輸入一非零的整數: ");
07      scanf("%d", &num);
08      if (num > 0) {
09          printf("%d 是大於 0\n", num);
10          printf("所以 %d 是正整數\n", num);
11      }
12      else {
13          printf("%d 是小於 0\n", num);
14          printf("所以 %d 是負整數\n", num);
15      }
16      return 0;
17  }
```

輸出結果 1

```
請輸入一非零的整數: 20
20 是大於 0
所以 20 是正整數
```

輸出結果 2

```
請輸入一非零的整數: -15
-15 是小於 0
所以 -15 是負整數
```

【程式剖析】

此範例要求使用者輸入一個整數，不包括 0，之後判斷此數字是正或負，並印出兩個訊息。再次提醒您，當執行的敘述有二個或二個以上的複合敘述時，必須加上左、右大括號，如第 8-11 行與 12-15 行，否則只有一個敘述有效而已。

在 if…else 的架構上，**else 永遠與其最接近，而且還未配對的 if 相結合**，如範例 4-2f 所示。

範例 4-2f

```
01  /* ex4-2f.c */
02  #include <stdio.h>
03  int main()
04  {
05      int score;
06      printf("Please input your score: ");
07      scanf("%d", &score);
08      if (score >= 60)
09          if (score <= 80)
10              score = score + 10;
11      else
12          score = score + 5;
13      printf("score = %d\n", score);
14      return 0;
15  }
```

輸出結果 1

```
Please input your score: 70
score = 80
```

輸出結果 2

```
Please input your score: 90
score = 95
```

輸出結果 3

```
Please input your score: 50
score = 50
```

【程式剖析】

範例中第 11 行的 else 是與第 9 行 if (score <= 80) 配對的，而不是與和它對齊的第 8 行配對的。若輸入的 score 為 70，則最後的 score 為 80；若輸入的 score 為 90，則最後的 score 為 95；若輸入的 score 為 50，則最後的分數還是 50，這是因為當 score 小於 60 時，將直接輸出 score。此程式的對應圖形如下：

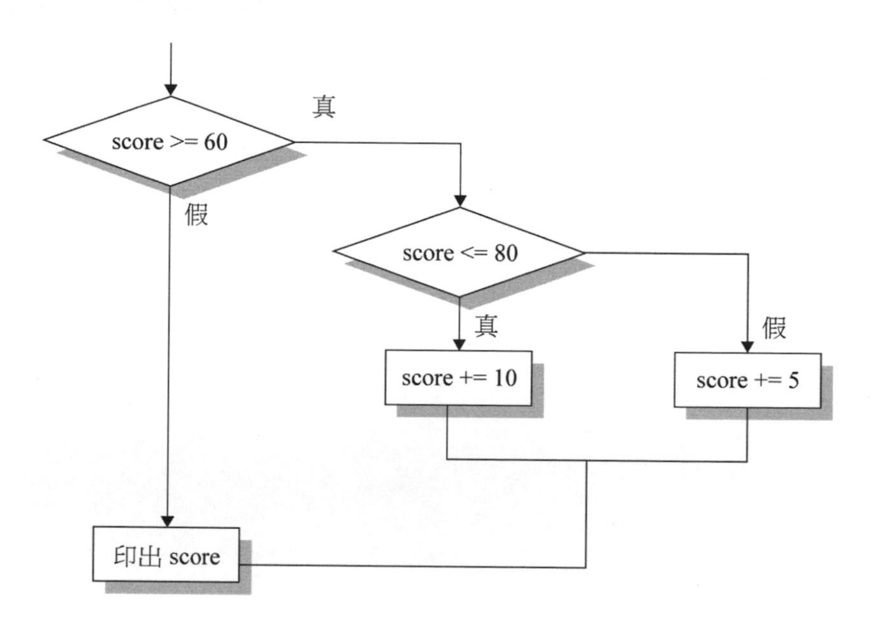

若要使 else 和第一個 if 相匹配，則需要左、右大括號的幫忙，如範例 4-2g 第 8 與 11 行所示：

範例 4-2g

```
01  /* ex4-2g.c */
02  #include <stdio.h>
03  int main()
04  {
05      int score;
06      printf("Please input your score: ");
07      scanf("%d", &score);
08      if (score >= 60) {
```

```
09            if(score <= 80)
10                score = score + 10;
11        }
12        else
13            score = score + 5;
14        printf("score = %d\n", score);
15        return 0;
16    }
```

輸出結果 1

```
Please input your score: 70
score = 80
```

輸出結果 2

```
Please input your score: 90
score = 90
```

輸出結果 3

```
Please input your score: 50
score = 55
```

【程式剖析】

從輸出結果得知，score 介於 60 ~ 80 之間，最後的 score 會加 10 分；score 小於 60，則最後的 score 加 5 分；但 score 大於 80，則不加分。此範例的對應圖形如下：

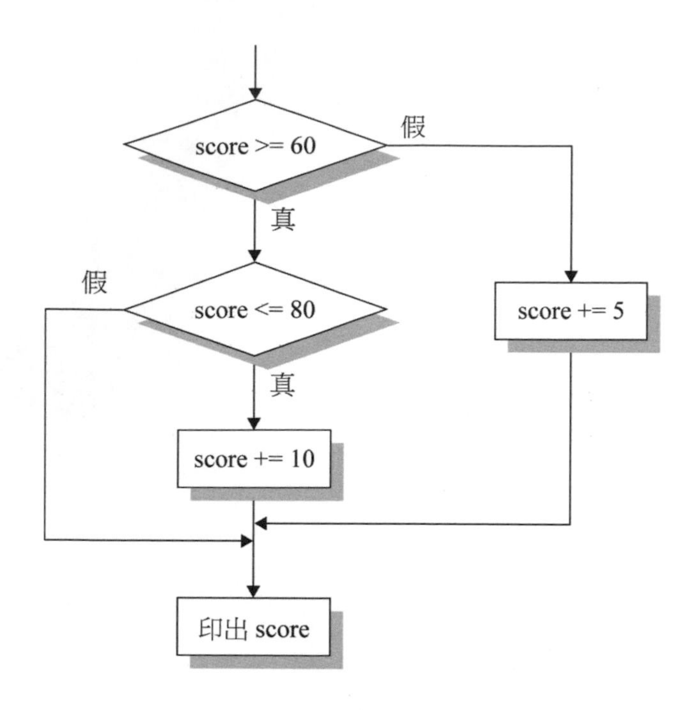

除錯題

1. 題目的大意是：輸入 score 的值，若 score 大於 60，則將 score 加上 10，並印出；否則將 score 加上 20，並印出。以上是 Nancy 撰寫的程式，請您幫她看一下，若有錯誤，請加以修改之。

```
/* bugs4-2-1.c */
#include <stdio.h>
int main()
{
    int score;
    printf("Please input your score: ");
    scanf("%d", score);
    if (score >= 60)
        score += 10;
        printf("Your score is %d\n", score);
    else
        score += 20;
        printf("Your score is %d\n", score);
    return 0;
}
```

2. 讓使用者輸入一個數字，若是能被 2 整除，則輸出偶數，否則輸出奇數，以下是 Obama 撰寫的程式，請您幫忙看一下。

```
/* bugs4-2-2.c */
#include <stdio.h>
int main()
{
    int num;
    printf("請輸入一個整數: ");
    scanf("%d", num);
    if (num%2 = 0)
        printf("%d 是偶數\n", num);
    else
        printf("%d 是奇數\n", num);
    return 0;
}
```

練習題

1. 撰寫一程式，要求使用者輸入兩個數 num1 與 num2，若 num1 大於 num2，印出 "num1 大於 num2"；否則，印出 "num1 不大於 num2"。

2. 撰寫一程式，先要求使用者輸入一個數字，然後判斷它是偶數，或是奇數。

3. 試問下面的片段程式為何？

```
int num = 200;
if (num = 0)
    printf("num is 100\n");
else
    printf("Bingo! num is 200\n");
```

4-3 條件運算子

條件運算子（conditional operator）—?:，是由兩個運算子所組成的，分別是 ? 與 :，因為此運算子作用於三個運算元，故稱它為三元運算子。其語法如下：

```
( 條件運算式 ) ? 真時所執行的敘述 : 假時所執行的敘述;
```

看了 ?: 的語法後，是否覺得它與 if-else 的語法很相似。我們以取兩數之最大值為範例來加以說明。請參閱範例 4-3a 第 10 行。

範例 4-3a

```
01  /* ex4-3a.c */
02  #include <stdio.h>
03  int main()
04  {
05      int num1, num2, big;
06      printf("請輸入兩個整數: ");
07      scanf("%d %d", &num1, &num2);
08
09      /*將較大的數存放於big 變數 */
10      big = (num1 > num2) ? num1 : num2;
11      printf("最大數為 %d\n", big);
12      return 0;
13  }
```

輸出結果 1

```
請輸入兩個整數: 30 50
最大數為 50
```

輸出結果 2

```
請輸入兩個整數: 200 100
最大數為 200
```

【程式剖析】

當 num1 大於 num2 時，將 num1 指定給 big，否則將 num2 指定給 big。

若改用 if-else 敘述來撰寫，則如範例 4-3b 所示。

範例 4-3b

```
01  /* ex4-3b.c */
02  #include <stdio.h>
03  int main()
04  {
05      int num1, num2, big;
06      printf("請輸入兩個整數: ");
07      scanf("%d %d", &num1, &num2);
08
09      /*將較大的數存放於big 變數 */
10      if (num1 > num2)
11          big = num1;
12      else
13          big = num2;
14      printf("最大數為 %d\n", big);
15      return 0;
16  }
```

輸出結果

```
請輸入兩個整數: 100 200
最大數為 200
```

【程式剖析】

此範例是以 if…else 來取代 ?: 運算子的敘述。其意義是相同的。

1. 輸入兩個整數，並比較其大小，將較小的整數存放於 small 變數，以下的程式是小柯撰寫的程式，他找了許久，不知錯在哪裡，請大家幫忙一下。

```
/* bugs4-3-1.c */
#include <stdio.h>
int main()
{
    int num1, num2, small;
    printf("請輸入兩個整數: ");
    scanf("%d %d", num1, num2);

    /* 將較小的數存放於 small 變數 */
    small = (num1 < num2) ? num2 : num1;
    printf("此兩數最小值為 %d\n", small);
    return 0;
}
```

練習題

1. 利用條件運算子，撰寫一個求某數絕對值的程式。
2. 要求使用者輸入一個英文字母，利用條件運算子，輸出其大寫字母。

4-4 else…if 敘述（巢狀 if）

else…if 是巢狀的 if 敘述，是在 else 後，再使用 if…else 敘述，其語法如下：

```
if (條件運算式 A) {
    條件運算式 A 為真時的執行敘述;
}
else if (條件運算式 B) {
        條件運算式 B 為真時的執行敘述;
}
else
     ...
     ...
```

如同 if…else 敘述一般，若條件運算式為真時，所執行敘述是單一敘述，則左、右大括號可以省略之，否則不可省略。我們以範例 4-4a 說明之。

範例 4-4a

```
01  /* ex4-4a.c */
02  #include <stdio.h>
03  int main()
04  {
05      int num;
06      printf("請輸入一整數: ");
07      scanf("%d", &num);
08      if (num > 0)
09          printf("%d 是一正整數\n", num);
10      else if (num < 0)
11          printf("%d 是一負整數\n", num);
12      else
13          printf("%d 是0\n", num);
14      return 0;
15  }
```

輸出結果 1

```
請輸入一整數: 50
50 是一正整數
```

輸出結果 2

```
請輸入一整數: -32
-32 是一負整數
```

輸出結果 3

```
請輸入一整數: 0
0 是 0
```

【程式剖析】

此範例第 8-13 行除了可判斷正負整數外，還可以判斷是否為零（第 12-13 行）。再複雜一點的話，請參閱範例 4-4b。

範例 4-4b

```
01  /* ex4-4b.c */
02  #include <stdio.h>
03  int main()
04  {
05      int level;
06      printf("請問你是幾年級的學生(1-5): ");
07      scanf("%d", &level);
08      if (level == 1)
09          printf("你是大一新生\n");
10      else if (level == 2)
11          printf("你是大二學生\n");
12      else if (level == 3)
13          printf("你是大三學生\n");
14      else if (level == 4)
15          printf("你是大四學生\n");
16      else if (level == 5)
17          printf("你是研究生\n");
18      else
19          printf("錯誤的代碼!!\n");
20      return 0;
21  }
```

輸出結果 1

```
請問你是幾年級學生(1-5): 5
你是研究生
```

輸出結果 2

```
請問你是幾年級學生(1-5): 3
你是大三學生
```

輸出結果 3

```
請問你是幾年級學生(1-5): 7
錯誤的代碼!!
```

【程式剖析】

此範例程式其實就是 if…else 的延伸版。程式中第 8-19 行的判斷共有五種情況，使用 else-if 敘述可以辦得到，但可不輕鬆，而且一個程式被分成好幾層，實在是不太好寫又不太好看。這要靠下一節的 switch…case 敘述來幫忙了。

除錯題

1. John 剛學完 else…if，就想現買現賣，於是寫了一個問你是住哪一樓層的程式，而這棟大廈總只有五層樓。以下是他寫的程式，請您幫他改一下。感謝您。

```
/* bugs4-4-1.c */
#include <stdio.h>
int main()
{
    int floor;
    printf("你住哪一層樓 (1-5): ");
    scanf("%d", &floor);
    if (floor = 1)
         printf("我住在一樓\n");
    else if (floor = 2)
        printf("我住在二樓\n");
    else if (floor = 3)
        printf("我住在三樓\n");
    else if (floor = 4)
        printf("我住在四樓\n");
    else if (floor = 5)
        printf("我住在五樓\n");
    else
        printf("錯誤的樓層\n\n");
    return 0;
}
```

1. 試利用 else-if 敘述，判斷使用者輸入的字元是英文字母、數字，或是其它符號。

2. 試撰寫一程式，要求使用者輸入一個數字，若數字小於 0，印出 "數字很小"；若數字介於 0 至 50 之間，印出 "數字不大"；若介於 51 到 100 之間，印出 "數字不小"；若大於 100，則印出 "數字很大"。

4-5 switch…case 敘述

switch…case 敘述與 else…if 敘述的作用相同，都適用於多重選擇的狀況，但 switch…case 敘述看起來就簡潔多了，其語法如下：

```
switch (整數變數或字元變數) {
    case 常數值 1: 執行敘述;
                   break;
    case 常數值 2: 執行敘述;
                   break;
              :
              :
    default: 執行敘述;
}
```

我們可以把 switch 後括號 ( ) 內的變數值，想像是一個開關，若開關的值與 case 後常數的值相同，則打開此開關，執行其以下的敘述。若找不到與 case 後的常數值相同，則執行 default 的敘述。要注意的是，case 後面的常數值只能接整數常數或字元常數，不可以接運算式。case 要空一格，之後才能接常數值，不可將它們連在一起。

當程式執行完 case 下所對應的執行敘述後，就應結束 switch…case 敘述，這時就得使用到 break 的敘述。若沒有 break 敘述，則會繼續往下執行。這就是為什麼在每一個 case，都會加上 break 敘述的原因。而在 default 下為什麼沒有 break？因為 default 所對應的執行敘述，最後就是右大括弧。我們來看幾個範例，順便加以說明。先從範例 4-5a 看起。

範例 4-5a

```
01  /* ex4-5a.c */
02  #include <stdio.h>
03  int main()
04  {
05      /* switch 敘述不使用break; */
06      int num;
07      printf("請輸入演員代號: ");
08      scanf("%d", &num);
09      switch (num) {
10          case 1: printf("友子\n");
11          case 2: printf("阿嘉\n");
12          case 3: printf("茂伯\n");
13          case 4: printf("馬拉桑\n");
14          default: printf("你不是海角七號的演員\n");
15      }
16      return 0;
17  }
```

輸出結果 1

```
請輸入演員代號: 1
友子
阿嘉
茂伯
馬拉桑
你不是海角七號的演員
```

輸出結果 2

```
請輸入演員代號: 2
阿嘉
茂伯
馬拉桑
你不是海角七號的演員
```

輸出結果 3

```
請輸入演員代號: 3
茂伯
馬拉桑
你不是海角七號的演員
```

輸出結果 4

```
請輸入演員代號: 5
你不是海角七號的演員
```

【程式剖析】

以上的輸出結果好像不是我們想要的，那是因為第10-13行在case後，沒有加入break敘述的關係，而使得程式無法從switch中跳離，導致不該執行的敘述也執行了。

將上一範例加以修改一下，請參閱範例 4-5b。

範例 4-5b

```
01  /* ex4-5b.c */
02  #include <stdio.h>
03  int main()
04  {
05      /* switch 敘述使用break; */
06      int num;
07      printf("請輸入演員代號: ");
08      scanf("%d", &num);
09      switch (num) {
10          case 1: printf("友子\n");
11                  break;
12          case 2: printf("阿嘉\n");
13                  break;
14          case 3: printf("茂伯\n");
15                  break;
16          case 4: printf("馬拉桑\n");
17                  break;
```

```
18            default: printf("你不是海角七號的演員\n");
19        }
20        return 0;
21    }
```

輸出結果 1

```
請輸入演員代號: 1
友子
```

輸出結果 2

```
請輸入演員代號: 2
阿嘉
```

輸出結果 3

```
請輸入演員代號: 3
茂伯
```

輸出結果 4

```
請輸入演員代號: 5
你不是海角七號的演員
```

【程式剖析】

將 switch 敘述中第 11、13、15 以及 17 行加入了 break; 後，程式就不會將不符合的敘述也執行，所以輸出結果是正確的。

switch 敘述只要在開始與結束加上大括弧 { } 就可以了，雖然在 case 下要執行複合敘述，也不需要在 case 下加上大括弧。再來我們將範例 4-4b 改以 switch…case 的形式表示之，如範例 4-5c 所示。

範例 4-5c

```
01    /* ex4-5c.c */
02    #include <stdio.h>
03    int main()
04    {
```

```
05        /* 將範例 4-4b 的 else-if 敘述更改為 switch 敘述，並
06           將 int 改為 char 型態，示範 switch 在字元常數下的用法 */
07        char level;
08        printf("請問你是幾年級的學生(1…5): ");
09        scanf("%c", &level);
10        switch (level) {
11            case '1': printf("你是大一新生\n");
12                      break;
13            case '2': printf("你是大二學生\n");
14                      break;
15            case '3': printf("你是大三學生\n");
16                      break;
17            case '4': printf("你是大四學生\n");
18                      break;
19            case '5': printf("你是研究生\n");
20                      break;
21            default: printf("錯誤的代碼!!\n");
22        }
23        return 0;
24    }
```

輸出結果 1

```
請問你是幾年級的學生(1…5): 5
你是研究生
```

輸出結果 2

```
請問你是幾年級的學生(1…5): 3
你是大三學生
```

輸出結果 3

```
請問你是幾年級的學生(1…5): 6
錯誤代碼!!
```

【程式剖析】

此範例第 11、13、15、17 以及 19 行說明 case 後的常數，除了可使用整數常數外，也可以使用字元常數。字元常數是使用單引號括住一個字元。

1. 這一題和 4-4 節的除錯題的題目（bugs4-4-1.c）是一樣的，只是以 switch…case 的方式撰寫，請您幫忙除錯一下囉！

```
/* bugs4-5-1.c */
#include <stdio.h>
int main()
{
    int floor;
    printf("你住哪一層樓 (1-5): ");
    scanf("%d", &floor);
    switch (floor) {
        case 1: printf("我住在一樓\n");
                break;
        case 2: printf("我住在二樓\n");
        case 3: printf("我住在三樓\n");
                break;
        case 4: printf("我住在四樓\n");
        case 5: printf("我住在五樓\n");
        default: printf("錯誤的樓層\n\n");
    }
    return 0;
}
```

2. 以下是 Mary 所撰寫的程式，請幫她除錯一下。

```
/* bugs4-5-2.c */
#include <stdio.h>
int main()
{
    char level;
    printf("請問您是幾年級的學生 (1…5): ");
    scanf("%c", &level);
    switch (level) {
        case 1: printf("你是大一新生\n");
                break;
        case 2: printf("你是大二學生\n");
                break;
        case 3: printf("你是大三學生\n");
                break;
        case 4: printf("你是大四學生\n");
                break;
        case 5: printf("你是研究生\n");
                break;
```

```
        default: printf("錯誤的代碼!!\n");
    }
    return 0;
}
```

1. 要求使用者輸入 0 或 1，並使用 switch 判斷該數，若為 0，印出 "False"；為 1，則印出 "True"；若為其它的數，則印出 "Error"。
2. 利用 switch 敘述撰寫一程式，要求使用者輸入一字元，只有當字元為 's'、't'、'a'、'r' 時，才輸出 "Bingo" 訊息，否則印出錯誤訊息。

4-6 選擇敘述的應用範例

以下將舉十個利用選擇敘述的應用範例。

4-6-1 閏年的判斷

閏年（leap year）表示一年中有 366 天，是以西元來處理的。若此年份符合以下的二個條件之一即為閏年，(一) 被 400 整除，(二) 被 4 整除而且不被 100 整除稱之。如應用範例 4-6-1 所示：

應用範例 4-6-1

```
01  /* ex4-6-1.c */
02  #include <stdio.h>
03  int main()
04  {
05      int year;
06
07      printf("請輸入一年份: ");
08      scanf("%d", &year);
09      _Bool isLeapYear = (year%400 == 0 || (year%4 == 0
10                                          && year%100 != 0));
```

```
11
12        if (isLeapYear)
13            printf("%d is a leap year", year);
14        else
15            printf("%d is not a leap year", year);
16        return 0;
17    }
```

輸出結果 1

```
請輸入一年份: 2015
2015 is not a leap year
```

輸出結果 2

```
請輸入一年份: 2016
2016 is a leap year
```

程式中第 9 行利用 _Bool 的資料型態定義 isLeapYear 變數，因此，此變數的結果不是 1，就是 0。若是 1，則表示為真，而 0 表示為假。將上述判斷閏年的條件以程式表示如下：

```
_Bool isLeapYear = (year%400 == 0 || year%4 == 0 && year%100 != 0)
```

接著第 12-15 行利用 if…else 加以判斷 isLeapYear 是否為真。

4-6-2 計算 BMI

世界衛生組織建議以身體質量指數（Body Mass Index，BMI）來衡量肥胖程度。其計算公式是以體重（公斤）除以身高（公尺）的平方，請參閱範例 4-6-2 第 17 行。BMI 應維持在 18.5（kg/m^2）與 24（kg/m^2）之間。BMI 的衡量標準請參考表 4-1：

表 4-1 BMI 的衡量標準

	BMI 值
體重過輕	BMI < 18.5
正常範圍	**18.5 <= BMI < 24**
過重	24 <= BMI < 27
輕度肥胖	27 <= BMI < 30
中度肥胖	30 <= BMI < 35
重度肥胖	35 <= BMI

請參閱應用範例 4-6-2 所示：

應用範例 4-6-2

```
01  /* ex4-6-2.c */
02  #include <stdio.h>
03
04  int main()
05  {
06      double height;
07      double weight;
08
09      printf("請輸入身高(公分): ");
10      scanf("%lf", &height);
11
12      printf("請輸入體重(公斤): ");
13      scanf("%lf", &weight);
14
15      double heightByMeters = height / 100;
16
17      double BMI = weight / (heightByMeters * heightByMeters);
18      printf("BMI = %.1f\n\n", BMI);
19
20      if (BMI < 18.5)
21          printf("體重過輕\n");
22      else if (BMI < 24)
23          printf("正常\n");
24      else if (BMI < 27)
25          printf("過重\n");
26      else if (BMI < 30)
```

```
27            printf("輕度肥胖\n");
28        else if (BMI < 35)
29            printf("中度肥胖\n");
30        else
31            printf("重度肥胖\n");
32        return 0;
33    }
```

輸出結果 1

```
請輸入身高(公分): 185
請輸入體重(公斤): 69
BMI = 20.2

正常
```

輸出結果 2

```
請輸入身高(公分): 156
請輸入體重(公斤): 70
BMI = 28.8

輕度肥胖
```

因為 BMI 中的身高是以公尺，而我們輸入的身高是以公分表示，所以要除以 100（第 15 行）。

4-6-3 判斷三邊長是否可構成三角形

形成三角形的三邊必須是三角形的任意兩邊要大於第三邊。請參閱應用範例 4-6-3。

應用範例 4-6-3

```
01    /* ex4-6-3.c */
02    #include <stdio.h>
03    int main()
04    {
05        int side1, side2, side3;
06        _Bool a, b, c;
07        printf("請輸入三邊長: ");
08        scanf("%d %d %d", &side1, &side2, &side3);
```

```
09
10        a = side1+side2 > side3;
11        b = side1+side3 > side2;
12        c = side2+side3 > side1;
13        if (a && b && c) {
14            printf("%d, %d, %d 可構成一三角形\n", side1, side2, side3);
15        }
16        else {
17            printf("%d, %d, %d 無法構成一三角形\n", side1, side2, side3);
18        }
19
20        return 0;
21    }
```

輸出結果 1

```
請輸入三邊長: 2 2 2
2, 2, 2 可構成一三角形
```

輸出結果 2

```
請輸入三邊長: 1 2 1
1, 2, 1 無法構成一三角形
```

4-6-4 解一次二元方程式的根

有一條一元二次方程式如下：

$ax^2 + bx + c = 0$

的二個實根為 $(-b + (b^2 - 4ac)^{0.5}) / 2a$, 與 $(-b - (b^2 - 4ac)^{0.5}) / 2a$

若判斷式 b^2-4ac

(1) 等於 0，則有一實根

(2) 大於 0，則有二個實根

(3) 小於 0，則沒有實根

請參閱應用範例 4-6-4。

應用範例 4-6-4

```
01  /* ex4-6-4.c */
02  #include <stdio.h>
03  #include <math.h>
04  int main()
05  {
06      int a, b, c, deter;
07      double root1, root2, root;
08      printf("請輸入 ax2+bx+c=0 的 a, b, c: ");
09      scanf("%d %d %d", &a, &b, &c);
10      deter = pow(b, 2) - 4*a*c;
11      if (deter > 0) {
12          root1 = (-b+sqrt(deter))/(2*a);
13          root2 = (-b-sqrt(deter))/(2*a);
14          printf("此方程式的二個相異實根為 %.2f 與 %.2f\n", root1,
15                 root2);
16      }
17      else if (deter == 0) {
18          root = (-b)/(2*a);
19          printf("此方程式的實根為 %.2f\n", root);
20      }
21      else {
22          printf("此方程式沒有實根\n");
23      }
24      return 0;
25  }
```

輸出結果

```
請輸入 ax2+bx+c=0 的 a, b, c: 1 -4 4
此方程式的實根為 2.00

請輸入 ax2+bx+c=0 的 a, b, c: 1 -6 8
此方程式的二個相異實根為 4.00 與 2.00
```

4-6-5 判斷某一點座標是否在圓內

我們可以圓心到點座標的距離，來判斷某一點座標是否在以圓心為(0，0)的特定半徑之圓內。如應用範例 4-6-5 所示：

應用範例 4-6-5

```
01  /* ex4-6-5.c */
02  #include <stdio.h>
03  #include <math.h>
04  int main()
05  {
06      int pointX, pointY, radius;
07      double dist;
08
09      printf("請輸入x、y座標: ");
10      scanf("%d %d", &pointX, &pointY);
11      printf("請輸入圓的半徑: ");
12      scanf("%d", &radius);
13      dist = sqrt(pow(pointX, 2) + pow(pointY, 2));
14      if (dist <= radius) {
15          printf("點座標(%d, %d)在圓內\n", pointX, pointY);
16      }
17      else {
18          printf("點座標(%d, %d)不在圓內\n", pointX, pointY);
19      }
20      return 0;
21  }
```

輸出結果 1

```
請輸入 x、y 座標: 4 5
請輸入圓的半徑: 5
點座標(4, 5)不在圓內
```

輸出結果 2

```
輸入 x、y 座標: 4 5
請輸入圓的半徑: 8
點座標(4, 5)在圓內
```

4-6-6 十進位轉換為十六進位

十進位的 10、11、12、13、14、15 分別對應十六進位的 A、B、C、D、E、F。請參閱應用範例 4-6-6。

應用範例 4-6-6

```
01  /* ex4-6-6.c */02
02  int main()
03  {
04      int num;
05      printf("請輸入一整數(0~15): ");
06      scanf("%d", &num);
07      switch (num) {
08          case 10:
09                  printf("十六進位是 A\n");
10                  break;
11          case 11:
12                  printf("十六進位是 B\n");
13                  break;
14          case 12:
15                  printf("十六進位是 C\n");
16                  break;
17          case 13:
18                  printf("十六進位是 D\n");
19                  break;
20          case 14:
21                  printf("十六進位是 E\n");
22                  break;
23          case 15:
24                  printf("十六進位是 F\n");
25                  break;
26          default:
27                  if (num >= 0 && num <= 9) {
28                      printf("十六進位是 %d\n", num);
29                  }
30                  else {
31                      printf("無效的輸入\n");
32                  }
33      }
34      return 0;
35  }
```

輸出結果

```
請輸入一整數(0~15): 15
十六進位是 F

請輸入一整數(0~15): 3
十六進位是 3

請輸入一整數(0~15): 16
無效的輸入
```

4-6-7 將三個整數，由小至大排序

此時要用到兩數對調的動作，如 a 和 b 要做對調，你不可以寫成

a = b;

b = a;

看起來好像是對的，你的給我，我的給你。但在程式設計上是無法對調，因為最後的值都是 b。此時要利用第三者 temp 來輔助。如下所示：

int temp, a=100, b=200;

temp = a;

a = b;

b = temp;

此時就可以達成對調的動作。 請參閱應用範例 4-6-7。

應用範例 4-6-7

```
01  /* ex4-6-7.c */
02  #include <stdio.h>
03  int main()
04  {
05      int i, j, k, temp;
06      printf("請輸入三個整數: ");
07      scanf("%d %d %d", &i, &j, &k);
08      if (i > j) {
09          temp = i;
```

```
10            i = j;
11            j = temp;
12        }
13        if (j > k) {
14            temp = j;
15            j = k;
16            k = temp;
17        }
18        if (i > j) {
19            temp = i;
20            i = j;
21            j = temp;
22        }
23        printf("由小至大排序: %d, %d, %d\n", i, j, k);
24        return 0;
25    }
```

輸出結果

```
請輸入三個整數: 20 3 2
由小至大排序: 2, 3, 20

請輸入三個整數: 20 3 8
由小至大排序: 3, 8, 20
```

4-6-8 檢視輸入的三位數字是否為迴文

迴文數字（palindrome number）表示由左至右讀，和由右至左讀是一樣的話，則稱為迴文數字。

此範例以三位數字來說明。(1)、先將此數 (假設是 181) 除以 10 的餘數 (=1) 後乘上 100 (=100)，(2)、加上將此數除以 10 取其商 (18)，再除以 10 取其餘數 (=8) 乘以 10 (=80)，(3)、最後加上以此數除以 100 的餘數 (=1)，我們將上述三步驟加起來的數字，若與原來的數字一樣時，則稱原來的數字為迴文數字。如參閱應用範例 4-6-8：

應用範例 4-6-8

```
01  /* ex4-6-8.c */
02  #include <stdio.h>
03  int main()
04  {
05      int number, palindrome;
06      printf("請輸入三位數的整數: ");
07      scanf("%d", &number);
08      if (number >= 1000) {
09          printf("輸入無效數字\n");
10      }
11      else {
12          palindrome = (number % 10) * 100 + (number / 10 % 10) *
13                          10 + (number / 100);
14
15          if (number == palindrome) {
16              printf("%d 是一迴文數字\n", number);
17          }
18          else {
19              printf("%d 不是迴文數字\n", number);
20          }
21      }
22      return 0;
23  }
```

輸出結果 1

```
請輸入三位數的整數: 123
123 不是迴文數字
```

輸出結果 2

```
請輸入三位數的整數: 181
181 是一迴文數字
```

輸出結果 3

```
請輸入三位數的整數: 1818
輸入無效數字
```

4-6-9 檢視你的生肖

生肖的判斷只要將出生的西元年份除以 12 取其餘數，若餘數為 0，則生肖是屬猴。若餘數為 1，則生肖是屬雞，依此類推，如應用範例 4-6-9 所示：

應用範例 4-6-9

```
01  /* ex4-6-9.c */
02  #include <stdio.h>
03  int main()
04  {
05      int year, rem;
06      printf("請輸入一出生的年份(西元): ");
07      scanf("%d", &year);
08      rem = year % 12;
09      switch (rem) {
10          case 0:
11                  printf("你的生肖屬猴\n");
12                  break;
13          case 1:
14                  printf("你的生肖屬雞\n");
15                  break;
16          case 2:
17                  printf("你的生肖屬狗\n");
18                  break;
19          case 3:
20                  printf("你的生肖屬豬\n");
21                  break;
22          case 4:
23                  printf("你的生肖屬鼠\n");
24                  break;
25          case 5:
26                  printf("你的生肖屬牛\n");
27                  break;
28          case 6:
29                  printf("你的生肖屬虎\n");
30                  break;
31          case 7:
32                  printf("你的生肖屬兔\n");
33                  break;
34          case 8:
35                  printf("你的生肖屬龍\n");
36                  break;
```

```
37          case 9:
38                 printf("你的生肖屬蛇\n");
39                 break;
40          case 10:
41                 printf("你的生肖屬馬\n");
42                 break;
43          case 11:
44                 printf("你的生肖屬羊\n");
45                 break;
46      }
47      return 0;
48  }
```

輸出結果

```
請輸入一出生的年份(西元): 1994
你的生肖屬狗
```

4-6-10 猜猜生日是幾號

我們可撰寫一程式猜出你的生日是幾號，首先提示使用者回答一些問題後，程式便可給予正確的答案。假設我的生日是某年、某月的 13 號，接著來看看程式所給予的答案是否正確。請參閱應用範例 4-6-10。

應用範例 4-6-10

```
01  /* ex4-6-10.c */
02  #include <stdio.h>
03  int main()
04  {
05      int day = 0, answer;
06      printf("你生日的年、月、日的日號有在下面的表格嗎? \n");
07      printf(" 1,  3,  5,  7\n");
08      printf(" 9, 11, 13, 15\n");
09      printf("17, 19, 21, 23\n");
10      printf("25, 27, 29, 31\n");
11      printf("輸入 1 表示有，輸入 0 表示沒有: ");
12      scanf("%d", &answer);
13      if (answer == 1)
14          day += 1;
15
16      printf("\n 你生日的年、月、日的日號有在下面的表格嗎? \n");
```

```
17        printf(" 2,  3,  6,  7\n");
18        printf("10, 11, 14, 15\n");
19        printf("18, 19, 22, 23\n");
20        printf("26, 27, 30, 31\n");
21        printf("輸入 1 表示有，輸入 0 表示沒有: ");
22        scanf("%d", &answer);
23        if (answer == 1)
24            day += 2;
25
26        printf("\n你生日的年、月、日的日號有在下面的表格嗎? \n");
27        printf(" 4,  5,  6,  7\n");
28        printf("12, 13, 14, 15\n");
29        printf("20, 21, 22, 23\n");
30        printf("28, 29, 30, 31\n");
31        printf("輸入 1 表示有，輸入 0 表示沒有: ");
32        scanf("%d", &answer);
33        if (answer == 1)
34            day += 4;
35
36        printf("\n你生日的年、月、日的日號有在下面的表格嗎? \n");
37        printf(" 8,  9, 10, 11\n");
38        printf("12, 13, 14, 15\n");
39        printf("24, 25, 26, 27\n");
40        printf("28, 29, 30, 31\n");
41        printf("輸入 1 表示有，輸入 0 表示沒有: ");
42        scanf("%d", &answer);
43        if (answer == 1)
44            day += 8;
45
46        printf("\n你生日的年、月、日的日號有在下面的表格嗎? \n");
47        printf("16, 17, 18, 19\n");
48        printf("20, 21, 22, 23\n");
49        printf("24, 25, 26, 27\n");
50        printf("28, 29, 30, 31\n");
51        printf("輸入 1 表示有，輸入 0 表示沒有: ");
52        scanf("%d", &answer);
53        if (answer == 1)
54            day += 16;
55
56        printf("\n你在某年月的 %d 日出生，對吧!\n", day);
57        return 0;
58    }
```

輸出結果

```
你生日的年、月、日的日號有在下面的表格嗎?
 1,  3,  5,  7
 9, 11, 13, 15
17, 19, 21, 23
25, 27, 29, 31
輸入 1 表示有,輸入 0 表示沒有: 1

你生日的年、月、日的日號有在下面的表格嗎?
 2,  3,  6,  7
10, 11, 14, 15
18, 19, 22, 23
26, 27, 30, 31
輸入 1 表示有,輸入 0 表示沒有: 0

你生日的年、月、日的日號有在下面的表格嗎?
 4,  5,  6,  7
12, 13, 14, 15
20, 21, 22, 23
28, 29, 30, 31
輸入 1 表示有,輸入 0 表示沒有: 1

你生日的年、月、日的日號有在下面的表格嗎?
 8,  9, 10, 11
12, 13, 14, 15
24, 25, 26, 27
28, 29, 30, 31
輸入 1 表示有,輸入 0 表示沒有: 1

你生日的年、月、日的日號有在下面的表格嗎?
16, 17, 18, 19
20, 21, 22, 23
24, 25, 26, 27
28, 29, 30, 31
輸入 1 表示有,輸入 0 表示沒有: 0

你在某年月的 13 日出生,對吧!
```

【程式剖析】

此程式根據你的生日是幾號，若有出現在程式所顯示的數字表格，則輸入 1，否則輸入 0。

此程式的做法很簡單，由於 1~31 的數字，以二進位先來表示這些數字，只要五位由 0 或 1 所組集合即可。將數字轉為二進位後，由右到左從 1 開始編號，看看哪一位是 1，即表示在此集合會出現這數字，如 11 的二進位是 $(1011)_2$，表示第一個、第二個和第四個集合會有 11 這數字。18 的二進位是 $(10010)_2$，表示第二個和第五個集合會有 18 這數字其餘的數字，依此類推，你就可以將 1 到 31 的數字擺在適當的集合了。

當你回答是 1 時，就會將出現此數字之集合的第一個數字加總，因為這和將二進位轉為十進位的做法是相同的。

4-7 問題演練

1. 試問下一個片段程式的輸出結果？

(a)
```
int i = 100;
if (i = 200) {
    printf("ok\n");
    printf("i = %d\n", i++);
}
else {
    printf("no\n");
    printf("i = %d\n", --i);
}
printf("i = %d\n", i);
```

(b)
```
int i = 100;
if (i == 100) {
    printf("OK\n");
    printf("i = %d\n", i++);
}
else {
    printf("no\n");
    printf("i = %d\n", --i);
}
printf("i = %d\n", i);
```

(c)
```
int i = 100;
if (i = 0) {
    printf("no\n");
    printf("i = %d\n", ++i);
}
```

```
else {
    printf("no\n");
    printf("i = %d\n", i++);
}
printf("i = %d\n", i);
```

2. 試將下列片段程式的 if…else 改以 ?: 表示之。

(a)
```
int score;
printf("please input your score:");
scanf("%d",&score);
if (score >= 60)
    printf("pass\n");
else
    printf("down");
```

(b)
```
int weather;/*0:晴天，1:雨天*/
if (weather == 1)
    printf("要帶雨傘喔!\n");
else
    printf("不必帶雨傘!\n");
```

(c)
```
int score, total=0;
printf("please input your score:");
scanf("%d", &score);
if (score < 60)
    total = score + 15;
else
    total = score + 10;
```

3. 有兩個片段程式如下，分別輸入 50、70、90，試問其輸出結果為何？

(a)
```
int score;
scanf("%d", &score);
if (score >= 60)
    if(score <= 80)
       score += 10;
else
    score += 5;
printf("your score = %d\n", score);
```

(b)
```
int score;
scanf("%d", &score);
if (score >= 60) {
    if (score <= 80)
       score += 10;
}
```

```
    else
        score += 5;
    printf("your score = %d\n", score);
```

4. 請問下一程式分別輸入 s、c 以及 C 的輸出結果為何？

```
#include <stdio.h>
int main( )
{
    char ch;
    printf("\'c\': C 語言，\'j\': Java 程式, \'d\': 資料結構，\'C\': C++\n");
    printf("請問你喜歡哪一門課: ");
    scanf("%c", &ch);
    switch (ch) {
        case 'c': printf("我喜歡上 C 語言\n");
                  break;
        case 'j': printf("我喜歡上 JAVA\n");
                  break;
        case 'd': printf("我喜歡上資料結構\n");
                  break;
        case 'C': printf("我喜歡上 C++\n");
                  break;
        default: printf("請重新輸入代碼: 'c', 'j', 'd', 'C'!!\n");
    }
    return 0;
}
```

4-8 程式實作

1. 試撰寫一程式，要求使用者輸入一整數，之後利用 if…else 和條件運算子，將此數的絕對值輸出。

2. 試撰寫一程式，先讓使用者輸入高中三年的總平均分數，之後利用選擇敘述，判斷他可得到哪一獎項（平均 90 分以上可申請市長獎，平均 85 分以上可申請區長獎，平均 80 分以上可申請家長會長獎）。

3. 試撰寫一程式，輸入五個整數，將最大的整數印出。

4. 試撰寫一程式，利用 switch…case 敘述，判斷輸入的字母是否為母音（母音的字母為大小寫的 a、e、i、o、u）。

5. 試撰寫一程式，判斷輸入的年份（西元）是否為閏年（提示：閏年的條件為 (1) 被 400 整除，或 (2) 被 4 整除，但不能被 100 整除）。

6. 試撰寫一程式，依下表求分數所對應的 GPA（Grade Point Average）。提示使用者輸入其分數，之後程式將顯示其 GPA。

分數	GPA
80~100 分	A
70~79 分	B
60~69 分	C
50~59 分	D
49 分以下	F

7. 試撰寫一程式，提示使用者輸入一個十六進位的數值(0~F)，然後以十進位的數值顯示之。

8. 檢視某一座標點是否在中心點為 (0, 0)、長為 10、寬為 6 的矩形內。試撰寫一程式，提示使用者輸入一點座標 (x, y)，然後檢視此座標是否在上述條件的矩形內 。

9. 利用克拉瑪公式（Cramer's rule）解二元一次方程式，如有以下二元一次方程式：

```
ax + by = e
cx + dy = f
```

則此方程式的根為

```
x = (ed - bf) / (ad - bc)
y = (af - ec) / (ad - bc)
```

試撰寫一程式，提示使用者輸入 a、b、c、d、e，以及 f，然後顯示 x、y 值，若 ad – bc = 0，則顯示此二元一次方程式無解。

10. 猜猜生日是幾月、幾號。此題是延續應用範例 ex4-6-10，只是加了月份的表格而已，做法是一樣的。

迴圈敘述

迴圈敘述（loop statement）的功能就是可以重複執行敘述。迴圈敘述主要有 for、while 和 do...while 三種不同語法迴圈敘述。

5-1 for 迴圈

我們先來介紹 for 迴圈，其語法如下：

```
for (初值設定; 條件運算式; 更新運算式) {
    條件運算式為真時，執行的主體敘述;
}
```

此迴圈由三個部分所組成，分別為**初值設定**、**條件運算式**及**更新運算式**，茲說明如下：

for 迴圈	功　　用
初值設定	設定變數的初值。
條件運算式	若為真，則執行其所對應的敘述；若為假，則結束迴圈。
更新運算式	更新變數值。

此三部份是用分號（;）隔開，而不是逗號（,）。注意，for 敘述小括弧 ( ) 的後面不可加分號（;），若執行敘述的部份為單一敘述時，則大括弧 { } 是可以省略的，若是複合敘述時，則不可以省略。但有些人不管單一敘述或是複合敘述，皆加上大括號，因為以後較易維護，如範例 5-1a 所示。

範例 5-1a

```
01  /* ex5-1a.c */
02  #include <stdio.h>
03  int main()
04  {
05      int num;
06      for (num=0; num<=5; num++) {
07          printf("Num is %d\n", num);
08      }
09      return 0;
10  }
```

輸出結果

```
Num is 0
Num is 1
Num is 2
Num is 3
Num is 4
Num is 5
```

【程式剖析】

第 6 行 for 迴圈先將 num 的初值設為 0，判斷 num 是否小於等於 5，若是，則印出 num 值（第 7 行）。之後，再對 num 加 1，並判斷 num 是否小於等於 5。若是，則印出 num 值。週而復始，直到 num 不是小於等於 5，結束迴圈為止。注意！迴圈結束時，num 的值是 6。以流程圖表示如下：

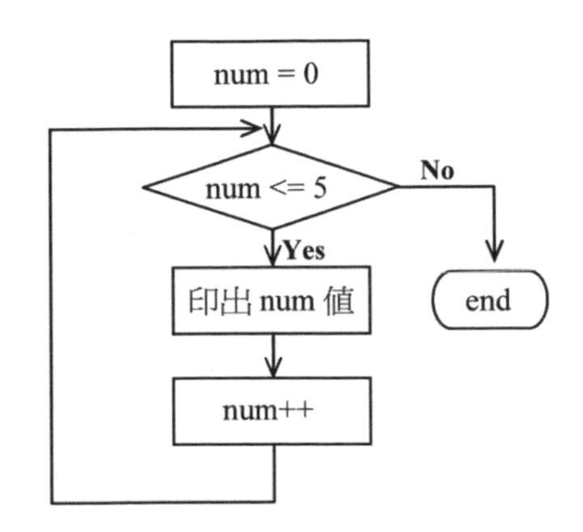

以下我們來探討 for 迴圈的一些變形寫法。程式中 num 變數的初值設定，可以在定義變數就給定之，此時 for 迴圈內的初值設定敘述就可以省略，但其後面的「;」不可省略。如範例 5-1b 第 6 行所示。

範例 5-1b

```
01  /* ex5-1b.c */
02  #include <stdio.h>
03  int main()
04  {
05      int num = 0;   /* 設定num 初值為0 */
06       for ( ; num<=5; num++) {  /* 省略初值的設定 */
07           printf("Num is %d\n", num);
```

輸出結果

```
Num is 0
Num is 1
Num is 2
Num is 3
Num is 4
Num is 5
```

【程式剖析】

此程式在定義變數時，也同時設定其初值。

其次，也可以將 for 迴圈的更新運算式移至他處，如範例 5-1c 第 8 行所示。

範例 5-1c

```
01  /* ex5-1c.c */
02  #include <stdio.h>
03  int main()
04  {
05      int num = 0;
06      for ( ; num<=5; ) {
07          printf("Num is %d\n", num);
08          num++;
09      }
10      return 0;
11  }
```

輸出結果

```
Num is 0
Num is 1
Num is 2
Num is 3
Num is 4
Num is 5
```

【程式剖析】

for 迴圈的更新運算式移至執行的主體敘述內，但不可以省略前面的分號。輸出結果同上一範例。

與上一章的 if...else 敘述一樣，當 for 迴圈所要執行的主體敘述是複合敘述（指兩個或兩個以上的敘述），必須以左、右大括號括起來。上一範例的 for 迴圈若沒加左、右大括號，將會形成無窮迴圈，如範例 5-1d 第 6-8 行所示。

範例 5-1d

```
01  /* ex5-1d.c */
02  #include <stdio.h>
03  int main()
04  {
05      int num = 0;
06      for ( ; num<=5; )
07          printf("Num is %d\n", num);
08          num++;
09      return 0;
10  }
```

輸出結果

```
這是一無窮迴圈，請您親身體驗一下。
```

【程式剖析】

因為 for 迴圈只對它的下一條敘述有效而已，所以並沒有執行 num++; 敘述，導致 num 都是 0，因此，形成了無窮迴圈。

在 for 迴圈中，若省略條件運算式，其結果將會如何？因為 C 語言認為人性本善，所以視此條件永遠為真，導致形成無窮迴圈，此時必須利用 break 敘述來終止迴圈的執行，如範例 5-1e 所示。有關 break 敘述的詳細說明，請參閱 5-5 節。

範例 5-1e

```
01  /* ex5-1e.c */
02  #include <stdio.h>
03  int main()
04  {
05      /* 將範例 5-1a 的設定初值、條件判斷式及更新運算式省略 */
06      int num = 0;
07      for ( ; ; ) {
08          if (num > 5)   /* 若 num 大於 5，則執行 break，以結束 for 迴圈 */
09              break;
10          printf("Num is %d\n", num);
11          num++;
12      }
13      return 0;
14  }
```

輸出結果

```
Num is 0
Num is 1
Num is 2
Num is 3
Num is 4
Num is 5
```

【程式剖析】

在第 7 行 for 迴圈中，省略了條件判斷式，表示其條件為真，所以是一無窮迴圈。此時必須利用第 8 行 if 敘述，判斷 num 是否大於 5，若是，則執行第 9 行 break，以結束迴圈。

上述幾個範例都已給定迴圈所要執行的次數，此稱為**定數迴圈**。若沒有給定所要執行次數，則稱之為**不定數迴圈**，這種迴圈由使用者決定是否要繼續執行。範例 5-1f 就是一典型不定數迴圈的寫法。

範例 5-1f

```
01  /* ex5-1f.c */
02  #include <stdio.h>
03  int main()
04  {
05      /* 要求使用者不斷輸入數字，直到數字為負 */
06      int num = 0;
07      for ( ; num>=0; ) {
08          printf("請輸入一整數(當此數為負時，將結束迴圈): ");
09          scanf("%d", &num);
10      }
11      printf("輸入結束!!");
12      return 0;
13  }
```

輸出結果

```
請輸入一整數(當此數為負時，將結束迴圈): 77
請輸入一整數(當此數為負時，將結束迴圈): 30
請輸入一整數(當此數為負時，將結束迴圈): 25
請輸入一整數(當此數為負時，將結束迴圈): 66
請輸入一整數(當此數為負時，將結束迴圈): 12
請輸入一整數(當此數為負時，將結束迴圈): -20
輸入結束!!
```

【程式剖析】

在第 7 行 for 迴圈中只有條件運算式，其它都省略了，當輸入 num 的數值為負時，將結束迴圈。

最後，我們撰寫一程式，從 1 加到 100，每次遞增 1，如範例 5-1g 所示。

範例 5-1g

```
01  //* ex5-1g.c */
02  #include <stdio.h>
03  int main()
04  {
05      int i, total = 0;
06      for (i=1; i<=100; i++)
07          total += i;
08      printf("1 + 2 + 3 + ... + 100 = %d\n", total);
09      return 0;
10  }
```

輸出結果

```
1 + 2 + 3 + ... + 100 = 5050
```

【程式剖析】

程式中第 6 行的累加動作，是以遞增的方式（++）來處理，同時 for 迴圈執行的主體敘述是單一敘述，所以左、右大括號省略了。如下所示：

```
for (i=1; i<=100; i++)
    total += i;
```

當然也可以用遞減的方式（--）來處理，如下所示：

```
for (i=100; i>=1; i--)
    total += i;
```

先將初值設為 100，而條件運算式為 i>=1，這樣就可以算出 1 加到 100 的總和。

以此類推，可以很容易的將 1 到 100 的奇數或偶數做累加。如

```
for (i=2; i<=100; i+=2)
    total += i;
```

就是執行偶數的累加，而奇數的累加，則可以下列的片段程式表示之。

```
for (i=1; i<=100; i+=2)
    total += i;
```

附帶一提的是，若是你使用的是 C99 或以後的 C 編譯器，則可以將 i 在變數 for 迴圈中宣告即可，以下是 1 加到 100 總和的片段程式。

```
int total = o;
for (int i=1; i<=100; i++)
    total += i;
```

除錯題

小蔡老師上完 for 迴圈之後，請大家計算 1 到 100 的偶數和。

1. 以下是小王寫的程式，請您更正之。

```
/* bugs5-1-1.c */
#include <stdio.h>
int main()
{
    int i, total = 0;
    for (i=2; i<=100; )
        total += i;
    i += 2;
    printf("1 到 100 的偶數和是 %d\n", total);
    return 0;
}
```

2. 以下是小張寫的程式，請您更正之。

```
/* bugs5-1-2.c */
#include <stdio.h>
int main()
{
    int i, total;
    for (i=2; i<=100; ) {
        total += i;
        i += 2;
    }
    printf("1 到 100 的偶數和是 %d\n", total);
    return 0;
}
```

3. 以下是小華寫的程式，請您更正之。

```
/* bugs5-1-3.c */
#include <stdio.h>
int main()
{
    int i, total=0;
    for (i=2; i<100; ) {
        total += i;
        i += 2;
    }
    printf("1 到 100 的偶數和是 %d\n", total);
    return 0;
}
```

4. 以下是小明寫的程式，請您更正之。

```
/* bugs5-1-4.c */
#include <stdio.h>
int main()
{
    int i, total=0;
    for (i=1; i<100; i+=2)
        total += i;
    printf("1 到 100 的偶數和是 %d\n", total);
    return 0;
}
```

5. 以下是小野寫的程式，請您更正之。

```
/* bugs5-1-5.c */
#include <stdio.h>
int main()
{
    int i, total=0;
    for (i=2; i<100; i+=2);
        total += i;
    printf("1 到 100 的偶數和是 %d\n", total);
    return 0;
}
```

6. 以下是小英寫的程式，請您更正之。

```
/* bugs5-1-6.c */
#include <stdio.h>
int main()
{
    int i, total=0;
    for (i=1; i<100; ) {
        i += 2;
        total += i;
    }
    printf("1 到 100 的偶數和是 %d\n", total);
    return 0;
}
```

練習題

1. 要求使用者利用 for 迴圈輸入一些數字，當輸入 -9999 時結束輸入，接著輸出這些數字的總和與平均。
2. 利用 for 迴圈計算 1 + 3 + 5 + ... + 99 的總和。

5-2 while 迴圈

接下來介紹 while 迴圈，其語法如下：

```
while (條件運算式) {
    條件運算式為真時，執行的主體敘述;
}
```

若條件運算式為真，則重複執行其所對應的敘述。如範例 5-2a 所示。

範例 5-2a

```
01  //* ex5-2a */
02  #include <stdio.h>
03  int main()
04  {
05      int num = 0;
```

```
06        while (num >= 0) {
07            printf("請輸入一整數(當此數為負時，將結束迴圈): ");
08            scanf("%d", &num);
09        }
10        printf("結束");
11        return 0;
12    }
```

輸出結果

```
請輸入一整數(當此數為負時，將結束迴圈): 55
請輸入一整數(當此數為負時，將結束迴圈): 75
請輸入一整數(當此數為負時，將結束迴圈): 32
請輸入一整數(當此數為負時，將結束迴圈): -11
結束
```

【程式剖析】

上例是將 P5-6 範例 5-1f 第 7-10 行的 for 迴圈，改用第 6-9 行 while 迴圈來執行。您有沒有發現，其實只是將範例 5-1f 中的 for 改為 while，並去掉分號而已。以流程圖表示如下：

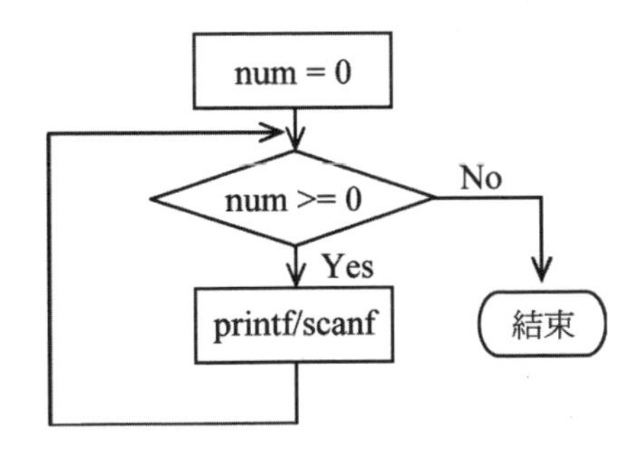

接下來，我們以 while 迴圈完成 1 + 2 + 3 + ... + 100。如範例 5-2b 第 6-9 行所示。

範例 5-2b

```
01    /* ex5-2b.c */
02    #include <stdio.h>
03    int main()
04    {
05        int i=1, total=0;
```

```
06      while (i <= 100) {
07          total += i;
08          i++;
09      }
10      printf("1 + 2 + 3 + ... + 100 = %d\n", total);
11      return 0;
12  }
```

輸出結果

```
1 + 2 + 3 + ... + 100 = 5050
```

【程式剖析】

這是將 P5-7 範例 5-1g 改寫的。輸出結果也是 5050。

範例 5-2c 是要求使用者輸入一單字，最後輸出此單字有多少字元。

範例 5-2c

```
01  /* ex5-2c.c */
02  #include <stdio.h>
03  int main()
04  {
05      /* 要求使用者輸入單字，計算字數 */
06      char letter;
07      int count = 0;
08      printf("請輸入一行文字: ");
09      scanf("%c", &letter);
10      while (letter != '\n') {
11          count++;
12          scanf("%c", &letter);
13      }
14      printf("此行共有 %d 字\n", count);
15      return 0;
16  }
```

輸出結果

```
請輸入一行文字: computer science
此行共有 16 字
```

【程式剖析】

利用第 10-13 行 while 迴圈將輸入的字元加以讀取，並加以累計之，直到 '\n' 為止。

小蔡老師上完 while 迴圈之後，請大家自己做一次 1 加到 100，以下是幾個同學做的程式，請你幫忙看一下。

1. 以下是 Linda 撰寫的程式，請您更正之。

```
/* bugs5-2-1.c */
#include <stdio.h>
int main()
{
    int i=1, total=0;
    while (i <= 100) {
        i++;
        total += i;
    }
    printf("1 + 2 + 3 + ... + 100 = %d\n", total);
    return 0;
}
```

2. 以下是 Jennifer 撰寫的程式，請您更正之。

```
/* bugs5-2-2.c */
#include <stdio.h>
int main()
{
    int i=1, total=0;
    while (i <= 100) {
        total += i;
        i++;
    }
    printf("1 + 2 + 3 + ... + 100 = %d\n", total);
    return 0;
}
```

3. 以下是 Amy 撰寫的程式，請您更正之。

```
/* bugs5-2-3.c */
#include <stdio.h>
int main()
{
```

```
    int i=1, total;
    while (i <= 100)
        total += i;
        i++;
    printf("1 + 2 + 3 + ... + 100 = %d\n", total);
    return 0;
}
```

4. 以下是 Wendy 撰寫的程式，請您更正之。

```
/* bugs5-2-4.c */
#include <stdio.h>
int main()
{
    int i=1, total=0;
    while (i < 100) {
        total += i;
        i++;
    }
    printf("1 + 2 + 3 + ... + 100 = %d\n", total);
    return 0;
}
```

練習題

1. 請利用 while 迴圈，要求使用者不斷輸入數字，直到輸入的數字為 0 時停止，試計算所輸入數字的總和與平均。
2. 利用 while 迴圈，修改範例 5-1e。

5-3 do...while 迴圈

do...while 迴圈的語法如下：

```
do {
    執行敘述;
} while (條件運算式);
```

執行完大括弧 { } 內的執行敘述後，再判斷條件運算式是否為真，若為真，則繼續執行敘述，直到條件運算式為假。所以迴圈內的敘述至少會被執行一次，而 for 與 while 迴圈，兩者皆要先判斷，再決定是否要執行迴圈內的敘述。我們說 for 和 while 迴圈是**理性的迴圈**，而 do...while 迴圈，則是屬於**衝動型的迴圈**。注意，在 do...while 的條件運算式後要加上分號（;），表示敘述的結束點。

範例 5-3a

```
01  /* ex5-3a.c */
02  #include <stdio.h>
03  int main( )
04  {
05      int height;
06      double inch;
07      do {
08          printf("請問您的身高幾公分? ");
09          scanf("%d", &height);
10      } while (height < 0);   /* 身高若為負，則要求重新輸入 */
11      height /= 2.54;         /* 將公分轉為英吋 */
12      printf("你的身高是 %d 呎 %d 吋\n", height/12, height%12);
13              /* 一呎等於 12 吋 */
14      return 0;
15  }
```

輸出結果 1

```
請問您的身高幾公分? 180
你的身高是 5 呎 10 吋
```

輸出結果 2

```
請問您的身高幾公分? -15
請問您的身高幾公分? 160
你的身高是 5 呎 2 吋
```

【程式剖析】

若您輸入的身高是負的，則會要求您重新再輸入（第 7-10 行）。其流程圖如下所示：

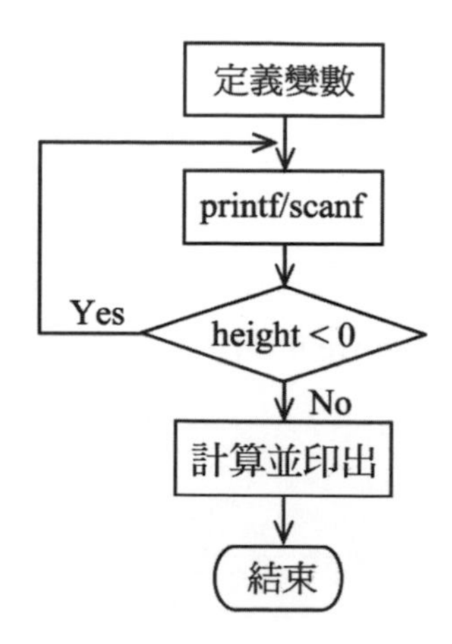

接下來，我們以 do...while 完成 1 + 2 + 3 + ... + 100 的計算。如範例 5-3b 所示。

範例 5-3b

```
01  //* ex5-3b.c */
02  #include <stdio.h>
03  int main()
04  {
05      int i=1, total=0;
06      do {
07          total += i;
08          i++;
09      } while (i <= 100);
10      printf("1 + 2 + 3 + ... + 100 = %d\n", total);
11      return 0;
12  }
```

輸出結果

```
1 + 2 + 3 + ... + 100 = 5050
```

【程式剖析】

此程式的輸出結果，如同利用 for 與 while 迴圈，撰寫 1 加到 100 的程式。注意！do...while 迴圈內的敘述（第 7-8 行）是先加總，再對 i 加 1，此順序是很重要的，請您將這兩個敘述（第 7 行與第 8 行）對調，看看其輸出結果為何？

範例 5-3c 將建立一選單，讓使用者選擇他想做的項目，這個方法常常會用到，請您細心的研讀。

範例 5-3c

```
01  /* ex5-3c.c */
02  #include <stdio.h>
03  int main()
04  {
05      /* 建立選單，讓使用者輸入選項完成該選項工作 */
06      int choice, no1, no2;
07      /* 此選單有三個功能：1 為加法，2 為減法，3 則跳出程式 */
08      do {
09          printf("\n");
10          printf("1 => 加的運算\n");
11          printf("2 => 減的運算\n");
12          printf("3 => 結束\n");
13          printf("請選擇 (1-3): ");
14          scanf("%d", &choice);
15          switch (choice) { /* 使用 switch 選擇敘述來執行各項功能 */
16              case 1: printf("請輸入兩個整數: ");
17                      scanf("%d %d", &no1, &no2);
18                      printf("%d + %d is %d\n", no1, no2, no1+no2);
19                      break;
20              case 2: printf("請輸入兩個整數: ");
21                      scanf("%d %d", &no1, &no2);
22                      printf("%d - %d is %d\n", no1, no2, no1 - no2);
23                      break;
24              case 3: printf("再見!!");
25                      break;
26              default: printf("錯誤的選擇!!\n");
27          }
28      } while (choice != 3);   /* 使用者輸入 3 則結束迴圈 */
29      return 0;
30  }
```

輸出結果

```
1 => 加的運算
2 => 減的運算
3 => 結束
請選擇 (1-3): 1
請輸入兩個整數: 25 64
```

```
25 + 64 is 89

1 => 加的運算
2 => 減的運算
3 => 結束
請選擇 (1-3): 2
請輸入兩個整數: 75 33
75 - 33 is 42

1 => 加的運算
2 => 減的運算
3 => 結束
請選擇 (1-3): 4
錯誤的選擇!!

1 => 加的運算
2 => 減的運算
3 => 結束
請選擇 (1-3): 3
再見!!
```

【程式剖析】

利用 switch 敘述，讓使用者以選單方式選擇他想做的事，當選項為 3 時，則結束迴圈。

小蔡老師上完 do...while 迴圈後，出了一題實作題，請計算 100+99+98+...+1 等於多少？以下是幾個同學所撰寫的程式，請大家看一下。

1. 以下是小庭寫的程式，若有錯誤，請您更正之。

```
/* bugs5-3-1.c */
#include <stdio.h>
int main()
{
    int i=100, total=0;
    do {
        total += i;
        i++;
    } while(i <= 1);
    printf("100+99+98+...+1 = %d\n", total);
    return 0;
}
```

2. 以下是真古意寫的程式，若有錯誤，請您更正之。

```
/* bugs5-3-2.c */
#include <stdio.h>
int main()
{
    int i=100, total=0;
    do {
        total += i;
        i--;
    } while(i <= 1);
    printf("100+99+98+...+1 = %d\n", total);
    return 0;
}
```

3. 以下是真古錐寫的程式，若有錯誤，請您更正之。

```
/* bugs5-3-3.c */
#include <stdio.h>
int main()
{
    int i=100, total=0;
    do {
        total += i;
        i--;
    } while(i >= 1)
    printf("100+99+98+...+1 = %d\n", total);
    return 0;
}
```

4. 以下是真臭屁寫的程式，若有錯誤，請您更正之。

```
/* bugs5-3-4.c */
#include <stdio.h>
int main()
{
    int i=100, total=0;
    do {
        i--;
        total += i;
    } while(i >= 1);
    printf("100+99+98+...+1 = %d\n", total);
    return 0;
}
```

1. 使用 do...while 迴圈改寫範例 5-1e。
2. 利用 do...while 計算 1 到 100 的偶數和。

5-4 巢狀迴圈

在迴圈敘述中，又出現迴圈敘述，則稱此為**巢狀迴圈**（nested loop）。小學生的墊板常常有印出以下的九九乘法表，如下圖所示：

```
                    << 九九乘法表 >>
1*1= 1 2*1= 2 3*1= 3 4*1= 4 5*1= 5 6*1= 6 7*1= 7 8*1= 8 9*1= 9
1*2= 2 2*2= 4 3*2= 6 4*2= 8 5*2=10 6*2=12 7*2=14 8*2=16 9*2=18
1*3= 3 2*3= 6 3*3= 9 4*3=12 5*3=15 6*3=18 7*3=21 8*3=24 9*3=27
1*4= 4 2*4= 8 3*4=12 4*4=16 5*4=20 6*4=24 7*4=28 8*4=32 9*4=36
1*5= 5 2*5=10 3*5=15 4*5=20 5*5=25 6*5=30 7*5=35 8*5=40 9*5=45
1*6= 6 2*6=12 3*6=18 4*6=24 5*6=30 6*6=36 7*6=42 8*6=48 9*6=54
1*7= 7 2*7=14 3*7=21 4*7=28 5*7=35 6*7=42 7*7=49 8*7=56 9*7=63
1*8= 8 2*8=16 3*8=24 4*8=32 5*8=40 6*8=48 7*8=56 8*8=64 9*8=72
1*9= 9 2*9=18 3*9=27 4*9=36 5*9=45 6*9=54 7*9=63 8*9=72 9*9=81
```

我們就以此來解說巢狀迴圈。請參閱範例 5-4a。

範例 5-4a

```
01  /* ex5-4a.c */
02  #include <stdio.h>
03  int main()
04  {
05      /* 以巢狀 for 迴圈輸出九九乘法表 */
06      int i, j;
07      printf("%44s", "<< 九九乘法表 >>\n");
08      for (i=1; i<=9; i++) {      /* 此為外迴圈 */
09          for(j=1; j<=9; j++)     /* 此為內迴圈 */
10              printf("%d*%d=%2d ", j, i, i*j);
11          printf("\n");
12      }
13      return 0;
14  }
```

輸出結果

```
如同上圖
```

【程式剖析】

此程式利用第 8-12 行的巢狀迴圈輸出上圖九九乘法表。其中迴圈部分執行了 9 乘以 9，共 81 次。外迴圈 i 從 1 執行到 9（第 8 行），而內迴圈 j 從 1 執行到 9（第 9 行）。當 i 等於 1 時，j 會執行 9 次，再回到外迴圈將 i 加 1，等於 2，由於 i 還是小於等於 9，所以再執行內迴圈的 j，從 1 到 9 共 9 次，週而復始，直到 i 大於 9 結束。程式利用欄位寬控制輸出的格式。

我們再看下一範例。

範例 5-4b

```
01  /* ex5-4b.c */
02  int main()
03  {
04      /* 以巢狀 for 迴圈輸出九九乘法表 */
05      int i, j;
06      printf("%44s", "<< 九九乘法表 >>\n");
07      for (i=1; i<=9; i++) {     /* 此為外迴圈 */
08          for (j=1; j<=9; j++)    /* 此為內迴圈 */
09              printf("%d*%d=%2d  ", i, j, i*j);
10          printf("\n");
11      }
12      return 0;
13  }
```

輸出結果

```
                          << 九九乘法表 >>
1*1= 1 1*2= 2 1*3= 3 1*4= 4 1*5= 5 1*6= 6 1*7= 7 1*8= 8 1*9= 9
2*1= 2 2*2= 4 2*3= 6 2*4= 8 2*5=10 2*6=12 2*7=14 2*8=16 2*9=18
3*1= 3 3*2= 6 3*3= 9 3*4=12 3*5=15 3*6=18 3*7=21 3*8=24 3*9=27
4*1= 4 4*2= 8 4*3=12 4*4=16 4*5=20 4*6=24 4*7=28 4*8=32 4*9=36
5*1= 5 5*2=10 5*3=15 5*4=20 5*5=25 5*6=30 5*7=35 5*8=40 5*9=45
6*1= 6 6*2=12 6*3=18 6*4=24 6*5=30 6*6=36 6*7=42 6*8=48 6*9=54
7*1= 7 7*2=14 7*3=21 7*4=28 7*5=35 7*6=42 7*7=49 7*8=56 7*9=63
8*1= 8 8*2=16 8*3=24 8*4=32 8*5=40 8*6=48 8*7=56 8*8=64 8*9=72
9*1= 9 9*2=18 9*3=27 9*4=36 9*5=45 9*6=54 9*7=63 9*8=72 9*9=81
```

【程式剖析】

此一範例和範例 5-4a 的輸出結果不太一樣，請仔細觀察 printf 的敘述（第 9 行），您找到不一樣的地方了嗎？

小蔡老師請大家自已動手撰寫屬於九九乘法表的程式，以下是幾位同學所撰寫的程式，請大家一起來除錯。

1. 以下是阿宏寫的程式，請您修改一下。

```
/* bugs5-4-1.c*/
#include <stdio.h>
int main()
{
    int i, j;
    for (i=1; i<=9; i++)
        for(j=1; j<=9; j++)
            printf("%d*%d=%2d ", j, i, i*j);
    return 0;
}
```

2. 以下是阿呆寫的程式，請您修改一下。

```
/* bugs5-4-2.c*/
#include <stdio.h>
int main()
{
    int i, j;
    for (i=1; i<=9; i++)
        for(j=1; j<=9; j++)
            printf("%d*%d=%2d ", j, i, i*j);
        printf("\n");
    return 0;
}
```

3. 以下是阿志寫的程式，請您修改一下。

```
/* bugs5-4-3.c*/
#include <stdio.h>
int main()
{
    int i, j;
```

```
    for (i=1; i<=9; i++)
        for(j=1; j<=9; j++)
            printf("%d*%d=%2d\n", j, i, i*j);
    return 0;
}
```

4. 以下是阿吉寫的程式，請您修改一下。

```
/* bugs5-4-4.c*/
#include <stdio.h>
int main()
{
    int i, j;
    for (i=1; i<=9; i++);
        for(j=1; j<=9; j++)
            printf("%d*%d=%2d ", j, i, i*j);
        printf("\n");
    return 0;
}
```

1. 以巢狀迴圈計算 1 * 1 + 1 * 2 + ... + 1 * 9 + 2 * 1 + 2 * 2 + ... + 9 * 9。

5-5 break 與 continue

break 和 continue 使用說明，請參閱表 5-1。

表 5-1 break 與 continue 的功能說明

敘述	功能說明
break	強制結束迴圈或 switch…case 敘述。
continue	放棄執行 continue 以下的敘述，但不會結束迴圈。只用於迴圈。

5-5-1 break 敘述

break 敘述的功能，是結束迴圈或 switch⋯case 敘述的執行。但有一限制是 break 只能結束一層迴圈，若 break 敘述是在巢狀迴圈的內層，則它只能結束內層迴圈，而不會結束整個迴圈。請參閱範例 5-5a。

範例 5-5a

```
01  /* ex5-5a.c */
02  #include <stdio.h>
03  int main()
04  {
05      /* 要求輸入一個單字，顯示並計算字元個數 */
06      char letter;
07      int count = 0;
08      printf("請輸入一個單字: ");
09      scanf("%c", &letter);
10      while (letter != '\n') {
11          if (letter == 'a')    /* 若遇到字元為 a，則強迫跳離 */
12              break;
13          else {
14              count++;
15              printf("%c", letter);
16          }
17          scanf("%c", &letter);
18      }
19      printf("共有 %d 字元\n", count);
20      return 0;
21  }
```

輸出結果 1

```
請輸入一個單字: computer
computer 共有 8 個字元
```

輸出結果 2

```
請輸入一個單字: software
softw 共有 5 字元
```

【程式剖析】

程式第 11 行當遇到輸入字元為 a，則使用第 12 行 break 強制結束迴圈，所以輸出結果 1 中，能正確計算並顯示，而輸出結果 2，只顯示字元 a 之前的字元。

再來看範例 5-5b，它是利用不定數迴圈和 break。若輸入的整數值是負數時，則結束迴圈，否則，將此整數值加總起來（第 10-13 行）。

範例 5-5b

```
01  /* ex5-5b.c*/
02  #include <stdio.h>
03  int main()
04  {
05      int i, num, total = 0;
06      printf("輸入10 個整數，累加正整數或0，當輸入的值是負數，則結束迴圈\n");
07      for (i=1; i<=10; i++) {
08          printf("請輸入第 %2d 個整數: ", i);
09          scanf("%d", &num);
10          if (num >= 0)
11              total += num;
12          else
13              break;
14      }
15      printf("Total=%d\n", total);
16      return 0;
17  }
```

輸出結果 1

```
輸入 10 個整數，累加正整數或 0，當輸入的值是負數，則結束迴圈
請輸入第  1 個整數: 1
請輸入第  2 個整數: 2
請輸入第  3 個整數: 3
請輸入第  4 個整數: 4
請輸入第  5 個整數: 5
請輸入第  6 個整數: 6
請輸入第  7 個整數: 7
請輸入第  8 個整數: 8
請輸入第  9 個整數: 9
請輸入第 10 個整數: 10
Total = 55
```

輸出結果 2

```
輸入 10 個整數，累加正整數或 0，當輸入的值是負數，則結束迴圈
請輸入第 1 個整數: 1
請輸入第 2 個整數: 2
請輸入第 3 個整數: 3
請輸入第 4 個整數: 4
請輸入第 5 個整數: 5
請輸入第 6 個整數: 6
請輸入第 7 個整數: -90
Total = 21
```

【程式剖析】

使用者最多只能輸入十個整數（第 7 行），如輸出結果 1 所示。當輸入的值是負數時，則不管您有沒有輸入十個數，迴圈主體內使用 break 來結束迴圈（第 13 行），最後，將 total 印出。如輸出結果 2 所示。

5-5-2 continue 敘述

continue 敘述的功能是不執行 continue 以下的敘述，而是再次回到迴圈，以執行適當的敘述。請參閱範例 5-5c。

範例 5-5c

```
01  /* ex5-5c.c */
02  #include <stdio.h>
03  int main()
04  {
05      /* 要求輸入一個單字，顯示並計算字元個數 */
06      char letter;
07      int count = 0;
08      printf("請輸入一個單字: ");
09      scanf("%c", &letter);
10      while (letter != '\n') {
11          if (letter == 'a') { /* 若遇到字元為 a，不列入顯示及計算 */
12              scanf("%c", &letter);
13              continue;
14          }
15          else {
16              count++;
```

```
17                printf("%c", letter);
18            }
19            scanf("%c", &letter);
20        }
21        printf("共有 %d 字元\n", count);
22        return 0;
23    }
```

輸出結果 1

```
請輸入一個單字: software
softwre 共有 7 字元
```

輸出結果 2

```
請輸入一個單字: hardware
hrdwre 共有 6 字元
```

【程式剖析】

將範例 5-5c 與範例 5-5a 比較，就可以很明顯發現 break 與 continue 的差別了。使用 break 時，遇到字元 a 後所有的字元皆不列入計算，這是因為遇到字元 a 就跳出迴圈了；而此程式第 13 行使用 continue，只是放棄計算及顯示字元 a 的敘述，但沒有結束迴圈，所以除了 a 以外的字元，還皆能顯示並加以計算之。

再來看範例 5-5d。

範例 5-5d

```
01    /* ex5-5d.c*/
02    #include <stdio.h>
03    int main()
04    {
05        int i, num, total = 0;
06        printf("輸入10 個整數，累加正整數或0\n");
07        for (i=1; i<=10; i++) {
08            printf("請輸入第 %2d 個整數: ", i);
09            scanf("%d", &num);
10            if (num >= 0)
11                total += num;
```

```
12          else
13              continue;
14      }
15      printf("Total=%d\n", total);
16
17      return 0;
18  }
```

輸出結果

```
輸入 10 個整數，累加正整數或 0
請輸入第  1 個整數: 1
請輸入第  2 個整數: 2
請輸入第  3 個整數: 3
請輸入第  4 個整數: 4
請輸入第  5 個整數: 5
請輸入第  6 個整數: -1
請輸入第  7 個整數: 6
請輸入第  8 個整數: 7
請輸入第  9 個整數: 8
請輸入第 10 個整數: 9
Total = 45
```

【程式剖析】

使用者一定要輸入十個整數，但只累加正整數或 0，而忽略負整數。此範例與範例 5-5b 類似，只是將 break 改為 continue 而已（第 13 行）。

有一輸入的問題是，當我們使用 scanf() 輸入數值後，再輸入字元時會發生什麼事，如範例 5-5e。

範例 5-5e

```
01  //* ex5-5e.c */
02  #include <stdio.h>
03  int main() {
04      int num;
05      char ch;
06
07      printf("請輸入一數值: ");
08      scanf("%d", &num);
09      printf("請輸入一字元: ");
10      scanf("%c", &ch);
```

```
11
12      printf("num = %d, ch = %c\n", num, ch);
13      getchar();
14      return 0;
15  }
```

輸出結果

```
請輸入一數值: 100
請輸入一字元: num = 100, ch =
```

【程式剖析】

因為第 8 行 scanf() 函數是緩衝區的輸入（buffered I/O），當輸入 100 後，因為按下 Enter 鍵，這使得有一換行字元（\n）留在緩衝區內，從輸出結果得知。程式不會等待使用者輸入字元，直接讀取換行字元。

所以要將緩衝區中其餘資料刪除，直到新行字元為止。解決方式如範例 5-5f 所示：

範例 5-5f

```
01  /* ex5-5f.c */
02  #include <stdio.h>
03  int main()
04  {
05      int num;
06      char ch
07
08      printf("請輸入一數值: ");
09      scanf("%d", &num);
10      /* 刪除buffer不必要的資料 */
11      while (getchar() != '\n') {
12          continue;
13      }
14
15      printf("請輸入一字元: ");
16      scanf("%c", &ch);
17      printf("num = %d, ch = %c\n", num, ch);
18      return 0;
19  }
```

輸出結果

```
請輸入一數值: 100
請輸入一字元: k
num = 100, ch = k
```

【程式剖析】

程式利用第 11-13 行的 while 迴圈及 contiune，將緩衝區中不必要的資料予以刪除。如下所示：

```
    while(getchar() != '\n')
        continue;
```

從輸出結果也可得知，此方法是正確的。

1. 以下程式是小張以範例 5-5d 為基礎所寫出來的，他僅將 for 迴圈改為 while 迴圈而已，試問這樣寫是對嗎？若不對，請您修改一下囉！

```
/* bugs5-5-1.c*/
#include <stdio.h>
int main()
{
    int i=1, num, total=0;
    printf("輸入 10 個整數，只累加正整數或 0\n");
    while (i <= 10) {
        printf("請輸入第 %2d 個整數: ", i);
        scanf("%d", &num);
        if (num >= 0)
            total += num;
        else
            continue;
    }
    printf("Total=%d\n", total);
    return 0;
}
```

2. 以下的程式是加總輸入的整數值，直到輸入 -999 為止。以下是小李子寫的程式，請問他這樣寫對嗎？若不對，請加以修正之。

```
/* bugs5-5-2.c */
#include <stdio.h>
int main()
{
    int num, total=0;
    for (;;) {
        printf("Please input a number (-999 to quit): ");
        scanf("%d", &num);
        if (num != -999)
            total += num;
        printf("Total=%d\n", total);
    }
    return 0;
}
```

3. 2008 年的總統大選，假設有 3 個候選人，分別是 1 號：朱立倫，2 號：蔡英文，3 號：宋楚瑜。今有 10 張選票，分別投給某位候選人，最後請印出每位候選人的得票數及廢票。以下是小張寫的程式，請您幫他改一下。感謝您。

```
/* bugs5-5-3.c */
#include <stdio.h>
int main()
{
    int i, number, a1=0, a2=0, a3=0, others=0;
    for (i=1; i<=10; i++) {
        printf("候選人: 1 號 朱立倫，2 號蔡英文，3 號宋楚瑜\n");
        printf("你要投哪一個候選人: ");
        scanf("%d", &number);
        switch (number) {
            case 1:
                    a1++;
            case 2:
                    a2++;
            case 3:
                    a3++;
            default:
                    others++;
            printf("a1=%d, a2=%d, a3=%d, and others=%d\n", a1, a2,
                    a3, others);
        }
    }
    return 0;
}
```

1. 請撰寫一程式，至多輸入十個整數，若輸入的值是偶數，則將它加總起來，若不是偶數，則結束迴圈。最後將總和印出。
2. 請撰寫一程式，一定會輸入十個整數，若輸入的值是偶數，則將它加總起來。最後將總和印出。

5-6 ++ 附加於條件運算式

當 ++ 附加於條件運算式時，會使程式更加精簡，但不易了解。例如，我們可以將範例 5-2b 的以下片段程式

```
int i = 1, total = 0;
while (i <= 100){
    total += i;
    i++;
}
```

改寫為以下的片段程式

```
int i = 0, total = 0;
while (++i <= 100)
    total += i;
```

這樣也可以達到相同的效果。值得注意的是，現在 i 的初值是 0，且 while 迴圈的條件運算式為

```
++i <= 100
```

此運算式有兩個運算子 ++ 和 <=，所以會執行兩件事。由於 ++ 運算優先順序高於 <=，因此， ++ 先處理。這一運算式可視為先將 i 加 1，再判斷 i 是否小於等於 100；若為真，則執行 total += i；若為假，則結束迴圈。如範例 5-6a 所示。

範例 5-6a

```
01  /* ex5-6a.c */
02  #include <stdio.h>
03  int main()
04  {
05      int i = 0, total = 0;
06      while (++i <= 100)
07          total += i;
08      printf("1 + 2 + 3 + ... + 100 = %d, i=%d\n", total, i);
09      return 0;
10  }
```

輸出結果

```
1 + 2 + 3 + ... + 100 = 5050, i=101
```

【程式剖析】

從輸出結果得知，當 i 的值為 101，則會結束迴圈。

若將第 6 行的前置加改為後繼加，則下列的片段程式

```
int i = 0, total = 0;
while (i++ < 100)
    total += i;
```

也可達成相同的效果，但值得注意的是，此處 while 迴圈的條件運算式為

```
i++ < 100
```

此條件運算式也有兩個運算子 ++ 和 <，雖然 ++ 運算優先順序高於 <，但由於它是後繼加，所以會先處理 < 的運算子。此敘述可視為先判斷 i 是否小於 100，不管此條件運算式為真或為假，皆會執行 i 加 1，這一點要特別注意。若條件運算式為真，則會執行 total += i；若為假，則不處理累加的動作。注意，迴圈結束點是 i 等於 101。如範例 5-6b 所示：

範例 5-6b

```
01  /* ex5-6b.c */
02  #include <stdio.h>
03  int main()
04  {
05      int i = 0, total = 0;
06      while (i++ < 100)
07          total += i;
08      printf("1 + 2 + 3 + ... + 100 = %d, i=%d\n", total, i);
09      return 0;
10  }
```

輸出結果

```
1 + 2 + 3 + ... + 100 = 5050, i=101
```

上述的觀念也可用 do...while 迴圈撰寫之，請參閱範例 5-6c 與 5-6d，其輸出結果同上。

範例 5-6c

```
01  /* ex5-6c.c */
02  #include <stdio.h>
03  int main()
04  {
05      int i=1, total=0;
06      do {
07          total += i;
08      } while (++i <= 100);
09      printf("1 + 2 + 3 + ... + 100 = %d, i=%d\n", total, i);
10      return 0;
11  }
```

範例 5-6d

```
01  /* ex5-6d.c */
02  #include <stdio.h>
03  int main()
04  {
05      int i=1, total=0;
06      do {
07          total += i;
08      } while (i++ < 100);
09      printf("1 + 2 + 3 + ... + 100 = %d, i=%d\n", total, i);
10      return 0;
11  }
```

【程式剖析】

這兩個範例程式的差異是小於等於 100，或是小於 100。當使用範例 5-6c 前置加時，第 8 行條件運算式為 ++i <= 100，而當使用範例 5-6d 後繼加時，第 8 行條件運算式則應為 i++ < 100。

小蔡老師請大家將 1 加至 100，並輸出 Total = 5050。以下是班上幾位同學所撰寫的程式，請您除錯一下。

1.
```
/* bugs5-6-1.c*/
#include <stdio.h>
int main()
{
    int i = 0, total = 0;
    while (i++ <= 100) {
        total += i;
    }
    printf("Total = %d\n", total);
    return 0;
}
```

2.
```
/* bugs5-6-2.c*/
#include <stdio.h>
int main()
{
    int i = 0, total = 0;
    while (++i < 100) {
```

```
        total += i;
    }
    printf("Total = %d\n", total);
    return 0;
}
```

3.

```
/* bugs5-6-3.c*/
#include <stdio.h>
int main()
{
    int i = 1, total = 0;
    while (++i <= 100) {
        total += i;
    }
    printf("1 + 2 + 3 + ... + 100 = %d\n", total);
    printf("i=%d\n", i);
    return 0;
}
```

4.

```
/* bugs5-6-4.c*/
#include <stdio.h>
int main()
{
    int i = 1, total = 0;
    do {
        total +=i;
    } while(i++ <= 100);
    printf("1 + 2 + 3 + ... + 100 = %d\n", total);
    printf("i=%d\n", i);
    return 0;
}
```

練習題

1. 試問下列片段程式的輸出結果為何？

(a)

```
int i=1, total=0;
do {
    total += i;
} while (i++<=100);
printf("total = %d\n", total);
```

(b)

```
int i=1, total=0;
do {
    total += i;
} while (++i<=100);
printf("total = %d\n", total);
```

(c)
```
int i=1, total=0;
do {
    total += i;
} while (i++ < 100);
printf("total = %d\n", total);
```

5-7 迴圈的應用範例

以下將舉十一個利用迴圈敘述的應用範例，請加以研讀之。

5-7-1 產生前 100 個質數

質數（prime number）的定義是，大於 1 的自然數中，只能被 1 或其本身整除。如 2、3、5 等等是質數，而 4、6 等等則不是質數。我們將撰寫一程式產生前 100 個質數，如應用範例 5-7-1 所示：

應用範例 5-7-1

```
01  /* ex5-7-1.c */
02  #include <stdio.h>
03  int main()
04  {
05      int numOfPrimes = 100;
06      int numOfPerLine = 10;
07      int count = 0;
08      int number = 2;
09      int divisor;
10
11      printf("前100個質數如下:\n\n");
12      while (count < numOfPrimes) {
13          int isPrime = 1;
14
15          // 測試是否為質數
16          for (divisor=2; divisor<=number/2; divisor++) {
17              if (number % divisor == 0) {
18                  isPrime = 0;
19                  break;
20              }
21          }
```

```
22
23          // 顯示質數，並累加其總數
24          if (isPrime) {
25              count++;
26              if (count % numOfPerLine == 0)
27                  printf("%4d\n", number);
28              else
29                  printf("%4d", number);
30          }
31
32          number++;
33      }
34      return 0;
35  }
```

輸出結果

```
前 100 個質數如下：

   2   3   5   7  11  13  17  19  23  29
  31  37  41  43  47  53  59  61  67  71
  73  79  83  89  97 101 103 107 109 113
 127 131 137 139 149 151 157 163 167 173
 179 181 191 193 197 199 211 223 227 229
 233 239 241 251 257 263 269 271 277 281
 283 293 307 311 313 317 331 337 347 349
 353 359 367 373 379 383 389 397 401 409
 419 421 431 433 439 443 449 457 461 463
 467 479 487 491 499 503 509 521 523 541
```

【程式剖析】

程式從 number 等於 2 開始，若 divisor 小於等於 number/2 時（第 16 行），判斷它是否可以被 divisor 整除（第 17 行）。若可以整除，則將 isPrime 指定為 0（第 18 行），表示它不是質數，如以下片段程式所示：

```
for (divisor=2; divisor<=number/2; divisor++) {
    if (number % divisor == 0) {
        isPrime = 0;
        break;
    }
}
```

由於每列只印出 10 個質數，所以利用第 26 行 count % numOfPerLine 看看輸出結果是否要跳行。

5-7-2 計算兩數公因數

兩整數的公因數假設是 g，則表示這兩整數都可以被 g 整除。此處要找出其最大的公因數（greatest common divisor，GCD）。如應用範例 5-7-2 所示：

應用範例 5-7-2

```
01  /* ex5-7-2.c */
02  #include <stdio.h>
03  int main()
04  {
05      int num1, num2;
06      printf("請輸入第一個數字: ");
07      scanf("%d", &num1);
08
09      printf("請輸入第二個數字: ");
10      scanf("%d", &num2);
11
12      int gcd = 1;
13      int n = 2;
14      while (n<=num1 && n<=num2) {
15          if (num1%n == 0 && num2%n == 0) {
16              gcd = n;
17          }
18          n++;
19      }
20
21      printf("%d 與 %d 的最大公因數是: %d\n", num1, num2, gcd);
22      return 0;
23  }
```

輸出結果

```
請輸入第一個數字: 125
請輸入第二個數字: 2525
125 與 2525 的最大公因數是: 25
```

【程式剖析】

先假設兩整數的公因數為 1（第 12 行），然後設定 n 為 2（第 13 行），測試 num1 與 num2 是否皆可整除 n（第 15 行），若是，將 n 指定給 gcd（第 16 行），直到 n 大於 num1 或 num2 為止（第 14 行）。如以下片段程式所示：

```
int gcd = 1;
int n = 2;
while (n<=num1 && n<=num2) {
    if (num1%n == 0 && num2%n == 0) {
        gcd = n;
    }
    n++;
}
```

5-7-3 九九乘法表

九九乘法表應該是小學生就背過的，以下將以另一種表示方式來表示九九乘法表。如應用範例 5-7-3 所示：

應用範例 5-7-3

```
01  /* ex5-7-3.c */
02  #include <stdio.h>
03  int main()
04  {
05      int i, j, n;
06      /* 印出標頭 */
07      printf("              9 * 9 乘法表\n\n");
08      printf("    ");
09      for (i=1; i<=9; i++) {
10          printf("%4d", i);
11      }
12      printf("\n");
13
14      /* 印出虛線 */
15      for (n=1; n<=40; n++)
16          printf("-");
```

```
17         printf("\n");
18
19          /* 印出乘法表的內文 */
20         for (i=1; i<=9; i++) {
21             printf("%d | ", i);
22             for (j=1; j<=9; j++) {
23                 printf("%4d", i*j);
24             }
25             printf("\n");
26         }
27         return 0;
28     }
```

輸出結果

```
           9 * 9 乘法表

        1   2   3   4   5   6   7   8   9
----------------------------------------
1 |     1   2   3   4   5   6   7   8   9
2 |     2   4   6   8  10  12  14  16  18
3 |     3   6   9  12  15  18  21  24  27
4 |     4   8  12  16  20  24  28  32  36
5 |     5  10  15  20  25  30  35  40  45
6 |     6  12  18  24  30  36  42  48  54
7 |     7  14  21  28  35  42  49  56  63
8 |     8  16  24  32  40  48  56  64  72
9 |     9  18  27  36  45  54  63  72  81
```

【程式剖析】

程式分為三個部份，一為印出標頭（第 7-12 行），二為印出虛線（第 15-17 行），三為印出乘法表的內文（第 20-26 行）。為了輸出數字的整齊，此處利用第 23 行的欄位寬（%4d）加以控制。

5-7-4 計算 N!

N! 其公式為

N! = N * (N-1)!
(N-1)! = (N-1) * (N-2)!

以此類推。

試撰寫一程式，提示使用者輸入某一整數，然後顯示 1 到此整數的階層。如應用範例 5-7-4 所示：

應用範例 5-7-4

```
01  /* ex5-7-4.c */
02  #include <stdio.h>
03  int main()
04  {
05      double fact = 1;
06      int i, limit;
07      printf("請輸入一整數: ");
08      scanf("%d", &limit);
09      for (i=1; i<=limit; i++) {
10          fact *= i;
11          printf("%d! = %.f\n", i, fact);
12      }
13      return 0;
14  }
```

輸出結果

```
請輸入一整數: 20
1! = 1
2! = 2
3! = 6
4! = 24
5! = 120
6! = 720
7! = 5040
8! = 40320
9! = 362880
10! = 3628800
11! = 39916800

12! = 479001600
13! = 6227020800
14! = 87178291200
15! = 1307674368000
16! = 20922789888000
17! = 355687428096000
18! = 6402373705728000
19! = 121645100408832000
20! = 2432902008176640000
```

【程式剖析】

此程式將 fact 變數的資料型態設為 double，只要是可以得到更大的階層數。若要印出 50!，則要利用其他技巧，挑戰一下吧！

5-7-5 將兩個分數的和，約成最簡分數

最簡分數表示分子和分母，若有最大公因數(gcd)，則將分子和分母除以 gcd。試撰寫一程式，提示使用者輸入兩個分數，然後求出 gcd，最後再將兩數相加所產生的分子和分母各除以 gcd。請參閱應用範例 5-7-5。

應用範例 5-7-5

```
01  /* ex5-7-5.c */
02  #include <stdio.h>
03  int main()
04  {
05      int n1, d1, n2, d2, n3, d3;
06      int gcd = 1, n = 2;
07
08      printf("請輸入一分數的分子和分母(n1/d1): ");
09      scanf("%d/%d", &n1, &d1);
10      printf("請輸入一分數的分子和分母(n2/d2): ");
11      scanf("%d/%d", &n2, &d2);
12      d3 = d1 * d2;
13      n3 = n1 * d2 + n2 * d1;
14      printf("%d/%d + %d/%d = %d/%d\n", n1, d1, n2, d2, n3, d3);
15
16      while (n<=n3 && n<=d3) {
17          if (n3 % n == 0 && d3 % n == 0) {
18              gcd = n;
19          }
20          n++;
21      }
22      printf("gcd 為: %d\n", gcd);
23      printf("最簡分數為: \n");
24      printf("%d/%d + %d/%d = %d/%d\n", n1, d1, n2, d2, n3/gcd, d3/gcd);
25
26      return 0;
27  }
```

輸出結果

```
請輸入一分數的分子和分母(n1/d1): 1/2
請輸入一分數的分子和分母(n2/d2): 1/6
1/2 + 1/6 = 8/12
gcd 為: 4
最簡分數為 :
1/2 + 1/6 = 2/3
```

【程式剖析】

兩分數(a/b, c/d)的相加，其結果的分母是 b*d，分子是 a*d + b*c。之後再求出結果的分子和分母的 GCD，最後的印出時先除以 GCD，即可得到最簡的分數。

5-7-6 檢視 21 世紀中有哪些年是閏年

此範例如同第四章的程式實作第 5 題，但在此題目中，利用迴圈來檢視某一區間的年份有哪些是閏年。如應用範例 5-7-6 所示。

應用範例 5-7-6

```
01  /* ex5-7-6.c */
02  #include <stdio.h>
03  int main()
04  {
05      int year;
06      _Bool a, b;
07      for (year=2000; year<2100; year++) {
08          a = year%400 == 0;
09          b = (year%4 == 0 && year%100 != 0);
10          if ( a || b) {
11              printf("%d is leap year.\n", year);
12          }
13      }
14      return 0;
15  }
```

輸出結果

```
2000 is leap year.
2004 is leap year.
2008 is leap year.
2012 is leap year.
2016 is leap year.
2020 is leap year.
2024 is leap year.
2028 is leap year.
2032 is leap year.
2036 is leap year.
2040 is leap year.
2044 is leap year.
2048 is leap year.
2052 is leap year.
2056 is leap year.
2060 is leap year.
2064 is leap year.
2068 is leap year.
2072 is leap year.
2076 is leap year.
2080 is leap year.
2084 is leap year.
2088 is leap year.
2092 is leap year.
2096 is leap year.
```

5-7-7 電腦計票

2018 台北市長候選人如下：

1、小柯

2、小丁

3、小姚

試撰寫一程式，以一選單提示投票者候選人的名單，每次投票後請顯示每位候選人的票數。假設有十位投票者。注意，可能有廢票。請參閱應用範例 5-7-7。

應用範例 5-7-7

```
01  /* ex5-7-7.c */
02  #include <stdio.h>
03  int main()
04  {
```

```
05        int c1=0, c2=0, c3=0, others=0, num, i;
06        for (i=1; i<=10; i++) {
07           printf("1、小柯\n");
08           printf("2、小丁\n");
09           printf("3、小姚\n");
10           printf("請輸入選號: ");
11           scanf("%d", &num);
12           switch (num) {
13               case 1:
14                     c1++;
15                     break;
16               case 2:
17                     c2++;
18                     break;
19               case 3:
20                     c3++;
21                     break;
22               default:
23                     others++;
24           }
25          printf("小柯: %d, 小丁: %d, 小姚: %d, 廢票: %d\n\n", c1, c2,
26                 c3, others);
27   }
28   return 0;
29   }
```

輸出結果樣本

```
1、小柯
2、小丁
3、小姚
請輸入選號: 1
小柯: 1, 小丁: 0, 小姚: 0, 廢票: 0

1、小柯
2、小丁
3、小姚
請輸入選號: 1
小柯: 2, 小丁: 0, 小姚: 0, 廢票: 0

1、小柯
2、小丁
3、小姚
請輸入選號: 1
小柯: 3, 小丁: 0, 小姚: 0, 廢票: 0
```

```
1、小柯
2、小丁
3、小姚
請輸入選號: 2
小柯: 3, 小丁: 1, 小姚: 0, 廢票: 0

1、小柯
2、小丁
3、小姚
請輸入選號: 2
小柯: 3, 小丁: 2, 小姚: 0, 廢票: 0

1、小柯
2、小丁
3、小姚
請輸入選號: 3
小柯: 3, 小丁: 2, 小姚: 1, 廢票: 0

1、小柯
2、小丁
3、小姚
請輸入選號: 4
小柯: 3, 小丁: 2, 小姚: 1, 廢票: 1

1、小柯
2、小丁
3、小姚
請輸入選號: 1
小柯: 4, 小丁: 2, 小姚: 1, 廢票: 1

1、小柯
2、小丁
3、小姚
請輸入選號: 1
小柯: 5, 小丁: 2, 小姚: 1, 廢票: 1

1、小柯
2、小丁
3、小姚
請輸入選號: 1
小柯: 6, 小丁: 2, 小姚: 1, 廢票: 1
```

5-7-8 計算以下的公式值

試撰寫一程式，用以計算下列公式的值。請參閱應用範例 5-7-8。

$$\frac{1}{1+\sqrt{2}}+\frac{1}{\sqrt{2}+\sqrt{3}}+\frac{1}{\sqrt{3}+\sqrt{4}}+\ldots+\frac{1}{\sqrt{999}+\sqrt{1000}}$$

應用範例 5-7-8

```
01  /* ex5-7-8.c */
02  #include <stdio.h>
03  #include <math.h>
04  int main()
05  {
06      int i;
07      double sum = 0.0;
08      for (i=1; i<=999; i++) {
09          sum += 1/(sqrt(i)+sqrt(i+1));
10      }
11      printf("sum = %.3f\n", sum);
12      return 0;
13  }
```

輸出結果

```
sum = 30.623
```

5-7-9 將公哩轉換為公里

試撰寫一程式，將 50~100 公哩（mile）轉換為公里（km）。提示：1 公哩約等於 1.6 公里。請參閱應用範例 5-7-9。

應用範例 5-7-9

```
01  /* ex5-7-9 */
02  #include <stdio.h>
03  int main() {
04      int i;
05      double km;
06      for (i=50; i<=100; i+=5) {
07          km = i * 1.6;
```

```
08            printf("%3d 公哩等於 %.2f\n", i, km);
09        }
10        return 0;
11    }
```

輸出結果

```
 50 公哩等於 80.00
 55 公哩等於 88.00
 60 公哩等於 96.00
 65 公哩等於 104.00
 70 公哩等於 112.00
 75 公哩等於 120.00
 80 公哩等於 128.00
 85 公哩等於 136.00
 90 公哩等於 144.00
 95 公哩等於 152.00
100 公哩等於 160.00
```

5-7-10 將攝氏溫度轉換為華氏溫度

試撰寫一程式，將 0~100 攝氏溫度(C)轉換為華氏溫度(F)。提示：攝氏溫度轉換為華氏溫度的公式如下：

F = C * (9/5) + 32

請參閱應用範例範例 5-7-10。

應用範例 5-7-10

```
01    //* ex5-7-10.c */
02    #include <stdio.h>
03    int main() {
04        int i;
05        double F;
06        for (i=0; i<=100; i+=5) {
07            F = i * (9./5) + 32;
08            printf("攝氏溫度%3d 等於F華氏溫度 %.2f\n", i, F);
09        }
10        return 0;
11    }
```

輸出結果

```
攝氏溫度   0 等於 F 華氏溫度  32.00
攝氏溫度   5 等於 F 華氏溫度  41.00
攝氏溫度  10 等於 F 華氏溫度  50.00
攝氏溫度  15 等於 F 華氏溫度  59.00
攝氏溫度  20 等於 F 華氏溫度  68.00
攝氏溫度  25 等於 F 華氏溫度  77.00
攝氏溫度  30 等於 F 華氏溫度  86.00
攝氏溫度  35 等於 F 華氏溫度  95.00
攝氏溫度  40 等於 F 華氏溫度 104.00
攝氏溫度  45 等於 F 華氏溫度 113.00
攝氏溫度  50 等於 F 華氏溫度 122.00
攝氏溫度  55 等於 F 華氏溫度 131.00
攝氏溫度  60 等於 F 華氏溫度 140.00
攝氏溫度  65 等於 F 華氏溫度 149.00
攝氏溫度  70 等於 F 華氏溫度 158.00
攝氏溫度  75 等於 F 華氏溫度 167.00
攝氏溫度  80 等於 F 華氏溫度 176.00
攝氏溫度  85 等於 F 華氏溫度 185.00
攝氏溫度  90 等於 F 華氏溫度 194.00
攝氏溫度  95 等於 F 華氏溫度 203.00
攝氏溫度 100 等於 F 華氏溫度 212.00
```

5-7-11 使用 while 迴圈敘述求 n^3 大於等於 15000 的最小整數

試撰寫一程式，利用 while 迴圈敘述，求出 n^3 大於等於 15000 的最小整數。請參閱應用範例 5-7-11。

應用範例 5-7-11

```
01  /* ex5-7-11.c */
02  #include <stdio.h>
03  int main()
04  {
05      int n=1;
06      while (n*n*n < 15000) {
07          n++;
08      }
09      printf("%d 的 3 次方為大於等於 15000 的最小整數 \n", n);
10      return 0;
11  }
```

輸出結果

```
25 的 3 次方為大於等於 15000 的最小整數
```

5-8 問題演練

1. 試問下一程式的輸出結果為何？

```
#include <stdio.h>
int main()
{
    int i = 0;
    while (i < 3 ) {
        switch(i++) {
            case 0: printf("Merry");
            case 1: printf("Merr");
                    break;
            case 2: printf("Mer");
                    default: printf("Christmas");
        }
    }
    return 0;
}
```

2. 試問下一程式的輸出結果為何？請以下列資料測試之 1、1、1、2、3、0、1、4、1、3。

```
#include <stdio.h>
int main()
{
    int i = 0, num = 0, total = 0;
    printf("input 10 numbers, or type 0 to quit\n");
    while (i++ < 10) {
        printf(" %2d:", i);
        scanf("%d", &num);
        if (num == 0)
            break;
        total = total + num;
    }
    printf("total = %d\n", total);
    return 0;
}
```

3. 試問下一程式的輸出結果為何？請以下列資料測試之 1、1、1、2、3、0、1、4、1、3。

```
#include <stdio.h>
int main()
{
    int i = 0, num = 0, total = 0;
    printf("input 10 numbers, or type 0 to continue\n");
    while (i++ < 10) {
        printf(" %2d:", i);
        scanf("%d", &num);
        if (num == 0)
            continue;
        total = total + num;
    }
    printf("total = %d\n", total);
    return 0;
}
```

4. 試問以下程式的輸出結果為何？

```
#include <stdio.h>
int main()
{
    int i, num, total=0;
    printf("累加正整數\n");
    for(i=1; i<=10; i++) {
        printf("請輸入#%d 個整數: ", i);
        scanf("%d", &num);
        if( num >= 0)
            total += num;
        else
            continue;
    }
    printf("Total=%d\n", total);
    return 0;
}
```

5. 試問下列片段程式的輸出結果為何？

(a)
```
int x=0;
while (++x < 3)
    printf("%4d\n", x);
```

(b)
```
int x=100;
while (x++ < 103)
    printf("%4d\n", x);
printf("%4d\n", x);
```

(c)
```
char ch='s';
while (ch < 'w') {
    printf("%c", ch);
    ch++;
}
printf("%c\n", ch);
```

6. 以下有二個程式，請回答其問題。

(a)
```
#include <stdio.h>
int main()
{
    int i, i1=0, i2=0, i3=0, i4=0, others=0, k;
    for (k=1; k<=5; k++){
        printf("Please input a number : ");
        scanf("%d", &i);
        switch(i) {
            case 1: i1++;
                    break;
            case 2: i2++;
                    break;
            case 3: i3++;
                    break;
            case 4: i4++;
                    break;
            default: others++;
        }
        printf("i1=%d, i2=%d, i3=%d, i4=%d,
                others=%d\n", i1, i2, i3, i4, others);
    }
    return 0;
}
```

試問分別輸入 1、2、3、4、5 的結果為何？

(b)
```
#include <stdio.h>
int main()
{
    int i, i1=0, i2=0, i3=0, i4=0, others=0, k;
    for (k=1; k<=5; k++) {
        printf("Please input a number:");
        scanf("%d", &i);
        switch(i) {
            case 1: i1++;
            case 2: i2++;
                    break;
```

```
                case 3: i3++;
                case 4: i4++;
                        break;
                default: others++;
            }
            printf("i1=%d,i2=%d,i3=%d,i4=%d,others=%d\n",i1,i2,
                   i3,i4,others);
        }
        return 0;
    }
```

試問分別輸入 1、2、3、4、5 的結果為何？

5-9 程式實作

1. 利用迴圈敘述，印出以下的圖形。

(a)
```
*
***
*****
*******
*********
*******
*****
***
*
```

(b)
```
*
**
***
****
*****
******
*******
********
```

2. 先要求使用者輸入等差數列的首項與公差，再輸入項數，最後利用迴圈敘述計算該數列的和。
3. 利用迴圈敘述，印出攝氏溫度與華氏溫度的對照表。從攝氏溫度 -50° 到 100°，每間隔 10° 印出（提示：華氏溫度＝9/5×攝氏溫度＋32.0）。
4. 印出費氏數列（Fibonacci）的前 15 次（提示：某一項是其前兩項之和，第一項為 1，第二項為 1）。
5. 以 10 進位印出 11×11 之乘法表，輸出格式如下所示。

```
<< Multiplication table 11 * 11 >>
  1
  2     4
  3     6     9
  4     8    12    16
  5    10    15    20    25
```

```
 6    12    18    24    30    36
 7    14    21    28    35    42    49
 8    16    24    32    40    48    56    64
 9    18    27    36    45    54    63    72    81
10    20    30    40    50    60    70    80    90    100
11    22    33    44    55    66    77    88    99    110    121
```

6. 試撰寫一程式，以下列公式計算 π 值。

$\pi = 4(1 - 1/3 + 1/5 - 1/7 + 1/9 - 1/11 + \ldots + (-1)^{i+1}/(2i - 1))$

試以 i 等於 10000、20000、30000，…，以及 200000 時，其 π 值為何？（註：系統內建的 π = 3.141592653589793）

7. 試撰寫一程式，依下表求分數所對應的 GPA（Grade Point Average）。以不定數迴圈提示使用者輸入其分數，之後程式將顯示其 GPA。注意，當分數為負數時，則結束程式執行。

分數	GPA
80~100 分	A
70~79 分	B
60~69 分	C
50~59 分	D
49 分以下	F

8. 試撰寫一程式，印出以下的九九乘法表。

```
*****************************************************************
1*1= 1  2*1= 2  3*1= 3  4*1= 4  5*1= 5  6*1= 6  7*1= 7  8*1= 8  9*1= 9
1*2= 2  2*2= 4  3*2= 6  4*2= 8  5*2=10  6*2=12  7*2=14  8*2=16  9*2=18
1*3= 3  2*3= 6  3*3= 9  4*3=12  5*3=15  6*3=18  7*3=21  8*3=24  9*3=27
1*4= 4  2*4= 8  3*4=12  4*4=16  5*4=20  6*4=24  7*4=28  8*4=32  9*4=36
1*5= 5  2*5=10  3*5=15  4*5=20  5*5=25  6*5=30  7*5=35  8*5=40  9*5=45
1*6= 6  2*6=12  3*6=18  4*6=24  5*6=30  6*6=36  7*6=42  8*6=48  9*6=54
1*7= 7  2*7=14  3*7=21  4*7=28  5*7=35  6*7=42  7*7=49  8*7=56  9*7=63
1*8= 8  2*8=16  3*8=24  4*8=32  5*8=40  6*8=48  7*8=56  8*8=64  9*8=72
1*9= 9  2*9=18  3*9=27  4*9=36  5*9=45  6*9=54  7*9=63  8*9=72  9*9=81
*****************************************************************
```

9. 試撰寫一程式，使用 while 迴圈敘述找出符合 n^2 大於等於 12000 的最小整數。

10. 試撰寫一程式，以下列的方式計算兩整數（n1 和 n2）的最大公因數。解法是，先找出 n1 和 n2 最小者為 d，然後檢視 d、d-1、d-2、 ...2 以及 1 是否為 n1 與 n2 的因數，第一個檢視到為 n1 與 n2 的因數，就是這兩個整數的最大公因數。

函數與儲存類別

其實我們在第 1 章已看過函數了，如在每一程式都會有的 main() 函數，但對於函數原型的宣告及主體的定義並沒有加以著墨。本章將針對這些主題及應注意事項加以說明。

6-1 何謂函數

函數（function）是完成某項功能的片段程式，其可分為**庫存函數**（library function）和**使用者自定函數**（user-defined function）。像 printf()、scanf() 就是庫存函數。呼叫這些庫存函數首先要合乎此函數的原型，需載入原型所在的標頭檔，最後，還要知道成功與失敗之回傳值。本章重點不是討論這些庫存函數，而是教您如何撰寫使用者自定的函數。先來看一個簡單的範例，並從中說明應注意的事項。

範例 6-1a

```
01  /* ex6-1a.c */
02  #include <stdio.h>
03  void output(void);    /* 函數原型宣告 */
04  int main()
05  {
06      printf("呼叫output 函數!!\n");
07      output();        /* 呼叫output() 函數 */
08      printf("呼叫結束，over!!\n");
09      return 0;
```

```
10    }
11
12    /* output()函數的定義 */
13    void output(void)
14    {
15        printf("我喜歡iPhone 12 pro\n");
16        printf("也喜歡Apple watch\n");
17    }
```

輸出結果

```
呼叫 output 函數!!
我喜歡 iPhone 12 pro
也喜歡 Apple watch
呼叫結束，over!!
```

【程式剖析】

首先要先宣告 output 函數的原型（第 3 行），之後在 main 函數呼叫 output 函數（第 7 行），此時控制權將交給 output 函數定義的地方（第 13-17 行），當遇到右大括號或 return 敘述時，再將控制權交給呼叫 output 函數的下一行敘述（第 8 行）。

以下將針對函數原型的宣告、函數的定義及函數的呼叫逐一介紹。

6-1-1 函數原型的宣告

函數的原型或稱語法的宣告有兩個目的。一、使程式得知函數回傳值的資料型態。二、呼叫函數時所需要參數的個數及資料型態。函數原型的宣告如下：

```
函數的資料型態  函數名稱(參數的資料型態);
```

函數原型的宣告敘述後，一定要加上分號（;），否則，程式將無法知道函數的原型宣告是否已結束。有了函數原型的宣告，讓我們知道程式將呼叫哪些使用者自訂函數，及可在編譯時期告知您所呼叫函數，是否合乎其函數的原型宣告。

在範例 6-1a 中第 3 行，使用者自訂的 output() 函數之原型宣告為

```
void output(void);
```

函數的資料型態為 void，表示此函數沒有回傳值；而參數的資料型態為 void，表示此函數不接受任何參數，一般我們都將 void 省略掉。

您可能會問，在呼叫標準輸出入庫存函數時，如 printf()、scanf()，並沒有撰寫這些函數的原型宣告。由於這些標準輸出入函數原型的宣告，存放於 stdio.h 標頭檔，所以在程式開始時，必須利用 #include <stdio.h>，將標頭檔 stdio.h 載入到程式中。

6-1-2 函數的定義

函數的定義如下：

```
函數的資料型態  函數名稱(參數的資料型態)
{
    函數主體的敘述
        :
        :
}
```

函數定義的部分主要是在撰寫函數主體的敘述。一般函數與 main() 函數一樣，對於函數定義的內容，需要使用大括弧 { } 括起來，如範例 6-1a 第 13-17 行的 output() 函數定義如下：

```
void output(void)
{
    printf("我喜歡 iPhone 12 pro\n");
    printf("也喜歡 Apple watch\n");
}
```

得知 output 函數主體的敘述，是利用 printf 函數輸出 iPhone 12 pro 和 Apple watch。

6-1-3 函數的呼叫

函數的呼叫方式十分簡單，如同範例 6-1a 第 7 行的 output(); 這一行敘述，就是呼叫 output() 函數，此時程式控制權將交給 output() 函數，當 output() 函數執行完畢，再將控制權交給原呼叫函數。其示意圖如下所示：

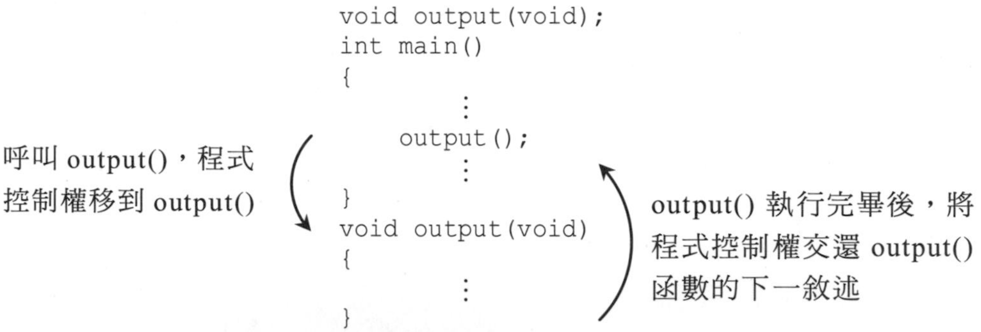

```
void output(void);
int main()
{
         :
    output();
         :
}
void output(void)
{
         :
}
```

呼叫 output()，程式控制權移到 output()

output() 執行完畢後，將程式控制權交還 output() 函數的下一敘述

由於 output() 原型的宣告沒有參數，也沒有回傳值，所以呼叫時不需給予任何參數，只要撰寫 output(); 即可。至於有參數及回傳值型態的呼叫方式，本章後面會詳加介紹。

6-1-4 函數在程式語言中扮演的角色

函數在程式語言中有什麼功用，何時才要使用函數呢？看了範例 6-1a，您也許會問，output() 的片段程式，直接寫在 main() 也是可以的呀！為什麼要定義一個新的函數來取代呢？我們將其好處歸納如下：

1. 達到程式模組化（module）的功能
2. 容易除錯（debug）
3. 程式碼可重複使用（reuse）
4. 可以分工合作

小蔡老師在實習課時請大家撰寫一程式，此程式的輸出結果如下：

```
function call begin!!
********************
Apple iPhone
********************
function call end!!
```

1. 以下是小高撰寫的程式，有一些錯誤，請您幫他除錯一下囉！

```c
/* bugs6-1-1.c */
#include <stdio.h>
int main()
{
    printf("function call begin!!\n");
    printStar();
    printf("Apple iPhone\n");
    printf("function call end!!\n");
    return 0;
}

/* output()的定義 */
void printStar()
{
    int i;
    for(i=1; i<=20; i++)
        printf("*");
    printf("\n");
}
```

2. 因為這是老師出的作業，所以小軒也撰寫了以下的程式，可否也幫她看一下程式錯在哪裡，感恩。

```c
/* bugs6-1-2.c */
#include <stdio.h>
void printStar()
int main()
{
    printf("function call begin!!\n");
    printStar();
    printf("Apple iPhone\n");
    printf("function call end!!\n");
    return 0;
}
```

```
/* output()的定義 */
void printStar();
{
    int i;
    for(i=1; i<=20; i++)
        printf("*");
    printf("\n");
}
```

練習題

1. 試擴充範例 6-1a，設計一 dash 函數，在輸出 output 函數內容前後，印出 50 個 '-'。

2. 試撰寫一程式，程式中須定義一函數 calculate()，要求使用者輸入整數資料，再判斷此資料是否大於或等於 60，以便印出 "pass" 或 "down"。

6-2 函數的回傳值

函數的資料型態，有何作用呢？函數回傳值與函數的資料型態又有什麼關聯呢？讓我們從範例來找答案。

範例 6-2a

```
01  /* ex6-2a.c */
02  #include <stdio.h>
03  int square();  /* square( )的原型宣告 */
04  int main()
05  {
06      int ans;
07      printf("計算某一整數的平方\n\n");
08      ans = square();    /* 用 ans 接收 square()的回傳值 */
09      printf("它的平方是 %d\n", ans);
10      return 0;
11  }
12
13  /* 定義 square()，函數型態為 int */
14  /* 要求輸入一數值，之後將此數值平方後傳回 */
```

```
15  int square()
16  {
17      int num, total;
18      printf("請輸入一整數: ");
19      scanf("%d", &num);
20      total = num * num;
21      return total; /* 將total 傳回呼叫函數 */
22  }
```

輸出結果

```
計算某一整數的平方

請輸入一整數: 11
它的平方是 121
```

此範例包含幾個重點：(1) 函數資料型態的意義、(2) 利用 return 敘述回傳值時應注意事項，茲說明如下：

6-2-1　函數的資料型態

函數的資料型態若不是 void，表示此函數有回傳值。函數回傳值的資料型態必須與函數的資料型態一致。在範例 6-2a 第 3 行，square() 的資料型態為 int，所以函數的回傳值 total 也必須是 int。若函數回傳值的資料型態與函數的資料型態不一致時，將會得到錯誤的訊息。

6-2-2　return 敘述

函數定義的內容，始於左大括號 {，止於右大括號 }，不過函數除了碰到右大括號 } 結束外，若遇到 return 敘述，函數也會結束。

return 是返回的意思，只要在函數中遇到 return 敘述，控制權就會交回。return 敘述一次只能回傳一個數值，通常會將回傳值指定給一變數，但無法一次回傳多個數值。範例 6-2a 第 8 行，將 square() 的回傳值指定給 ans 變數，square() 是 int 型態，回傳值也必須是 int 型態，所以 ans 變數必須是 int

型態，這就是函數回傳值運作的方式。return 後面也可以不接任何運算式，如範例 6-2b 所示。

範例 6-2b

```
01  /* ex6-2b.c */
02  #include <stdio.h>
03  void test();  /* test()的原型宣告 */
04  int main()
05  {
06      printf("此程式在測試 return 的作用\n");
07      printf("測試開始!!\n");
08      test();  /* 呼叫test() */
09      printf("測試結束!!\n");
10      return 0;
11  }
12  
13  /* test()的定義 */
14  /* 利用 for 迴圈測試 return; 的效力 */
15  void test()
16  {
17      int i, a, b;
18      for (i=1; i<=10; i++) {  /* 會執行 10 次的 for 迴圈 */
19          printf("請輸入 a 和 b: ");
20          scanf("%d %d", &a, &b);
21          if (b == 0)
22              return;  /* 當 b=0 時，執行 return; */
23          else
24              printf("%d/%d=%d\n", a, b, a/b);
25          printf("for 迴圈跑了 %d 次\n\n", i);
26      }
27  }
```

輸出結果

```
此程式在測試 return 的作用測試開始!!
請輸入 a 和 b: 100 10
100/10=10
for 迴圈跑了 1 次

請輸入 a 和 b: 10 2
10/2=5
for 迴圈跑了 2 次
```

```
請輸入 a 和 b: 88 0
測試結束!!
```

【程式剖析】

程式第 20 行要求使用者輸入 a 和 b，並計算 a/b。第 21-22 行若輸入的 b 為 0 時，則會執行 return 敘述，因而結束 test 函數的執行。原本 for 迴圈會執行 10 次（第 18 行），但是當輸入的 b 為 0 時，因為執行 return 敘述，使 test 函數交回控制權。此時的 return 敘述，只有返回的功用而已。

1. 以一函數求兩個 double 數的和，以下是小伍寫的程式，此程式有一個小小的錯誤，請您幫他除錯。輸入 45.78 和 34.66 加以測試之。

```
/* bugs6-2-1.c */
#include <stdio.h>
double sum();
int main()
{
    double total;

    total = sum();
    printf("Total is %.2f\n", total);
    return 0;
}

int sum()
{
    double num1, num2;
    printf("Please input two double numbers: ");
    scanf("%lf %lf", &num1, &num2);
    return (num1+num2);
}
```

2. 同第一題的題目，這一程式是小熊寫的程式，也請您幫她看一下囉！輸入 45.78 和 34.66 加以測試之。

```
/* bugs6-2-2.c */
#include <stdio.h>
double sum();
int main()
```

```
{
    int total;
    total = sum();
    printf("Total is %.2f\n", total);
    return 0;
}

double sum()
{
    double num1, num2;
    printf("Please input two double numbers: ");
    scanf("%lf %lf", &num1, &num2);
    return (num1+num2);
}
```

練習題

1. 定義一函數要求使用者輸入長方形的長和寬，並計算其面積後回傳給主程式。請撰寫一程式測試之。
2. 定義一函數要求使用者輸入一個值，並將其絕對值回傳後輸出。請撰寫一程式測試之。

6-3 函數如何傳遞參數

之前所舉的範例在呼叫函數時都沒有傳遞所謂的**參數**（parameter）。參數又分為**實際參數**（actual parameter）與**形式參數**（formal parameter）。我們以範例 6-3a 來說明之，它是範例 6-2a 修正版。

範例 6-3a

```
01  /* ex6-3a.c */
02  #include <stdio.h>
03  int square(int);           /* square()的原型宣告 */
04  int main()
05  {
06      int num, ans;
07      printf("計算某一整數的平方\n\n");
```

```
08        printf("請輸入一整數: ");
09        scanf("%d", &num);
10        ans = square(num);   /* 用ans 接收 square()的傳回值 */
11        printf("%d 的平方是 %d\n", num, ans);
12        return 0;
13    }
14
15    /* 定義square()，函數型態為int */
16    /* 要求輸入一數值，並將此數值平方後傳回 */
17    int square(int n)
18    {
19        int total;
20        total=n*n;
21        return  total;       /* 將total 傳回呼叫函數 */
22    }
```

輸出結果

```
計算某一整數的平方

請輸入一整數: 11
11 的平方是 121
```

【程式剖析】

程式第 10 行

```
ans = square(num);
```

表示呼叫 square()，以 ans 接收 square() 的回傳值，並以 num 作為實際參數；而在第 17-22 行定義 int square(int n) 中，則以 n 為形式參數接收實際參數 num。由於 square() 的資料型態是 int，所以回傳值 total 的資料型態必須為 int。

我們再來看範例 6-3b。

範例 6-3b

```
01  /* ex6-3b.c */
02  #include <stdio.h>
03  void printStar(int);     /* printStar()的原型宣告 */
04  int main()
05  {
06      int num;
07      printf("請問要多少個 *: ");
08      scanf("%d", &num);
09      printStar(num);
10      return 0;
11  }
12
13  void printStar(int n)
14  {
15      int i;
16      for (i=1; i<=n; i++)
17          printf("*");
18      printf("\n");
19  }
```

輸出結果

```
請問要多少個 *: 20
********************
```

【程式剖析】

此範例第 9 行利用變數 num 傳遞給 printStar() 函數（第 13 行），以形式參數 n，接收實際參數 num 的值，做為輸出 * 之參考數目。

範例 6-3c 是範例 6-3a 與 6-3b 的結合。

範例 6-3c

```
01  /* ex6-3c.c */
02  #include <stdio.h>
03  int squAdd(int, int);
04  void printStar(int);
05  int main()
06  {
07      int num1, num2, sum, star;
```

```
08        printf("此程式在計算兩整數的平方和\n\n");
09        printf("請輸入兩個整數: ");
10        scanf("%d %d", &num1, &num2);
11        /* 傳遞兩個變數 num1、num2 到 squAdd()函數 */
12        /* 使用變數 sum 接收函數傳回值 */
13        sum = squAdd(num1, num2);
14        printf("請問要多少個 *: ");
15        scanf("%d", &star);
16        printStar(star);
17        printf("%d 的平方加 %d 的平方為 %d\n", num1, num2, sum);
18        printStar(star);
19        return 0;
20    }
21
22    /* 定義 squAdd()，函數型態為 int，參數為 a、b */
23    /* 計算 a、b 的平方和後回傳 */
24    int squAdd(int a, int b)
25    {
26        int ans;
27        ans = a * a + b * b;
28        return ans;
29    }
30
31    void printStar(int n)
32    {
33        int i;
34        for (i=1; i<=n; i++)
35            printf("*");
36        printf("\n");
37    }
```

輸出結果

```
此程式在計算兩整數的平方和

請輸入兩個整數: 10 11
請問要多少個 *: 30
******************************
10 的平方加 11 的平方為 221
******************************
```

【程式剖析】

在此範例第 13 行，傳遞了兩個整數變數給 squAdd()。傳遞兩個以上的參數時，各參數之間要使用逗號(,)將參數隔開。我們也呼叫了二次的 printStar()（第 16 行與 18 行），此函數每次會印出 30 個 *。從印出 * 的函數來看，我們只要定義一個函數即可，需要時呼叫它，從而可達到程式的再利用。

1. 以下是小楊寫的程式，有一些 bugs，請您幫忙 debug。

```
/* bugs6-3-1.c */
#include <stdio.h>
double squAdd(double, double);
int main()
{
    double num1, num2, sum;
    printf("此程式在計算兩整數的平方和\n\n");
    printf("請輸入兩個浮點數: ");
    scanf("%f %f", &num1, &num2);
    sum = squAdd(num1, num2);
    printf("%f 的平方加 %f 的平方為 %f\n", num1, num2, sum);
    return 0;
}

double squAdd(int a, int b)
{
    int ans;
    ans = a * a + b * b;
    return ans;
}
```

1. 參照範例 6-3c 輸入三個 double 浮點數，計算其立方和並加以輸出。

6-4 全域變數與區域變數

本節將介紹兩個與變數有關的名詞—**全域變數**（global variable）與**區域變數**（local variable）。全域變數是定義於函數外的變數，定義之後的所有的函數皆可使用，請參閱範例 6-4a。區域變數則是定義於函數內的變數，只允許該函數使用。

範例 6-4a

```
01  /* ex6-4a.c */
02  #include <stdio.h>
03  int number;           /* number 是一個全域變數 */
04  void output();        /* output()的原型宣告 */
05  int main()
06  {
07      printf("Please enter a number: ");
08      scanf("%d", &number);
09      output();
10      return 0;
11  }
12
13  /* 定義 output() */
14  void output()
15  {
16      printf("Number is %d\n", number);
17  }
```

輸出結果

```
Please enter a number: 50
Number is 50
```

【程式剖析】

此範例的 number 是定義於 main() 之外（第 3 行），當 number 定義後，其底下的所有函數（第 8 行與 16 行）皆可使用 number 變數。

若 number 於 main() 函數內定義，當 output() 函數要輸出 number 時，編譯程式會告訴您 number 還未定義，因為 number 是 main() 函數的區域變數，只有 main() 函數才可以使用。請參閱除錯題第一題（bugs6-4-1.c）。

若 int number 定義於 output() 函數的前面，那麼就只有 output() 函數及其以下的函數，才能使用全域變數 number，因為 main() 函數定義於 int number; 前，所以 main() 無法使用全域變數 number。請參閱除錯題第二題（bugs6-4-2.c）。

若將全域變數定義在 main() 函數下面時，則 main() 函數是無法取用這一全域變數。請參閱範例 6-4b。

範例 6-4b

```
01  /* ex6-4b.c */
02  #include <stdio.h>
03  void input();    /* input()的原型宣告 */
04  void output();   /* output()的原型宣告 */
05  int main()
06  {
07      printf("此程式在測試全域變數\n");
08      input();
09      output();
10      return 0;
11  }
12
13  int array[5];   /* 定義全域變數array 陣列 */
14  /* 定義input() */
15  void input()
16  {
17      int index;   /* 定義input()的區域變數 */
18      for (index = 0; index < 5; index++) {
19          printf("請輸入 #%d 整數: ", index+1);
20          scanf("%d", &array[index]);   /* 使用全域變數做輸入 */
21      }
22  }
23
24  /* 定義output()*/
25  void output()
26  {
27      int index;   /* 定義output()的區域變數 */
28      printf("\n");
29      for (index = 0; index < 5; index++)   /* 使用全域變數做輸出 */
30          printf("array[%d] is %d\n", index, array[index]);
31  }
```

輸出結果

```
此程式在測試全域變數
請輸入 #1 整數: 10
請輸入 #2 整數: 20
請輸入 #3 整數: 30
請輸入 #4 整數: 40
請輸入 #5 整數: 50

array[0] is 10
array[1] is 20
array[2] is 30
array[3] is 40
array[4] is 50
```

【程式剖析】

上例於 main() 與 input() 之間定義全域變數 array（第 13 行），那麼就只有在 array 定義後，也就是 input() 及 output() 才可以使用變數 array；main() 定義於 array 之前，所以在 main() 函數無法使用 array 變數。而 input() 與 output() 中的 index 變數（第 17 行與 27 行），則是區域變數，因此，可以用相同的變數名稱。

若程式的全域變數與區域變數同名時，有沒有關係呢？請參閱範例 6-4c 及其解說。

範例 6-4c

```
01  /* ex6-4c.c */
02  #include <stdio.h>
03  int number = 100;  /* 定義全域變數 */
04  void output();
05  int main()
06  {
07      printf("number is %d\n", number);
08      output();
09      return 0;
10  }
11
```

```
12  /* 定義output() */
13  void output()
14  {
15      int number = 200;   /* 定義區域變數 */
16      printf("number is %d\n", number);
17  }
```

輸出結果

```
number is 100
number is 200
```

【程式剖析】

當全域變數名稱與函數內區域變數名稱一樣時，程式會使用哪一個變數呢？程式的處理是先尋找在函數內的區域變數，沒有區域變數才會去找全域變數，若都沒找到，程式就會發出錯誤訊息，告知該變數沒有定義。所以在範例 6-4c 中，output() 函數使用的 number 是區域變數（第 15 行），印出 number 的值等於 200。

為什麼要將全域變數拿出來討論呢？這是因為函數與函數之間的區域變數是無法相互利用的，使用全域變數，各函數之間才得以溝通，不過在程式中使用全域變數，並不是一個好的現象。

全域變數效力大，勢力範圍可遍及整個程式，自然也會產生一些副作用（side effect），因為任何一個函數執行的過程中，都有可能改變全域變數的值，若是發生錯誤，要除錯是十分不容易；若是使用區域變數，因效力僅止於其定義的函數內，一旦函數出現問題，只要對有使用到區域變數的函數加以追蹤即可，不需大費周章的找遍整個程式。一個好的程式設計師，會儘量避免使用全域變數。

1. 小許發現他寫的程式出現這樣的訊息：error C2065: 'number' : undeclared identifier。請您幫忙改一下。

```
/* bugs6-4-1.c */
#include <stdio.h>
void output();
int main()
{
    int number=100;  /* number 是一個區域變數 */
    printf("number = %d\n", number);
    output();
    return 0;
}

/* 定義 output()*/
void output()
{
    printf("number = %d\n", number);
}
```

2. 小許想在 main() 和 output() 這兩函數中印出全域變數的值，但發現有程式出現這樣的訊息：error C2065: 'number' : undeclared identifier。請您幫忙改一下。

```
/* bugs6-4-2.c */
#include <stdio.h>
#include <stdlib.h>
void output();
int main()
{
    printf("number = %d\n", number);
    output();
    system("PAUSE");
    return 0;
}

int number=100;  /* number 是一個全域變數 */
/* 定義 output()*/
void output()
{
    printf("number = %d\n", number);
}
```

1. 試定義一全域變數 num，於 main 函數中輸入 num 的值，再呼叫 cube 函數計算其三次方後回傳。
2. 試定義一全域變數 num，並定義一 input 函數，於函數中輸入該變數的值後，再回到 main 函數輸出。

6-5 遞迴函數

當函數內某一個（或多個）敘述又呼叫函數本身，則稱此函數為**遞迴函數**（recursive function）。遞迴函數在撰寫上相當簡潔，但較不易理解，舉一範例說明之。假設我們要計算 5!，其計算過程如下：

```
5! = 5 * 4!
4! = 4 * 3!
3! = 3 * 2!
2! = 2 * 1!
1! = 1
```

從上述可歸納出，有一規則可循，即

```
n! = n * (n-1)!
```

此表示某一數的階層，為此數乘上此數減 1 的階層，並且有一個結束點 1! = 1。程式的結束點對遞迴函數是很重要的，若無結束點，則將會造成無窮的呼叫。以下是計算 n! 的片段程式：

```
/* 使用遞迴函數來計算 n 階層 */
int factorial(int n)
{
    if (n >1)
        return (n * factorial(n-1));
```

```
    else
        return 1;
}
```

我們發現在 factorial 函數中有一敘述又呼叫 factorial 本身，故稱此函數為遞迴函數。運作過程如下，以 n=5 為例：

```
factorial(5) = 5 * factorial(4)
             = 5 * 4 * factorial(3)
             = 5 * 4 * 3 * factorial(2)
             = 5 * 4 * 3 * 2 * factorial(1)
             = 5 * 4 * 3 * 2 * 1
             = 5 * 4 * 3 * 2
             = 5 * 4 * 6
             = 5 * 24
             = 120
```

請參閱範例 6-5a。

範例 6-5a

```
01  /* ex6-5a.c */
02  #include <stdio.h>
03  int factorial(int);
04  int main()
05  {
06      int num;
07      printf("Please input a number: ");
08      scanf("%d", &num);
09      printf("Factorial(%d)=%d\n", num, factorial(num));
10      return 0;
11  }
12
13  int factorial(int n)
14  {
15      if (n >1)
16          return (n * factorial(n-1));
17      else
18          return 1;
19  }
```

輸出結果

```
Please input a number: 6
Factorial(6)=720
```

當然遞迴函數也可以用非遞迴函數（non-recursive）撰寫之，其片段程式如下：

```
/* 使用非遞迴函數來計算 n 階層 */
int factorial(int n)
{
    int k, total = 1;
    for (k=1; k<=n; k++)
        total *= k;
    return total;
}
```

完整的程式，請參閱範例 6-5b。

範例 6-5b

```
01  /* ex6-5b.c */
02  #include <stdio.h>
03  int factorial(int);
04  int main()
05  {
06      int num;
07      printf("Please input a number: ");
08      scanf("%d", &num);
09      printf("Factorial(%d)=%d\n", num, factorial(num));
10      return 0;
11  }
12
13  int factorial(int n)
14  {
15      int k, total = 1;
16      for (k=1; k<=n ; k++)
17          total *= k;
18      return total;
19  }
```

輸出結果

```
Please input a number: 6
Factorial(6)=720
```

除錯題

1. 在範例 6-5a 中，當我們輸入的值大於 13 時，由於答案會超過 int 的表示範圍，故小強將它改為以 double 的資料型態回傳，但程式有一些錯誤尚未解決，請您除錯一下，謝謝啦！

```
/* bugs6-5-1.c */
#include <stdio.h>
double factorial(int);
int main()
{
    int num;
    printf("Please input a number: ");
    scanf("%d", &num);
    printf("Factorial(%d)=%d\n", num, factorial(num));
    return 0;
}

int factorial(int n)
{
    if (n > 1)
      return (n * factorial(n-1));
    else
      return 1;
}
```

練習題

1. 試利用遞迴和非遞迴函數求二數的 gcd（最大公因數）。

6-6 儲存類別

定義一個變數時，除了定義變數的資料型態來分配記憶體外，還須定義儲存類別。何謂儲存類別呢？儲存類別與變數又有什麼關係呢？

6-6-1 儲存類別的定義

儲存類別（storage class）的主要目的是給予變數的**存活期**（life time）。存活期指的是變數的記憶體，從配置記憶體到被釋放的期間稱之。

了解儲存類別所扮演的角色後，應如何定義變數的儲存類別呢？一般將變數的儲存類別置於資料型態前，其語法如下：

```
儲存類別　資料型態　變數名稱;
```

6-6-2 儲存類別的種類

儲存類別共有四種，分別為 auto（自動）、static（靜態）、register（暫存器）與 extern（外部）。以下將逐一的加以介紹。

一、auto

若變數定義時沒有指定其儲存類別，其儲存類別一律被預設為 auto。為 auto 儲存類別的區域變數，其生命週期是從變數定義到函數結束；全域變數的生命週期則為程式執行完畢時結束。由於 auto 為預設的儲存類別，所以在定義變數時都將 auto 省略。請參閱範例 6-6a。

範例 6-6a

```
01  /* ex6-6a.c */
02  #include <stdio.h>
03  void increase();
04  int main()
05  {
06      /* 測試 auto 儲存類別的生命週期 */
```

```
07      int count;
08      printf("Testing storage class << auto >>\n");
09      /* 使用 for 迴圈呼叫 increase() */
10      for (count=1; count<=5; count++) {
11          printf("# %d call: ", count);
12          increase();
13      }
14      printf("Testing end!!\n");
15      return 0;
16  }
17
18  /* 定義 increase()，ai 儲存類別為 auto，輸出累加的結果 */
19  void increase()
20  {
21      auto int ai = 100;   /* 定義 ai 為 auto 儲存類別，初值為 100 */
22      printf("ai = %d\n", ++ai);
23  }
```

輸出結果

```
Testing storage class << auto >>
#1 call: ai = 101
#2 call: ai = 101
#3 call: ai = 101
#4 call: ai = 101
#5 call: ai = 101
Testing end!!
```

【程式剖析】

於上例中，由於 ai 的儲存類別為 auto（第 21 行），每當呼叫 increase() 函數（第 12 行），會對 ai 做累加的動作，其輸出結果皆為 ai = 101。由此可見，當函數結束時，變數 ai 記憶體將被釋放掉，當然 ai 儲存的值也就不存在了，下一次再呼叫時，系統再重新配置記憶體給 ai，並設定其初值為 100。

由此可見，每當呼叫函數時，函數內所定義 auto 儲存類別的變數皆會被初始化（重新配置記憶體），程式設計師無須擔心前次呼叫函數時，對於這些變數數值的改變。這裡的 auto 通常都是省略。

二、static

區域變數被定義為 static，表示此變數所占的記憶體空間，在函數結束時，並不會自動的被釋放，直到程式結束為止。請參閱範例 6-6b。

範例 6-6b

```
01  /* ex6-6b.c */
02  #include <stdio.h>
03  void increase();
04  int main()
05  {
06      /* 測試static儲存類別的生命週期 */
07      int count;
08      printf("Testing storage class << static >>\n");
09      /* 使用for迴圈呼叫increase() */
10      for (count=1; count<=5; count++) {
11          printf("#%d call: ", count);
12          increase();
13      }
14      printf("Testing end!!\n");
15      return 0;
16  }
17
18  /* 定義increase()函數，si儲存類別為static，輸出累加的結果 */
19  void increase()
20  {
21      static int si = 100; /* 定義si為static儲存類別，初值為100 */
22      printf("si = %d\n", ++si);
23  }
```

輸出結果

```
Testing storage class << static >>
#1 call: si = 101
#2 call: si = 102
#3 call: si = 103
#4 call: si = 104
#5 call: si = 105
Testing end!!
```

【程式剖析】

上例正確執行了 si 累加的動作，si 的記憶體空間不會於函數結束時被釋放，而是在整個程式結束時，才會被回收。當 si 變數經定義後（第 21 行），配置其記憶體，並設定初值為 100，於第二次呼叫 increase() 時（第 12 行），si 變數不會被重新定義，使得 si 變數仍保持原來的記憶體空間，其初值當然也不會被重新設定為 100。所以 static 的區域變數之初值，只在第一次被設定而已。

三、register

register 儲存類別與 auto 儲存類別非常相似。定義為 register 儲存類別的變數會被存放於中央處理單元（Central Processing Unit，CPU）的暫存器（register）運算，而 auto 儲存類別則是在記憶體中運算。

存放在暫存器中有什麼好處呢？由於暫存器的存取速度較記憶體快，可以加快變數於程式中的處理速度。那為什麼不將所有變數皆定義為 register 類別，以提升程式的執行效率呢？這是因為 register 的數量有限，在程式中最多只能分配到兩個暫存器，所以使用 register 儲存類別的通常都是存取頻率較高變數，如巢狀迴圈中內迴圈的變數。若沒有足夠的暫存器可供使用，則定義為 register 儲存類別的變數，將會被視為 auto 儲存類別。請參閱範例 6-6c。

範例 6-6c

```
01  /* ex6-6c.c */
02  #include <stdio.h>
03  int main()
04  {
05      /* 測試register 儲存類別 */
06      int count1, count2;
07      register long num = 0;   /* 定義num 為 register 儲存類別 */
08      printf("Testing storage class << register >>\n");
09      /* 巢狀迴圈對 num 做累加的動作 */
10      printf("Number: \n");
11      for (count1=1; count1<=500; count1++)
12          for (count2=1; count2<=500; count2++)
13              printf("\r%d", ++num);
```

```
14        printf("\nTesting end!!\n");
15        return 0;
16    }
```

輸出結果

```
Testing storage class << register >>
Number:
250000
Testing end!!
```

【程式剖析】

上例中定義了一個 register 儲存類別的變數 num（第 7 行），使用巢狀迴圈對 num 作累加後輸出，迴圈共執行了 500 * 500 = 250000 次，而輸出 num 時，使用了 \r，使得 num 的輸出就像是一個計數器，從 1 開始到 250000。由於使用 register 類別，使得迴圈中 num 累加的速度增加，可以與 auto 類別比較即可得知。

四、extern

extern 儲存類別使用於多個檔案，若在專案中某一檔案欲使用另一檔案中的變數時，如有一專案 6-6d 的檔案 ex6-6d-2.c，欲使用專案的另一檔案 ex6-6d-1.c 中的 i 和 j 數，則在 ex6-6d-2.c 檔案必須將後 i 和 j 定義為

```
extern int i, j;
```

要注意的是，在檔案 ex6-6d-1.c 中，i 與 j 變數必須是一個全域變數，才能被專案的其它檔案使用。若在同一檔案，可以不必使用 extern int i, j，因為 i 與 j 為全域變數。

專案 6-6d（有兩個檔案，分別為 ex6-6d-1.c 與 ex6-6d-2.c）

```
01    /* ex6-6d-1.c */
02    /* one file of Project*/
03    #include <stdio.h>
04    int sum();
```

```
05  int i=100, j=200;
06  int main()
07  {
08      int total;
09      total = sum();
10      printf("total=%d\n", total);
11      return 0;
12  }
```

```
01  /* ex6-6d-2.c */
02  /* other file of project */
03  /* 定義 sum() */
04  int sum()
05  {
06      extern int i, j;
07      return (i+j);
08  }
```

輸出結果

```
total=300
```

【程式剖析】

在專案 6-6d 的檔案 ex6-6d-1.c 中定義了全域變數 i 與 j（第 5 行），於 main() 函數中呼叫另一檔案 ex6-6d-2.c 的 sum()（第 4 行），在 sum() 中定義 i 與 j 的儲存類別為 extern（第 6 行），此時並不會重新配置記憶體空間給 i 與 j，而是使用檔案 ex6-6d-1.c 中的 i 與 j 變數的記憶體。

值得一提的是，在檔案 ex6-6d-1.c 中，若全域變數 i 與 j 的定義為

```
static int i, j;
```

表示 i 與 j 變數是屬於外部的靜態變數，其特性為只有此檔案（ex6-6d-1.c 檔案）的函數才能擷取它，此時 ex6-6d-2.c 檔案是不能擷取，若將此專案重新編譯，將會有錯誤的訊息（error LNK2001: unresolved external symbol _option）產生。

6-6-3 如何編譯多個檔案的程式

如何執行一個分成好幾個檔案的程式呢？我們以目前常用的兩個編譯程式來說明，一為 Dev-C++，二為 Visual Studio 的 C++。

1. 以 Dev-C++ 為例，先在 File -> New -> Project，接著選擇 Empty Project，這時您要輸入一 Project 檔名，最後在 Project -> Add to project 下將相關的檔案加進來。注意，不要將 .h 的標頭檔加進來喔！
2. 以 Visual Studio 的 C++為例，先在 New -> Projects -> Win32 Console Application，建立一 project name。接著 Project -> Add to project -> Files，此時會出現一個對話盒，方便您將欲加入到 project 的檔案加入，選擇欲加入的檔案後，按 OK 鍵。同樣地，也不要將 .h 的標頭檔加進來喔！

若您使用是其它的編譯器，則請參閱其使用手冊。

1. 以下程式是利用 sum() 將全域變數相加後，回傳給主程式，並加以印出，請您除錯一下。

```
/* bugs6-6-1.c */
/* 此專案的第一個檔案 */
#include <stdio.h>
int sum();
int i, j;  /* 定義全域變數 i, j*/
int main()
{
    int total=0;
    printf("Please input two integer numbers: ");
    scanf("%d %d", &i, &j);

    total = sum();  /* 呼叫在檔案 bugs6-6-2.c 中的函數 sum() */
    printf("%d+%d=%d\n", i, j);
    return 0;
}

/* bugs6-6-2.c */
/* 此專案的第二個檔案 */
```

```
/* 定義 sum()函數 */
void sum()
{
    extern i, j;
    return (i+j);
}
```

2. 題意同上，但此程式也是執行不出來，也請您除錯一下。

```
/* bugs6-6-3.c */
/* 此專案的第一個檔案 */
#include <stdio.h>
int sum();
int i, j;  /* 定義全域變數 i, j */
int main()
{
    int total=0;
    printf("Please input two integer numbers: ");
    scanf("%d %d", &i, &j);

    total = sum();  /* 呼叫在檔案 bugs6-6-4.c 中的 sum() */
    printf("%d+%d=%d\n", i, j, total);
    return 0;
}

/* bugs6-6-4.c */
/* 此專案的第二個檔案 */
/* 定義 sum()*/
int sum()
{
    return (i+j);
}
```

3. 題意同上，但此程式也是執行不出來，也請您除錯一下，謝謝您。

```
/* bugs6-6-5.c */
/* 此專案的第一個檔案 */
# include <stdio.h>
int sum();
static int i, j;  /* 定義全域變數 i, j*/
int main()
{
    int total=0;
    printf("Please input two integer numbers: ");
    scanf("%d %d", &i, &j);

    total = sum();  /* 呼叫在檔案 bugs6-6-6.c 中的 sum() */
```

```
    printf("%d+%d=%d\n", i, j, total);
    return 0;
}

/* bugs6-6-6.c */
/* 此專案的第二個檔案 */
/* 定義 sum() */

int sum()
{
    extern int i, j;
    return (i+j);
}
```

1. 當我們瀏覽一個網頁時，皆會提供到目前為止此網頁被瀏覽的人數。試以 static 儲存類別於函數中設計一計數器，每當呼叫該函數，計數器的值都要自動累加，最後輸出該函數被呼叫的次數。

6-7 函數的應用範例

以下我們將舉十個有關函數的應用範例。

6-7-1 印出九九乘法表

請以一函數 printStar()，印出 72 顆星星，並以一函數 multiply() 印出九九乘法表，如下所示，再以一主函數 main() 加以呼叫之。

```
************************************************************************
1*1= 1  2*1= 2  3*1= 3  4*1= 4  5*1= 5  6*1= 6  7*1= 7  8*1= 8  9*1= 9
1*2= 2  2*2= 4  3*2= 6  4*2= 8  5*2=10  6*2=12  7*2=14  8*2=16  9*2=18
1*3= 3  2*3= 6  3*3= 9  4*3=12  5*3=15  6*3=18  7*3=21  8*3=24  9*3=27
1*4= 4  2*4= 8  3*4=12  4*4=16  5*4=20  6*4=24  7*4=28  8*4=32  9*4=36
1*5= 5  2*5=10  3*5=15  4*5=20  5*5=25  6*5=30  7*5=35  8*5=40  9*5=45
1*6= 6  2*6=12  3*6=18  4*6=24  5*6=30  6*6=36  7*6=42  8*6=48  9*6=54
1*7= 7  2*7=14  3*7=21  4*7=28  5*7=35  6*7=42  7*7=49  8*7=56  9*7=63
1*8= 8  2*8=16  3*8=24  4*8=32  5*8=40  6*8=48  7*8=56  8*8=64  9*8=72
1*9= 9  2*9=18  3*9=27  4*9=36  5*9=45  6*9=54  7*9=63  8*9=72  9*9=81
************************************************************************
```

請參閱應用範例 6-7-1。

應用範例 6-7-1

```
01  /* ex6-7-1.c */
02  #include <stdio.h>
03  void printStar();
04  void multiply();
05  int main()
06  {
07      printStar();
08      multiply();
09      printStar();
10      return 0;
11  }
12
13  void printStar()
14  {
15      int i;
16      for (i=1; i<=72; i++) {
17          printf("*");
18      }
19      printf("\n");
20  }
21
22  void multiply()
23  {
24      int i, j;
25      for (i=1; i<=9; i++) {
26          for (j=1; j<=9; j++) {
27              printf("%d*%d=%2d  ", j, i, i*j);
28          }
29          printf("\n");
30      }
31  }
```

6-7-2 印出使用者所要的星星數量

將 6-7-1 的 printStar() 函數，改以可接收要印出的星星數目 n 的參數，如 printStar(int n)，其它不變。請參閱應用範例 6-7-2。

應用範例 6-7-2

```
01  /* ex6-7-2.c */
02  #include <stdio.h>
03  void printStar(int);
04  void multiply();
05
06  int main()
07  {
08      printStar(72);
09      multiply();
10      printStar(72);
11      return 0;
12  }
13
14  void printStar(int n)
15  {
16      int i;
17      for (i=1; i<=n; i++) {
18          printf("*");
19      }
20      printf("\n");
21  }
22
23  void multiply()
24  {
25      int i, j;
26      for (i=1; i<=9; i++) {
27          for (j=1; j<=9; j++) {
28              printf("%d*%d=%2d  ", j, i, i*j);
29          }
30          printf("\n");
31      }
32  }
```

6-7-3 印出 GPA

試撰寫一函數 gpa（int score）計算所接收參數 score 對應的 GPA（Grade Point Average），然後回傳其所對應的 GPA，如下表所示。

分數	GPA
80~100 分	A
70~79 分	B
60~69 分	C
50~59 分	D
49 分以下	F

之後，在主函數 main() 中以不定數迴圈提示使用者輸入其分數 score，並呼叫 gpa(score)，以顯示其 GPA，當分數為負數時，則結束程式執行。請參閱應用範例 6-7-3。

應用範例 6-7-3

```
01  /* ex6-7-3.c */
02  #include <stdio.h>
03  char gpa(int);
04  char gpa(int score)
05  {
06      if (score >= 80) {
07          return 'A';
08      }
09      else if (score >= 70) {
10          return 'B';
11      }
12      else if (score >= 60) {
13          return 'C';
14      }
15      else if (score >= 50) {
16          return 'D';
17      }
18      else
19          return 'F';
20  }
21
```

```
22  int main()
23  {
24      int score;
25      char grade;
26      printf("請輸入成績: ");
27      scanf("%d", &score);
28      while (score >= 0) {
29          grade = gpa(score);
30          printf("%c\n\n", grade);
31          printf("請輸入成績: ");
32          scanf("%d", &score);
33      }
34      return 0;
35  }
```

6-7-4 計算兩數的 GCD

試撰寫一函數 gcd(a, b) 求出此兩參數 a 與 b 的 GCD。以主函數 main() 函數，提示使用者輸入兩個分數，先計算這兩個分數的和，接著將和的分子 x 與分母 y，呼叫 gcd(int a, int b) 函數，並將 x 與 y 傳送給 a 與 b 參數，以求出其 GCD，以便求出這兩個分數相加後的最簡分數。請參閱應用範例 6-7-4。

應用範例 6-7-4

```
01  /* ex6-7-4.c */
02  #include <stdio.h>
03  int gcd(int, int);
04  int gcd(int n1, int n2)
05  {
06      int g = 1;
07      int k = 2;
08      while (k <= n1 &&  k <= n2) {
09          if (n1 % k == 0 && n2 % k == 0) {
10              g = k;
11          }
12          k += 1;
13      }
14      return g;
15  }
16
17  int main()
18  {
```

```
19        int a1, b1, a2, b2, a3, b3, GCD;
20        printf("請輸入第一個分數，分子為: ");
21        scanf("%d", &a1);
22        printf("請輸入第一個分數，分母為: ");
23        scanf("%d", &b1);
24
25        printf("請輸入第二個分數，分子為: ");
26        scanf("%d", &a2);
27        printf("請輸入第二個分數，分母為: ");
28        scanf("%d", &b2);
29
30        a3 = (a1*b2 + a2*b1);
31        b3 = (b1*b2);
32        GCD = gcd(a3, b3);
33        printf("%d/%d + %d/%d = %d/%d\n",a1,b1,a2,b2,a3/GCD,b3/GCD);
34        return 0;
35    }
```

輸出結果樣本

```
請輸入第一個分數，分子為: 1
請輸入第一個分數，分母為: 2
請輸入第二個分數，分子為: 1
請輸入第二個分數，分母為: 6
1/2 + 1/6 = 2/3
```

6-7-5 計算 BMI

試撰寫一函數 bmi(h, w) 計算參數 h 與 w 的 BMI。有關 BMI 的衡量標準，請依據表 4-1。之後，在主函數 main() 中以不定數迴圈提示使用者輸入身高 height、體重 weight，然後呼叫 bmi(h, w)，以顯示其 BMI，當輸入 height 或是 weight 不是大於 0 時，則結束程式執行。請參閱應用範例 6-7-5。

應用範例 6-7-5

```
01    /* ex6-7-5.c */
02    #include <stdio.h>
03    void bmi(double, double);
04    void bmi(double h, double w)
05    {
06        double BMI = w / ((h/100) * (h/100));
07        printf("BMI = %.2f\n", BMI);
```

```
08        if (BMI < 18.5) {
09            printf("體重過輕");
10        }
11        else if (BMI < 24) {
12            printf("正常範圍");
13        }
14        else if (BMI < 27) {
15            printf("體重過重");
16        }
17        else if (BMI < 30) {
18            printf("輕度肥胖");
19        }
20        else if (BMI < 35)
21             printf("中度肥胖");
22        else
23             printf("重度肥胖");
24    }
25
26    int main()
27    {
28        double height, weight;
29        printf("請輸入身高: ");
30        scanf("%lf", &height);
31        printf("請輸入體重: ");
32        scanf("%lf", &weight);
33        while (height > 0 && weight > 0) {
34            bmi(height, weight);
35            printf("\n\n");
36            printf("請輸入身高: ");
37            scanf("%lf", &height);
38            printf("請輸入體重: ");
39            scanf("%lf", &weight);
40        }
41        return 0;
42    }
```

輸出結果樣本

```
請輸入身高: 185
請輸入體重: 69
BMI = 20.16
正常範圍

請輸入身高: 170
請輸入體重: 80
```

```
BMI = 27.68
輕度肥胖

請輸入身高: 0
請輸入體重: 0
```

6-7-6 計算一序列的值

試撰寫一程式，計算以下序列的函數，請參考應用範例 6-7-6。

```
series(i) = 1/2 + 2/3 + … + i/(i+1)
```

應用範例 6-7-6

```
01  #include <stdio.h>
02  double series(int);
03  
04  int main()
05  {
06      int number;
07      double tot;
08      printf("請輸入一整數: ");
09      scanf("%d", &number);
10      tot = series(number);
11      printf("1/2 + 2/3 + … + %d/(%d+1) = %.3f\n",
12                                number, number, tot);
13  }
14  
15  double series(int n)
16  {
17      int i;
18      double total=0.0;
19      for (i=1; i<=n; i++)
20          total += (double)i/(i+1);
21      return total;
22  }
```

輸出結果樣本 1

```
請輸入一整數: 10
1/2 + 2/3 + … + 10/(10+1) = 7.980
```

輸出結果樣本 2

```
請輸入一整數: 100
1/2 + 2/3 + … + 100/(100+1) = 95.803
```

6-7-7 判斷是否為閏年

請撰寫一程式，以下列的函數，從 begin 到 end 判斷哪些是閏年。

```
void leapYear(int begin, int end);
```

請參閱應用範例 6-7-7。

應用範例 6-7-7

```
01  /* ex6-7-7.c */
02  #include <stdio.h>
03  void leapYear(int begin, int end);
04
05  int main()
06  {
07      int begin, end;
08      printf("請輸入起始的西元年份: ");
09      scanf("%d", &begin);
10      printf("請輸入結束的西元年份: ");
11      scanf("%d", &end);
12      leapYear(begin, end);
13      return 0;
14  }
15
16  void leapYear(int begin, int end)
17  {
18      int i;
19      _Bool a, b, c;
20      for (i=begin; i<=end; i++) {
21          a = (i % 400 == 0);
22          b = (i % 4 == 0);
```

```
23            c = (i % 100 != 0);
24            if (a || (b && c)) {
25                printf("%6d\n", i);
26            }
27        }
28    }
```

輸出結果

```
請輸入起始的西元年份: 2010
請輸入結束的西元年份: 2100
  2012
  2016
  2020
  2024
  2028
  2032
  2036
  2040
  2044
  2048
  2052
  2056
  2060
  2064
  2068
  2072
  2076
  2080
  2084
  2088
  2092
  2096
```

6-7-8 計算兩點之間的距離

請撰寫一程式，使用下列的函數：

```
double distance(int x1, int y1,  int x2,  int y2);
```

計算兩座標點的距離。利用不定數迴圈加以處理之，當輸入的座標點為 -999 時，結束迴圈的執行。請參閱應用範例 6-7-8。

應用範例 6-7-8

```
01  /* ex6-7-8.c */
02  #include <stdio.h>
03  #include <math.h>
04  double distance(int, int, int, int);
05  
06  int main()
07  {
08      int x1, y1, x2, y2;
09      double d;
10      printf("請輸入第一個座標點的 x 座標: ");
11      scanf("%d", &x1);
12      printf("請輸入第一個座標點的 y 座標: ");
13      scanf("%d", &y1);
14      printf("請輸入第二個座標點的 x 座標: ");
15      scanf("%d", &x2);
16      printf("請輸入第二個座標點的 y 座標: ");
17      scanf("%d", &y2);
18  
19      while (x1 != -999 && y1 != -999 && x2 != -999 && y2 != -999) {
20          d = distance(x1, y1, x2, y2);
21          printf("(%d, %d) 與 (%d, %d) 的距離為 %.2f\n\n", x1, y1,
22                        x2, y2, d);
23          printf("請輸入第一個座標點的 x 座標: ");
24          scanf("%d", &x1);
25          printf("請輸入第一個座標點的 y 座標: ");
26          scanf("%d", &y1);
27          printf("請輸入第二個座標點的 x 座標: ");
28          scanf("%d", &x2);
29          printf("請輸入第二個座標點的 y 座標: ");
30          scanf("%d", &y2);
31      }
32      return 0;
33  }
34  
35  double distance(int x1, int y1, int x2, int y2)
36  {
37      double dist;
38      dist = sqrt((x2-x1) * (x2-x1) + (y2-y1) * (y2-y1));
39      return dist;
40  }
```

輸出結果

```
請輸入第一個座標點的 x 座標: 1
請輸入第一個座標點的 y 座標: 1
請輸入第二個座標點的 x 座標: 3
請輸入第二個座標點的 y 座標: 5
(1, 1) 與 (3, 5) 的距離為 4.47

請輸入第一個座標點的 x 座標: 1
請輸入第一個座標點的 y 座標: 1
請輸入第二個座標點的 x 座標: 5
請輸入第二個座標點的 y 座標: 5
(1, 1) 與 (5, 5) 的距離為 5.66

請輸入第一個座標點的 x 座標: -999
請輸入第一個座標點的 y 座標: 0
請輸入第二個座標點的 x 座標: 0
請輸入第二個座標點的 y 座標: 0
```

6-7-9 攝氏溫度與華氏溫度之間的轉換

請撰寫一程式，以下列的函數，將攝氏 0 到 100 度轉換其對應的華氏溫度。

```
double CelToFah(int);
```

（提示：華氏溫度 = 攝氏溫度 * (9/5) + 32）請參閱應用範例 6-7-9。

應用範例 6-7-9

```
01  /
02  #include <stdio.h>
03  double celToFah(int);
04  
05  int main()
06  {
07      int i;
08      double fah;
09      printf("%6s %s\n", "攝氏", "華氏");
10      for (i=0; i<=100; i+=5) {
11          fah = celToFah(i);
12          printf("%-6d %6.2f\n", i, fah);
13      }
```

```
14        return 0;
15    }
16
17    double celToFah(int cel)
18    {
19        double f;
20        f = cel * (9/5.) + 32;
21        return f;
22    }
```

輸出結果樣本

```
攝氏     華氏
0        32.00
5        41.00
10       50.00
15       59.00
20       68.00
25       77.00
30       86.00
35       95.00
40      104.00
45      113.00
50      122.00
55      131.00
60      140.00
65      149.00
70      158.00
75      167.00
80      176.00
85      185.00
90      194.00
95      203.00
100     212.00
```

6-7-10 印出月曆

我們以印出某年某月的月曆當做函數的應用範例。此範例說明了如何將一程式割分成多個函數。如應用範例 6-7-10 所示：

應用範例 6-7-10

```
001    /* ex6-7-10.c */
002    #include <stdio.h>
003
004    //函數原型
```

```
005  void printMonth(int year, int month);
006  void printMonthTitle(int year, int month);
007  void printMonthName(int month);
008  void printMonthBody(int year, int month);
009  int getStartDay(int year, int month);
010  int getTotalNumberOfDays(int year, int month);
011  int getNumberOfDaysInMonth(int year, int month);
012  _Bool isLeapYear(int year);
013
014  int main()
015  {
016      //提示使用者輸入年份
017      printf("Enter full year (e.g., 2001): ");
018      int year;
019      scanf("%d", &year);
020
021      //提示使用者輸入月份
022      printf("Enter month in number between 1 and 12: ");
023      int month;
024      scanf("%d", &month);
025
026      //印出某年的某一個月的月曆
027      printMonth(year, month);
028      return 0;
029  }
030
031  //印出月曆某年的月份詳細日期
032  void printMonth(int year, int month)
033  {
034      //Print the headings of the calendar
035      printMonthTitle(year, month);
036
037      //印出月曆的主體內容
038      printMonthBody(year, month);
039  }
040
041  //印出月曆的抬頭如 May, 2015
042  void printMonthTitle(int year, int month)
043  {
044      printMonthName(month);
045      printf( " %d\n", year);
046      printf("-----------------------------------\n");
047      printf("  Sun  Mon  Tue  Wed  Thu  Fri  Sat\n");
048  }
049
```

```
050  //印出月份的英文名稱
051  void printMonthName(int month)
052  {
053      printf("            ");
054      switch(month) {
055          case 1:
056              printf("January");
057              break;
058          case 2:
059              printf("February");
060              break;
061          case 3:
062              printf("March");
063              break;
064          case 4:
065              printf("April");
066              break;
067          case 5:
068              printf("May");
069              break;
070          case 6:
071              printf("June");
072              break;
073          case 7:
074              printf("July");
075              break;
076          case 8:
077              printf("August");
078              break;
079          case 9:
080              printf("September");
081              break;
082          case 10:
083              printf("October");
084              break;
085          case 11:
086              printf("November");
087              break;
088          case 12:
089              printf("December");
090      }
091  }
092
093  //印出月份的主體
094  void printMonthBody(int year, int month)
```

```
095    {
096        //取得某月第一天是星期幾
097        int startDay = getStartDay(year, month);
098
099        //取得某月的天數
100        int numberOfDaysInMonth = getNumberOfDaysInMonth(year, month);
101
102        //在月份的第一天前加上一些空白
103        int i = 0;
104        for (i=0; i<startDay; i++)
105             printf("     ");
106
107        for (i=1; i<=numberOfDaysInMonth; i++) {
108             printf("%5d", i);
109             if((i + startDay) % 7 == 0)
110                 printf("\n");
111         }
112         printf("\n");
113    }
114
115    //取得月份的第一天
116    int getStartDay(int year, int month)
117    {
118        //取得從1/1/1800到給予年月份的總天數
119        int startDay1800 = 3;
120        int totalNumberOfDays = getTotalNumberOfDays(year, month);
121
122        //回傳開始是星期幾
123        return (totalNumberOfDays + startDay1800) % 7;
124    }
125
126    //取得從 January 1, 1800 開始到給予某年某月的天數
127    int getTotalNumberOfDays(int year, int month)
128    {
129        int total = 0;
130        int i;
131        //取得從 1800 到 year - 1 的天數
132        for (i=1800; i<year; i++)
133            if (isLeapYear(i))
134                total = total + 366;
135            else
136                total = total + 365;
137        //再加上從 Jan 到 month - 1 的天數
138        for (i=1; i<month; i++)
```

```
139             total = total + getNumberOfDaysInMonth(year, i);
140 
141         return total;
142     }
143 
144     //取得某月的天數
145     int getNumberOfDaysInMonth(int year, int month)
146     {
147         if (month == 1 || month == 3 || month == 5 || month == 7 ||
148             month == 8 || month == 10 || month == 12)
149             return 31;
150 
151         if (month == 4 || month == 6 || month == 9 || month == 11)
152             return 30;
153 
154         if (month == 2)
155             return isLeapYear(year) ? 29 : 28;
156         return 0; //若月份不正確
157     }
158 
159     //判斷是否為閏年
160     _Bool isLeapYear(int year)
161     {
162         return year % 400 == 0 || (year % 4 == 0 && year % 100 != 0);
163     }
```

輸出結果

```
Enter full year (e.g., 2001): 2020
Enter month in number between 1 and 12: 11
        October 2020
-------------------------------------
  Sun  Mon  Tue  Wed  Thu  Fri  Sat
    1    2    3    4    5    6    7
    8    9   10   11   12   13   14
   15   16   17   18   19   20   21
   22   23   24   25   26   27   28
   29   30
```

【程式剖析】

程式從使用者輸入年份和月份（第 19 行與 24 行），以及印出指定月份的月曆開始（第 27 行），如下圖所示：

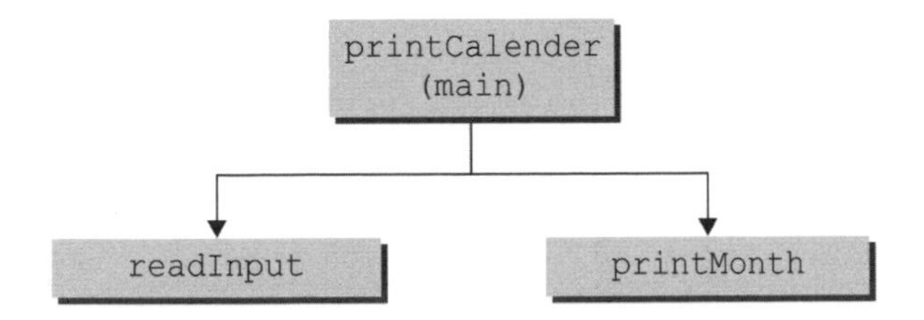

在印出指定月份的月曆中，又可被分解為印出月份的標頭（第 35 行），以及月份的內容（第 38 行），如下圖所示：

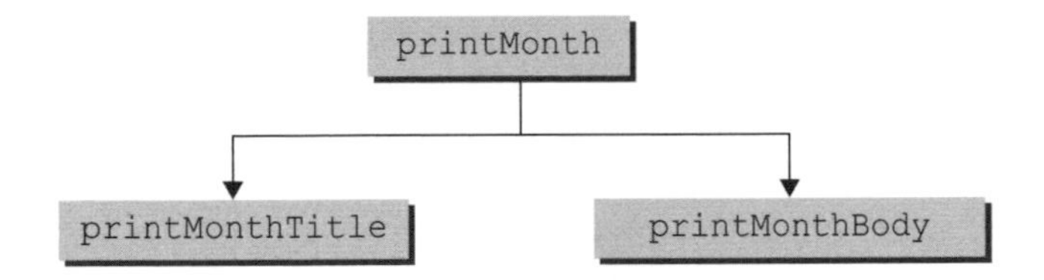

月曆的標頭有三行，分別是指定的月份和年份、虛線，以及星期幾的名稱（第 44-47 行）。我們必須從數字月份（比方說 1）取得月份英文名稱（比方說 January），這可藉助 printMonthName 來完成（第 44 行）。如下圖所示：

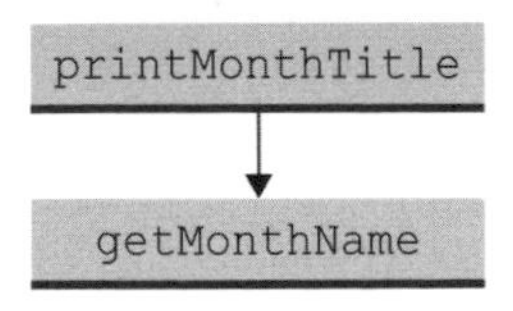

為了印出月份的內容，需先知道指定月份的第一天是星期幾（第 97 行的 getStartDay），以及指定月份有幾天（第 100 行的 getNumberOfDaysInMonth），如下圖所示。例如，2020 年 11 月的第一天是星期日，2020 年的 11 月有 30 天。

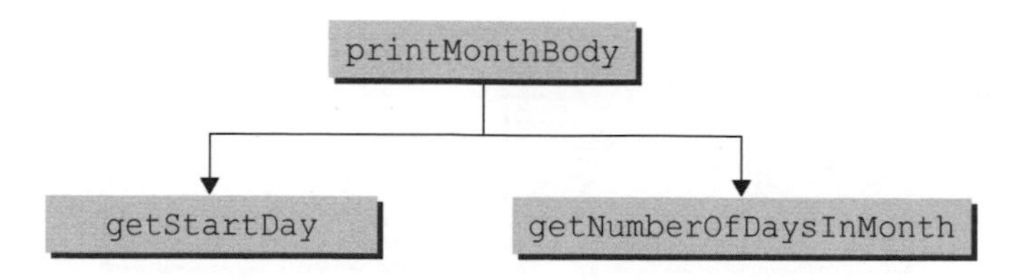

要如何取得指定月份的第一天是星期幾呢？假設已知西元 1800 年 1 月 1 日是星期三（第 119 行的 startDay1800 = 3），因此要計算介於西元 1800 年 1 月 1 日到某年某月的第一天是星期幾，可藉助 (totalNumberOfDays + startDay1800) % 7 取得（第 123 行）。因此，getStartDay 可分解成 getTotalNumberOfDays（第 120 行），如下圖所示：

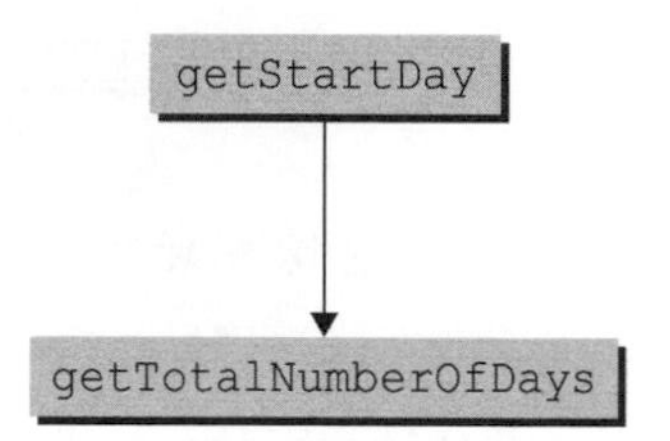

要取得總天數，需先知道該年份是否為閏年，以及各月份的天數。因此，getTotalNumberOfDays 可再進一步分解成 isLeapYear（第 133 行）和 getNumberOfDaysInMonth（第 139 行），如下圖所示：

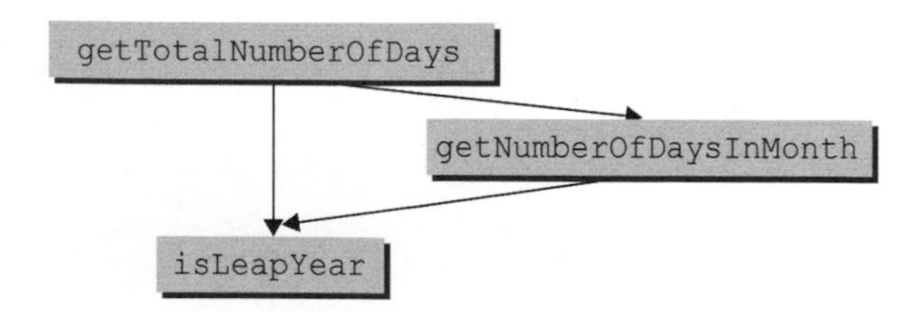

此印出指定年份和月份的月曆之完整結構圖如下圖所示：

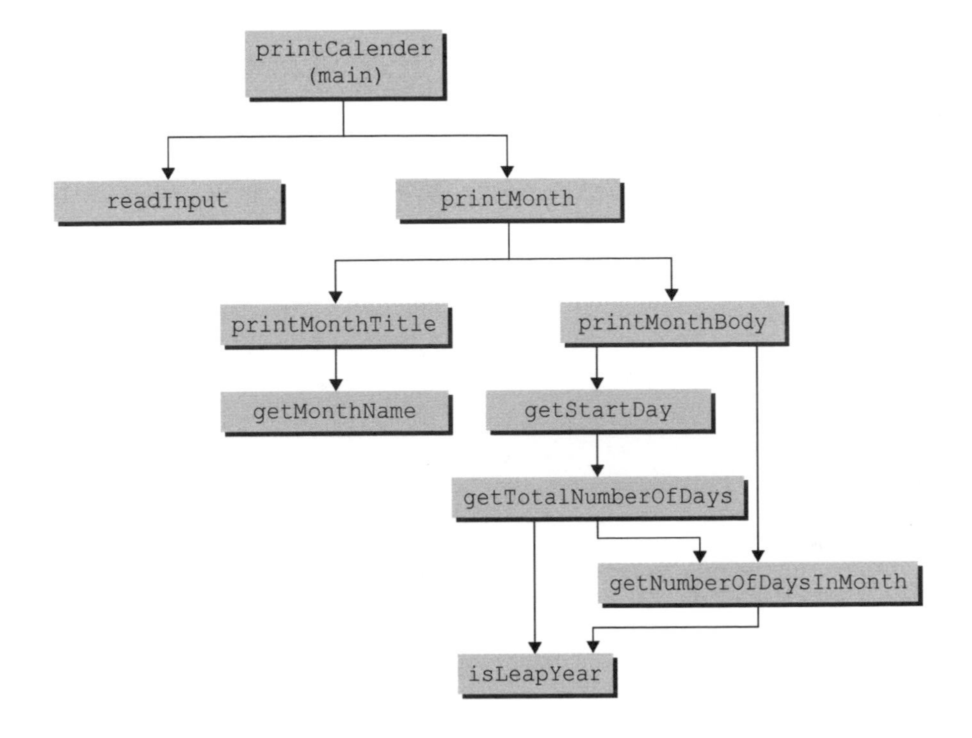

6-8 問題演練

1. 下列的函數寫法有錯誤嗎？若有，請修正之。

```
abs(num)
{
    int num;
    if (num < 0)
        num -= num;
    return (num);
}
```

2. 下面的程式某一地方不太合理，請您加以修改。

```
main()
{
    int three = 3;
    type(three);
```

```
}

type(num);
float num;
{
    printf("%f", num);
}
```

3. 底下是一函數的程式，請問哪些地方有誤？試修正之。

```
void salami(num)
{
    int num, count;
    for (count =1; count <= num; num++)
        printf("o salami mio!\n");
}
```

4. 試問下一程式的輸出結果為何？

```
#include <stdio.h>
char color = 'B';
int main()
{
    extern char color;
    void first(), second();

    printf("color in main() is %c\n", color);
    first();
    printf("color in main() is %c\n", color);
    second();
    printf("color in main() is %c\n", color);
    return 0;
}

void first()
{
    char color;
    color = 'R';
    printf("color in first is %c\n", color);
}

void second()
{
    color = 'G';
    printf("color in second() is %c\n", color);
}
```

5. 試問下一程式的輸出結果為何？

```
#include <stdio.h>
void fcall();
int main()
{
    int i;
    for(i=1;i<=5;i++)
        fcall();
    return 0;
}

void fcall()
{
    auto int ai=100;
    static int si =100;
    ai++;
    si++;
    printf("ai=%d, si=%d\n",ai,si);
}
```

6. 有一專案包含三個檔案，如下所示：

```
/*file name : main.c*/
#include <stdio.h>
void first();
void second();
int k = 100;
int main()
{
    int k = 200;
    printf("...main()...\n");
    printf("k=%d\n", k);
    first();
    second();
    return 0;
}
-----------------------------------------
/*file name: first.c*/
# include <stdlib.h>
void first()
{
    extern int k;
    printf("...first()...\n");
    printf("k=%d\n", k);
}
-----------------------------------------
```

```
/*file name: second.c*/
# include <stdlib.h>
void second()
{
    extern int k;
    printf("...second()...\n");
    printf("k=%d\n", k);
}
```

請使用您的編譯程式來編譯及執行此專案。

6-9 程式實作

1. 試設計一猜整數數字遊戲程式，先定義 init 函數 t 取得答案，再定義 getans 函數，取得使用者輸入的答案，最後再定義 compare 函數，比較答案是否正確。

2. 試定義二個函數，一為印出三個整數的最大值，二為印出三個整數的最小值。

3. 費氏數列（Fibonacci number）的規則為某一項的值為其前二項的和，假設 $F_1 = 1$，$F_2 = 1$，則費氏數列如下：

   ```
   1, 1, 2, 3, 5, 8, 13, 21, 34, 55, ...
   ```

   試以遞迴函數和非遞迴函數，求費氏數列第 n 項。

4. 試撰寫一程式，以下列的序列估算 π。

   $$pi(i) = 4(1- 1/3 + 1/5 - 1/7 + 1/9 - 1/11 + \ldots + (-1)^{i+1}/(2i - 1))$$

   i = 1~200001，每間隔 5000 加以輸出。

5. 請撰寫一程式，以下列的函數

   ```
   double fahToCel(int);
   ```

   將華氏溫度 (32°F~212°F) 轉換為攝氏溫度，每間隔 5 度輸出。（提示：攝氏溫度 = (華氏溫度 - 32) * 5/9）

6. 試撰寫一程式，以下列的函數顯示如下的樣式：

請輸入一整數: 10

```
                           1
                        2  1
                     3  2  1
                  4  3  2  1
               5  4  3  2  1
            6  5  4  3  2  1
         7  6  5  4  3  2  1
      8  7  6  5  4  3  2  1
   9  8  7  6  5  4  3  2  1
10  9  8  7  6  5  4  3  2  1
```

7. 試撰寫一程式，以下一函數，

```
void reverse(int);
```

將一整數加以反轉印出。

8. 試撰寫一程式，以下列函數

```
double polygonArea(int n);
```

求出 n 邊形的面積。提示：計算 n 邊形的面積為

```
polygonArea(n) = (n * (s*s)) / (4 * tan(π/n))
```

其中 n 由使用者輸入。s 為邊長。

9. 試撰寫一程式，以下列函數

```
void isLeapYear(startYear,  endYear);
```

印出一區間年份中的閏年。若閏年的年份超過十個，則每一列印十個年份。

10. 試撰寫一程式，以下一函數計算其面積，

```
double areaOfTriange(double, double, double);
```

在計算面積之前，則要以下一函數

```
_Bool isValid(double, double, double);
```

來判斷此三邊 a、b、c 是否可以構成三角形。已知三邊計算三角形面積為

$(s*(s-a)*(s-b)*(s-c))^{1/2}$，其中 s 為 (a+b+c)/2

陣列

7-1 淺談陣列

陣列（array）是由一群相同資料型態的變數所組合的集合，它是儲存與處理資料的很好方式。在程式中若要定義 20 個 int 資料型態的變數，你會以如下的方式來定義這 20 個變數嗎？

```
int a, b, c, d, e, f, g, h, i, j, k, l, m, n, o, p, q, r, s, t;
```

當然不會，因為不好辨別這些變數是代表什麼事物，所以這顯然不是一個很好的定義方式，從而陣列的表示方式也就應運而生了。

7-2 一維陣列

陣列可分一維、二維、三維及多維陣列。讓我們從一維陣列談起。

7-2-1 陣列註標

定義一維陣列的語法如下：

```
資料型態 陣列名稱[元素個數];
```

如有**一維陣列**（one dimension array）如下：

```
int num[10];
```

陣列名稱為 num，中括號內的數字 10，我們稱之為**註標**（subscript）或**索引**（index），它讓我們知道此陣列共有多少個元素。所以得知 num 陣列共有十個元素。註標可以為整數常數或變數。陣列的第一個元素為 num[0]，第二個元素為 num[1]，...，第十個元素為 num[9]。由此可知，陣列第一個元素的註標是 0，而陣列最後一個元素是註標減 1，其為 num[9]。

因為每一個元素皆為整數變數，所以在它的前面加上 &，即是此元素在記憶體的位址，如 &num[0] 是此陣列第一個元素（num[0]）的位址，&num[1] 是此陣列第二個元素（num[1]）的位址，&num[2] 是此陣列第三個元素（num[2]）的位址，以此類推。注意！num[10] 不是此陣列的元素。此陣列的示意圖如下所示：

記憶體位址	1010	1014	1018	1022	1026	1030	1034	1038	1042	1046
整數陣列	num[0]	num[1]	num[2]	num[3]	num[4]	num[5]	num[6]	num[7]	num[8]	num[9]

上圖顯示了陣列的儲存方式及其與記憶體位址的關係，假設陣列的起始位址為 1010（以十進位表示），接下來的每個元素在記憶體中的位址依序為 1014、1018、1022, ...，因為此陣列是 int 型態，它占 4 bytes。若是 double 的陣列，則元素之間的記憶體位址相差 8 bytes。

範例 7-2a

```
01  /* ex7-2a.c*/
02  #include <stdio.h>
03  int main()
04  {
05      /* 輸入 10 個整數存入陣列，再從陣列讀出 */
06      int num[10], i;
07      for (i=0; i<10; i++) {
08          printf("請輸入 num[%d]的資料: ", i);
09          scanf("%d", &num[i]);
```

```
10          }
11          printf("\n 此陣列有下列元素:\n");
12          for (i=0; i<10; i++)
13              printf("num[%d]=%d\n", i, num[i]);
14          return 0;
15      }
```

輸出結果

```
請輸入 num[0]資料: 10
請輸入 num[1]資料: 20
請輸入 num[2]資料: 30
請輸入 num[3]資料: 40
請輸入 num[4]資料: 50
請輸入 num[5]資料: 60
請輸入 num[6]資料: 70
請輸入 num[7]資料: 80
請輸入 num[8]資料: 90
請輸入 num[9]資料: 100

此陣列有下列元素:
num[0]=10
num[1]=20
num[2]=30
num[3]=40
num[4]=50
num[5]=60
num[6]=70
num[7]=80
num[8]=90
num[9]=100
```

【程式剖析】

程式第 7-10 行與第 12-13 行，以 for 迴圈作為陣列的輸入及輸出，而且條件運算式的變數 i 是從 0 開始遞增的。

值得一提的是，**陣列的名稱 num，是此陣列第一個元素 num[0] 的位址，亦即 num 和 &num[0] 是一樣的**，而 num+1 等同於陣列第二個元素 num[1] 的位址，亦即 num+1 等於 &num[1]，依此類推。

```
num == &num[0],
num+1 == &num[1],
...
num+i == &num[i]
```

範例 7-2a 中的

```
scanf("%d", &num[i]);
```

與下一敘述

```
scanf("%d", num+i);
```

所表示的意義是一樣的。請參閱範例 7-2b。

範例 7-2b

```
01  /* ex7-2b.c*/
02  #include <stdio.h>
03  int main()
04  {
05      /* 輸出陣列每一元素的位址 */
06      int num[10], i;
07      for (i=0; i<10; i++) {
08          printf("&num[%d]=%p, num+%d=%p\n", i, &num[i], i, num+i);
09      }
10      return 0;
11  }
```

輸出結果

```
&num[0]=0x7fff5fbff810, num+0=0x7fff5fbff810
&num[1]=0x7fff5fbff814, num+1=0x7fff5fbff814
&num[2]=0x7fff5fbff818, num+2=0x7fff5fbff818
&num[3]=0x7fff5fbff81c, num+3=0x7fff5fbff81c
&num[4]=0x7fff5fbff820, num+4=0x7fff5fbff820
&num[5]=0x7fff5fbff824, num+5=0x7fff5fbff824
&num[6]=0x7fff5fbff828, num+6=0x7fff5fbff828
&num[7]=0x7fff5fbff82c, num+7=0x7fff5fbff82c
&num[8]=0x7fff5fbff830, num+8=0x7fff5fbff830
&num[9]=0x7fff5fbff834, num+9=0x7fff5fbff834
```

【程式剖析】

以上的輸出結果是在64位元的Xcode 7.0所執行的結果。程式第8行利用 %p 印出陣列中每一元素的記憶體的位址。每一元素相差 4 個 bytes。利用 &num[i] 與 num+i 印出的結果是一樣的。注意！在您的電腦上所執行的結果會不一樣。

7-2-2 一維陣列的初值設定

陣列初值的設定如下：

```
資料型態 陣列名稱[元素個數] = {第一個元素初值, 第二個元素初值, ... };
```

陣列的初值設定必須用左、右大括弧（{、}）括起來，並以逗號隔開每個元素初值。其中元素的個數可以省略，此時編譯程式將依據初值個數來設定陣列的元素個數。如一個整數陣列的定義如下：

```
int num[] = {1, 2, 3, 4, 5};
```

表示此陣列的元素個數自動設為 5 個。而以下的定義是不對的

```
int num[];
```

因為編譯程式無法為您配置適量的記憶體空間。

當陣列初值的個數超過陣列給定的元素個數時，如

```
int num[3] = {1, 2, 3, 4, 5};
```

num 陣列只有 3 個元素，而初值的設定卻有 5 個，因此程式在編譯時，將會產生初值過多（too many initializers）的錯誤訊息。相反的，若陣列初值的個數小於陣列給定的元素個數時，如

```
int num[5] = {1, 2};
```

num 陣列有 5 個元素，而初值的設定只有 2 個，此時沒有設定初值的元素將設為 0。因此，當一陣列有給定初值時，一般都會省略註標，讓編譯程式依照初值的個數，以設定陣列的元素個數。

範例 7-2c

```
01  /* ex7-2c.c*/
02  #include <stdio.h>
03  int main()
04  {
05      /* 設定陣列初值 */
06      double num1[6] = {11.1, 22.2, 33.3, 44.4, 55.5};
07      int num2[] = {1, 2, 3, 4, 5, 6};  /* 元素個數隨初值個數而定 */
08      int i;
09  
10      for (i=0; i<6; i++)
11          printf("num1[%d]=%.1f\n", i, num1[i]);
12  
13      printf("\n\n");
14      for (i=0; i<6; i++)
15          printf("num2[%d]=%d\n", i, num2[i]);
16  
17      printf("\nnum1 陣列佔 %d bytes\n", sizeof(num1));
18      printf("\nnum2 陣列佔 %d bytes\n", sizeof(num2));
19      return 0;
20  }
```

輸出結果

```
num1[0]=11.1
num1[1]=22.2
num1[2]=33.3
num1[3]=44.4
num1[4]=55.5
num1[5]=0.0

num2[0]=1
num2[1]=2
num2[2]=3
num2[3]=4
num2[4]=5
num2[5]=6

num1 陣列佔 48 bytes
num2 陣列佔 24 bytes
```

【程式剖析】

上例中，num1 陣列共有六個元素（第 6 行），而給定初值只有五個，所以最後一個元素會自動設為 0.0。num2 陣列利用初值設定的個數（第 7 行），以決定陣列元素的個數。同時使用 sizeof 運算子計算 num1 與 num2 所佔記憶體空間（第 17-18 行），分別為 48 bytes 和 24 bytes，由此可知，num2 是由 6 個 int 型態的元素所構成。

1. 小蔡老師請大家定義一陣列並設定其初值，以下是 Nancy 實習課所撰寫的程式，請您幫她除錯一下。

```
/* bugs7-2-1.c */
#include <stdio.h>
int main()
{
    int arr[] = {10, 20, 30, 40, 50};
    int i;
    for (i=0; i<=5; i++)
        printf("arr[%d]=%d\n", i, arr[i]);
    return 0;
}
```

2. 今有一陣列包含五個元素，並設定其初值，接著將它印出。以下是初學者 Amy 所撰寫的程式，請幫她除錯一下，感謝您。

```
/* bugs7-2-2.c */
#include <stdio.h>
int main()
{
    int arr[4] = (10, 20, 30, 40, 50);
    int i;
    for (i=1; i<=5; i++)
        printf("arr[%d]=%d\n", i, arr[i]);
    return 0;
}
```

3. 利用 for 迴圈輸入 5 個整數，並計算其總和。以下是 Pirrer 所撰寫的程式，請幫他除錯一下，謝謝啦！

```
/* bugs7-2-3.c*/
#include <stdio.h>
int main()
{
    int num[5], count, total=0;
    /* 連續輸入 5 個整數，並計算總和 */
    for (count = 0; count <= 5; count++) {
        printf("Please enter #%d integer: ", count+1);
        scanf("%d", num[count]);
        total += num[count];
    }
    printf("Input number is ");
    for (count = 0; count <= 5; count++)
        printf("%d ", num[count]);
    printf("total = %d\n", total);
    return 0;
}
```

練習題

1. 定義一個有 100 個元素的整數陣列，依序給定初值 1、2、...、100，並計算其總和。

7-3 一維以上陣列

7-3-1 二維陣列的定義

定義一陣列時，若只有一個 []，稱為一維陣列；若有兩個 []，則稱為**二維陣列**（two dimension array）；有三個 []，則稱為**三維陣列**（three dimension array），依此類推。一維陣列可比喻一線性，二維則可看成是一平面，而三維則可視為立體。底下是二維陣列的定義方式：

```
資料型態 陣列名稱[列註標][行註標];
```

一維陣列使用一個註標，二維陣列使用了兩個註標，分別為列註標與行註標。假設有一陣列如下：

```
int num[2][3];
```

num 是一具有二列三行的二維陣列，共有 6 個整數元素，且占 24 bytes 的記憶體空間（6 個元素，每一個元素有 4 個 bytes）。圖形表示如下：

記憶體位址	0012ff58	0012ff5c	0012ff60	0012ff64	0012ff68	0012ff6c
num[][]陣列	num[0][0]	num[0][1]	num[0][2]	num[1][0]	num[1][1]	num[1][2]

由上圖可看出，二維陣列的排列是以列為主。列註標為 0 時，行註標為 0、1、2 依序排列，就如同在 num[0] 陣列中，又有一個一維陣列，此陣列元素個數有 3 個，分別是 num[0][0]、num[0][1]、num[0][2]，再將列註標遞增 1，為 num[1]，它底下又有一個一維陣列，其元素個數也有 3 個，分別是 num[1][0]、num[1][1]、num[1][2]，依此類推。

num 是此二維陣列的名稱，表示此二維陣列第一列第一行元素（num[0][0]）的位址，亦即 num 等於 &num[0][0]。而 num+1 是第二列第一行元素（num[1][0]）的位址，亦即 num+1 等於 &num[1][0]，如下圖所示：

num, num[0]	num[0][0]	num[0][1]	num[0][2]
num+1, num[1]	num[1][0]	num[1][1]	num[1][2]

num 與 num[0] 雖然都表示第一列第一行的元素的位址（&num[0][0]），但兩者加 1 後所表示的位址是不一樣的。num+1 是第二列第一行的元素的位址（&num[1][0]），而 num[0]+1 則是第一列第二行的元素的位址（&num[0][1]）。請參閱範例 7-3a。

範例 7-3a

```
01  /* ex7-3a.c*/
02  #include <stdio.h>
03  int main()
04  {
05      int num[2][5];
06      int index1, index2;
07  
08      for (index1=0; index1<2; index1++)
09          for (index2=0; index2<5; index2++)
10              printf("&num[%d][%d]: %p\n", index1, index2,
11                     &num[index1][index2]);
12  
13      printf("\n");
14      printf("num=%p, num[0]=%p\n", num, num[0]);
15      printf("num+1=%p, num[0]+1=%p\n", num+1, num[0]+1);
16      return 0;
17  }
```

輸出結果

```
&num[0][0]: 0x7fff5fbff810
&num[0][1]: 0x7fff5fbff814
&num[0][2]: 0x7fff5fbff818
&num[0][3]: 0x7fff5fbff81c
&num[0][4]: 0x7fff5fbff820
&num[1][0]: 0x7fff5fbff824
&num[1][1]: 0x7fff5fbff828
&num[1][2]: 0x7fff5fbff82c
&num[1][3]: 0x7fff5fbff830
&num[1][4]: 0x7fff5fbff834

num=0x7fff5fbff810, num[0]=0x7fff5fbff810
num+1=0x7fff5fbff824, num[0]+1=0x7fff5fbff814
```

【程式剖析】

以上的輸出結果是在 Xcode 7.0 所執行的結果。二維陣列中各元素的記憶體位址，可藉由位址運算子 & 取得（第 11 行），再以格式特定字 %p 印出（第 10 行），並計算此陣列元素所占記憶體空間。從輸出結果可得知，陣列的記憶體位址是從 0x7fff5fbff810 開始，每次遞增 4 個 bytes（因為整數資料型態占 4 bytes）。

接下來，利用 scanf 函數輸入資料。請看範例 7-3b 第 12 行。

範例 7-3b

```
01  /* ex7-3b.c */
02  #include <stdio.h>
03  int main()
04  {
05      /* 於二維陣列中，再將輸入值由二維陣列中取出並印出 */
06      int num[2][3];
07      int index1, index2;
08      /* 以巢狀迴圈處理二維陣列輸入 */
09      for (index1=0; index1<2; index1++)
10          for (index2=0; index2<3; index2++) {
11              printf("請輸入num[%d][%d]的資料: ", index1, index2);
12              scanf("%d", &num[index1][index2]);
13          }
14      printf("\n 此二維陣列的資料如下:\n");
15      for (index1=0; index1<2; index1++) {
16          for (index2=0; index2<3; index2++)
17              printf("%3d ", num[index1][index2]);
18          printf("\n");
19      }
20      return 0;
21  }
```

輸出結果

```
請輸入 num[0][0]的資料: 10
請輸入 num[0][1]的資料: 20
請輸入 num[0][2]的資料: 30
請輸入 num[1][0]的資料: 40
請輸入 num[1][1]的資料: 50
請輸入 num[1][2]的資料: 60
```

此二維陣列的資料如下：

```
10  20  30
40  50  60
```

【程式剖析】

二維陣列有兩個註標值 (第 6 行)，以外迴圈控制第一個註標值 index1 (第 9 行)，內迴圈控制第二個註標值 index2 (第 10 行)。

7-3-2 二維陣列的初值設定

二維以上陣列的初值設定有下列兩種設定的方式。

```
int num[3][2] = {10, 20, 30, 40, 50, 60 };          /*第一種初值設定方式 */
int num[3][2] = {{ 10, 20}, {30, 40}, {50, 60}}; /*第二種初值設定方式 */
```

第一種設定方式與一維陣列相同，程式會根據各元素在記憶體中的位置，依序將初值指定給各個元素，先將一列的每一行設定完之後，再設定下一列；第二種方式以大括弧 { } 將各層的初值分開，每一個大括弧 { } 皆可視為一個一維陣列，大括弧 { } 之間以逗號隔開。有些人比較喜歡使用第二種方法，因為可以看出每一列元素的初值設定。

範例 7-3c

```
01  /* ex7-3c.c*/
02  #include <stdio.h>
03  int main()
04  {
05      /* 此二維陣列表示-考三天(列註標)，一天考三科(行註標) */
06      int score[3][3] = {{74, 72, 63}, {83, 92, 74}, {84, 82, 65}};
07      int index1, index2, total = 0;
08      for (index1=0; index1<3; index1++) { /* 外圈控制考試日期 */
09          printf("\n 第 %d 天的分數分別為: ", index1+1);
10          for (index2=0; index2<3; index2++) { /* 內圈控制考試科目 */
11              printf("%3d", score[index1][index2]);  /* 印出各科成績 */
12              total += score[index1][index2];         /* 將成績加總 */
13          }
14      }
15      printf("\n\n 總分: %d\n", total);
16      printf("平均分數: %.2f\n", total / 9.0);
17      return 0;
18  }
```

輸出結果

```
第 1天的分數分別為: 74 72 63
第 2天的分數分別為: 83 92 74
第 3天的分數分別為: 84 82 65

總分: 689
平均分數: 76.56
```

【程式剖析】

上例採用第二種方法，來設定二維陣列的初值（第 6 行），若採用第一種方法，則可寫成：

```
int score[3][3] = {74, 72, 63, 83, 92, 74, 84, 82, 65};
```

相較之下，第二種方法將每一天的考試成績，以大括弧 { } 隔開，可讓我們一目了然。

了解二維陣列的初值設定後，三維陣列的初值設定就很容易了，如下所示：

```
int num[2][2][2]={10, 20, 30, 40, 50, 60, 70, 80};
int num[2][2][2]={{{10, 20},{30, 40}},{{50, 60},{70, 80}}};
```

第一種方法也是依記憶體位址連續分配，而第二種方法也是以大括弧 { } 分隔，第一層包住第二層，第二層包住第三層。您喜歡哪一種呢？

若是初值個數少於陣列的元素個數，則未設定初值的元素將自動設定為 0，請參閱範例 7-3d（第 5 行）。

範例 7-3d

```
01  /* ex7-3d.c */
02  #include <stdio.h>
03  int main()
04  {
05      int score[2][3] = {10, 20, 30, 40, 50};
06      int i, j;
07      for (i=0; i<2; i++)
```

```
08          for (j=0; j<3; j++)
09              printf("score[%d][%d] = %d\n", i, j, score[i][j]);
10      return 0;
11  }
```

輸出結果

```
score[0][0] = 10
score[0][1] = 20
score[0][2] = 30
score[1][0] = 40
score[1][1] = 50
score[1][2] = 0
```

另一種設定初值的方式。請參閱範例 7-3e（第 5 行）。

範例 7-3e

```
01  * ex7-3e.c*/
02  #include <stdio.h>
03  int main()
04  {
05      int score[2][3] = {{10, 20}, {30, 40, 50}};
06      int i, j;
07      for (i=0; i<2; i++)
08          for (j=0; j<3; j++)
09              printf("score[%d][%d] = %d\n", i, j, score[i][j]);
10      return 0;
11  }
```

輸出結果

```
score[0][0] = 10
score[0][1] = 20
score[0][2] = 0
score[1][0] = 30
score[1][1] = 40
score[1][2] = 50
```

【程式剖析】

由範例 7-3d 和 7-3e 得知，在初值設定的陣列，若有未給定的初值的陣列元素，它將自動設定為 0，但這兩個範例有些許不同之處。在範例 7-3d 中，初值是依序給定的，所以最後一個元素 score[1][2] 會被設定為 0；而範例

7-3e 中，使用大括號分隔每一列的元素，第 1 列的最後一元素沒有指定初值，所以 score[0][2] 的值將會被設定為 0。

小蔡老師上完這一小節後，請大家來除錯以下的程式。

1.
```
/* bugs7-3-1.c */
#include <stdio.h>
int main()
{
    /* score 是 2 列 3 行的陣列 */
    int score[2][3] = {{10, 20,30}, {40, 50, 60}};
    int i, j;
    for (i=0; i<=2; i++)
        for (j=0; j<=3; j++)
            printf("score[%d][%d] = %d\n", i, j, score[i][j]);
    return 0;
}
```

2.
```
/* bugs7-3-2.c */
#include <stdio.h>
int main()
{
    int score[2][3] = {10, 20, 30, 40, 50, 60, 70};
    int i, j;
    for (i=0; i<2; i++);
        for (j=0; j<3; j++);
            printf("score[%d][%d] = %d\n", i, j, score[i][j]);
    return 0;
}
```

練習題

1. 設定一有 10 列、2 行的二維陣列，一列代表一個人，而行則分別記錄編號與身高。

2. 修改範例 7-3a，請利用 %p，輸出 num[0]、num[1]、num、num+1，試問它們分別和陣列中的哪一個元素的位址相同。

3. 定義一個二維陣列，其列與行各為 5，如 i[5][5]，並加以設定其初值。請將陣列中每一列的值相加後，存於每一列的最後一元素，例如：

```
i[0][4] = i[0][0]+ i[0][1]+ i[0][2]+ i[0][3]
```

同理，將每一行的值相加後，存於每一行的最後一元素，例如：

```
i[4][0] = i[0][0]+ i[1][0]+ i[2][0]+ i[3][0]
```

7-4 陣列的應用範例

此處我們將舉兩個有關陣列的應用範例，分別是氣泡排序（bubble sort）與二元搜尋（binary search）來說明。

7-4-1 氣泡排序

第一個聯想到陣列的應用就是**排序（sorting）**。排序分成二種，一為由大到小排序之，此稱為**降冪排序（descending sort）**；二為由小到大排序之，此稱為**升冪排序（ascending sort）**。若未特別聲明，則是以升冪排序為之。

舉一例說明，若一陣列中有 6 個元素，如下所示：

```
int arr[] = {80, 90, 40, 70, 50, 60};
```

今欲將這些資料由小到大排序之，我們以常用的**氣泡排序**來說明其排序的過程。氣泡排序乃兩兩相比，若前者大於後者，則需交換，否則保持原狀，其過程如下：

```
80, 90, 40, 70, 50, 60
80, 90, 40, 70, 50, 60   (90, 40 換)
80, 40, 90, 70, 50, 60   (90, 70 換)
80, 40, 70, 90, 50, 60   (90, 50 換)
80, 40, 70, 50, 90, 60   (90, 60 換)
80, 40, 70, 50, 60, 90
```

第一次的步驟（pass）完成了，此 pass 有 6 個資料，有 5 次（資料個數減 1）的比較，並且從此步驟得到一結論，那就是最大的數（90），將出現在陣列的最右邊，因此下一次的步驟，就不需要再參與排序了。第二次的步驟如下：

```
80, 40, 70, 50, 60    (80 與 40 換)
40, 80, 70, 50, 60    (80 與 70 換)
40, 70, 80, 50, 60    (80 與 50 換)
40, 70, 50, 80, 60    (80 與 60 換)
40, 70, 50, 60, 80
```

第二次的步驟共有 5 個資料，故只要 4 次的比較即可，此時最大數（80）已經出現在陣列的最右邊了。接下來是第三次的步驟：

```
40, 70, 50, 60
40, 70, 50, 60    (70 與 50 換)
40, 50, 70, 60    (70 與 60 換)
40, 50, 60, 70
```

執行完第三次的步驟，最大值 70 出現在最右邊。接下來是第 4 次的步驟：

```
40, 50, 60
40, 50, 60
40, 50, 60
```

由於此步驟無資料交換的動作，故不需要再做下一步驟了，因為此時排序已完成了，分別為 40、50、60、70、80、90。

如何將兩數 a、b 對調，請看以下的片段程式。

```
int temp, a=100, b=200;
temp = a;
a = b;
b = temp;
```

但千萬不可以這樣做

```
int a=100, b=200;
a = b;
b = a ;
```

這是錯誤的做法，最後的答案 a 和 b 都是 200。

從上述的分析，有 5 個資料則會有 4 次的步驟（pass），而每次的 pass 之比較的次數，會隨著資料量的減少而減少，如：第 1 次的 pass 有 4 次比較；第 2 次的 pass 有 3 次比較；第 3 次的 pass 有 2 次比較；第 4 次的 pass 則有 1 次比較，這種情況以一多重迴圈就可以解決。請參閱應用範例 7-4-1a。

應用範例 7-4-1a

```
01  /* ex7-4-1a.c*/
02  #include <stdio.h>
03  int main()
04  {
05      int i, j, k, temp, size;
06      int arr[]={80, 30, 40, 70, 50, 60};
07      size = sizeof(arr) / sizeof(int);
08      printf(".....Before sorted........\n");
09      for (i=0; i<=size-1; i++)
10          printf("%d ", arr[i]);
11      printf("\n");
12      for (i=1; i<=25; i++)
13          printf("-");
14      printf("\n");
15
16      /**********Bubble sort****************/
17      for (i=0; i<size-1; i++) {
18          for (j=0; j<size-i-1; j++)
19              if (arr[j] > arr[j+1]) {
20                  temp = arr[j];
21                  arr[j] = arr[j+1];
22                  arr[j+1] = temp;
23              }
24          printf("#%d pass: ", i+1);
25          for (k=0; k<size; k++)
26              printf("%d ", arr[k]);
```

```
27            printf("\n");
28        }
29        /*************************************/
30        for (i=1; i<=25; i++)
31            printf("-");
32        printf("\n");
33        printf(".....After sorted.......\n");
34        for(i=0; i<size; i++)
35            printf("%d ", arr[i]);
36        printf("\n");
37        return 0;
38    }
```

輸出結果

```
.....Before sorted........
80 30 40 70 50 60
-------------------------
#1 pass: 30 40 70 50 60 80
#2 pass: 30 40 50 60 70 80
#3 pass: 30 40 50 60 70 80
#4 pass: 30 40 50 60 70 80
#5 pass: 30 40 50 60 70 80
-------------------------
.....After sorted.......
30 40 50 60 70 80
```

【程式剖析】

程式第 17 行的外迴圈

```
for (i=0; i<size-1; i++) {
```

表示這些資料要執行多少次的 pass，其次數是資料的個數（size）減 1。接下來是第 18 行內迴圈

```
for (j=0; j<size-i-1; j++)
```

表示每次 pass 所要執行的比較次數，當資料量為 size 時，它會比較 size-1 次。同時會隨著每一次的 pass 而減少，因為執行完第一次 pass 後，資料量

減 1，執行完第二次 pass 後，資料量減 2，依此類推，判斷運算式是否小於 size-i-1。

最後，是如何將兩數對調，以下這三行敘述是兩數對調的片段程式

```
temp = arr[j];
arr[j] = arr[j+1];
arr[j+1] = temp;
```

氣泡排序的執行效率不是很好，但程式容易撰寫是其優點，是否有改善效率的空間呢？您是否發現上例中，在第三次的 pass 後，就沒有交換資料的動作了，這表示資料已排序好了，因此，可以利 flag 變數來追蹤之。在每次 pass 開始前，先設定 flag 為 0。進入比較的迴圈時，若有交換的動作，則將 flag 設為 1。若有交換的動作，才進行下一次的 pass，否則，結束排序的動作，因為此步驟沒有對調的動作，表示資料已排序好了。請參閱應用範例 7-4-1b。

應用範例 7-4-1b

```
01  /* ex7-4-1b.c */
02  #int main()
03  {
04      int i, j, k, temp, flag, size;
05      int arr[]={80, 30, 40, 70, 50, 60};
06      size = sizeof(arr) / sizeof(int);
07      printf(".....Before sorted........\n");
08      for (i=0; i<=size-1; i++)
09          printf("%d ", arr[i]);
10      printf("\n");
11      for (i=1; i<=25; i++)
12          printf("-");
13      printf("\n");
14
15      /*********Bubble sort***************/
16      for (i=0; i<size-1; i++) {  /* pass 的執行次數是資料的個數(size)減 1 */
17          flag = 0;
18          for (j=0; j<size-i-1; j++)
19              if (arr[j] > arr[j+1]) {
20                  flag = 1;       /* 當有執行對調的動作時，將 flag 設為 1 */
21                  temp = arr[j];
```

```
22                 arr[j] = arr[j+1];
23                 arr[j+1] = temp;
24             }
25         printf("#%d pass: ", i+1);   /* 印出每一次pass後的資料 */
26         for (k=0; k<size; k++)
27             printf("%d ", arr[k]);
28         printf("\n");
29 
30         /* 若flag 等於0，表示此pass無資料對調，故結束排序的動作 */
31         if(flag == 0)
32             break;
33     }
34     /***********************************/
35     for (i=1; i<=25; i++)
36         printf("-");
37     printf("\n");
38     printf(".....After sorted.......\n");
39     for (i=0; i<size; i++)
40         printf("%d ", arr[i]);
41     printf("\n");
42     return 0;
43 }
```

輸出結果

```
.....Before sorted........
80 30 40 70 50 60
-------------------------
#1 pass: 30 40 70 50 60 80
#2 pass: 30 40 50 60 70 80
#3 pass: 30 40 50 60 70 80
-------------------------
.....After sorted.......
30 40 50 60 70 80
```

【程式剖析】

從輸出結果得知，此陣列雖然有6個元素，但只花三個步驟就結束排序的動作。這要歸功於程式第17行與20行有設定flag的好處，它可在某步驟判斷資料是否已排序完成。

若要將每一次 pass 中所做的比較也列印出來，請參閱應用範例 7-4-1c。範例中有詳細的說明，請加以細讀。

應用範例 7-4-1c

```
01  /* ex7-4-1c.c*/
02  #include <stdio.h>
03  int main()
04  {
05      int i, j, k, temp, flag, size;
06      int arr[]={80, 90, 40, 70, 50, 60};
07      size = sizeof(arr) / sizeof(int);
08      printf(".....Before sorted........\n");
09      for (i=0; i<=size-1; i++)
10          printf("%d ", arr[i]);
11      printf("\n");
12      for (i=1; i<=25; i++)
13          printf("-");
14      printf("\n");
15
16      /**********Bubble sort****************/
17      /* 總共有 size 個資料，所以會有 size-1 次的 pass */
18      for (i=0; i<size-1; i++) {
19          flag=0; /* 用來判斷是否要再繼續排序 */
20          /* 印出第幾次 pass 的資料 */
21          printf("#%d pass 的資料計有: ", i+1);
22          for (k=0; k<size-i; k++)
23              printf("%d ", arr[k]);
24          printf("\n");
25
26          /* 要比較的資料，第一次pass 會減 1，第二次pass 會減 2，第三次pass 會
27             減 3，依此類推。所以迴圈的條件運算式為 j<size-1-i */
28          for (j=0; j<size-1-i; j++) {
29              /* 當此筆資料大於下一筆資料時，則加以對調 */
30              if (arr[j] > arr[j+1]) {
31                  flag=1;  /* 若有對調，則將 flag 設為 1 */
32                  temp = arr[j];
33                  arr[j] = arr[j+1];
34                  arr[j+1] = temp;
35              }
36              /* 印出每一次 compare 後的資料 */
37              printf("    #%d compare: ", j+1);
38              for (k=0; k<size-i; k++)
39                   printf("%d ", arr[k]);
40              printf("\n");
41           }
42
```

```
43            /* 印出每一次pass 後的資料 */
44            printf("#%d pass 結束時資料順序如下: \n", i+1);
45            for (k=0; k<size; k++)
46                printf("%d ", arr[k]);
47            printf("\n\n");
48            /* 當 flag 為 0 時，表示上一回合沒有對調，此表示已排序好了 */
49            if (flag == 0)
50                break;
51        }
52        /************************************/
53        for (i=1; i<=25; i++)
54            printf("-");
55        printf("\n");
56        printf(".....After sorted.......\n");
57        for (i=0; i<size; i++)
58            printf("%d ", arr[i]);
59        printf("\n");
60        return 0;
61    }
```

輸出結果

```
.....Before sorted........
80 90 40 70 50 60
-------------------------
#1 pass 的資料計有: 80 90 40 70 50 60
   #1 compare: 80 90 40 70 50 60
   #2 compare: 80 40 90 70 50 60
   #3 compare: 80 40 70 90 50 60
   #4 compare: 80 40 70 50 90 60
   #5 compare: 80 40 70 50 60 90
#1 pass 結束時資料順序如下:
80 40 70 50 60 90

#2 pass 的資料計有: 80 40 70 50 60
   #1 compare: 40 80 70 50 60
   #2 compare: 40 70 80 50 60
   #3 compare: 40 70 50 80 60
   #4 compare: 40 70 50 60 80
#2 pass 結束時資料順序如下:
40 70 50 60 80 90

#3 pass 的資料計有: 40 70 50 60
   #1 compare: 40 70 50 60
   #2 compare: 40 50 70 60
   #3 compare: 40 50 60 70
```

```
#3 pass 結束時資料順序如下:
40 50 60 70 80 90

#4 pass 的資料計有: 40 50 60
   #1 compare: 40 50 60
   #2 compare: 40 50 60
#4 pass 結束時資料順序如下:
40 50 60 70 80 90

------------------------
.....After sorted.......
40 50 60 70 80 90
```

【程式剖析】

此程式與上一範例程式大致相同，此處將每一 pass 的比較過程也加以輸出第 43-47 行。請讀者看看輸出結果中的過程，是否和此節的內文所列出的比較過程相同。

7-4-2 二元搜尋

常用的搜尋方法有**循序搜尋**（sequential search）和**二元搜尋**（binary search）。循序搜尋表示由第一個元素開始比對，直到最後一個元素為止。若未找到，則表示欲找尋的資料不在陣列中。二元搜尋的速度比循序搜尋來得快，其所花的時間平均而言大概是 $\log_2 N$，N 為資料個數，若有 64 個資料，則只要 6 次（$\log_2 64=6$）的搜尋就可以了，二元搜尋法一開始乃從中間開始搜尋。若此陣列名稱為 arr，且 left = 0、right = 63、mid = (left + right) / 2，如下圖所示：

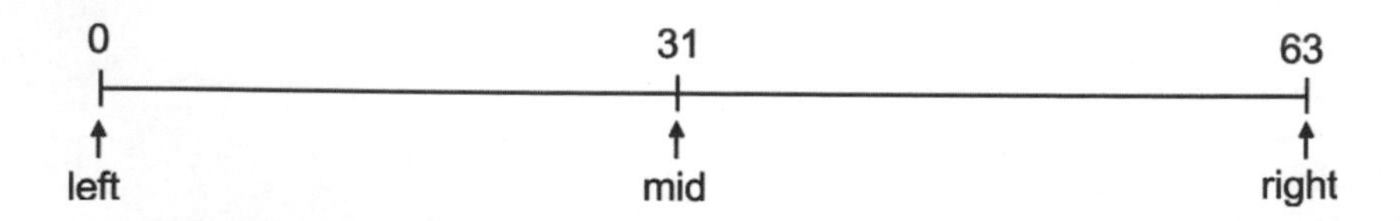

首先，從 arr[mid] 開始比對，若欲搜尋的資料 kd 比 arr[mid]大，則表示 kd 落在 mid 的右邊，此時將 left 設為 mid + 1，而 right 不變；

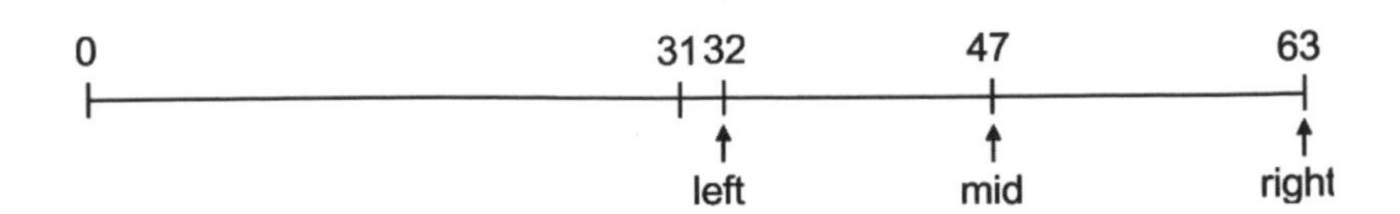

反之，若 kd 小於 arr[mid]，表示 kd 落在 mid 的左邊，此時將 right 設定為 mid-1，left 不變；

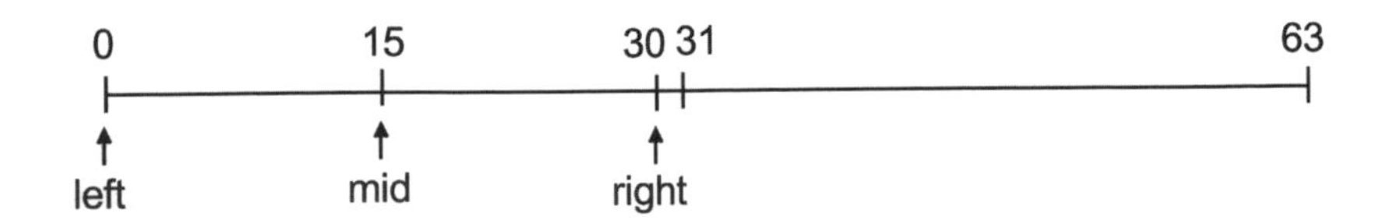

繼續求出 mid，再將 kd 和 arr[mid] 相比，看看 kd 落在 mid 的右邊或左邊，直到找到 kd 或 kd 根本不存在。

根據上述，二元搜尋的片段程式如下：

```
while (left <= right) {
    mid = (left + right) / 2;
    if (arr[mid] == kd)
        break;
    if (arr[mid] > kd)
        right = mid-1;
    else
        left = mid+1;
}
```

while 迴圈利用 left <= right 來判斷其真或假，當 left 小於等於 right 時，才為真。完整程式，請參閱應用範例 7-4-2。

應用範例 7-4-2

```
01  /* ex7-4-2.c */
02  #include <stdio.h>
03  int main()
04  {
05      int i, j, temp, flag, size;
06      int left, right, mid, kd, bingo;
07      int arr[]={80, 90, 40, 70, 50, 60};
08      size = sizeof(arr) / sizeof(int);
```

```
09      /**********Bubble sort****************/
10      for (i=0; i<size-1; i++) {
11          flag = 0;
12          for (j=0; j<size-i-1; j++)
13              if (arr[j] > arr[j+1]) {
14                  flag = 1;
15                  temp = arr[j];
16                  arr[j] = arr[j+1];
17                  arr[j+1] = temp;
18              }
19              if (flag == 0)
20                  break;
21      }
22      for (i=0; i<=size-1; i++)
23          printf("%d ", arr[i]);
24      printf("\n\n");
25      /***********Binary search***************/
26      printf("\n 您要尋找哪一個數字(輸入是英文字母將結束): ");
27      while (scanf("%d", &kd) == 1) {
28          left=0;
29          right=size-1;
30          bingo = 0;
31          while (left <= right) {
32              mid = (left+right)/2;
33              if (kd == arr[mid]) {
34                  bingo=1;
35                  break;
36              }
37              if (kd < arr[mid])
38                  right = mid-1;
39              else
40                  left = mid+1;
41          }
42          if (bingo == 1)
43              printf("在 arr[%d] 找到 %d.\n", mid, kd);
44          else
45              printf("對不起,查無此資料! \n");
46          printf("\n 您要尋找哪一個數字(輸入是英文字母將結束): ");
47      }
48      return 0;
49  }
```

輸出結果

```
40 50 60 70 80 90

您要尋找哪一個數字(輸入是英文字母將結束): 50
在 arr[1] 找到 50.

您要尋找哪一個數字(輸入是英文字母將結束): 3
對不起，查無此資料!

您要尋找哪一個數字(輸入是英文字母將結束): 90
在 arr[5] 找到 90.

您要尋找哪一個數字(輸入是英文字母將結束): q
```

【程式剖析】

由於此範例利用二元搜尋法做搜尋的動作，所以要先將資料加以排序。二元搜尋有點類似字典的查字方法，一般先翻到中間，再決定是往前翻或往後翻。

7-4-3 選擇排序

試撰寫一選擇排序(selection sort)的程式，將資料由小至大加以排序，請參閱應用範例 7-4-3。

應用範例 7-4-3

```
01  /* ex7-4-3.c */
02  #include <stdio.h>
03  void selectionSort(int []);
04  
05  int main()
06  {
07      int num[10], i, k;
08      printf("請輸入十個資料: \n");
09      for (i=0; i<10; i++) {
10          printf("請輸入第 #%-2d 個資料: ", i+1);
11          scanf("%d", &num[i]);
12      }
13  
```

```
14         printf("陣列原始資料: \n");
15         for (k=0; k<10; k++) {
16             printf("%3d ", num[k]);
17         }
18         printf("\n");
19         selectionSort(num);
20         return 0;
21     }
22
23     void selectionSort(int arr[])
24     {
25         int currentMin, currentMinIndex, i, j, k;
26         for (i=0; i<10; i++) {
27             currentMin = arr[i];
28             currentMinIndex = i;
29             for (j=i+1; j<10; j++) {
30                 if (arr[j] < currentMin) {
31                     currentMin = arr[j];
32                     currentMinIndex = j;
33                 }
34             }
35             if (currentMinIndex != i) {
36                 arr[currentMinIndex] = arr[i];
37                 arr[i] = currentMin;
38             }
39
40             printf("\n第 %d 選擇比較後陣列的資料: \n", i+1);
41             for (k=0; k<10; k++) {
42                 printf("%3d ", arr[k]);
43             }
44         }
45
46         printf("\n\n陣列排序後的資料: \n");
47         for (k=0; k<10; k++) {
48             printf("%3d ", arr[k]);
49         }
50     }
```

輸出結果

```
請輸入十個資料:
請輸入第 #1  個資料: 12
請輸入第 #2  個資料: 90
請輸入第 #3  個資料: 3
```

```
請輸入第 #4  個資料: 88
請輸入第 #5  個資料: 76
請輸入第 #6  個資料: 100
請輸入第 #7  個資料: 24
請輸入第 #8  個資料: 32
請輸入第 #9  個資料: 78
請輸入第 #10 個資料: 8
陣列原始資料:
 12  90   3  88  76 100  24  32  78   8

第 1 選擇比較後陣列的資料:
  3  90  12  88  76 100  24  32  78   8
第 2 選擇比較後陣列的資料:
  3   8  12  88  76 100  24  32  78  90
第 3 選擇比較後陣列的資料:
  3   8  12  88  76 100  24  32  78  90
第 4 選擇比較後陣列的資料:
  3   8  12  24  76 100  88  32  78  90
第 5 選擇比較後陣列的資料:
  3   8  12  24  32 100  88  76  78  90
第 6 選擇比較後陣列的資料:
  3   8  12  24  32  76  88 100  78  90
第 7 選擇比較後陣列的資料:
  3   8  12  24  32  76  78 100  88  90
第 8 選擇比較後陣列的資料:
  3   8  12  24  32  76  78  88 100  90
第 9 選擇比較後陣列的資料:
  3   8  12  24  32  76  78  88  90 100
第 10 選擇比較後陣列的資料:
  3   8  12  24  32  76  78  88  90 100

陣列排序後的資料:
  3   8  12  24  32  76  78  88  90 100
```

7-4-4 刪除重複的數字

試撰寫一程式，給予十個數字於一維陣列，然後刪除陣列中重複的數字（最小是 0，最大是 9）。請參閱應用範例 7-4-4。

應用範例 7-4-4

```
01  /* ex7-4-4.c */
02  #include <stdio.h>
03  int main()
04  {
05      int num[] = {1, 2, 3, 3, 2, 1, 4, 5, 7, 3};
06      int check[10] = {0};
07      int i, value;
08      unsigned long d = sizeof(num)/sizeof(num[0]);
09  
10      printf("原來陣列為: \n");
11      for (i=0; i<d; i++) {
12          printf("%2d ", num[i]);
13      }
14  
15      printf("\n");
16      printf("\n 刪除重複數字後的陣列為: \n");
17      for (i=0; i<10; i++) {
18          value = num[i];
19          if (check[value] == 0) {
20              printf("%2d ", value);
21              check[value] = 1;
22          }
23      }
24      return 0;
25  }
```

輸出結果

```
原來陣列為:
 1  2  3  3  2  1  4  5  7  3

刪除重複數字後的陣列為:
 1  2  3  4  5  7
```

7-4-5 計算二維陣列每一列的和

試撰寫一程式，先提示使用者輸入一個 3 列 4 行的二維陣列 arr2，然後計算此二維陣列每一列的和。請參閱應用範例 7-4-5。

應用範例 7-4-5

```
01  /* ex7-4-5.c */
02  #include <stdio.h>
03  int main()
04  {
05      int arr2[3][4];
06      int i, j;
07      int sumOfRow[3] = {0, 0, 0};
08
09      for (i=0; i<3; i++) {
10          for (j=0; j<4; j++) {
11              printf("請輸入arr2[%d][%d]的值: ", i, j);
12              scanf("%d", &arr2[i][j]);
13          }
14      }
15
16      printf("\n 此二維陣列如下:\n");
17      for (i=0; i<3; i++) {
18          for (j=0; j<4; j++)
19               printf("%3d ", arr2[i][j]);
20          printf("\n");
21      }
22
23      printf("\n");
24      for (i=0; i<3; i++) {
25          for (j=0; j<4; j++) {
26              sumOfRow[i] += arr2[i][j];
27          }
28          printf("第 %d 列的和為: %d\n", i+1, sumOfRow[i]);
29      }
30      return 0;
31  }
```

輸出結果

```
請輸入 arr2[0][0]的值: 10
請輸入 arr2[0][1]的值: 20
請輸入 arr2[0][2]的值: 30
請輸入 arr2[0][3]的值: 40
請輸入 arr2[1][0]的值: 11
請輸入 arr2[1][1]的值: 21
請輸入 arr2[1][2]的值: 31
請輸入 arr2[1][3]的值: 41
請輸入 arr2[2][0]的值: 12
```

```
請輸入 arr2[2][1]的值: 22
請輸入 arr2[2][2]的值: 32
請輸入 arr2[2][3]的值: 42

此二維陣列如下:
 10  20  30  40
 11  21  31  41
 12  22  32  42

第 1 列的和為: 100
第 2 列的和為: 104
第 3 列的和為: 108
```

7-4-6 成績的等級

試撰寫一程式， 提示使用者輸入 10 個資料於一維陣列 arr，然後以下列的準則給予其成績等級。準則如下：

(1) 若成績大於等於 BEST －5，則成績等級為 A。

(2) 若成績大於等於 BEST －10，則成績等級為 B。

(3) 若成績大於等於 BEST －15，則成績等級為 C。

(4) 若成績大於等於 BEST －20，則成績等級為 D。

(5) 其它的成績等級為 F。

請參閱應用範例 7-4-6。

應用範例 7-4-6

```
01  /* ex7-4-6.c */
02  #include <stdio.h>
03  int main()
04  {
05      double arr[10];
06      int i;
07      double highest = -999;
08      printf("請輸入十個資料:\n");
09      for (i=0; i<10; i++) {
10          printf("請輸入 #%-2d 資料: ", i+1);
11          scanf("%lf", &arr[i]);
```

```
12            if (arr[i] > highest) {
13                highest = arr[i];
14            }
15        }
16
17        printf("highest score: %.2f\n\n", highest);
18        for (i=0; i<10; i++) {
19            if (arr[i] >= highest - 5) {
20                printf("arr[%d] = %.2f", i, arr[i]);
21                printf(", 其對應的成績等級為 A.\n");
22            }
23            else if (arr[i] >= highest - 10) {
24                printf("arr[%d] = %.2f", i, arr[i]);
25                printf(", 其對應的成績等級為 B.\n");
26            }
27            else if (arr[i] >= highest - 15) {
28                printf("arr[%d] = %.2f", i, arr[i]);
29                printf(", 其對應的成績等級為 C.\n");
30            }
31            else if (arr[i] >= highest - 20) {
32                printf("arr[%d] = %.2f", i, arr[i]);
33                printf(", 其對應的成績等級為 D.\n");
34            }
35            else {
36                printf("arr[%d] = %.2f", i, arr[i]);
37                printf(", 其對應的成績等級為 F.\n");
38            }
39        }
40        return 0;
41    }
```

輸出結果

```
請輸入十個資料:
請輸入 #1  資料: 91
請輸入 #2  資料: 88
請輸入 #3  資料: 82
請輸入 #4  資料: 78
請輸入 #5  資料: 67
請輸入 #6  資料: 56
請輸入 #7  資料: 86
請輸入 #8  資料: 65
請輸入 #9  資料: 70
請輸入 #10 資料: 83
highest score: 91.00
```

```
arr[0] = 91.00, 其對應的成績等級為 A.
arr[1] = 88.00, 其對應的成績等級為 A.
arr[2] = 82.00, 其對應的成績等級為 B.
arr[3] = 78.00, 其對應的成績等級為 C.
arr[4] = 67.00, 其對應的成績等級為 F.
arr[5] = 56.00, 其對應的成績等級為 F.
arr[6] = 86.00, 其對應的成績等級為 A.
arr[7] = 65.00, 其對應的成績等級為 F.
arr[8] = 70.00, 其對應的成績等級為 F.
arr[9] = 83.00, 其對應的成績等級為 B.
```

7-4-7 找尋最大值與最小值，以及其相對應的索引

試撰寫一程式，提示使用者輸入資料於一個 arr3[2][2][3] 的三維陣列。然後找出此三維陣列中的最大值與最小值，及其對應的索引值為何。請參閱應用範例 7-4-7。

應用範例 7-4-7

```
01  /* ex7-4-7.c */
02  #include <stdio.h>
03  int main()
04  {
05      int arr3[2][2][3];
06      int i, j, k;
07      int minIndex1, minIndex2, minIndex3;
08      int maxIndex1, maxIndex2, maxIndex3;
09      int min = 9999;
10      int max = -9999;
11      for (i=0; i<2; i++) {
12          for (j=0; j<2; j++) {
13              for (k=0; k<3; k++) {
14                  printf("請輸入arr3[%d][%d][%d]的值: ", i, j, k);
15                  scanf("%d", &arr3[i][j][k]);
16                  if (arr3[i][j][k] < min) {
17                      min = arr3[i][j][k];
18                      minIndex1 = i;
19                      minIndex2 = j;
20                      minIndex3 = k;
21                  }
22                  if (arr3[i][j][k] > max) {
```

```
23                        max = arr3[i][j][k];
24                        maxIndex1 = i;
25                        maxIndex2 = j;
26                        maxIndex3 = k;
27                    }
28                }
29            }
30        }
31        printf("\n 最大值為 %d 在 arr3[%d][%d][%d]\n", max, maxIndex1,
32                       maxIndex2, maxIndex3);
33        printf("最小值為 %d 在 arr3[%d][%d][%d]\n", min, minIndex1,
34                       minIndex2, minIndex3);
35        return 0;
36    }
```

輸出結果

```
請輸入 arr3[0][0][0]的值: 10
請輸入 arr3[0][0][1]的值: 20
請輸入 arr3[0][0][2]的值: 30
請輸入 arr3[0][1][0]的值: 2
請輸入 arr3[0][1][1]的值: 3
請輸入 arr3[0][1][2]的值: 4
請輸入 arr3[1][0][0]的值: 11
請輸入 arr3[1][0][1]的值: 12
請輸入 arr3[1][0][2]的值: 13
請輸入 arr3[1][1][0]的值: 20
請輸入 arr3[1][1][1]的值: 21
請輸入 arr3[1][1][2]的值: 22

最大值為 30 在 arr3[0][0][2]
最小值為 2  在 arr3[0][1][0]
```

7-4-8 檢查 ISBN-10

試撰寫一程式，用以檢查 ISBN-10 (International Standard Book Number)，它包含 10 個數字 $d_1d_2d_3d_4d_5d_6d_7d_8d_9d_{10}$。其中最後的 d_{10} 是檢查碼，由前九個號碼利用下列公式計算得到的。

$$(d_1*1 + d_2*2 + d_3*3 + d_4*4 + d_5*5 + d_6*6 + d_7*7 + d_8*8 + d_9*9) \% 11$$

根據 ISBN 的轉換，若檢查碼是 10，則最後的數字將以 X 表示之。請參閱應用範例 7-4-8。

應用範例 7-4-8

```
01  /* ex7-4-8.c */
02  #include <stdio.h>
03  void isbn11();
04
05  int main()
06  {
07      isbn11();
08      return 0;
09  }
10
11  void isbn11()
12  {
13      int n[14];
14      int i, total=0, checkNum;
15      for(i=1; i<=9; i++) {
16          printf("請輸入第 %d 個數字: ", i);
17          scanf("%d", &n[i]);
18          total += n[i]*i;
19      }
20      checkNum = total  % 11;
21      printf("\nISBN-10: ");
22      for (i=1; i<=9; i++) {
23          printf("%d", n[i]);
24      }
25      if (checkNum == 10) {
26          printf("X");
27      }
28      else {
29          printf("%d", checkNum);
30      }
31      printf("\n");
32  }
```

輸出結果 1

```
請輸入第 1 個數字: 0
請輸入第 2 個數字: 1
請輸入第 3 個數字: 3
請輸入第 4 個數字: 6
```

```
請輸入第 5 個數字: 0
請輸入第 6 個數字: 1
請輸入第 7 個數字: 2
請輸入第 8 個數字: 6
請輸入第 9 個數字: 7

ISBN: 0136012671
```

輸出結果 2

```
請輸入第 1 個數字: 0
請輸入第 2 個數字: 1
請輸入第 3 個數字: 3
請輸入第 4 個數字: 0
請輸入第 5 個數字: 3
請輸入第 6 個數字: 1
請輸入第 7 個數字: 9
請輸入第 8 個數字: 9
請輸入第 9 個數字: 7

ISBN: 013031997X
```

7-4-9 高於、低於平均數的數目

試撰寫一程式，提示使用者以不定數迴圈的方式輸入資料於一維陣列 score 中，然後計算有多少同學的分數高於或等於平均分數，有多少同學低於平均分數。請參閱應用範例 7-4-9。

應用範例 7-4-9

```
01  /* ex7-4-9.c */
02  #include <stdio.h>
03  int main()
04  {
05      int scores[10], i, total=0;
06      int aboveAverage=0, belowAverage=0;
07      double average;
08      printf("請輸入十個分數: \n");
09      for (i=0; i<10; i++) {
10          printf("請輸入第 #%-2d 個分數: ", i+1);
11          scanf("%d", &scores[i]);
12          total += scores[i];
13      }
```

```
14        average = total /10.;
15        printf("\n 平均分數: %.2f", average);
16
17
18        for (i=0; i<10; i++) {
19            if (scores[i] >= average) {
20                aboveAverage++;
21            }
22            else {
23                belowAverage++;
24            }
25        }
26        printf("\n\n");
27        printf("高於 %.2f 的有 %d\n", average, aboveAverage);
28        printf("低於 %.2f 的有 %d\n", average, belowAverage);
29        return 0;
30    }
```

輸出結果

```
請輸入十個分數:
請輸入第 #1  個分數: 84
請輸入第 #2  個分數: 82
請輸入第 #3  個分數: 78
請輸入第 #4  個分數: 65
請輸入第 #5  個分數: 51
請輸入第 #6  個分數: 45
請輸入第 #7  個分數: 66
請輸入第 #8  個分數: 56
請輸入第 #9  個分數: 62
請輸入第 #10 個分數: 59

平均分數: 64.80

高於或等於 64.80 的有 5
低於 64.80 的有 5
```

7-4-10 將二進位轉換為十進位

試撰一程式，提示使用者輸入二進位的字串，然後將二進位字串整換為十進位的整數。如 "01111" 將為 15。請參閱應用範例 7-4-10。

應用範例 7-4-10

```
01  /* ex7-4-10.c */
02  #include <stdio.h>
03  #include <math.h>
04  
05  int main()
06  {
07      int numbers[20];
08      double sum=0.0;
09      int i=0 , x;
10      while(i <= 20) {
11          printf("請輸入二進位數字串: ");
12          scanf("%d", &numbers[i]);
13          if (numbers[i] == 0 || numbers[i] == 1) {
14              i++;
15          }
16          else {
17              break;
18          }
19      }
20  
21      for (x=i-1; x>=0; x--) {
22          printf("numbers[%d] = %d\n", x, numbers[x]);
23          sum += numbers[x] * pow(2, x);
24      }
25      printf("\ndecimal = %f\n", sum);
26      return 0;
27  }
```

輸出結果 1

```
請輸入二進位數字串: 1
請輸入二進位數字串: 1
請輸入二進位數字串: 1
請輸入二進位數字串: 1
請輸入二進位數字串: 0
請輸入二進位數字串: 3
numbers[4] = 0
numbers[3] = 1
numbers[2] = 1
numbers[1] = 1
numbers[0] = 1

decimal = 15.000000
```

輸出結果 2

```
請輸入二進位數字串: 1
請輸入二進位數字串: 1
請輸入二進位數字串: 1
請輸入二進位數字串: 0
請輸入二進位數字串: 1
請輸入二進位數字串: 2
numbers[4] = 1
numbers[3] = 0
numbers[2] = 1
numbers[1] = 1
numbers[0] = 1

decimal = 23.000000
```

除錯題

1. 以下是 Geroge 所寫的兩數對調程式，請您幫忙改一下。

```
/* bugs7-4-1.c */
#include <stdio.h>
int main()
{
    int a=100, b=200;
    printf("Before swapping: ");
    printf("a=%d, b=%d\n", a, b);

    /* 兩數對調*/
    a = b;
    b = a;
    printf("After swapping: ");
    printf("a=%d, b=%d\n", a, b);
    return 0;
}
```

1. 今有一陣列如下：

```
int arr[] = {80, 90, 40, 70, 60, 50};
```

請利用氣泡排序法，將此陣列由大至小排序之。

2. 請將範例 7-4-2 中 arr 陣列元素的資料，改由使用者自行輸入，而不是以初值設定的方式。請使用不定數迴圈，當輸入的資料為 0 時，結束輸入的動作。

   (a) 試問在執行二元搜尋前，資料必須要如何？

   (b) 假設有 8192 筆資料，試問二元搜尋法找到欲找尋的資料之平均時間為何？

7-5 問題演練

1. 有一片段程式如下：

```
int grid[30][100];
```

請回答下列問題：

   (a) grid[22][56]的位址可以 __________ 方式表示之。

   (b) grid[22][0]的位址可以 __________ 和 __________ 方式表示之。

   (c) grid[0][0]的位址可以 __________、__________ 和 __________ 方式表示之。

2. 請根據下列的題意，寫出其正確的 C 語言陣列的定義方式。

   (a) digits 是一由 10 個整數元素所組成的陣列。

   (b) rates 是一由 6 個 double 元素所組成的陣列。

   (c) mat 是一由 3 列、5 行的整數元素所組成的二維陣列。

3. 有一含有 10 個元素的一維陣列，其註標（subscript）是由 ________ 至 ________ 所組成。

4. 試回答下列問題：

   (a) 定義一個一維陣列，此陣列含有 6 個元素，初值分別是 1、2、4、8、16、32。

   (b) 如何擷取此陣列的第三個元素？

5. 請問下一程式的輸出結果為何？

```
#include <stdio.h>
int main()
{
     int arr[]={4,5,6};
     int j;
     for (j=0; j<3; j++)
         printf("%x\n",arr+j);
     return 0;
}
```

7-6 程式實作

1. 撰寫兩個一維陣列 arr1 與 arr2 相加的程式（亦即 arr1[0] 與 arr2[0] 相加後的值，指定給 arr3[0]；arr1[1]、arr2[1] 相加後的值，指定給 arr3[1]，依此類推），將結果存在 arr3，並加以印出。

2. 利用一個陣列儲存十個 double 的數值，並計算其總和與平均數。

3. 試撰寫一程式，計算下列二個矩陣的乘積。

$$\begin{bmatrix} 3 & 4 \\ 5 & 6 \end{bmatrix} * \begin{bmatrix} 7 & 6 \\ 5 & 4 \end{bmatrix}$$

4. 試撰寫一程式，計算下列二個矩陣的和。

$$\begin{bmatrix} 1 & 2 & 3 \\ 4 & 5 & 6 \\ 7 & 8 & 9 \end{bmatrix} + \begin{bmatrix} 9 & 6 & 3 \\ 8 & 5 & 2 \\ 7 & 4 & 1 \end{bmatrix}$$

5. 試撰寫一程式，輸入學生的個數，每位學生的姓名及三科考試科目的成績，然後計算：

   (1) 每位學生的分數總和及平均分數。

   (2) 各科的總分及平均分數。

   (3) 總平均的分數。

6. 試撰寫一程式，輸入一個十進位的短整數（short int），然後將它轉換為二進位的數值。

7. 試撰寫一程式，提示使用者輸入資料於一個具有 3 列 4 行的二維陣列。然後計算二維陣列每一行的和。

8. 試撰寫一程式，提示使用者輸入十個整數，然後計算其平均值(mean)、標準差(standard deviation)，以及變異數(variance)。

   提示：

   平均值(mean) $= (x_1 + x_2 + x_3 + \ldots + x_n) / n$

   變異數(var) $= ((x_1 - mean)^2 + (x_2 - mean)^2 + (x_3 - mean)^2 + \ldots + (x_n - mean)^2) / n$

   標準差(sd) $= ((x_1 - mean)^2 + (x_2 - mean)^2 + (x_3 - mean)^2 + \ldots + (x_n - mean)^2) / n)^{1/2}$

9. 試撰寫一程式，提示使用者輸入資料於一個具有 3 列 3 行的二維陣列，然後檢視某一矩陣是否為正的馬可夫矩陣(positive Markov matrix)。

   提示：若矩陣中的每一行的和為 1，則稱此矩陣為為正的馬可夫矩陣。

10. 試撰寫一程式，用以檢查 ISBN-13 (International Standard Book Number)，它包含 13 個數字 $d_1d_2d_3d_4d_5d_6d_7d_8d_9d_{10}d_{11}d_{12}d_{13}$。其中最後的 d_{13} 是檢查碼，由前十二個號碼利用下列公式計算得到的。

$$10 - (d_1 + d_2*3 + d_3 + d_4*3 + d_5 + d_6*3 + d_7 + d_8*3 + d_9 + d_{10}*3 + d_{11} + d_{12}*3) \% 10$$

根據 ISBN 的轉換，若檢查碼是 10，則最後的數字將以 0 表示之。

淺談指標

若有人問您有沒有學過 C 語言，這時您應想一想，指標學得如何？是否都融會貫通呢？若是，才向他說，我學過，否則，說看過即可。每一種語言都有其特性，例如 JAVA，它是跨平台（cross platform），表示程式可以在任何平台下執行（write a program, run anywhere）。C++ 的特性是具有物件導向的特性，適用於大系統，能減少軟體的維護成本。而 C 的特性，則是具有強大的**指標（pointer）**功能。

8-1 定義指標變數

指標變數的定義如下：

```
資料型態 *變數名稱;
```

指標變數的定義與基本資料型態變數的定義相似，差異是在變數名稱前加上一個星號（*）。例如，定義一個指向整數型態的指標

```
int *ptr;
```

此敘述表示：

1. ptr 是一指標變數。
2. ptr 變數所儲存的資料是某一個變數（假設是 k）的位址。
3. 經由 *ptr 可以得到 k 變數的值。

簡單地說，ptr 是一指向 int 資料型態的指標變數。

由上述的說明可知，ptr 可利用間接存取的方式得到 k 變數值。一般都比喻 * 好比是一把鑰匙，利用它打開信箱，便可得到信箱內的信件。

範例 8-1a

```
01  /* ex8-1a.c */
02  #include <stdio.h>
03  int main()
04  {
05      /* 定義一指向 int 資料型態的指標，並觀察其內容 */
06      int num = 100;
07      int *ptr;        /* ptr 是一個指向 int 的指標 */
08      ptr = &num;      /* ptr 指向 num 的位址 */
09
10      /* 印出 num 的位址及內容 */
11      printf("num 在記憶體的位址為 %p\n", &num);
12      printf("num 變數值為 %d\n", num);
13
14      /* 印出 ptr 變數位址 */
15      printf("&ptr is %p\n", &ptr);
16
17      /* 印出 ptr 所指向的位址 */
18      printf("ptr is %p\n", ptr);
19
20      /* 印出 ptr 所指向位址的內容 */
21      printf("*ptr =  %d\n", *ptr);
22      return 0;
23  }
```

輸出結果

```
num 在記憶體的位址為 0022FF74
num 變數值為 100
&ptr is 0022FF70
ptr is 0022FF74
*ptr =  100
```

【程式剖析】

從輸出結果可看出，第 7 行指標變數 ptr 也有自己的記憶體位址 0022FF70（&ptr），而第 8 行 ptr 儲存的是 num 的位址 0022FF74（&num），因此，可以透過 *ptr 取得 num 的值為 100（第 21 行）。

這裡介紹了 printf() 的另一個格式特定字 — %p。%p 用來輸出的記憶體位址的格式。使用 %p 會輸出 8 位的十六進位數，並將十六進位中的 a~f 以大寫表示。除了 %p 之外，也可以使用 %x 來輸出記憶體的位址。

由範例 8-1a 中，可以看到指標變數的用法：

- 取得指標變數在記憶體的位址，需使用 & 位址運算子 — &ptr；
- 要取得指標變數所指向變數的記憶體位址，可直接使用指標變數的名稱 — ptr；
- 要取得指標變數所指向變數的值，需加上間接運算子 * 來取得 — *ptr。

ptr 指標變數與 num 整數型態變數之間的關係，以圖形表示如下：

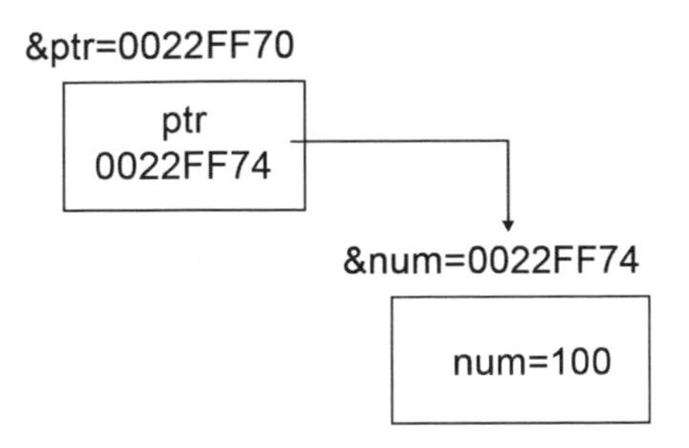

上圖中，方框外表示變數在記憶體的位址，方框內表示變數的值。因為將 &num 指定給 ptr，所以 ptr 變數內的資料就是 num 變數在記憶體的位址，也可以說 ptr 是指向 num 的指標變數，透過 *ptr 可以取得 num 變數的值（100）。

除此之外，程式的

```
int *ptr;
ptr = &num;
```

可寫成一行，如下所示：

```
int *ptr = &num;
```

注意，此種寫法乃是將 &num 指定給 ptr（表示位址），而非將 &num（表示位址）指定給 *ptr（表示值）。因為**位址（address）**和**值（value）**是不相同的資料，所以不能以指定方式為之。可透過指標變數間接更改變數值，請參閱範例 8-1b。

範例 8-1b

```
01  /* ex8-1b.c */
02  #include <stdio.h>
03  int main()
04  {
05      int num = 100, *ptr;
06      ptr = &num; /* 指定 num 的記憶體位址給 ptr */
07      printf("開始時的變數值如下:\n");
08      printf("num=%d, *ptr=%d\n\n", num, *ptr);
09  
10      num = 200;  /* num 的值改為 200 */
11      printf("透過 num=200 更改 num 變數值\n");
12      printf("num=%d, *ptr=%d\n\n", num, *ptr);
13  
14      *ptr = 300;
15      printf("也可透過 *ptr=300 更改 num 變數值\n");
16      printf("num=%d, *ptr=%d\n", num, *ptr);
17      return 0;
18  }
```

輸出結果

```
開始時的變數值如下:
num=100, *ptr=100

透過 num=200 更改 num 變數值
num=200, *ptr=200

也可透過 *ptr=300 更改 num 變數值
num=300, *ptr=300
```

【程式剖析】

從輸出結果得知，除了經由 num 可以改變 num 本身的變數值外（第 10 行），也可經由 *ptr 改變 num 變數的值（第 14 行），因為 ptr 是指向 num 變數的指標變數。

範例 8-1c 是定義一指向 double 的指標變數。

範例 8-1c

```
01  /* ex8-1c.c */
02  #include <stdio.h>
03  int main()
04  {
05      /* 要求輸入半徑以計算圓面積 */
06      double pi = 3.14, radius, area;
07      double *ptr = &pi;  /* 設定ptr 初值為&pi */
08
09      printf("請輸入圓的半徑: ");
10      scanf("%lf", &radius);
11      area = radius * radius * pi;
12      printf("圓的面積為 %.2f\n", area);
13
14      *ptr = 3.14159;  /* 藉由*ptr 更改pi 的值 */
15      area = radius * radius * pi;
16      printf("經由*ptr 更改pi 為3.14159 後，面積為%.3f\n", area);
17      return 0;
18  }
```

輸出結果

```
請輸入圓的半徑: 10
圓的面積為 314.00
經由 *ptr 更改 pi 為 3.14159 後，面積為 314.159
```

【程式剖析】

範例 8-1c 中第 7 行設定 ptr 的初值為 &pi，除此之外，還利用 *ptr 更改 pi 所儲存的值（第 14 行）。

接下來探討指標變數占多少位元組（bytes），請參閱範例 8-1d。

範例 8-1d

```
01  /* ex8-1d.c */
02  #include <stdio.h>
03  int main()
04  {
05      /* 測試一指標變數所占記憶體空間，並與基本型態變數比較 */
06      printf("char 占 %d bytes\n", sizeof(char));
07      printf("int 占 %d bytes\n", sizeof(int));
08      printf("float 占 %d bytes\n", sizeof(float));
09      printf("double 占 %d bytes\n\n", sizeof(double));
10
11      printf("char * 占 %d bytes\n", sizeof(char *));
12      printf("int * 占 %d bytes\n", sizeof(int *));
13      printf("float * 占 %d bytes\n", sizeof(float *));
14      printf("double * 占 %d bytes\n", sizeof(double *));
15      return 0;
16  }
```

輸出結果

```
char 占 1 bytes
int 占 4 bytes
float 占 4 bytes
double 占 8 bytes

char * 占 4 bytes
int * 占 4 bytes
```

```
float * 占 4 bytes
double * 占 4 bytes
```

【程式剖析】

此範例輸出了各種資料型態所占記憶體空間的大小（第 6-9 行），只要是指標變數，不論它指向 char、int、float，或 double 資料型態，這些變數都只占 4 bytes 的空間（第 11-14 行）。

1. 小李剛學指標，所以有些敘述寫錯，請幫他改一下。

```
/* bugs8-1-1.c */
#include <stdio.h>
int main()
{
    int i, *pi=&i;
    float f, *pf=&f;
    double d, *pd=&d;
    printf("Please input an integer number: ");
    scanf("%d", &i);
    printf("i=%d, *pi=%d\n", i, *pi);

    printf("Please input a float number: ");
    scanf("%f", &f);
    printf("f=%.2f, *pf=%.2f\n", f, pf);

    printf("Please input a double number: ");
    scanf("%f", &d);
    printf("d=%.2f, *pd=%.2f\n",d , pd);
    return 0;
}
```

2. 小強是小李班上的同學，也是剛學指標，因此程式有錯在所難免，請您幫他 debug 一下。

```
/* bugs8-1-2.c */
#include <stdio.h>
int main()
{
    double mile, kilometer;
```

```
    double *ptr = &mile;

    printf("Please enter mile: ");
    scanf("%f", &mile);
    kilometer = 1.6 * mile;
    printf("%.2f mile = %.2f Kilmeter\n\n", mile, kilometer);

    ptr = 100;
    kilometer = 1.6 * mile;
    printf("%.2f mile = %.2f Kilmeter\n", mile, kilometer);
    return 0;
}
```

練習題

1. 請參考範例 8-1a，定義一指向字元的指標變數，並將其相關的資訊印出。
2. 試撰寫一程式，請利用指標，將華氏溫度(F) 轉為攝氏溫度(C)。
   提示：C=(F-32)*5/9。

8-2 指標與陣列

指標變數（pointer variable）表示此變數所存放的是記憶體的位址。陣列的名稱是此陣列第一個元素的位址，所以也可視陣列的名稱為指標。讓我們藉由範例 8-2a 與 8-2b 來說明指標與陣列之間的關係。

範例 8-2a

```
01  /* ex8-2a.c */
02  #include <stdio.h>
03  int main()
04  {
05      int array[10] = {10, 20, 30, 40, 50, 60, 70, 80, 90, 100};
06      int i;
07      int *ptr = array;  /* 將ptr指向array */
08
09      for (i=0; i<10; i++)
10          printf("array[%d]=%3d\n", i, array[i]);
11      printf("\n");
```

```
12
13         for (i=0; i<10; i++) {
14             printf("*(ptr+%d)=%d\n", i, *(ptr+i));
15         }
16         return 0;
17     }
```

輸出結果

```
array[0]= 10
array[1]= 20
array[2]= 30
array[3]= 40
array[4]= 50
array[5]= 60
array[6]= 70
array[7]= 80
array[8]= 90
array[9]=100

*(ptr+0)= 10
*(ptr+1)= 20
*(ptr+2)= 30
*(ptr+3)= 40
*(ptr+4)= 50
*(ptr+5)= 60
*(ptr+6)= 70
*(ptr+7)= 80
*(ptr+8)= 90
*(ptr+9)=100
```

【程式剖析】

array 是此陣列的名稱，表示此陣列第一個元素的位址，而 array+1 則表示第二個元素的位址，依此類推。假設 array 的記憶體位址是 0012FF58，那麼 array+1 所表示的位址就是 0012FF5C (0012FF58+4)。加 4 的原因在於 array 是一整數陣列，每一個元素占 4 bytes，亦即 0012FF58+1*4，同理，array+2 在 0012FF60 的位址（0012FF58+2*4）。 我們將陣列名稱 array，指定給指標變數 ptr（第 7 行）。做此類型的題目，只要將題意以圖形畫出，就可得到答案了。此範例的示意圖如下所示：

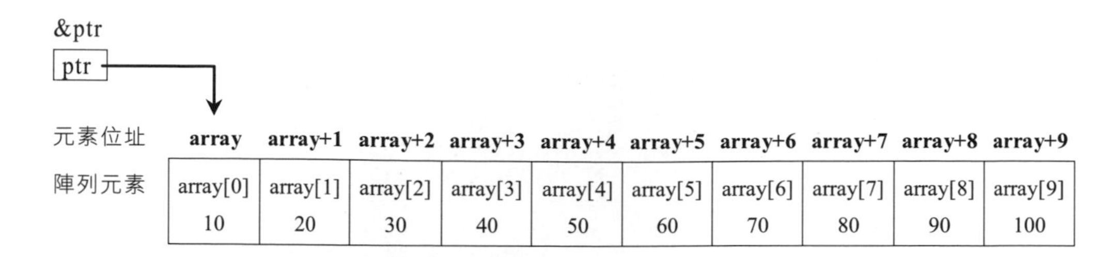

此時就可以利用 array[0]，array[1]，array[2]，…和*(ptr+0)，*(ptr+1)，*(ptr+2)，…，得到 array 陣列中每一元素的值。

範例 8-2b 是定義一指向字元的指標變數。

範例 8-2b

```
01  /* ex8-2b.c */
02  #include <stdio.h>
03  int main()
04  {
05      char string[10] = "computer";  /* 給定字元陣列（字串）初值 */
06      char *ptr = string;      /* 將 string 第一個元素的位址指定給 ptr 指標 */
07      printf("陣列 string 的內容是 %s\n", string);
08  
09      /* 以下皆輸出陣列第一個元素的記憶體位址 */
10      printf("ptr: %p\n", ptr);
11      printf("string: %p\n", string);
12      printf("&string[0]: %p\n\n", &string[0]);
13  
14      /* 以下皆輸出陣列第二個元素的記憶體位址 */
15      printf("ptr+1: %p\n", ptr+1);
16      printf("string+1: %p\n", string+1);
17      printf("&string[1]: %p\n\n", &string[1]);
18  
19      /* 以下輸出陣列的內容 */
20      printf("*ptr: %c, string[0]: %c\n", *ptr, string[0]);
21      printf("*(ptr+1): %c, string[1]: %c\n", *(ptr+1), string[1]);
22      printf("*ptr+1: %c, string[0]+1: %c\n", *ptr+1, string[0]+1);
23      return 0;
24  }
```

輸出結果

```
陣列 string 的內容是 computer
ptr: 0012FF74
string: 0012FF74
&string[0]: 0012FF74

ptr+1: 0012FF75
string+1: 0012FF75
&ptr[1]: 0012FF75

*ptr: c, string[0]: c
*(ptr+1): o, string[1]: o
*ptr+1: d, string[0]+1: d
```

【程式剖析】

程式中第 5-6 行

```
char string[10] = "computer";
char *ptr = string;
```

這兩個敘述以圖形來表示如下：

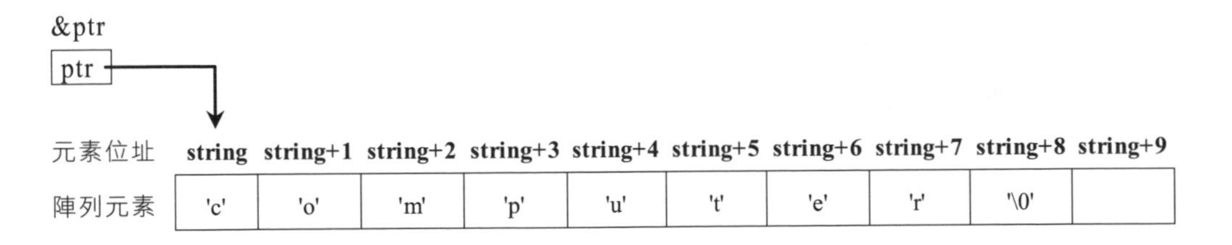

利用上圖將會很容易的看出各項敘述的答案。要注意的是，* 運算子比算術運算子的運算順序來得高，所以第 22 行 *ptr+1 是先 *ptr 後再加 1，*ptr 取得字元 'c'，'c'+1 = d（表示 c 的下一個字元），所以印出 d。

陣列名稱也可視為指標，但它是**指標常數（pointer constant）**，因為陣列的位址經過配置後就不可以再更改。由於它是指標常數，所以不能以前置和後繼的加（++）、減（--）來運算。請參閱範例 8-2c。

範例 8-2c

```
01  /* ex8-2c.c */
02  #include <stdio.h>
03  int main()
04  {
05      int num[10] = {10, 20, 30, 40, 50, 60, 70, 80, 90, 100};
06      int *ptr = num;
07      printf("&num[0]=%p, num=%p\n", &num[0], num);
08      printf("ptr: %p\n", ptr);
09      printf("*ptr: %d\n\n", *ptr);
10  
11      ++ptr;
12      printf("ptr=%p\n", ptr);
13      printf("*ptr: %d\n", *ptr);
14      printf("*(ptr-1): %d\n", *(ptr-1));
15      printf("*(ptr+1): %d\n", *(ptr+1));
16      return 0;
17  }
```

輸出結果

```
&num[0]=0012FF58, num=0012FF58
ptr=0012FF58
*ptr: 10

ptr=0012FF5C
*ptr: 20
*(ptr-1): 10
*(ptr+1): 30
```

【程式剖析】

由輸出結果得知 &num[0] 和 num 都是表示陣列第一個元素的位址。當 num 指定給 ptr 後(第 6 行)，由於 ptr 指到 num 元素的位址，所以 *ptr 為 10。

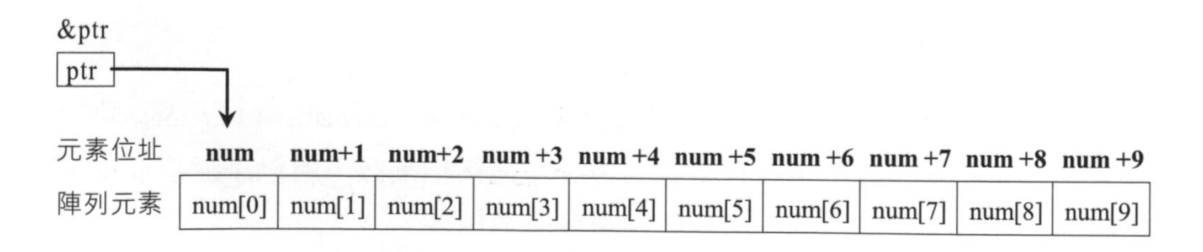

ptr 是一指標變數，當第 11 行 ++ptr 執行後，ptr 已指到下一個元素（就是 num[1]）的位址，所以現在的 *ptr 為 20，*(ptr+1) 為 30（就是 num[2]），當然，*(ptr-1) 為 10（就是 num[0]）。

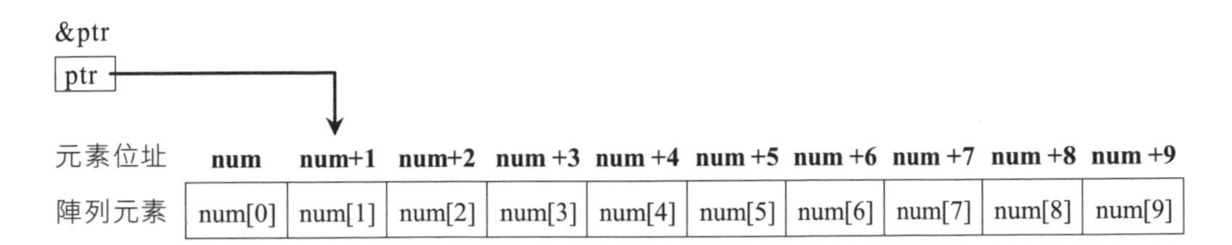

指標常數是不可以做遞增或遞減的運算的，請參閱範例 8-2d。

範例 8-2d

```
01  /* ex8-2d.c */
02  #include <stdio.h>
03  int main()
04  {
05      int num[10] = {10, 20, 30, 40, 50, 60, 70, 80, 90, 100};
06      printf("num: %p\n", num);
07      printf("*num: %d\n", *num);
08      printf("num+1: %p\n", num++); /* 遞增num，發生錯誤 */
09      printf("*num: %d", *num);
10      return 0;
11  }
```

輸出結果及說明

```
程式在 compile 時會有問題，在 Visual C++ 出現的錯誤訊息如下:
error C2105: '++' needs l-value
其表示左邊需要的是一左值之變數。

而在 Dev-C++出現的錯誤訊息如下:
Wrong type argument to increment
其表示錯誤的引數用於遞增
```

【程式剖析】

此範例是有錯誤的，所以無法執行，原因在於 num 是一個指標常數，而常數是不可以變更的，故對 num 執行 ++ 的動作(第 8 行)，將會出現錯誤；而範例 8-2c 中，ptr 是一個指標變數，可以對 ptr 執行 ++ 的動作，使其移至下一個元素的位址。

所以指標常數只能這樣做，請看範例 8-2e。

範例 8-2e

```
01  /* ex8-2e.c */
02  #include <stdio.h>
03  int main()
04  {
05      /* 修改範例 8-2d, 使其可以執行 */
06      int num[10] = {10, 20, 30, 40, 50, 60, 70, 80, 90, 100};
07      printf("num: %p\n", num);
08      printf("*num: %d\n", *num);
09      printf("num+1: %p\n", num+1);
10      printf("*num: %d\n", *num);
11      return 0;
12  }
```

輸出結果

```
num: 0012FF58
*num: 10
num+1: 0012FF5C
*num: 10
```

【程式剖析】

注意第 9 行 num+1 並沒有將 num 更新，只是暫時將 num+1 的位址輸出而已。所以下次再印 num 的內容時還是 10。請將此範例與範例 8-2d 相互比較。

小蔡老師上完這一節後，出了一個題目，是將陣列的元素值加總後印出。以下是幾個學生撰寫的程式，請您幫忙除錯一下。

1. 這一程式是小史所撰寫的。

```
/* bugs8-2-1.c */
#include <stdio.h>
int main()
{
    int num[10] = {10, 20, 30, 40, 50, 60, 70, 80, 90, 100};
    int *ptr = num;
    int i, total=0;
    for (i=0; i<10; i++)
        total += *(ptr+1);
    printf("Total of array is %d\n", total);
    return 0;
}
```

2. 這一程式是小陳所撰寫。

```
/* bugs8-2-2.c */
#include <stdio.h>
int main()
{
    int num[10] = {10, 20, 30, 40, 50, 60, 70, 80, 90, 100};
    int *ptr = num;
    int i, total=0;
    for (i=0; i<10; i++)
        total += *ptr+i;
    printf("Total of array is %d\n", total);
    return 0;
}
```

3. 這一程式是小白所撰寫的。

```
/* bugs8-2-3.c */
#include <stdio.h>
int main()
{
    int num[10] = {10, 20, 30, 40, 50, 60, 70, 80, 90, 100};
    int *ptr = num;
    int i, total=0;
    for (i=0; i<10; i++);
```

```
        total += *(ptr+i);
    printf("Total of array is %d\n", total);
    return 0;
}
```

4. 這一程式是小谷所撰寫的。

```
/* bugs8-2-4.c */
#include <stdio.h>
int main()
{
    int num[10] = {10, 20, 30, 40, 50, 60, 70, 80, 90, 100};
    int *ptr = num;
    int i, total;
    for (i=0; i<10; i++)
        total += *(ptr+i);
    printf("Total of array is %d\n", total);
    return 0;
}
```

練習題

1. 設定一字元陣列（字串）"language"，試著以多種方法輸出字元 'u'。

2. 有一敘述如下：

```
char *str = "Information";
```

試問下列敘述的輸出結果為何？

(a) printf("%s\n", str);

(b) printf("%s\n", str+6);

(c) printf("%c\n", *(str+6));

(d) printf("%c\n", str[6]);

8-3 傳值呼叫與傳址呼叫

為什麼要用指標呢？它的好處在哪？我們就以範例 8-3a 加以說明之。此範例將兩數加以對調，而對調的動作是在 change 函數中完成的。

範例 8-3a

```
01  /* ex8-3a.c */
02  #include <stdio.h>
03  void change(int, int);   /* 函數change( )的原型宣告 */
04  int main()
05  {
06      int x, y;
07      printf("請輸入 x: ");
08      scanf("%d", &x);
09      printf("請輸入 y: ");
10      scanf("%d", &y);
11      /* 呼叫change 函數，將x、y 傳遞給change( )函數 */
12      change(x, y);
13      printf("\n 呼叫對調的函數後!!\n");
14      /* 執行完change 函數後，印出x 及y */
15      printf("x 是 %d\n", x);
16      printf("y 是 %d\n", y);
17      return 0;
18  }
19
20  /* 定義change 函數，參數為a、b */
21  /* 交換a 及b 的值 */
22  void change(int a, int b)
23  {
24      int temp;
25      temp = a;
26      a = b;
27      b = temp;
28  }
```

輸出結果

```
請輸入 x: 10
請輸入 y: 20
```

```
呼叫對調的函數後!!
x 是 10
y 是 20
```

【程式剖析】

由範例 8-3a 的輸出結果，我們發現 change() 函數（第 22-28 行）並沒有發揮作用，x 及 y 的值還是沒有變。這種呼叫方法稱為**傳值呼叫**（call by value），以圖形表示如下：

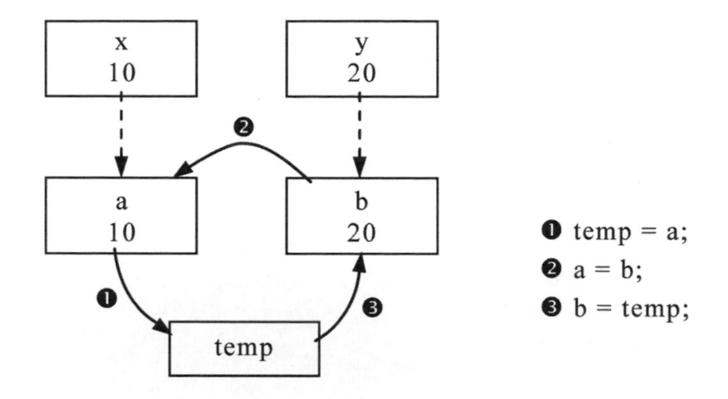

傳值呼叫方式的特性為：當 x、y 分別給 a、b 初值後（第 12 行與 22 行），x、y 和 a、b 就沒有關係了，如同虛線表示。從上圖可知是 a 與 b 互換，而對 x 及 y 並不會造成任何影響。

要達到兩數能對調就要靠**傳址呼叫**（call by address）的方式，從字面上可知，它們是傳遞變數的位址，而不是變數的值。此時就要藉助指標了。如範例 8-3b 所示：

範例 8-3b

```
01  /* ex8-3b.c */
02  #include <stdio.h>
03  void change(int *, int *);
04  int main()
05  {
06      int x, y;
07      printf("請輸入 x: ");
```

```
08        scanf("%d", &x);
09        printf("請輸入 y: ");
10        scanf("%d", &y);
11        /* 呼叫change 函數 */
12        /* 傳遞x及y的位址給change( )函數 */
13        change(&x, &y);
14        /* 執行完change 函數後，印出x及y */
15        printf("\n 呼叫對調的函數後!!\n");
16        printf("x 是 %d\n", x);
17        printf("y 是 %d\n", y);
18        return 0;
19    }
20
21    /* 定義change 函數，參數為 *a、*b */
22    /* 交換*a 及*b 的值 */
23    void change(int *a, int *b)
24    {
25        int temp;
26        temp = *a;
27        *a = *b;
28        *b = temp;
29    }
```

輸出結果

```
請輸入 x: 10
請輸入 y: 20

呼叫對調的函數後!!
x 是 20
y 是 10
```

【程式剖析】

範例 8-3b 中，是以傳址的呼叫方式將 x 及 y 的值互換，以圖形表示如下。在呼叫 change() 函數時，將 x 及 y 變數的位址傳遞給指標變數 a 與 b（第 13 行與第 23 行），並利用 *a 及 *b 得到 x 與 y 的值。所以將 *a 與 *b 對調，也就是將 x 與 y 對調！

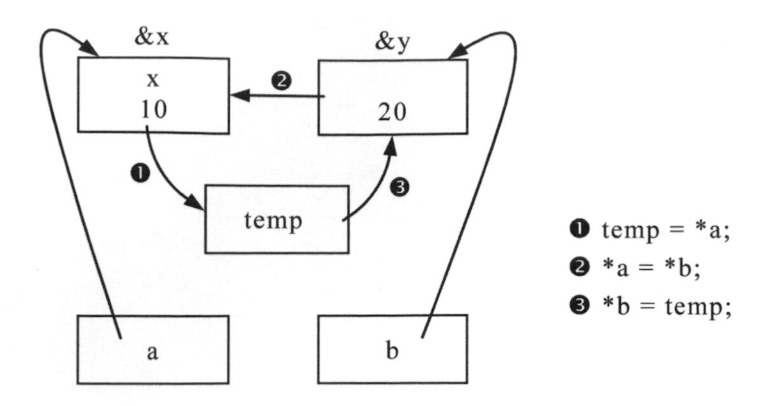

1. 這一程式是小蕭撰寫的程式，他想於 main() 輸入兩個 double 數後，傳給 sum() 函數，將此兩 double 數相加後回傳。請輸入 45.78 和 34.66 加以測試之。

```
/* bugs8-3-1.c */
#include <stdio.h>
int sum(double, double);
int main()
{
    double total, x, y;
    printf("請輸入兩個浮點數: ");
    scanf("%f %f", x, y );
    total = sum(x, y);
    printf("Total is %.2f\n", total);
    return 0;
}

double sum(double num1, num2)
{
    return (num1+num2);
}
```

2. 這一程式是 Linda 以傳址的方式，所撰寫兩數對調的程式，她除錯了很久還是沒找到錯誤，請您幫她看一下。

```
/* bugs8-3-2.c */
#include <stdio.h>
void change(int *, int *);
int main()
{
    int x, y;
    printf("請輸入兩個整數: ");
    scanf("%d %d", x, y);
    change(&x, &y);
    printf("After change!!\n");
    printf("x is %d\n", x);
    printf("y is %d\n", y);
    return 0;
}

void change(int *a, int *b)
{
    int temp;
    temp = a;
    a = b;
    b = temp;
}
```

3. 題目和上一題一樣，以下是小五撰寫的程式，請幫他看一下。

```
/* bugs8-3-3.c */
#include <stdio.h>
void change(int *, int *);
int main()
{
    int x, y;
    printf("請輸入兩個整數: ");
    scanf("%d %d", &x, &y);
    change(&x, &y);
    printf("After change!!\n");
    printf("x is %d\n", x);
    printf("y is %d\n", y);
    return 0;
}

void change(int *a, int *b)
{
     a = b;
     b = a;
}
```

1. 試定義一個區域變數 num，於 main 函數中輸入 num 值，然後呼叫 cube 函數，並以 num 為其實際參數，計算此數的立方值後，回傳給 main 函數，然後印出其結果。

2. 試定義一 max 函數，呼叫 max 函數時須傳遞兩個整數參數，max 函數會比較兩個整數後，回傳較大者。

8-4 指標的應用範例

要傳送具有十個元素的陣列給一個函數時，是否要寫十個參數呢？那可不必這樣大費周章。應用範例 8-4a，將探討如何將陣列當作參數傳給一函數，並計算此陣列的總和後回傳。

應用範例 8-4a

```
01  /* ex8-4a.c */
02  #include <stdio.h>
03  int sum(int [], int);
04  /* 計算陣列所有元素的和 */
05  int main()
06  {
07      int arr[] = {10, 20, 30, 40, 50, 60};
08      int total, n, i;
09
10      /* 計算 arr 陣列中有多少元素 */
11      n = sizeof(arr)/sizeof(arr[0]);
12      total = sum(arr, n);
13      for (i=0; i<n; i++)
14          printf("arr[%d]=%d\n", i, arr[i]);
15      printf("\n");
16
17      printf("陣列的總和 : %d\n", total);
18      return 0;
19  }
20
21  int sum(int p[], int num)
```

```
22  {
23      int i, total=0;
24      for (i=0; i<num; i++)
25          total += p[i];
26      return total;
27  }
```

輸出結果

```
arr[0]=10
arr[1]=20
arr[2]=30
arr[3]=40
arr[4]=50
arr[5]=60

陣列的總和: 210
```

【程式剖析】

此範例乃說明不需要傳陣列的所有元素給 sum() 函數，只要傳 arr 陣列第一個元素的位址（第 12 行），亦即只要傳陣列的名稱即可。當呼叫 sum() 函數時，p 陣列名稱與 arr 陣列是同一陣列（第 21 行）。所以，其實陣列名稱也是一個指標。程式利用 p[i] 存取陣列每一元素的值。最後，將第 26 行的 total 回傳給 main 函數的 total。還要告訴此陣列的元素個數 n，當作 sum() 函數的第二個參數（第 12 行）。main() 函數和 sum() 函數雖然都有相同名稱的 total 變數，但它們各屬於不同函數的區域變數，這是允許的。

我們也可以使用指標參數來傳送，如應用範例 8-4b 所示。

應用範例 8-4b

```
01  /* ex8-4b.c */
02  #include <stdio.h>
03  int sum(int *, int);
04  /* 計算陣列所有元素的和 */
05  int main()
06  {
07      int arr[] = {10, 20, 30, 40, 50, 60};
08      int total, n, i;
09
```

```
10        /* 計算arr陣列中有多少元素 */
11        n = sizeof(arr)/sizeof(arr[0]);
12        total = sum(arr, n);
13        for (i=0; i<n; i++)
14            printf("arr[%d]=%d\n", i, arr[i]);
15        printf("\n");
16
17        printf("陣列的總和 : %d\n", total);
18        return 0;
19    }
20
21    int sum(int *p, int num)
22    {
23        int i , total=0;
24        for (i=0; i < num; i++)
25            total += *(p+i);
26        return total;
27    }
```

輸出結果

```
arr[0]=10
arr[1]=20
arr[2]=30
arr[3]=40
arr[4]=50
arr[5]=60

陣列的總和: 210
```

【程式剖析】

當 p 指標指到陣列第一個元素位址後，便可利用第 25 行的 *(p+i) 存取陣列每一元素的值。

傳送二維陣列和傳一維陣列一樣，只要給予陣列第一個元素的位址即可。接下來，以如何計算二維陣列的每一列和每一行的總和來說明，如應用範例 8-4c。

應用範例 8-4c

```
01    /* ex8-4c.c */
02    /* 計算二維陣列的每一列和每一行的總和 */
```

```
03  #include <stdio.h>
04  #define ROWS 4
05  #define COLS 3
06  void sum_rows(int arr[][COLS]);
07  void sum_cols(int arr[][COLS]);
08  int main()
09  {
10      int array[ROWS][COLS] = {{1, 3, 5},{2, 4, 6},{7, 9, 11},{8, 10, 12}};
11      sum_rows(array);
12      sum_cols(array);
13      return 0;
14  }
15
16  void sum_rows(int arr[][COLS])
17  {
18      int r, c, total;
19      for (r=0; r<ROWS; r++){
20          total = 0;
21          for (c=0; c<COLS; c++)
22              total += arr[r][c];
23          printf("row %d : sum = %d\n", r, total);
24      }
25      printf("\n");
26  }
27
28  void sum_cols(int arr[][COLS])
29  {
30      int r, c, total;
31      for (c=0; c<COLS; c++){
32          total = 0;
33          for (r=0; r<ROWS; r++)
34              total += arr[r][c];
35          printf("col %d : sum = %d\n", c, total);
36      }
37  }
```

輸出結果

```
row 0 : sum = 9
row 1 : sum = 12
row 2 : sum = 27
row 3 : sum = 30

col 0 : sum = 18
col 1 : sum = 26
col 2 : sum = 34
```

【程式剖析】

此範例為計算二維陣列的每一列和每一行的總和。此範例利用傳址呼叫的方式處理之。若要計算每一列的和，只要將第 11 行的 array 名稱（此表示第一列第一行的元素位址）傳給第 16 行的形式參數 arr[][COLS] 即可，這表示 arr 和 array 陣列是相同的。同理，計算每一行的和，亦是如此。另一種傳送雙重指標的方法，請參閱第 9 章有關雙重指標的應用範例。

1. 以下是計算陣列所有元素和的程式，小豆剛學完陣列，所以有一些小小的錯誤，請您幫他除錯一下。

```
/* 計算陣列所有元素的和 */
/* bugs8-4-1.c */
#include <stdio.h>
int sum(int *, int);
int main()
{
    int arr[] = {10, 20, 30, 40, 50, 60};
    int total, n;
    n = sizeof(arr)/sizeof(arr[0]);
    total = sum(arr, n);
    printf("sum of array : %d\n", total);
    return 0;
}

int sum(int *p, int num)
{
    int i, total;
    for (i=0; i<=num; i++)
        total += *(p+i);
    return total;
}
```

2. 題目同上，但小李子寫完程式後，執行的結果發現是錯的，聰明的您請幫他除錯一下。

```
/* 計算陣列所有元素的和 */
/* bugs8-4-2.c */
#include <stdio.h>
int sum(int *, int);
```

```
int main()
{
    int arr[] = {10, 20, 30, 40, 50, 60};
    int total;
    total = sum(arr, sizeof(arr)/sizeof(arr[0]));
    printf("sum of array : %d\n", total);
    return 0;
}

int sum(int *p, int num)
{
    int i, total=0;
    for (i=0; i<num; i++)
        total += *p+i;
    return total;
}
```

1. 在 main 函數中定義一個二維陣列（int ary2[6][4]）的值，然後將此陣列的位址傳給 transpose 函數，形成轉置陣列，並將此轉置陣列印出（例如：原先陣列為 6 * 4，轉置後變為 4 * 6 的轉置陣列）。

8-5 問題演練

1. 有一片段程式如下：

```
int i = 100;
int *ptr = &i;
```

並假設 i 的位址為 1010，ptr 的位址為 2020。試回答下列問題。

(a) i

(b) &i

(c) ptr

(d) *ptr

(e) &ptr

(f) *ptr+2

(g) *i+2

(h) *ptr=3, i=?

2. 有一個陣列如下：

```
double dvalue[] = {100.1, 200.2, 300.3, 400.4, 500.5};
double *ptr = dvalue;
```

假設 dvalue 的位址為 1010(以十進位表示)，試回答下列問題？

(a) dvalue+2=?

(b) ptr+3=?

(c) *(ptr+3)=?

(d) *ptr+3=?

3. 有一個陣列如下：

```
int i[] = {100, 200, 300, 400, 500};
int *ptr = i+1;
```

試回答下列問題：

(a) *(ptr+1)=?

(b) i[0]=?

(c) i[1]=?

(d) *ptr+5=?

(e) i[1]+5=?

4. 若將範例 8-2c 的

```
++ptr;
```

分別改為

```
ptr++;
```

與

```
ptr+1;
```

試問輸出結果有何不同？並加以分析之。

5. 試問下列片段程式中，*ptr 及 *(ptr+2) 各是多少？

(a)
```
int *ptr;
int boop[4] = {12, 21, 121, 212};
ptr = boop;
```

(b)
```
int *ptr;
int jirb[4] = {10023, 7};
ptr = jirb;
```

6. 試問下列哪一項是正確的指標定義方式？

(a) int_ptr x;

(b) int *ptr;

(c) *int ptr;

(d) *x;

7. 假設有一定義如下：

```
int ch;
int *fingerch;
fingerch = &ch;
```

試問下列可擷取 ch 變數值？

(a) *fingerch

(b) int *fingerch

(c) *fingrt

(d) ch

8. 假設 vo5 的位址已指定給指標變數 invo5，試問下列哪些運算式是正確的？

(a) vo5 == &invo5

(b) vo5 == *invo5

(c) invo5 == *vo5

(d) invo5 == &vo5

9. 試問下一程式之輸出結果為何？

```
#include<stdio.h>
#include <stdlib.h>
int main()
{
    int arr[] = {4, 5, 6};
    int j, *ptr;
    ptr = arr;
    for (j=0; j<3; j++)
        printf("%d %d\n", arr[j], *(ptr+j));
    system("PAUSE");
    return 0;
}
```

8-6 程式實作

1. 試撰寫一程式利用指標變數 ptr，指到含有 20 個整數元素之陣列的第一個元素位址，請利用 ptr 指標計算此陣列的總和及平均分數。
2. 仿照範例 8-4a，利用一迴圈輸入陣列的初值，當輸入 -9999 時結束迴圈，並計算輸入的個數，方便傳給 sum 函數當作第二個參數使用。
3. 試撰寫一程式，找出陣列的最小值，請定義一函數 min 找出最小值，再回傳給主程式。
4. 將第 7 章的範例 7-4-1c 加以改寫，以傳址的方式將陣列傳給 bubbleSort 函數，以便執行氣泡排序的動作。以 printStar 函數印出要多少個星星的符號。
5. 撰寫一程式，提示使用者輸入 10 個整數存入陣列，然後定義二個函數分別求出變異數（variance）與標準差（standard deviation）。

再論指標

9-1 雙重指標型態

雙重指標（pointer to pointer），就是指向指標的指標。上一章只用到一個 * 指標運算子，表示利用一次的間接存取，才得到某一變數的值。而雙重指標則需用到兩個 *，亦即需要二次的間接存取，才能得到某一變數的值。雙重指標的定義方式如下：

```
變數型態 **指標變數名稱;
```

定義單一指標變數，如：

```
int *ptr;
```

表示 ptr 是指向某一整數變數（假設是 a）的記憶體位址，而利用 *ptr 可間接得到變數 a 的值。定義雙重指標的變數，如：

```
int **ptr;
```

由於它是雙重指標，所以有兩個 *，因此，需利用兩次的間接存取，才能得到某一變數值。以下我們將以範例 9-1a，搭配圖形加以說明之。

範例 9-1a

```
01  /* ex9-1a.c */
02  #include <stdio.h>
03  int main()
04  {
05      /* 定義一指標變數 onePointer，指向 int 的變數 number；
06      定義一雙重指標變數 twoPointer，指向指標變數 onePointer */
07      int **twoPointer, *onePointer, number;
08      /* 設定 number、onePointer 及 twoPointer */
09      number = 100;
10      onePointer = &number;
11      twoPointer = &onePointer;
12
13      /* 印出 number 的位址及值 */
14      printf("&number: %p \n", &number);
15      printf("number: %d\n\n", number);
16
17      /* 印出 onePointer 的位址及其相關資訊 */
18      printf("&onePointer: %p \n", &onePointer);
19      printf("onePointer: %p \n", onePointer);
20      printf("*onePointer: %d\n\n", *onePointer);
21
22      /* 印出 twoPointer 的位址及其相關資訊 */
23      printf("&twoPointer: %p \n", &twoPointer);
24      printf("twoPointer: %p \n", twoPointer);
25      printf("*twoPointer: %p \n", *twoPointer);
26      printf("**twoPointer: %d\n\n", **twoPointer);
27
28      /* 印出單一與雙重指標占多少 bytes */
29      printf("onePointer 占 %d bytes\n", sizeof(onePointer));
30      printf("twoPointer 占 %d bytes\n", sizeof(twoPointer));
31      return 0;
32  }
```

輸出結果

```
&number: 0012FF74
number: 100
&onePointer: 0012FF78
onePointer: 0012FF74
*onePointer: 100

&twoPointer: 0012FF7C
twoPointer: 0012FF78
*twoPointer: 0012FF74
```

```
**twoPointer: 100

onePointer 占 4 bytes
twoPointer 占 4 bytes
```

【程式剖析】

上例中的輸出結果，若利用圖形輔助會比較清楚。程式中第 10行，onePointer 與 number 的關係，如下圖所示：

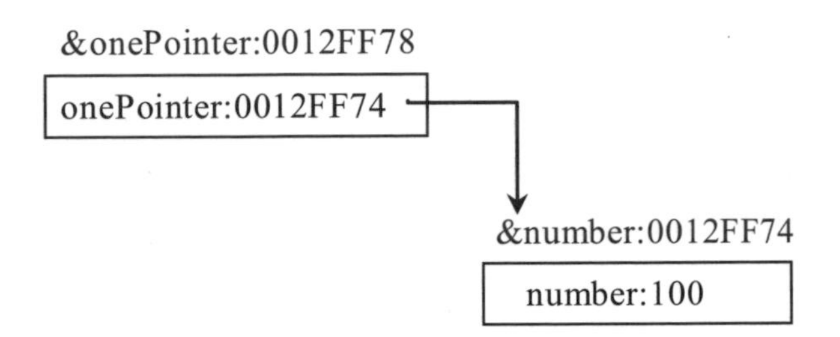

這一部分已於前一章說明了，在此就不再贅述。重點在於 twoPointer 的部分。將 &onePointer 指定給 twoPointer（第 11 行），意謂著 twoPointer 指向 onePointer 指標變數的位址，所以稱 twoPointer 是一個指向指標的指標。其示意圖如下：

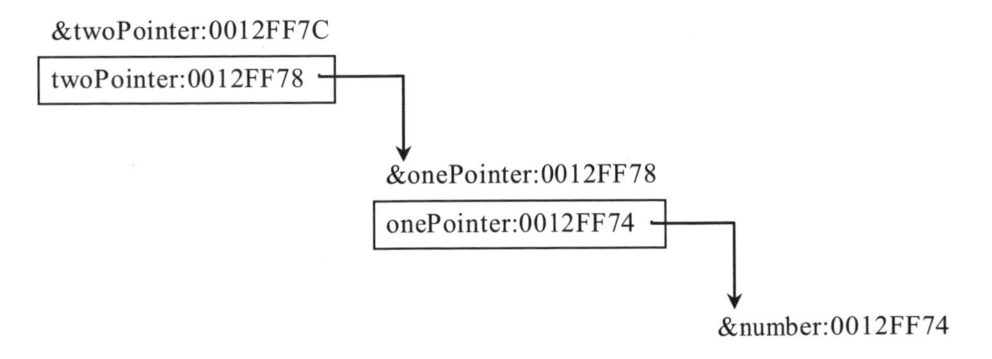

使用 *twoPointer 時（第 25 行），可間接取得的是 onePointer 的內容，而此內容是變數 number 的位址 0012FF74，故使用一個 * 時，取得的資料還是一個位址（address），而不是一個值（value）。

使用 **twoPointer（第 26 行），表示經由兩次的間接存取。**twoPointer 可看成 *(*twoPointer)，由於 *twoPointer 等於 onePointer，所以 *(*twoPointer) 等於 *onePointer，而 *onePointer 等於 number（第 20 行），亦即 **twoPointer 等於 100。從上圖得知，twoPointer 指標變數要二次的間接存取，才能得到 number 的值（100）。

此範例也告訴我們，單一指標變數與雙重指標變數都是占 4 bytes，這表示所有的指標變數都是占 4 bytes，對於目前我們使用的 32 位元電腦而言是如此。

1. 以下是小戴所寫的程式，請您幫他除錯一下。

```
/* bugs9-1-1.c */
#include <stdio.h>
int main()
{
    int a = 100;
    int *p = a;
    int **pp = p;
    printf("a=%d, *p=%d, and **pp=%d\n", a, *p, **pp);
    return 0;
}
```

2. 小花也寫了一個雙重指標的程式，如下所示，請您也幫他除錯一下。請輸入 123.456 加以測試之。

```
/* bugs9-1-2.c */
#include <stdio.h>
int main()
{
    double d;
    double *p = &d;
    double **pp = p;
    printf("請輸入一 double 數: ");
    scanf("%f", d);
    printf("a=%d, *p=%d, and **pp=%d\n", d, *p, **pp);
    return 0;
}
```

1. 試修改範例 9-1a，將範例中變數的資料型態更改為字元型態，看看雙重指標變數占多少 bytes。

9-2 指標陣列與二維陣列

接下來，探討雙重指標型態與二維陣列的關係。先來複習一下，單一指標與一維陣列的關係。若有一片段程式如下：

```
int a[] = {10, 20, 30, 40, 50};
int *ptr = a;
```

則 *ptr 與 a[0] 皆表示 10（陣列第一個元素的整數值）。由此可知，一維陣列只要利用一個 * 或一個 [] 就可得到變數的值，這表示 * 與 [] 是可以互用的。

而二維陣列與指標的關係如下：

```
char str[4][20] = {"Department", "of", "Information", "Management"};
```

此敘述以圖形表示如下：

str	D	e	p	a	r	t	m	e	n	t	\0	\0	\0	\0	\0	\0	\0	\0	\0	\0
str+1	o	f	\0	\0	\0	\0	\0	\0	\0	\0	\0	\0	\0	\0	\0	\0	\0	\0	\0	\0
str+2	I	n	f	o	r	m	a	t	i	o	n	\0	\0	\0	\0	\0	\0	\0	\0	\0
str+3	M	a	n	a	g	e	m	e	n	t	\0	\0	\0	\0	\0	\0	\0	\0	\0	\0

由上圖得知，str 和 str[0] 皆為 "Department" 字串中 'D' 字元的位址，亦即 str 和 str[0] 都是表示 &str[0][0]。而 *str 是否為 'D' 字元值呢？請參閱範例 9-2a。

範例 9-2a

```
01  /* ex9-2a.c */
02  #include <stdio.h>
03  int main()
04  {
05      int i;
06      char str[4][20] = {"Department", "of", "Information",
07                         "Management"};
08      for (i=0; i<4; i++){
09          printf("str + %d = %p\n", i, str+i);
10          printf("*(str + %d) = %p\n", i, *(str+i));
11          printf("str[%d] = %p\n\n", i, str[i]);
12      }
13      return 0;
14  }
```

輸出結果

```
str + 0 = 0x7fff5fbff7e0
*(str + 0) = 0x7fff5fbff7e0
str[0] = 0x7fff5fbff7e0

str + 1 = 0x7fff5fbff7f4
*(str + 1) = 0x7fff5fbff7f4
str[1] = 0x7fff5fbff7f4

str + 2 = 0x7fff5fbff808
*(str + 2) = 0x7fff5fbff808
str[2] = 0x7fff5fbff808

str + 3 = 0x7fff5fbff81c
*(str + 3) = 0x7fff5fbff81c
str[3] = 0x7fff5fbff81c
```

【程式剖析】

從輸出結果得知，str+i、*(str+i) 與 str[i]（第 9-11 行），所得到的結果是相同的，此處的 i 為 0、1、2、3。這是因為二維陣列必須經由兩個 *、兩個 []，或一個 [] 及一個 * 才能得到變數的值。以上是在 64 位元 Xcode 的 C 編譯器執行的結果。

為什麼 str 和 *str 兩種不同的表示方法卻得到相同的答案呢？讓我們來證明。從一維陣列與指標的關係得知，陣列的表示法 [] 和指標的表示法 * 是可以互用的，因此上述的

```
char str[4][20] = {"Department", "of", "Information", "Management"};
```

可利用陣列指標表示之，如下所示：

```
char *str[4] = {"Department", "of", "Information", "Management"};
```

兩者的差別在於以純二維陣列表示的敘述，會浪費較多的空間且較沒彈性，若以陣列指標表示，則可以彈性的配置空間，從而節省空間。

接下來，由於 [] 的運算優先順序比 * 高，故

```
char *str[4] = {"Department", "of", "Information", "Management"};
```

表示 str 是一含有 4 個元素的陣列，每一個元素皆為指向 char 的指標，如下圖所示：

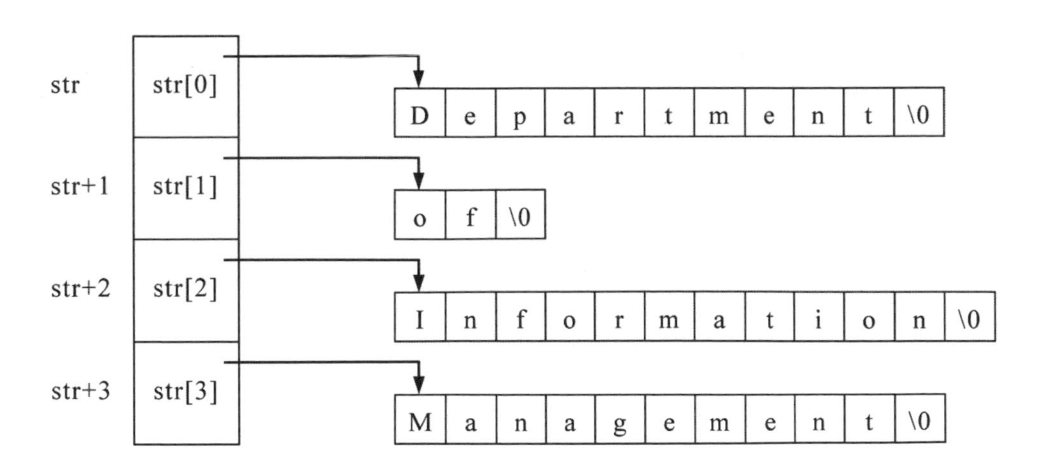

由上圖得知

```
*str == str[0] == 'D'字元的位址 == &str[0][0];
```

故 *str 表示 'D' 的位址。

若從純二維陣列的角度來說，str 是 'D' 字元的位址（陣列的名稱是陣列第一列第一行元素的位址），所以 *str 和 str 皆為 'D' 字元的位址，兩者相等，在此得到證明。這只不過是以兩個不同的角度來看一件事情罷了。請參閱範例 9-2b。

範例 9-2b

```
01  /* ex9-2b.c */
02  #include <stdio.h>
03  int main()
04  {
05      char *str[4] = {"Department", "of", "Information", "Management"};
06      printf("*str = %p\n", *str);
07      printf("**str = %c\n", **str);
08      printf("*(str+2) = %p\n", *(str+2));
09      printf("**(str+2) = %c\n", **(str+2));
10      printf("*str+2 = %p\n", *str+2);
11      printf("*(*str+2) = %c\n", *(*str+2));
12      return 0;
13  }
```

輸出結果

```
*str = 00403000
**str = D
*(str+2) = 0040300E
**(str+2) = I
*str + 2 = 00403002
*(*str+2) = p
```

【程式剖析】

程式說明如下：

1. 第 6 行 *str == str[0] == 'D' 字元的位址 == 00403000
2. 第 7 行 **str == *str[0] == 'D'
3. 第 8 行 *(str+2) == str[2] == 'I' 字元的位址 == 0040300E
4. 第 9 行 **(str+2) == *str[2] == 'I'
5. 第 10 行 *str+2 == str[0] + 2 == 'p' 字元的位址 == 00403002
6. 第 11 行 *(*str+2) == *(str[0] + 2) == 'p' 字元

試問如何去擷取 "Management" 字中的 'g' 字元？

答案是 *(*(str+3)+4)

此範例讓我們更能體會，二維陣列需要兩個 *、兩個 []，或一個 * 及一個 [] 才能得到變數值，否則得到的是位址。

上述的範例是字元的資料型態，現在來看一個整數的資料型態，如範例 9-2c 所示：

範例 9-2c

```
01  /* ex9-2c.c */
02  #include <stdio.h>
03  int main()
04  {
05      int arr[2][3] = {{10, 20, 30}, {40, 50, 60}};
06      int *ptr[2] = {arr[0], arr[1]};
07      printf("*ptr = %p\n", *ptr);
08      printf("**ptr = %d\n", **ptr);
09      printf("*(ptr+1) = %p\n", *(ptr+1));
10      printf("**(ptr+1) = %d\n", **(ptr+1));
11  
12      printf("*ptr+2 = %p\n", *ptr+2);
13      printf("*(*ptr+2) = %d\n", *(*ptr+2));
14      printf("*(ptr+1)+2 = %p\n", *(ptr+1)+2);
```

```
15        printf("*(*(ptr+1)+2) = %d\n", *(*(ptr+1)+2));
16        return 0;
17    }
```

輸出結果

```
*ptr = 0022FF50
**ptr = 10
*(ptr+1) = 0022FF5C
**(ptr+1) = 40
*ptr+2 = 0022FF58
*(*ptr+2) = 30
*(ptr+1)+2 = 0022FF64
*(*ptr+1)+2) = 60
```

【程式剖析】

程式中的第 5 行

```
int arr[2][3] = {{10, 20, 30}, {40, 50, 60}};
```

以二維陣列表示之圖形如下：

arr	arr[0][0] 10	arr[0][1] 20	arr[0][2] 30
arr+1	arr[1][0] 40	arr[1][1] 50	arr[1][2] 60

其中 arr 和 arr[0] 皆表示 arr[0][0] 的位址，因為 arr 是陣列名稱，而 arr+1 則表示第二列第一個元素的位址，亦即 arr[1][0] 的位址。從純二維陣列角度來看，只要 arr[0][0]、arr[0][1]、arr[0][2]、arr[1][0]、arr[1][1]、arr[1][2]，就可得到 10、20、30、40、50、60的值。若以陣列指標表示，如第 6 行

```
int *ptr[2] = {arr[0], arr[1]};
```

以圖形表示如下：

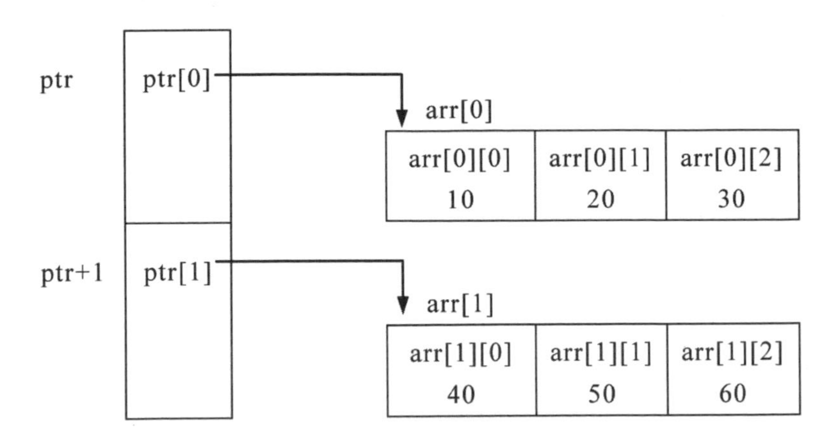

從上圖得知：

1. 第 7 行 *ptr == ptr[0] == arr[0] == &arr[0][0]
2. 第 8 行 **ptr == *arr[0] == arr[0][0] == 10
3. 第 9 行 *(ptr+1) == ptr[1] == arr[1] == &arr[1][0]
4. 第 10 行 **(ptr+1) == *arr[1] == arr[1][0] == 40
5. 第 12 行 *ptr+2 == arr[0] + 2 == &arr[0][2]
6. 第 13 行 * (*ptr+2) == *(arr[0]+2) == arr[0][2] == 30
7. 第 14 行 *(ptr+1)+2 == arr[1] + 2 == &arr[1][2]
8. 第 15 行 * (*(ptr+1)+2) == *(arr[1]+2) == arr[1][2] == 60

最後，以範例 9-2d 做結尾。處理指標這類的問題，建議您先將圖形畫出，可幫助您很快的得到答案。

範例 9-2d

```
01  /* ex9-2d.c */
02  #include <stdio.h>
03  int main()
04  {
05      int a[] = {0, 1, 2, 3, 4};
```

```
06        int *p[] = {a, a+1, a+2, a+3, a+4};
07        int **pp = p;
08        printf("**pp = %d\n", **pp);
09        printf("*(*(pp+2)+2) = %d\n", *(*(pp+2)+2));
10        return 0;
11    }
```

輸出結果

```
**pp = 0
*(*(pp+2)+2) = 4
```

【程式剖析】

程式中第 5-7 行的敘述以圖形表示如下：

```
int a[] = {0, 1, 2, 3, 4};
```

a	a+1	a+2	a+3	a+4
0	1	2	3	4

```
int *p[] = {a, a+1, a+2, a+3, a+4};
```

p 是一個陣列指標，以圖形表示如下：

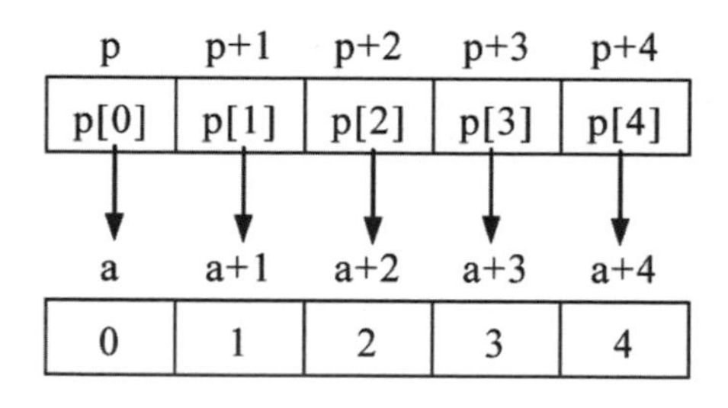


```
int **pp = p;
```

pp 是一個指向指標的指標，以圖形表示如下：

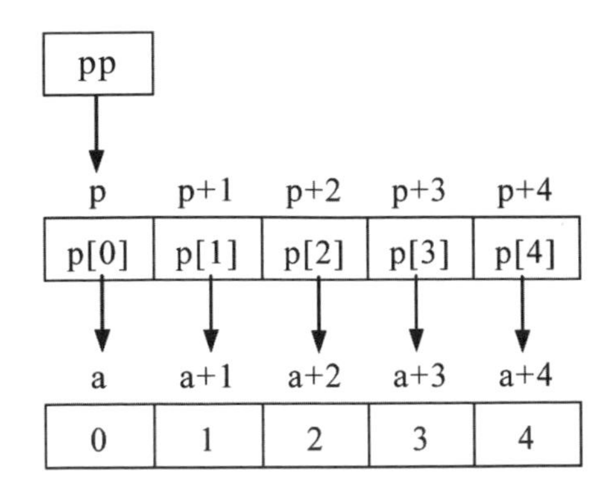

可從圖形中得知

```
pp == p;
*pp == p[0] == a
```

所以

```
**pp == *a == 0;
```

而

```
pp + 2 == p + 2
*(pp+2) == p[2] == a+2
*(pp+2)+2 == a+4
```

所以

```
*(*(pp+2)+2) == 4
```

1. 以下的程式是小林撰寫的，有一些小細節也許他沒有注意到，所以造成程式無法正常的執行，可否請您幫他除錯一下，好嗎？

```
/* bugs9-2-1.c */
#include <stdio.h>
int main()
{
    char *str[4]={"Department", "of", "Information", "Management"};
    int i;
    printf("str=%p, *str=%p, str[0]=%p\n", str, *str, str[0]);

    /* 印出 Department、of、Information、Management 這四個字串 */
    for (i=0; i<4; i++)
        printf("str[%d]=%s\n", i, str[i]);

    /* 印出 D、o、I、M 這四個字 */
    for (i=0; i<4; i++)
        printf("*str[%d]=%s\n", i, *str[i]);

    /* 印出 D、o、I、M 這四個字 */
    for (i=0; i<4; i++)
        printf("**(str+%d)=%c\n", i, **str+i);
    return 0;
}
```

1. 有一片段程式如下：

```
char str[3][15] = {"Stanford", "University", "California"};
```

試問下列敘述是表示哪一個元素的位址，或是哪一個元素的值？

(a) str

(b) str[0]

(c) *str[2]

(d) *str[1]+1

(e) str+1

(f) str[0]+1

(g) **(str+1)

9-3 雙重指標的應用範例

我們以第 8 章傳送二維陣列的範例 8-4c 加以修改，以指標的方式傳送二維陣列，並計算此二維陣列的總和。如範例 9-3a 所示。

範例 9-3a

```
01  /* ex9-3a.c */
02  /* 計算二維陣列的總和 */
03
04  #include <stdio.h>
05  #define ROWS 4
06  #define COLS 3
07  int sum_of_array(int (*arr)[COLS]);
08
09  int main()
10  {
11      int total = 0;
12      int array2[ROWS][COLS] = {{1, 3, 5},{2, 4, 6},
13                                {7, 9, 11},{8, 10, 12}};
14
15      total = sum_of_array(array2);
16      printf("sume of array = %d\n", total);
17      return 0;
18  }
19
20  int sum_of_array(int (*arr)[COLS])
21  {
22      int r, c, tot = 0;
23      for (r=0; r<ROWS; r++)
24          for (c=0; c<COLS; c++)
25              tot += *(*(arr+r)+c);
26      return tot;
27  }
```

輸出結果

```
sume of array = 78
```

【程式剖析】

此範例第 20 行 sum_of_array() 函數以 (*arr)[COLS] 為其參數，因此當 array2 陣列（第 15 行）傳送給 sum_of_array 的 arr 時，arr 將是指向 array2 陣列的指標。可譯為 arr 指向的是含有 COLS 個元素的一維陣列。

程式中第 25 行

```
tot += *(*(arr+r)+c);
```

計算二維陣列的總和，其實 *(arr+r) 等於 arr[r]，所以也可以使用下一敘述表示。

```
tot += *(arr[r]+c);
```

其實上述的範例程式 ex9-3a.c 中的原型宣告

```
int sum_of_array(int (*arr)[COLS], int);
```

可以使用下一個原型宣告表示之：

```
int sum_of_array(int arr[][COLS], int);
```

因為 (*arr)其實就是 arr[]。如以下的範例 ex9-3b 所示。

範例 ex9-3b

```
01  /* ex9-3b.c */
02  /* 計算二維陣列的總和 */
03
04  #include <stdio.h>
05  #define ROWS 4
06  #define COLS 3
07  int sum_of_array(int arr[][COLS]);
08
09  int main()
10  {
11      int total = 0;
12      int array2[ROWS][COLS] = {{1, 3, 5},{2, 4, 6},
```

```
13                                          {7, 9, 11},{8, 10, 12}};
14
15      total = sum_of_array(array2);
16      printf("sume of array = %d\n", total);
17      return 0;
18  }
19
20  int sum_of_array(int arr[][COLS])
21  {
22      int r, c, tot = 0;
23      for (r=0; r<ROWS; r++)
24          for(c=0; c<COLS; c++)
25              tot += arr[r][c];
26      return tot;
27  }
```

在 sum_of_array()函式的主體中，有關總和的計算是以純二維陣列的表示處理之。

9-4 問題演練

1. 有一二維陣列定義如下：

```
int marr[3][3] ={10, 11, 12, 13, 14, 15, 16, 17, 18};
```

試回答下列問題：

(a) marr、marr[0] 及 &marr[0][0] 各表示什麼？

(b) *(marr[1]) = ?

(c) marr+0 與 *(marr+0) 是否一樣？

(d) (marr+0)+1 與 *(marr+0)+1 各表示什麼？

(e) *(*marr) 的值是多少？

(f) marr[2][2] = ?

(g) marr[2]+1 與 *(marr[2]+1) 各代表什麼？

2. 有一片段程式如下：

```
char *str[3] = {"Stanford", "University", "California"};
```

試回答下列問題：

(a) 如何印出 "Stanford University" 字串？

(b) *(*str+1)+3，以 %c 印出為何？

(c) *str+4，以 %s 印出為何？

(d) printf("%s ", str[0]);

(e) printf("%s", *(str+1));

3. 有一片段程式如下：

```
int b[] = {10, 20, 30, 40, 50};
int *p[] = {b, b+2, b+1, b+4, b+3};
int **pp = p;
```

試回答下列問題：

(a) *p[2]

(b) *(*pp+2)

(c) *(*(p+3)+1)

(d) 如何印出 30？

4. 有一片段程式如下：

```
int i = 100;
int *p1 = &i;
int **p2 = &p1;
```

試回答下列問題，若是 address，請寫出是哪個變數的位址即可。

(a) i

(b) &i

(c) p1

(d) *p1

(e) &p1

(f) p2

(g) *p2

(h) **p2

(i) &p2

字元與字串庫存函數

我們都知道不正確的輸入資料將會導致不正確的輸出，這就是所謂的垃圾進，垃圾出（garbage in garbage out，GIGO）。如何得到正確的輸入資料，是一重要的課題，也是本章討論的重點之一。除了 scanf 與 printf 庫存函數可以用於**字元**（character）與**字串**（string）的輸出入外，本章將討論常用的字元與字串的庫存函數，讓您多一種選擇，這是本章討論的重點之二。

10-1 字元輸出入

我們曾在第 2 章使用格式化輸出入函數 printf 及 scanf，配合格式特定字 %c 處理字元的輸出與輸入。使用 printf 輸出字元沒什麼問題，但使用 scanf 函數讀取字元，就可能會碰上一些小問題，請參閱範例 10-1a：

範例 10-1a

```
01  /* ex10-1a.c */
02  #include <stdio.h>
03  int main()
04  {
05      /* 測試 scanf 函數在輸入字元的缺點 */
06      char ch;
07      int i;
08      for (i=1; i<=3; i++) {
09          printf("#%d 的輸入資料為: ", i);
10          scanf("%c", &ch);
```

```
11            printf("#%d 的輸出資料為: %c\n\n", i, ch);
12        }
13        return 0;
14    }
```

輸出結果 1

```
#1 的輸入資料為: a
#1 的輸出資料為: a

#2 的輸入資料為: #2 的輸出資料為:

#3 的輸入資料為: b
#3 的輸出資料為: b
```

輸出結果 2

```
#1 的輸入資料為: abc
#1 的輸出資料為: a

#2 的輸入資料為: #2 的輸出資料為: b

#3 的輸入資料為: #3 的輸出資料為: c
```

【程式剖析】

此範例利用迴圈要求使用者輸入三次字元（第 8-12 行），從輸出結果 1 發現，第二次並沒有要求使用者輸入，直接跳到要求使用者輸入第三個字元，為什麼？

因為第 10 行的 scanf 函數是屬於**緩衝區（buffered）的輸入函數**，此類型的輸入函數必須**等待使用者按「Enter」後，才會結束輸入的動作**。而 Enter 鍵會被轉換為跳行符號（'\n'）的字元存於緩衝區。

輸出結果 1，使用者輸入 a，再按 Enter 鍵('\n')，此時緩衝區內有 'a' 和 '\n' 的字元。第一次讀取 'a' 字元後，由於緩衝區內還有 '\n' 字元，所以第二次讀取的字元是 '\n'，這也是為什麼程式沒有等待您輸入字元的原因。

從輸出結果 2 得知，不管您輸入多少字元，每次只輸出一個字元，當您輸入 abc 時，它可作為三次的輸入的資料。

除了 scanf 函數可輸入字元外，還有專門用來處理字元輸出入的庫存函數，請參閱表 10-1：

表 10-1　字元輸入函數

字元輸入函數	說　明
getchar()	要求輸入字元，須鍵入「Enter」表示輸入結束。

getchar() 則與 scanf 函數，也是屬於緩衝區（buffered）的輸入函數，需要按「Enter」才結束輸入的動作。若將範例 10-1a 的

```
scanf("%c", &ch);
```

改為

```
ch = getchar();
```

也會有同樣的問題產生，請看除錯題 bugs10-1-1.c。

專門用來處理字元輸出的庫存函數是 putchar()，請參閱表 10-2：

表 10-2　字元輸出函數

字元輸出函數	說　明
putchar(ch)	輸出 ch 字元變數值。

putchar() 則是字元的輸出函數，一次只能輸出一個字元。如 putchar(ch)，表示將 ch 字元變數值輸出，好比您使用 printf("%c", ch)。

如何解決範例 10-1a 的問題呢？當讀取輸入的第一個字元後，便要丟棄後面所輸入的字元，直到丟棄 '\n' 字元為止，請參閱範例 10-1b。

範例 10-1b

```
01  /* ex10-1b.c */
02  #include <stdio.h>
03  int main()
04  {
05      /* 處理 scanf()輸入字元的缺點 */
06      char ch;
07      int i;
08      for (i=1; i<=3; i++) { /* 使用迴圈要求輸入 3 次字元 */
09          printf("#%d 的輸入資料為: ", i);
10          scanf("%c", &ch);  /* 以 scanf( )輸入字元 */
11          printf("#%d 的輸出資料為: %c\n\n", i, ch);
12          while (getchar() != '\n')
13              continue;
14      }
15      return 0;
16  }
```

輸出結果 1

```
#1 的輸入資料為: a
#1 的輸出資料為: a

#2 的輸入資料為: b
#2 的輸出資料為: b

#3 的輸入資料為: c
#3 的輸出資料為: c
```

輸出結果 2

```
#1 的輸入資料為: abc
#1 的輸出資料為: a

#2 的輸入資料為: d
#2 的輸出資料為: d

#3 的輸入資料為: e
#3 的輸出資料為: e
```

【程式剖析】

此範例和上一範例不同處在於第 12-13 行的

```
while (getchar() != '\n')
    continue;
```

此迴圈表示若 getchar() 函數得到的字元不是 '\n' 皆會被丟棄。也可以將 while 迴圈改為

```
while (getchar() != '\n')
    ;
```

while 迴圈下的分號（;）表示不做任何事。這兩種表示方法都可以，但以 continue 來表示較佳。

從輸出結果 2 得知，不管您輸入多少字元，只有第一個字元有效，其餘的字元也會被丟棄。

接下來，我們以範例 10-1c 比較並說明這些字元的輸出入庫存函數。

範例 10-1c

```
01  /* ex10-1c.c */
02  #include <stdio.h>
03  void output(char);  /* 函數 output( )的原型宣告 */
04  int main()
05  {
06      /* 測試字元的輸出入函數 */
07      char ch;
08      printf("使用getchar()輸入...\n");
09      printf("請輸入一字元: ");
10      ch = getchar();
11      output(ch);
12      printf("\n");
13      return 0;
14  }
15
16  /* 定義 output()函數，傳遞參數以c 接收 */
```

```
17  void output(char c)
18  {
19      printf("\n 使用 putchar()輸出字元: ");
20      putchar(c);
21  }
```

輸出結果

```
...使用 getchar()輸入...
請輸入一字元: qqq (並按 Enter 鍵)

使用 putchar()輸出字元: q
```

【程式剖析】

使用第 10 行 getchar() 則必須按 Enter 鍵，才會結束輸入，而且不論您輸入多少個字元，此函數只接收一個字元；使用第 20 行 putchar() 輸出字元的缺點，則是一次只能輸出一個字元。

最後，我們以一選單讓使用者選擇他想購買的商品，這通常會使用 getchar() 函數和 while 迴圈用以讀取緩衝區的資料處理之。請參閱範例 10-1d 第 14-15 行。

範例 10-1d

```
01  /* ex10-1d.c */
02  #include <stdio.h>
03  int main()
04  {
05      /* 選擇輸出使用 getchar() */
06      char option;
07      do {
08          printf("\n");
09          printf("1) Apple watch\n");
10          printf("2) iPhone 12 pro \n");
11          printf("3) MacBook air\n");
12          printf("請選擇您要的商品(1..3) 或 q 結束: ");
13          option = getchar();  /* 使用 getchar()來接收選項 */
14          while (getchar() != '\n')
15              continue;
16          switch(option) { /* switch 敘述 */
```

```
17              case '1': printf("\n 您選擇的商品是 Apple watch\n");
18                        break;
19              case '2': printf("\n 您選擇的商品是 iPhone 12 pro\n");
20                        break;
21              case '3': printf("\n 您選擇的商品是 MacBook air\n");
22                        break;
23              case 'q': exit(0);
24              default: printf("沒有這樣商品，請重新輸入 !!!\n");
25          }
26
27      return 0;
28  }
```

輸出結果

```
1) Apple watch
2) iPhone 12 Pro
3) MacBook air
請選擇您要的商品(1..3) 或 q 結束: 1
您選擇的商品是 Apple watch

1) Apple watch
2) iPhone 12 Pro
3) MacBook air
請選擇您要的商品(1..3) 或 q 結束: 2
您選擇的商品是 iPhone 12 pro

1) Apple watch
2) iPhone 12 Pro
3) MacBook air
請選擇您要的商品(1..3) 或 q 結束: 3
您選擇的商品是 MacBook air

1) Apple watch
2) iPhone 12 Pro
3) MacBook air
請選擇您要的商品(1..3) 或 q 結束: 6
沒有這樣商品，請重新輸入 !!!

1) Apple watch
2) iPhone 12 Pro
3) MacBook air
請選擇您要的商品(1..3) 或 q 結束: q
```

上例是一個選擇輸出的範例，使用者一次只能輸入一個選項，且輸入完畢就執行該選項的功能，getchar() 十分適合做這樣的工作。

1. 小緹為了要去約會，匆匆忙忙寫了以下的程式，請您幫她除錯一下。

```
/* bugs10-1-1.c */
#include <stdio.h>
int main()
{
    /* 測試 getchar() 輸入字元 */
    char ch;
    int i;
    for (i=1; i<=3; i++) { /* 使用迴圈要求輸入 3 次字元 */
        printf("#%d 的輸入資料為: ", i);
        ch = getchar();
        printf("#%d 的輸出資料為: %c\n\n", i, ch);
    }
    return 0;
}
```

2. 老師出了一個作業，要求寫一不定數迴圈，若輸入的資料是字元 'q' 時，則結束程式的執行，否則，列印出您所輸入的資料。以下是小庭撰寫的程式，請聰明的您幫她除錯一下。

```
/* bugs10-1-2.c */
#include <stdio.h>
int main()
{
    /* 測試 getchar()輸入字元 */
    char ch;
    int i = 1;
    printf("若要結束程式，請輸入'q'\n\n");
    do {
        printf("#%d 的輸入資料為: ", i);
        ch = getchar();
        printf("#%d 的輸出資料為: %c\n\n", i, ch);
        i++;
    } while (ch != 'q');
    return 0;
}
```

1. 試於程式中，分別利用 getchar() 函數，搭配 putchar() 函數，測試一下當輸入一個字元時的反應。

2. 有一片段程式如下：

```
char ch;
printf("Please input a character: ");
ch = getchar();
putchar(ch);
printf("Please input a character: ");
ch = getchar();
putchar(ch);
printf("Please input a character: ");
ch = getchar();
putchar(ch);
```

   當輸入一個字元或多個字元時，程式的反應如何？

10-2 字元庫存函數

下表是一些常用的**字元測試函數**（character testing function）與**字元轉換函數**（character converting function）。這些庫存函數的原型宣告於 ctype.h 標頭檔，所以呼叫這些庫存函數時，別忘了將此標頭檔載入進來。以下是常用的字元庫存函數。

表 10-3 常用的字元庫存函數

字元庫存函數	功 能 說 明
isalnum	測試字元是否為數字或英文字母。
isalpha	測試字元是否為英文字母。
isdigit	測試字元是否為數字。
isupper	測試字元是否為大寫的英文字母。
islower	測試字元是否為小寫的英文字母。
toupper	將小寫的英文字母轉換為大寫的英文字母。
tolower	將大寫的字元字母轉換為小寫的英文字母。

10-2-1 isalnum、isalpha、isdigit

isalnum(ch) 測試字元 ch 是否為數字或英文字母函數，isalpha(ch) 測試字元 ch 是否為英文字母，而 isdigit(ch) 測試字元 ch 是否為數字。若測試結果為真，則傳回非 0 的值；若為假，則傳回 0。請參閱範例 10-2a 第 9 行與 10-2b 第 9、11 行。

範例 10-2a

```
01  /* ex10-2a.c */
02  #include <stdio.h>
03  #include <ctype.h>
04  int main()
05  {
06      char ch;
07      printf("請輸入一個字元: ");
08      ch = getchar();
09      if (isalnum(ch))
10          printf("\n%c 是一英文字母或數字\n", ch);
11      else
12          printf("\n%c 不是一英文字母或數字\n", ch);
13      return 0;
14  }
```

輸出結果 1

```
請輸入一個字元: a
a 是一英文字母或數字
```

輸出結果 2

```
請輸入一個字元: #
# 不是一英文字母或數字
```

範例 10-2b

```
01  /* ex10-2b.c */
02  #include <stdio.h>
03  #include <ctype.h>
04  int main()
05  {
06      char ch;
```

```
07        printf("請輸入一個字元: ");
08        ch = getchar();
09        if (isalpha(ch))
10            printf("\n%c 為一英文字母\n", ch);
11        else if(isdigit(ch))
12            printf("\n%c 為一數字\n", ch);
13        else
14            printf("\n%c 不是一英文字母或數字\n", ch);
15        return 0;
16    }
```

輸出結果 1

```
請輸入一個字元: z
z 為一英文字母
```

輸出結果 2

```
請輸入一個字元: 8
8 為一數字
```

【程式剖析】

範例 10-2a 與 10-2b 都是利用 if 敘述判斷 isalnum、isalpha、isdigit 的結果是否為真，並輸出其所對應的訊息。

10-2-2 isupper、islower

isupper(ch) 函數測試一字元 ch 是否為大寫英文字母，而 islower(ch) 函數則測試一字元 ch 是否為小寫英文字母。兩者的使用方法與 isalnum、isalpha 等函數相同，請參閱範例 10-2c 第 9、11 行。

範例 10-2c

```
01    /* ex10-2c.c */
02    #include <stdio.h>
03    #include <ctype.h>
04    int main()
05    {
06        char ch;
```

```
07        printf("請輸入一個字元: ");
08        ch = getchar();
09        if (isupper(ch))
10            printf("\n%c 是大寫英文字母\n", ch);
11        else if(islower(ch))
12            printf("\n%c 是小寫英文字母\n", ch);
13        else
14            printf("\n%c 不是英文字母\n", ch);
15        return 0;
16    }
```

輸出結果 1

```
請輸入一個字元: a
a 是小寫英文字母
```

輸出結果 2

```
請輸入一個字元: A
A 是大寫英文字母
```

10-2-3 toupper、tolower

toupper 函數將字元轉換為大寫字母，而 tolower 函數將字元轉換為小寫字母。請參閱範例 10-2d 第 10、12 行。

範例 10-2d

```
01    /* ex10-2d.c */
02    #include <stdio.h>
03    #include <ctype.h>
04    int main()
05    {
06        char ch;
07        printf("請輸入一個英文字母: ");
08        ch = getchar();
09        /* 執行 toupper */
10        printf("\n 此字母的大寫是 %c\n", toupper(ch));
11        /* 執行 tolower */
12        printf("此字母的小寫是 %c\n", tolower(ch));
13        return 0;
14    }
```

輸出結果 1

```
請輸入一個英文字母: a
此字母的大寫是 A
此字母的小寫是 a
```

輸出結果 2

```
請輸入一個英文字母: A
此字母的大寫是 A
此字母的小寫是 a
```

【程式剖析】

當字元為小寫英文字母/大寫英文字母，toupper/tolower 函數才會進行轉換的動作。

1. 以下是小蔡所寫的程式，其中有一些錯誤，請您幫他除錯一下。輸出的結果格式如同範例 10-2a。

```
/* bugs10-2-1.c */
#include <stdio.h>
#include <ctype.h>
int main()
{
    char ch;
    printf("Please enter a character: ");
    ch = getchar();
    if (isalnum(ch))
        printf("\n%d 是一英文字母或數字\n", ch);
    else
        printf("\n%d 不是一英文字母或數字\n", ch);
    return 0;
}
```

2. 以下是小五模仿範例 10-2c 所寫的程式，其中有一些錯誤，請您幫他除錯一下。

```
/* bugs10-2-2.c */
#include <stdio.h>
#include <ctype.h>
int main()
{
    char ch;
    printf("Please enter a character: ");
    ch = getchar();
    if (upper(ch))
        printf("\n%c 是大寫英文字母 \n", ch);
    else if (lower(ch))
        printf("\n%c 是小寫英文字母\n", ch);
    else
        printf("\n%c 不是英文字母\n", ch);
    return 0;
}
```

1. 試自行撰寫一函數來模擬 toupper 函數的功能。
2. 試自行撰寫一函數來模擬 tolower 函數的功能。

10-3 字串輸出入

字串是字元的集合，使用字元陣列來組成一個字串。字元是使用單引號 '' 括起來的，如 's'；而字串，則是使用雙引號 " " 括起來，如 "computer"。

10-3-1 字串輸出入函數

最簡單的字串輸出入方法是使用 printf 及 scanf 函數。請參閱範例 10-3a。

範例 10-3a

```
01  /* ex10-3a.c */
02  #include <stdio.h>
03  int main()
04  {
05      /* 字串輸出入，使用printf()及scanf() */
06      char str[10];
07      printf("Please enter a string: ");
08      scanf("%s", str);
09      printf("The string is %s\n", str);
10      return 0;
11  }
```

輸出結果 1

```
Please enter a string: iPhone
The string is iPhone
```

輸出結果 2

```
Please enter a string: Apple watch
The string is Apple
```

【程式剖析】

我們都知道使用第 8 行 scanf() 時，必須告知變數的位址，那為什麼 string 前不使用 & 位址運算子？因為陣列名稱 string 表示陣列第一個元素（string[0]）的位址，亦即 &string[0]。第 9 行 printf() 使用 %s 格式特定字，必須告知字串起始位址，從這一位址開始列印，直到空字元（'\0'）為止。

從輸出結果 2 得知，雖然我們輸入的是 Apple watch，但輸出只有 Apple，這是因為 scanf 遇到**空白字元（white space character）**，就會結束讀入的動作。空白字元包括空白（space）、tab，及 Enter 鍵。

除了 scanf 和 printf 函數可用來讀取與輸出字串外，其實還有專為字串設計的輸出入函數，如表 10-4 所示。請參閱範例 10-3b。

表 10-4 字串輸出入函數

字串輸出入函數	說　　明
gets()	要求輸入字串，語法為 gets(字串變數)
puts()	輸出字串，語法為 puts(字串變數或字串常數)

範例 10-3b

```
01  /* ex10-3b.c */
02  #include <stdio.h>
03  void flushBuffer();
04
05  int main()
06  {
07      char name[20], ans;
08      int score;
09
10      printf("請輸入您的大名: ");
11      gets(name); /* 使用 gets()來取得字串 */
12      do {
13          printf("\n 請輸入您的分數: ");
14          scanf("%d", &score);
15          flushBuffer();
16          printf("確定嗎 (y/n)? ");
17          ans = getchar();  /* 使用 getchar()取得使用者的回答 */
18          flushBuffer();
19      } while(ans != 'y');
20
21      /* 使用puts()輸出字串 */
22      puts("\n\n======================");
23      printf("     Name: ");
24      puts(name);
25      printf("     Score: %d\n", score);
26      puts("======================");
27      return 0;
28  }
29
30  void flushBuffer()
31  {
32      while (getchar() != '\n')
33          continue;
34  }
```

輸出結果

```
請輸入您的大名: Bright Tsai

請輸入您的分數: 95
確定嗎 (y/n)? n

請輸入您的分數: 97
確定嗎 (y/n)? y

=======================
    Name: Bright Tsai
    Score: 97
=======================
```

【程式剖析】

第 11 行 gets() 函數必須給定一參數。若要將輸入的資料儲存至 name 字串變數，則使用 gets(name)。它將輸入的字串全部讀取，直到 '\n' 為止，而 scanf 只讀取到空白的地方，這是 gets 與 scanf 最大不同之處。

puts() 用來輸出字串變數或常數。輸出字串常數時，須使用雙引號將字串括起來；而輸出字串變數，只要給定字串起始位址，如上例中第 24 行的 puts(name)。

puts() 輸出有一項特性，就是輸出完畢會自動跳行，如

```
puts(name);
```

等同下一敘述。

```
printf("%s\n", name );
```

在 printf 函數中要加 \n。程式中還是用到緩衝區的輸入，此處利用自訂的 flushBuffer()函數將清除緩衝區剩下的資料。

10-3-2 字串陣列

字串由字元組成，若說字串是字元的一維陣列，則**字串陣列**（array of string）便是字元的二維陣列。在談論字串陣列之前，先復習一下字串的定義及其初值設定。請參閱範例 10-3c。

範例 10-3c

```
01  /* ex10-3c.c */
02  #include <stdio.h>
03  int main()
04  {
05      /* 使用字元陣列方式設定初值 */
06      char str[10] = {'A', 'p', 'p', 'l', 'e', '\0'};
07      printf("設定的字串是: ");
08      puts(str);
09      return 0;
10  }
```

輸出結果

```
設定的字串是: Apple
```

【程式剖析】

第 6 行是字串的初值設定方法，每一字元以單引號 ' ' 括起來，並加上一空字元 '\0'，以表示字串結束點。必須注意的是陣列的空間要足夠，通常的做法是將陣列長度 10 省略，由系統根據初值字元的個數指定之。

上例雖能處理字串的初值設定，但相當麻煩。其實我們可使用較簡單的字串初值的設定方法，請參閱範例 10-3d。

範例 10-3d

```
01  /* ex10-3d.c */
02  #include <stdio.h>
03  int main()
04  {
05      char str[] = "Apple";
06      char *str2 = "iPhone 12 pro";
```

```
07        printf("設定的字串是: \n");
08        puts(str);
09        puts(str2);
10        return 0;
11    }
```

輸出結果

```
設定的字串是:
Apple
iPhone 12 pro
```

【程式剖析】

第 5-6 行直接以雙引號 " " 將字串括起來。在字串結尾，也不必加上結束字元 '\0'，因為它會自動於結尾處加上 '\0'。這是字串設定初值最佳的選擇。

您也可以使用字串指標來設定字串，如範例中的

```
char *str2 = "iPhone 12 pro";
```

接下來要談字串陣列。字串陣列可說是字元型態的二元陣列，其宣告方式與其它型態的二維陣列是一樣的。字串陣列的功用是用來儲存字串，所以上述字串的初值設定方式，當然也適用於字串陣列。請參閱範例 10-3e。

範例 10-3e

```
01    /* ex10-3e.c */
02    #include <stdio.h>
03    int main()
04    {
05        /* 宣告字串陣列，並設定初值 */
06        char str[2][20] = {"Microsoft", "Windows 10"};
07        int index;
08        for (index=0; index<2; index++)
09            printf("字串 %d 為 %s\n", index+1, str[index]);
10        return 0;
11    }
```

輸出結果

```
字串 1 為 Microsoft
字串 2 為 Windows 10
```

【程式剖析】

上例第 6 行定義了一個字串陣列，設定初值後印出（第 9 行）。char str[2][20] 表示此陣列共有兩個字串，每一個字串最多 20 個字元（包含結束字元 '\0'），其使用方式與一般陣列相同。

範例 10-3f 則是以另一種方式輸出。

範例 10-3f

```
01  /* ex10-3f.c */
02  #include <stdio.h>
03  int main()
04  {
05      /* 以另一種方式印出 */
06      char str[3][20] = {"iPod", "iMac", "iPhone"};
07      int index;
08      for (index=0; index<3; index++)
09          printf("字串 %d 為 %s\n", index+1, str+index);
10      return 0;
11  }
```

輸出結果

```
字串 1 為 iPod
字串 2 為 iMac
字串 3 為 iPhone
```

【程式剖析】

範例中的第 6 行

```
char str[3][20] = {"iPod", "iMac", "iPhone"};
```

也可以使用陣列指標來表示，如下所示：

```
char *str[3] = {"iPod", "iMac", "iPhone"};
```

第一個字串的起始位址為 str[0]，第二個字串為 str[1]，第三個字串為 str[2]，其原理與二維陣列是一樣的，如下圖所示：

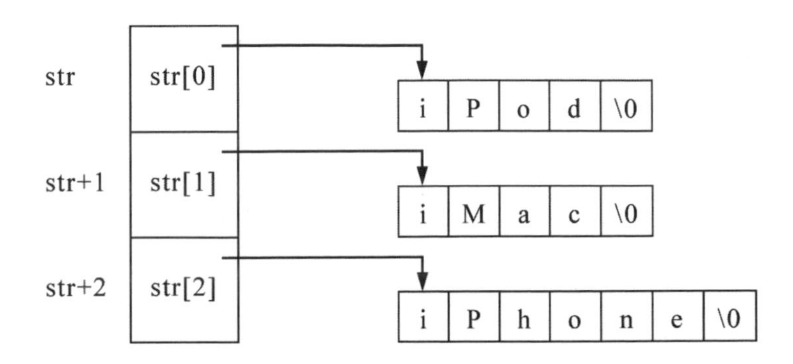

因此印出 "iPod" 字串，可使用 printf("%s", str[0]); 及 printf("%s", *str); 完成之。

若要以 printf() 函數取得 "iMac" 字串的 'M' 字元，可以下列三種不同的方式完成：

1. printf("%c", str[1][1]);
2. printf("%c", *(str[1]+1));
3. printf("%c", *(*(str+1)+1));

從上面的說明，讀者是否注意到，以 %s 印出字串時，我們要給的是變數的位址，而以 %c 印出字元時，則給的是變數值，此時需要兩個 *、兩個 []，或一個 * 及一個 []。

接著，我們來看如何傳送一字串到另一個函數。請參閱範例 10-3g：

範例 10-3g

```
01  /* ex10-3g.c */
02  #include <stdio.h>
03  void output(char []);
```

```
04  int main()
05  {
06      char str1[] = "Good", str2[] = " idea\n";
07      /* 以字串為參數，呼叫函數 output() */
08      output(str1);
09      output(str2);
10      return 0;
11  }
12
13  void output(char str[])
14  {
15      printf("%s", str);
16  }
```

輸出結果

```
Good idea
```

【程式剖析】

範例 10-3g 第 8-9 行以字串做為參數，呼叫 output() 函數，當呼叫 output(str1); 時，傳遞 str1 字串的起始位址，與陣列的使用方法一樣。其實第 3 行 output() 函數的參數，若改成指向字元的指標（char *）也是可以的，如下所示：

```
void output(char *);
```

1. 下一程式是小洪寫的程式，請您幫他除錯一下。

```
/* bugs10-3-1.c */
#include <stdio.h>
int main()
{
    /* 使用字串方式設定初值 */
    char str[10];
    str = "program";
    printf("Default string is ");
    puts(str);
    return 0;
}
```

2. 下一程式是小方寫的程式，請您幫他除錯一下。

```
/* bugs10-3-2.c */
#include <stdio.h>
int main()
{
    /* 使用字元陣列方式設定初值 */
    char str[4] = {'i', 'P', 'o', 'd'};
    printf("此字串為: ");
    puts(str);
    return 0;
}
```

3. 下一程式是小五寫的程式，請您幫他除錯一下。

```
/* bugs10-3-3.c */
#include <stdio.h>
int main()
{
    char string[10];
    printf("Please enter a word: ");
    scanf("%s", string[0]);
    printf("This word is %s\n", string);
    return 0;
}
```

4. 以下是小史所寫的測試程式，若有錯誤，請您幫他除錯一下。

```
/* bugs10-3-4.c */
#include <stdio.h>
int main()
{
    char str[8] = "Computer";
    printf("str = %s\n", str);
    return 0;
}
```

1. 有一片段程式如下：

   char *name[20] = {"Fu", "Jen", "Catholic", "University"}; 試回答下列問題：

   (a) 如何印出 "University" 的字串。

   (b) 如何印出 "FJCU" 這三個字。

2. 試以字串做為函數參數，撰寫一個計算字串長度的函數。

10-4 字串庫存函數

這一節我們將討論一些較常用的字串庫存函數，如表 10-5 所示。這些字串庫存函數的原型宣告於標頭檔 string.h 中，若呼叫這些函數時，請記得將此標頭檔載入進來。

表 10-5 常用的字串庫存函數

基本的字串庫存函數	衍生的字串庫存函數	功能說明
strlen		計算字串長度
strupr		轉換為大寫
strlwr		轉換為小寫
strcpy	strncpy	拷貝字串
strcat	strncat	連結字串
strcmp	stricmp, strncmp, strnicmp	比較字串
strchr	strrchr	搜尋字元

衍生的字串庫存函數是從基本的字串庫存函數延伸而來的。詳細說明如表 10-6：

表 10-6 字串庫存函數詳細說明

字串庫存函數	詳　細　說　明
strlen	計算字串長度（不包含 '\0'）。
strupr	將字串內所有字元轉換為大寫字母。
strlwr	將字串內所有字元轉換為小寫字母。
strcpy	將字串拷貝到另一字串。
strncpy	將字串的前 N 個字元拷貝到另一字串。
strcat	將字串連結到另一字串後面。
strncat	將字串的前 N 個字元附加在另一字串後面。
strcmp	比較兩字串的大小。
stricmp	比較兩字串的大小，但不分字元的大小寫。
strncmp	比較兩字串的前 N 個字元的大小。
strnicmp	比較兩字串的前 N 個字元的大小，且不分字母大小寫。
strchr	找出某一字元在字串中第一次出現的位址。
strrchr	找出某一字元在字串中最後出現的位址。

以下我們將配合範例一一的詳加介紹。

10-4-1 strlen 函數

strlen 函數能計算出字串的長度，即字串的字元個數，計算結果並不包含字串結束字元 '\0'。請參閱範例 10-4a。

範例 10-4a

```
01  /* ex10-4a.c */
02  #include <stdio.h>
03  #include <string.h>
04  int main()
05  {
06      /* 要求輸入一個字串，並計算字串長度 */
07      char string[30];
08      int length;
09      printf("請輸入一字串: ");
```

```
10          gets(string);
11          length = strlen(string);
12          printf(" %s 字串的長度為: %d\n", string, length);
13          return 0;
14      }
```

輸出結果

```
請輸入一字串: C programming
C programming 字串的長度為: 13
```

【程式剖析】

上例輸入 C programming，以 strlen(string) 函數（第 11 行）計算 string 字串的長度為 13。計算字串的長度除了 '\0' 以外，其它的字元都會被列入計算，如上例中的空白字元，也列入計算範圍。

10-4-2 strupr 函數

strupr 函數能將字串中所有的英文字母轉換成大寫字母。請參閱範例 10-4b。

範例 10-4b

```
01  /* ex10-4b.c */
02  #include <stdio.h>
03  #include <string.h>
04  int main()
05  {
06      /* 要求輸入一字串，並將小寫英文字母轉為大寫 */
07      char string[30];
08      printf("輸入全為小寫的字串: ");
09      gets(string);
10      strupr(string);
11      printf("將小寫轉為大寫: %s\n", string);
12      return 0;
13  }
```

輸出結果

```
輸入全為小寫的字串: taiwan
將小寫轉為大寫: TAIWAN
```

【程式剖析】

程式第 10 行利用 strupr 函數將輸入的字串全部轉為大寫。

10-4-3 strlwr 函數

strlwr 函數的使用方法與 strupr 函數一樣。strlwr 函數的功能是將字串中的大寫英文字母轉換為小寫英文字母。請參閱範例 10-4c。

範例 10-4c

```
01  /* ex10-4c.c */
02  #include <stdio.h>
03  #include <string.h>
04  int main()
05  {
06      /* 要求輸入一字串，將字串中英文大寫字母轉為小寫 */
07      char string[30];
08      printf("輸入全為大寫的字串: ");
09      gets(string);
10      strlwr(string);
11      printf("將大寫轉為小寫: %s\n", string);
12      return 0;
13  }
```

輸出結果

```
輸入全為大寫的字串: TAIWAN
將大寫轉為小寫: taiwan
```

【程式剖析】

程式第 10 行利用 strlwr 函數將輸入的字串全部轉為小寫。此與 strupr 函數的作用是相反的。

10-4-4 strcpy 函數

strcpy 函數的功能是將一字串的內容拷貝到另一個字串。如 strcpy(string1, string2); 是將 string2 的內容拷貝到 string1。注意，是將第二個字串拷貝到第一個字串。若原來 string1 字串有資料，這時將被覆蓋掉。請參閱範例 10-4d。

範例 10-4d

```
01  /* ex10-4d.c */
02  #include <stdio.h>
03  #include <string.h>
04  int main()
05  {
06      /* 要求輸入一字串，並將字串拷貝到另一字串 */
07      char string1[30], string2[30];
08      printf("請輸入第一個字串: ");
09      gets(string1);
10      printf("執行拷貝的動作...\n");
11      strcpy(string2, string1);  /* 呼叫strcpy( )函數 */
12      printf("第二個字串為: %s\n", string2);
13      return 0;
14  }
```

輸出結果

```
請輸入第一個字串: Wonderful
執行拷貝的動作...
第二個字串為: Wonderful
```

【程式剖析】

從輸出結果得知，第 11 行 strcpy() 函數將 string1 的全部字元全都拷貝到 string2。若 string2 原先有資料，則將會被覆蓋。要注意的是，string2 是否有足夠的空間存放 string1 的資料。

10-4-5 strncpy 函數

strncpy 函數是將一字串的前 N 個字元，拷貝到另一字串。strncpy 函數比 strcpy 函數多了第三個參數，此參數表示要拷貝的字元個數，如 strncpy(string1, string2, 13); 是將 string2 字串的前 13 個字元拷貝到 string1 內。請參閱範例 10-4e 第 14 行。

範例 10-4e

```
01  /* ex10-4e.c */
02  #include <stdio.h>
03  #include <string.h>
04  int main()
05  {
06      /* 要求輸入字串，拷貝字串前 N 個字元到另一字串 */
07      char string1[30], string2[30]={'\0'};
08      int size;
09      printf("請輸入第一個字串: ");
10      gets(string1);
11      printf("請問要拷貝多少個字元: ");
12      scanf("%d", &size);
13      printf("執行拷貝的動作...\n\n");
14      strncpy(string2, string1, size);
15      printf("第二個字串為: %s\n", string2);
16      return 0;
17  }
```

輸出結果

```
請輸入第一個字串: Internationalization
請問要拷貝多少個字元: 13
執行拷貝的動作...

第二個字串為: International
```

【程式剖析】

程式第 7 行先將 string2 字串給予初始化為空字元。這可保證 string2 字串不會有垃圾的資料。

10-4-6 strcat 函數

strcat 函數是將兩字串的內容合併，也就是將一字串的內容附加在另一字串後。呼叫 strcat 函數時，必須傳遞兩個字串參數，如 strcat(string1, string2);

就是將 string2 字串的內容附加到 string1 字串的後面，此時 string2 字串不會改變，而 string1 則成為合併後的新字串。請參閱範例 10-4f 第 13 行。

範例 10-4f

```
01  /* ex10-4f.c */
02  #include <stdio.h>
03  #include <string.h>
04  int main()
05  {
06      /* 要求輸入兩個字串，將第一個字串附加到第二個字串後 */
07      char string1[30], string2[30];
08      printf("請輸入第一個字串: ");
09      gets(string1);  /* 輸入第一個字串 */
10      printf("請輸入第二個字串: ");
11      gets(string2);  /* 輸入第二個字串 */
12      printf("執行附加的動作...\n");
13      strcat(string2, string1);  /* 呼叫strcat( )函數 */
14      printf("第一個字串為: %s\n", string1);
15      printf("第二個字串為: %s\n", string2);
16      return 0;
17  }
```

輸出結果

```
請輸入第一個字串:  watch
請輸入第二個字串: Apple
執行附加的動作...
第一個字串為:  watch
第二個字串為: Apple watch
```

【程式剖析】

從輸出結果可知，將 string1 字串附加到 string2 字串後，最後 string1 字串不變，而 string2 則為 Apple watch。

10-4-7 strncat 函數

strncat 函數的功能與 strcat 函數相似，不同的是 strncat 函數多了第三個參數，用以指定要附加的字元個數。如 strncat(string2, string1, 10); 表示將 string1 字串的前 10 個字元附加到 string2。請參閱範例 10-4g 第 16 行。

範例 10-4g

```
01  /* ex10-4g.c */
02  #include <stdio.h>
03  #include <string.h>
04  int main()
05  {
06      /* 要求輸入字串，將一字串的前 N 個字元，附加到另一個字串 */
07      char string1[30], string2[30];
08      int size;
09      printf("請輸入第一個字串: ");
10      gets(string1);
11      printf("請輸入第二個字串: ");
12      gets(string2);
13      printf("請問要附加多少個字元: ");
14      scanf("%d", &size);   /* 輸入附加字元數 */
15      printf("執行附加的動作...\n\n");
16      strncat(string2, string1, size);  /* 呼叫 strncat( ) 函數 */
17      printf("第一個字串為: %s\n", string1);
18      printf("第二個字串為: %s\n", string2);
19      return 0;
20  }
```

輸出結果

```
請輸入第一個字串: Management science
請輸入第二個字串: Information 
請問要附加多少個字元: 10
執行附加的動作...

第一個字串為: Management science
第二個字串為: Information Management
```

【程式剖析】

從輸出結果得知，string1 的前 10 個字元被附加到 string2 後面，成為字串 Information Management。注意！第二個字串最後有一空白字元，使得連結後是 Information Management。

10-4-8 strcmp 函數

strcmp(string1, string2) 函數是比較兩字串 string1 與 string2 是否相等。若兩字串相等時，則傳回值為 0；若 string1 大於 string2，則傳回值為 1；若 string1 小於 string2，則傳回值為 -1。兩個字串的比較是依序以字元的 ASCII 碼來比較的。大寫英文字母 ASCII，比小寫英文字母的 ASCII 來得小。請參閱範例 10-4h 第 14 行。

範例 10-4h

```
01  /* ex10-4h.c */
02  #include <stdio.h>
03  #include <string.h>
04  int main()
05  06  {
06      /* 兩字串的比較 */
07      char string1[30], string2[30];
08      int difference;
09      printf("請輸入第一個字串: ");
10      gets(string1);
11      printf("請輸入第二個字串: ");
12      gets(string2);
13      printf("執行比較的動作...\n\n");
14      difference = strcmp(string1, string2);
15      switch (difference) {
16          case 0: printf("%s 與 %s 是相同的\n", string1, string2);
17                  break;
18          case 1: printf("%s 大於 %s\n", string1, string2);
19                  break;
20          case -1: printf("%s 小於 %s\n", string1, string2);
21                  break;
22      }
23      return 0;
24  }
```

輸出結果

```
請輸入第一個字串: Honda Civic
請輸入第二個字串: Honda CRV
執行比較的動作...

Honda Civic 大於 Honda CRV
```

【程式剖析】

兩個字串逐一的比較，最後 Honda Civic 中 'i' 字元，大於 Honda CRV 的 'R' 字元。

10-4-9 stricmp 函數

在 C 程式語言中，英文字母大寫與小寫是不同的，若以 strcmp 函數比較 abc 與 ABC，則傳回值是 1，而不是 0。若要忽略字母大小寫的不同來比較字串，必須利用 stricmp 函數才辦得到。請參閱範例 10-4i 第 14 行。

範例 10-4i

```
01  /* ex10-4i.c */
02  #include <stdio.h>
03  #include <string.h>
04  int main()
05   {
06      /* 兩字串的比較 */
07      char string1[30], string2[30];
08      int difference;
09      printf("請輸入第一個字串: ");
10      gets(string1);
11      printf("請輸入第二個字串: ");
12      gets(string2);
13      printf("執行stricmp 比較的動作...\n\n");
14      difference = stricmp(string1, string2);
15      switch (difference) {
16          case 0:  printf("%s 與 %s 是相同的\n", string1, string2);
17                   break;
18          case 1:  printf("%s 大於 %s\n", string1, string2);
19                   break;
```

```
20          case -1: printf("%s 小於 %s\n", string1, string2);
21                   break;
22      }
23      return 0;
24  }
```

輸出結果

```
請輸入第一個字串: Johnson
請輸入第二個字串: johnson
執行 stricmp 比較的動作...

Johnson 與 johnson 是相同的
```

【程式剖析】

此範例比較 "johnson" 與 "Johnson"，但它忽略字母的大小寫。所以這兩字串仍是相等的。

10-4-10 strncmp 函數

strncmp 函數是比較兩字串中一定個數的字元。呼叫 strncmp 函數時必須傳遞第三個參數—比較的字元數，如 strncmp(string1, string2, 5);，會比較 string1 與 string2 的前五個字元，若前五個字元皆相等，則傳回 0；否則傳回 1 或 -1。請參閱範例 10-4j 第 17 行。

範例 10-4j

```
01  /* ex10-4j.c */
02  #include <stdio.h>
03  #include <string.h>
04  int main()
05  {
06      /* 兩字串的比較 */
07      char string1[30], string2[30];
08      int difference, size;
09      printf("請輸入第一個字串: ");
10      gets(string1);
11      printf("請輸入第二個字串: ");
12      gets(string2);
13      printf("請輸入要比較的字元數: ");
```

```
14         scanf("%d", &size);
15 
16         printf("執行 strncmp 比較的動作...\n\n");
17         difference = strncmp(string1, string2, size);
18         switch (difference) {
19             case 0:  printf("%s 與 %s 是相同的\n", string1, string2);
20                      break;
21             case 1:  printf("%s 大於 %s\n", string1, string2);
22                      break;
23             case -1: printf("%s 小於 %s\n", string1, string2);
24                      break;
25         }
26         return 0;
27     }
```

輸出結果

```
請輸入第一個字串: Honda Civic
請輸入第二個字串: Honda CRV
請輸入要比較的字元數: 5
執行 strncmp 比較的動作...

Honda Civic 與 Honda CRV 是相同的
```

【程式剖析】

此範例只比較了 Honda Civic 與 Honda CRV 的前 5 個字元，檢查這兩部車是否皆為 Honda 車廠所製造的。

10-4-11 strnicmp 函數

strnicmp 函數是將 stricmp 與 strncmp 的功能合併，不分大小寫比較兩字串一定個數的字元。請參閱範例 10-4k 第 17 行。

範例 10-4k

```
01     /* ex10-4k.c */
02     #include <stdio.h>
03     #include <string.h>
04     int main()
05     {
06         /* 兩字串的比較 */
```

```
07        char string1[30], string2[30];
08        int difference, size;
09        printf("請輸入第一個字串: ");
10        gets(string1);
11        printf("請輸入第二個字串: ");
12        gets(string2);
13        printf("請輸入要比較的字元數: ");
14        scanf("%d", &size);
15
16        printf("執行 strnicmp 比較的動作...\n\n");
17        difference = strnicmp(string1, string2, size);
18        switch (difference) {
19            case 0:  printf("%s 與 %s 是相同的\n", string1, string2);
20                     break;
21            case 1:  printf("%s 大於 %s\n", string1, string2);
22                     break;
23            case -1: printf("%s 小於 %s\n", string1, string2);
24                     break;
25        }
26        return 0;
27    }
```

輸出結果

```
請輸入第一個字串: honda Civic
請輸入第二個字串: Honda CRV
請輸入要比較的字元數: 5
執行 strnicmp 比較的動作...

honda Civic 與 Honda CRV 是相同的
```

【程式剖析】

此範例與以上兩個範例（10-4i 與 10-4j）的結合版。

10-4-12 strchr 函數

strchr() 函數是搜尋某一特定字元在字串中第一次出現的位址。如：

```
ptr = strchr(string, 'c');
```

從 string 字串的左邊開始，將第一次出現字元 'c' 的位址回傳給 ptr。ptr 是指向字元的指標。請參閱範例 10-4L 第 12 行。

範例 10-4L

```
01  /* ex10-4L.c */
02  #include <stdio.h>
03  #include <string.h>
04  int main()
05  {
06      char string[30], ch, *ptr;
07      printf("請輸入一字串: ");
08      gets(string);
09      printf("請輸入欲搜尋的字元: ");
10      ch = getchar();
11      printf("搜尋中...\n\n");
12      ptr = strchr(string, ch);
13      printf("字串的第一個字元的位址是: %x\n", string);
14      printf("字元%c 在字串%s 的位址是: %x\n", ch, string, ptr);
15      return 0;
16  }
```

輸出結果

```
請輸入一字串: Information
請輸入欲搜尋的字元: o
搜尋中...

字串的第一個字元的位址是: 22ff50
字元 o 在字串 Information 的位址是: 22ff53
```

【程式剖析】

輸出結果顯示 Information 的第一個字元（'I'）的位址是 22ff50，所以第一次出現 'o' 的位址是 22ff53。若欲搜尋的字元不存在於字串中，則回傳 0。

10-4-13 strrchr 函數

strrchr 函數是搜尋某一特定字元，最後出現在字串的位址。如

```
ptr = strrchr(string, 'c');
```

表示將字元 'c' 在 string 中最後一次出現的位址回傳給 ptr。ptr 是指向字元的指標。請參閱範例 10-4m 第 12 行。

範例 10-4m

```
01  /* ex10-4m.c */
02  #include <stdio.h>
03  #include <string.h>
04  int main()
05  {
06      char string[30], ch, *ptr;
07      printf("請輸入一字串: ");
08      gets(string);
09      printf("請輸入欲搜尋的字元: ");
10      ch = getchar();
11      printf("搜尋中...\n\n");
12      ptr = strrchr(string, ch);
13      printf("字串的第一個字元的位址是: %x\n", string);
14      printf("字元%c 在字串%s 的位址是: %x\n", ch, string, ptr);
15      return 0;
16  }
```

輸出結果

```
請輸入一字串: Information
請輸入欲搜尋的字元: o
搜尋中...

字串的第一個字元的位址是: 22ff50
字元 o 在字串 Information 的位址是: 22ff59
```

【程式剖析】

輸出結果顯示 Information 的第一個字元（'I'）的位址是 22ff50，所以最後出現 'o' 的位址是 22ff59。

1. 下一程式是小江所撰寫的，但有一小小的問題，請您幫他除錯一下。

```
/* bugs10-4-1.c */
#include <stdio.h>
int main()
{
    char string1[80], string2[10];
    printf("請輸入第一個字串: ");
    gets(string1);
    printf("將此字串拷貝到 string2 中\n");
    strcpy(string1, string2);
    printf("第二個字串為: %c\n", string2);
    return 0;
}
```

10-5 字串的應用範例

以下我們將舉五個有關字串的應用範例，讓你以後對字串的使用能夠得心應手。

10-5-1 於字串陣列中搜尋某一字串

試撰寫一程式，提示使用輸入五個字串於字串陣列，然後再輸入欲搜尋的字串，若找到，則輸出其在字串陣列中的索引，否則，輸出「找不到的訊息」。請參閱應用範例 10-5-1。

應用範例 10-5-1

```
01  /* ex10-5-1.c */
02  #include <stdio.h>
03  #include <string.h>
04  #include <stdbool.h>
05  
06  int main()
07  {
08      char str[5][80];
09      char searchString[80];
```

```
10        _Bool get = false;
11        for (int i=0; i<5; i++) {
12            printf("請輸入 #%d 個字串: ", i+1);
13            scanf("%s", str[i]);
14        }
15        printf("請輸入你要搜尋的字串: ");
16        scanf("%s", searchString);
17
18        for (int j=0; j<5; j++) {
19            if (strcmp(searchString, str[j]) == 0) {
20                get = true;
21                printf("\n 我找到了 %s, 它在索引 %d\n", searchString, j);
22                break;
23            }
24        }
25        if (get == false) {
26            printf("\n 找不到 %s 字串 \n", searchString);
27        }
28        return 0;
29    }
```

輸出結果 1

```
請輸入 #1 個字串: Banana
請輸入 #2 個字串: Grape
請輸入 #3 個字串: Orange
請輸入 #4 個字串: Pineapple
請輸入 #5 個字串: Kiwi
請輸入你要搜尋的字串: Pineapple

我找到了 Pineapple, 它在索引 3
```

輸出結果 2

```
請輸入 #1 個字串: Banana
請輸入 #2 個字串: Grape
請輸入 #3 個字串: Orange
請輸入 #4 個字串: Pineapple
請輸入 #5 個字串: Kiwi
請輸入你要搜尋的字串: Apple

找不到 Apple 字串
```

10-5-2 於陣列指標中搜尋某一字串

如同應用範例 10-5-1 的題目所示，請將使用者輸入的字串儲放於陣列的指標。請參閱應用範例 10-5-2。

應用範例 10-5-2

```
01 /* ex10-5-2.c */
02 #include <stdio.h>
03 #include <string.h>
04 #include <stdbool.h>
05 #include <stdlib.h>
06 
07 int main()
08 {
09     char *str[5];
10     char searchString[80];
11     _Bool get = false;
12     for (int i=0; i<5; i++) {
13         printf("請輸入 #%d 個字串: ", i+1);
14         str[i] = malloc(80);
15         scanf("%s", *(str+i));
16     }
17     printf("請輸入你要搜尋的字串: ");
18     scanf("%s", searchString);
19 
20     for (int j=0; j<5; j++) {
21         if (strcmp(searchString, *(str+j)) == 0) {
22             get = true;
23             printf("\n 我找到了 %s, 它在索引 %d\n", searchString,  j);
24             break;
25         }
26     }
27 
28     if (get == false) {
29         printf("\n 找不到 %s 字串\n", searchString);
30 
31     }
32     return 0;
33 }
```

輸出結果 1

```
請輸入 #1 個字串: Banana
請輸入 #2 個字串: Grape
請輸入 #3 個字串: Orange
請輸入 #4 個字串: Pineapple
請輸入 #5 個字串: Kiwi
請輸入你要搜尋的字串: Banana

我找到了 Banana, 它在索引 0
```

輸出結果 2

```
請輸入 #1 個字串: Banana
請輸入 #2 個字串: Grape
請輸入 #3 個字串: Orange
請輸入 #4 個字串: Pineapple
請輸入 #5 個字串: Kiwi
請輸入你要搜尋的字串: Apple

找不到 Apple 字串
```

【程式剖析】

此程式的輸出結果和上一個程式的輸出結果是相同，但要注意的是，由於它是陣列的指標，所以要先使用 malloc() 函式配置記憶體才行，否則無法使用 scanf() 函式輸入字串資料。

10-5-3 模擬 strcmp(str1, str2) 庫存函數

試撰寫一程式，以自訂函數 strcmpUser (str1, str2) 模擬比較兩字串 str1 和 str2 大小的 strcmp(str1, str2) 庫存函數。請參閱應用範例 10-5-3。

應用範例 10-5-3

```
01  /* ex10-5-3.c */
02  #include <stdio.h>
03  void strcmpUser(char [], char []);
04
05  int main()
06  {
```

```
07      char str1[80];
08      char str2[80];
09      printf("請輸入一字串： ");
10      gets(str1);
11      printf("請再輸入一字串： ");
12      gets(str2);
13      strcmpUser(str1, str2);
14      getchar();
15      return 0;
16  }
17
18  void strcmpUser(char str1[], char str2[])
19  {
20      int i=0;
21      while (str1[i] == str2[i]) {
22          i++;
23          if (str1[i] == '\0' && str2[i] == '\0') {
24              printf("%s 等於  %s", str1, str2);
25              break;
26          }
27      }
28      if (str1[i] > str2[i]) {
29          printf("%s 大於  %s", str1, str2);
30      }
31      else {
32          printf("%s 小於  %s", str1, str2);
33      }
34  }
```

輸出結果

```
請輸入一字串： Honda Accord
請再輸入一字串： Honda Civic
Honda Accord 小於  Honda Civic
```

【程式剖析】

在執行此程式你可能會出現

```
warning: this program uses gets(), which is unsafe.
```

這樣的警告訊息，表示你輸入的字串可能會大於你給予的字數空間。此時，你可以使用下一函數

```
fgets(str1, 80, stdin);
```

取代

```
gets(str1);
```

函數，因為此程式我們輸入的字元個數不會大於我們訂的字元個數的空間，所以還是以 gets() 函式完成。

10-5-4 將十六進位轉換為十進位

試撰寫一程式，將十六進位的字串轉換為十進位的數值。請參閱應用範例 10-5-4。

應用範例 10-5-4

```
01  /* ex10-5-4 */
02  #include <stdio.h>
03  #include <string.h>
04  #include <math.h>
05  
06  int main()
07  {
08      char str[80];
09      long int len;
10      int decimal=0;
11      printf("請輸入一個十六進位的字串: ");
12      scanf("%s", str);
13      len = strlen(str);
14  
15      for (long int i=0; i<=len-1; i++) {
16          switch (str[i]) {
17              case 'A':
18              case 'a':
19                  decimal += 10 * pow(16, len-i-1);
20                  break;
21              case 'B':
```

```
22                case 'b':
23                    decimal += 11 * pow(16, len-i-1);
24                    break;
25                case 'C':
26                case 'c':
27                    decimal += 12 * pow(16, len-i-1);
28                    break;
29                case 'D':
30                case 'd':
31                    decimal += 13 * pow(16, len-i-1);
32                    break;
33                case 'E':
34                case 'e':
35                    decimal += 14 * pow(16, len-i-1);
36                    break;
37                case 'F':
38                case 'f':
39                    decimal += 15 * pow(16, len-i-1);
40                    break;
41                case '0':
42                    decimal += 0 * pow(16, len-i-1);
43                    break;
44                case '1':
45                    decimal += 1 * pow(16, len-i-1);
46                    break;
47                case '2':
48                    decimal += 2 * pow(16, len-i-1);
49                    break;
50                case '3':
51                    decimal += 3 * pow(16, len-i-1);
52                    break;
53                case '4':
54                    decimal += 4 * pow(16, len-i-1);
55                    break;
56                case '5':
57                    decimal += 5 * pow(16, len-i-1);
58                    break;
59                case '6':
60                    decimal += 6 * pow(16, len-i-1);
61                    break;
62                case '7':
63                    decimal += 7 * pow(16, len-i-1);
64                    break;
65                case '8':
66                    decimal += 8 * pow(16, len-i-1);
```

```
67                 break;
68             case '9':
69                 decimal += 9 * pow(16, len-i-1);
70                 break;
71         }
72     }
73     printf("%s 其十進位的值為  %d\n", str, decimal);
74     return 0;
75 }
```

輸出結果 1

```
請輸入一個十六進位的字串: 111
111 其十進位的值為  273
```

輸出結果 2

```
請輸入一個十六進位的字串: 10a
10a 其十進位的值為  266
```

【程式剖析】

以上的程式較直接，在執行上也沒有問題，只是太多 case 的狀態，所以看起來不是很好的架構，由此可見，一個問題可以有多種解法，此時就要比其效率和結構了。我們可以將程式加以修改如下所示：

範例 10-5-4(reversion)

```
01 /* ex10-5-4(reversion) */
02 #include <stdio.h>
03 #include <string.h>
04 #include <ctype.h>
05 #include <math.h>
06 
07 int main()
08 {
09     char str[80];
10     long int len;
11     int decimal=0;
12     int num[80];
13     printf("請輸入一個十六進位的字串: ");
14     scanf("%s", str);
15     len = strlen(str);
```

```
16        for (int i=0; i<=len-1; i++) {
17            if (toupper(str[i]) >= 'A' && toupper(str[i]) <= 'F') {
18                num[i] = 10 + (int)toupper(str[i]) - (int)'A';
19                printf("num[%d]=%d\n", i, num[i]);
20            }
21            else {
22                num[i] = (int)str[i] - (int)'0';
23                printf("num[%d]=%d\n", i, num[i]);
24            }
25        }
26        for (int j=0; j<=len-1; j++) {
27            decimal += num[j] * pow(16, len-j-1);
28            printf("...devicmal = %d\n", decimal);
29        }
30        printf("%s 其十進位的值為  %d\n", str, decimal);
31        return 0;
32    }
```

輸出結果 1

```
請輸入一個十六進位的字串: 10a
num[0]=1
num[1]=0
num[2]=10
...devicmal = 256
...devicmal = 256
...devicmal = 266
10a 其十進位的值為  266
```

輸出結果 2

```
請輸入一個十六進位的字串: 111
num[0]=1
num[1]=1
num[2]=1
...devicmal = 256
...devicmal = 272
...devicmal = 273

輸出結果樣本(三):
num[0]=1
num[1]=10
num[2]=1
num[3]=11
...devicmal = 4096
...devicmal = 6656
...devicmal = 6672
```

```
...devicmal = 6683
1A1B 其十進位的值為  6683
```

【程式剖析】

修改後的程式簡潔多了。我們利用 toupper(str[i]) 函式，將 str[i] 內的字元轉換為大寫的字元。並利用 (int) 將字元轉換為 ASCII 的整數值，然後存放於 num 陣列中。

10-5-5 迴文

迴文（palindrome）的定義是，一字串或數字順著讀和逆著讀都一樣。如 noon 就是迴文，而 moon 則不是迴文。請參閱應用範例 10-5-5。

範例 10-5-5

```
01  /* ex10-5-5.c */
02  #include <stdio.h>
03  #include <string.h>
04  
05  int main() {
06      char str[81];
07      printf("請輸入一字串: ");
08      scanf("%s", str);
09  
10      int low = 0;
11      unsigned long high = strlen(str) - 1;
12  
13      _Bool isPalindrome = 1;
14      while (low < high) {
15          if (str[low] != str[high]) {
16              isPalindrome = 0;
17              break;
18          }
19  
20          low++;
21          high--;
22      }
23  
24      if (isPalindrome) {
25          printf("%s is a palindrome", str);
```

```
26        }
27        else
28            printf("%s is not a palindrome", str);
29
30        return 0;
31    }
```

輸出結果

```
請輸入一字串: noon
noon is a palindrome
```

【程式剖析】

程式第 10 行將 low 設為 0，第 11 行的 high 則是字串的長度減 1，並以 _Bool 的型態定義 isPalindrome，初始值為 1。利用迴圈（第 14-22 行）比較在 low 與 high 位置的字元是否相等（第 15 行），若相等，再將 low 加 1（第 20 行），high 減 1（第 21 行），繼續比較。若不相等，則將 isPalindrome 設為 0（第 16 行），表示此字串不是迴文。

10-6 問題演練

1. 請問下列程式的輸出結果為何？

(a)
```
#include <stdio.h>
#include <string.h>
int main()
{
    char *s = "Stanford University";
    int x;
    x = strlen(s);
    printf("The length of %s is %d", s, x);
    return 0;
}
```

(b)
```
#include <stdio.h>
#include <string.h>
int main()
{
    char *t = " computer";
    char s[80] = "IBM PC";
    printf("The string t is %s\n", strcat(s, t));
```

```
        printf("The string t is %s\n", strncat(s, t, 5));
        return 0;
    }
```

(c)
```
    #include <stdio.h>
    #include <string.h>
    int main()
    {
        char *s = "computer";
        char t[80];
        strcpy(t, s);
        printf("s = %s\nt = %s", s, t);
        return 0;
    }
```

(d)
```
    #include <stdio.h>
    #include <string.h>
    int main()
    {
        char *s = "computer";
        char *t = "compatible";
        printf("strcmp(s, t) is %d\n", strcmp(s, t));
        printf("strncmp(s, t, 4) is %d\n", strncmp(s, t, 4));
        return 0;
    }
```

(e)
```
    #include <stdio.h>
    #include <string.h>
    int main()
    {
        char *s = "banana";
        printf("strchr(s, 'a') = %d\n", strchr(s, 'a'));
        printf("strrchr(s, 'a') = %d\n", strrchr(s, 'a'));
        return 0;
    }
```

2. 試問下一程式的輸出結果為何？

```
#include <stdio.h>
int main()
{
    char note[] = "See you at the snack bar";
    char *ptr;
    ptr = note;
    puts(ptr);
    puts(++ptr);
    note[7] = '\0';
    puts(note);
    puts(++ptr);
    return 0;
}
```

3. 試問下一程式的輸出結果為何？

```
#include <stdio.h>
#include <string.h>
int main()
{
    char food[] = "Yummy";
    char *ptr;
    ptr = food + strlen(food);
    while (--ptr >= food)
        puts(ptr);
    return 0;
}
```

4. 試問下一程式的輸出結果為何？

```
#include <stdio.h>
int main()
{
    char s7[] = "I come not to bury Caesar";
    printf("%s", s7);
    printf("%s", &s7[0]);
    printf("%s", s7+11);
    return 0;
}
```

5. 試問下一程式之輸出結果為何？

```
#include <stdio.h>
#include <string.h>
#define M1 "How are you, sweetie?"
char M2[40] = "Beat the clock. ";
int main()
{
    char words[80];
    printf(M1);
    puts(M1);
    puts(M2);
    puts(M2+1);
    strcpy(words, M2);
    strcat(words, "Win a toy.");
    puts(words);
    words[4] = '\0';
    puts(words);
    return 0;
}
```

6. 試問下一程式之輸出結果為何？

```
#include <stdio.h>
#define M1 "How are you, sweetie?"
char *M3 = "chat";
int main()
{
    while (*M3)
        puts(M3++);
    puts(--M3);
    puts(--M3);
    M3 = M1;
    puts(M3);
    return 0;
}
```

10-7 程式實作

1. 程式要求使用者輸入 4 個字串，如 "Department"、"of"、"Information" 及 "Management"，利用字串庫存函數將其連結後，再複製到另一字串並加以輸出。
2. 請自行撰寫函數以模擬 strlen 與 strcat 庫存函數。
3. 試撰寫一程式，以自訂函數 strcatUser (str1, str2) 模擬將 str1 附加在 str2 後面的 strcat(str1, str2) 庫存函數。
4. 試撰寫一程式，檢視兩個單字是否為變位詞(anagram)。

   提示：若兩個單字含有相同的字元稱之，如 "Python" 和 "tyPhon"、"heart" 和 "earth" 都是變位詞。
5. 試撰寫一程式，計算字串中數字 0 到 9 出現的個數，如 str = "1223345331ABC"，則顯示 1 出現 2 次，2 出現 2 次，3 出現 4 次，4 出現 1 次，5 出現 1 次。

結構

11-1 淺談結構

什麼是**結構**（structure）呢？結構與陣列都是屬於**衍生資料型態**（derived data type）。陣列是一群相同資料型態變數的集合；而結構是由多個相同或不同的資料型態變數所組成的集合體。

結構可視為**記錄**（record），而組成結構的各個變數可視為記錄內的**欄位**（field）。如學生成績記錄，包括了學生姓名、各科分數、總分、平均分數等欄位，每一筆記錄的欄位則是不同資料型態的變數，如學生姓名為字串型態、分數為整數型態、平均為浮點數型態。

11-1-1 結構型態的宣告

結構型態的宣告如下：

```
struct 結構名稱 {
    結構成員;
};
```

struct 為關鍵字，其後接續使用者自定的結構名稱。結構的成員是由不同資料型態的變數所組成的，以大括號 { } 括起來，最後以分號（;）做為結構型態宣告結束。這個分號很容易被遺漏，初學者一定要特別注意。

以上述學生的成績為例，結構型態的宣告如下：

struct student {	/* 以 student 為結構名稱 */
char name[20];	/* 學生姓名 */
int score	/* 學生成績 */
};	/* 以分號結尾 */

student 為結構名稱，大括號 { } 內定義了結構的成員，如學生姓名、成績。

11-1-2 結構變數的定義與存取

結構型態的宣告並未配置記憶體，需要加以定義結構變數，系統才能配置適當的記憶體給它。結構變數的定義有下列兩種方式：

1. 第一種方式如下：

```
struct 結構名稱 {
    結構成員
} 結構變數名稱;
```

這種方式是直接在結構型態的宣告後的右大括弧 } 定義結構變數，如下所示：

```
struct student {
    char name[20];
    int score;
} peter, john;
```

上述定義了兩個結構變數，分別是 peter 和 john。

2. 第二種方式如下：

```
struct 結構名稱 {
    結構成員;
};
struct 結構名稱 結構變數名稱;
```

上式則是先宣告結構型態，再以 "struct 結構名稱" 為其資料型態，定義結構變數。如下所示：

```
struct student {
    char name[20];
    int score;
};
struct student peter, john;
```

上述也是定義了兩個結構變數，分別是 peter 和 john。

一次定義兩個以上的結構變數時，變數之間需以逗號 (,) 隔開。我比較喜歡以第二種方法來定義結構變數，您呢？我們來看範例 11-1a。

範例 11-1a

```
01  /* ex11-1a.c */
02  #include <stdio.h>
03  int main()
04  {
05      /* 宣告學生成績的結構型態 */
06      struct student {
07          char name[20];          /* 學生姓名 */
08          int score;              /* 學生成績 */
09      } rec1;                     /* 定義結構變數 rec1 */
10      struct student rec2;        /* 定義結構變數 rec2 */
11  
12      /* 以 sizeof( )計算結構變數 rec1 與 rec2 所占記憶體空間 */
13      printf("rec1 結構占 %d bytes\n", sizeof(rec1));
14      printf("rec2 結構占 %d bytes\n", sizeof(rec2));
15      return 0;
16  }
```

輸出結果

```
rec1 結構占 24 bytes
rec2 結構占 24 bytes
```

【程式剖析】

此範例第 6-10 行以兩種不同的結構變數定義方式，分別定義 rec1 及 rec2 結構變數。以第 13-14 行的 sizeof() 運算子計算 rec1 與 rec2 分配到的記憶體空間，兩者皆為 24 bytes。其中 char name[20] 占 20 bytes，int score 占 4 bytes。由此可知，一個結構變數所占的記憶體空間，即是加總結構成員所占記憶體空間。

定義結構變數後，若要存取結構成員，必須使用成員運算子（.）。請參閱範例 11-1b。

範例 11-1b

```
01  /* ex11-1b.c */
02  #include <stdio.h>
03  int main()
04  {
05      /* 宣告結構triangle 的型態，以成員運算子" . "存取結構成員 */
06      struct triangle {
07          int bottom, height;     /* 三角形的底與高 */
08          double area;            /* 三角形的面積 */
09      };
10      struct triangle tri;
11
12      printf("請輸入三角形的長: ");
13      scanf("%d", &tri.bottom);  /* 以tri.bottom 存取結構成員 bottom */
14
15      printf("請輸入三角形的高: ");
16      scanf("%d", &tri.height);  /* 以tri.height 存取結構成員 height */
17
18      tri.area = tri.bottom * tri.height / 2.0;  /* 以tri.area 存取
19                                                     結構成員 area */
20      printf("三角形的面積為: %.2f\n", tri.area);
21      return 0;
22  }
```

輸出結果

```
請輸入三角形的長: 10
請輸入三角形的高: 20
三角形的面積為: 100.00
```

【程式剖析】

程式第 6-9 行宣告了 triangle 的結構型態，並於第 10 行定義 tri 結構變數。在程式中，tri 必須藉由成員運算子來存取各個結構成員，如使用 tri.bottom（第 13 行）、tri.height（第 16 行）與 tri.area（18 行）以存取 bottom、height 與 area 三個結構成員。

為什麼要藉由成員運算子來存取結構成員呢？在範例 11-1b，若定義兩個以上的結構變數 tri1 與 tri2，直接使用 bottom 來存取結構成員，程式無法辨別 bottom 是對 tri1 或是 tri2 的結構成員做存取；若藉由成員運算子，使用結構變數加上成員運算子及結構成員，如 tri1.bottom 與 tri2.bottom 表示存取結構變數 tri 的 bottom 結構成員。

11-1-3 結構成員的初值設定

結構除了利用成員運算子（.）與輸入函數（scanf）來取得各成員的值之外，也能藉由初值設定的方式得到各成員的值。藉由範例 11-1c 來說明結構初值的設定方法：

範例 11-1c

```
01  /* ex11-1c.c */
02  #include <stdio.h>
03  int main()
04  {
05      struct order {
06          char product[20];     /* 產品名稱 */
07          double price;         /* 產品單價 */
08          int quantity;         /* 產品數量 */
09      };
10      struct order num2 = {"iPod nano", 6700.0, 20}; /* 以設定方式給予初值 */
11      struct order num3;
12      double total2, total3;
13      total2 = num2.price * num2.quantity;
14
15      printf("請輸入產品名稱: ");
16      scanf("%s", num3.product);
17      printf("請輸入產品價格: ");
```

```
18        scanf("%lf", &num3.price);
19        printf("請輸入訂購數量: ");
20        scanf("%d", &num3.quantity);
21        /* total3 產品總價為產品單價乘以產品數量 */
22        total3 = num3.price * num3.quantity;
23
24        printf("\n<< 訂單列表 >>\n");
25        printf("產品名稱: %s\n", num2.product);
26        printf("價格: %.1f\n", num2.price);
27        printf("數量: %d\n", num2.quantity);
28        printf("總共價格: %.1f\n\n", total2);
29
30        printf("產品名稱: %s\n", num3.product);
31        printf("價格: %.1f\n", num3.price);
32        printf("數量: %d\n", num3.quantity);
33        printf("總共價格: %.1f\n", total3);
34        return 0;
35    }
```

輸出結果

```
請輸入產品名稱: iPhone
請輸入產品價格: 19800
請輸入訂購數量: 2

<< 訂單列表 >>
產品名稱: iPod nano
價格: 6700.0
數量: 20
總共價格: 134000.0

產品名稱: iPhone
價格: 19800.0
數量: 2
總共價格: 39600.0
```

【程式剖析】

此範例在第 10 行定義 num2 時，設定其初值

```
struct order num2 = {"iPod nano", 6700.0, 20};
```

使用大括號 { } 將初值括起來，依照結構成員的順序 product→price→quantity，依次給定初值為 "iPod nano"、6700.0、20，初值之間以逗號將初值隔開。而結構變數 num2，則以交談方式輸入資料。

1. 小黑在實習課時仿照範例 11-1c 撰寫了一個程式，他看了許久卻找不出錯誤在哪裡，請您幫他除錯一下。

```
/* bugs11-1-1.c */
#include <stdio.h>
int main()
{
    struct order {
        char product[20];     /* 產品名稱 */
        double price;         /* 產品單價 */
        int quantity;         /* 產品數量 */
    };

    /* 以設定方式給予初值 */
    struct order num = {"iPod nano", 6700.0, 20};
    double total;
    total = price * quantity;

    printf("\n<< 訂單列表 >>\n");
    printf("產品名稱: %s\n", product);
    printf("價格: %.1f\n", price);
    printf("數量: %d\n", quantity);
    printf("總共價格: %.1f\n\n", total);
    return 0;
}
```

2. 小白也在實習課時也仿照範例 ex11-1c撰寫了一個程式，有二個地方不小心打錯了，但他除錯好久，卻找不出錯誤在哪裡，請您幫他一下囉！

```
/* bugs11-1-2.c */
#include <stdio.h>
int main()
{
    struct order {
        char *product;     /* 產品名稱 */
        double price;      /* 產品單價 */
```

```
        int quantity;       /* 產品數量 */
    };

    struct order num2;
    double total;

    printf("請輸入產品名稱: ");
    scanf("%s", num2.product);
    printf("請輸入產品價格: ");
    scanf("%f", &num2.price);
    printf("請輸入訂購數量: ");
    scanf("%d", &num2.quantity);
    total = num2.price * num2.quantity;
    /* total 產品總價為產品單價乘以產品數量 */

    printf("\n<< 訂單列表 >>\n");
    printf("產品名稱: %s\n", num2.product);
    printf("價格: %.1f\n", num2.price);
    printf("數量: %d\n", num2.quantity);
    printf("總共價格: %.1f\n", total);
    return 0;
}
```

1. 仿照範例 11-1b，將結構由三角形改為正方形。
2. 仿照範例 11-1c，將結構由產品改為學生姓名與成績。

11-2 結構與指標

11-2-1 指向結構變數的指標

結構既然是一種資料型態，所以可以定義指向此結構變數的指標，當結構指標變數指向某一結構時，則要以下列方式存取該結構中某個成員的值。

```
結構指標變數->結構成員
```

-> 稱為間接結構成員運算子，它是由減號（-）與大於（>）所組成的運算子。請參閱範例 11-2a。

範例 11-2a

```
01  /* ex11-2a.c */
02  #include <stdio.h>
03  int main()
04  {
05      struct employee {
06          char id[7];         /* ID 號碼 */
07          char name[20];      /* 員工姓名 */
08          int salary;         /* 所得薪資 */
09      };
10
11      /* 宣告結構變數，並設定其初值 */
12      struct employee general = {"D62128", "Johnson", 39000};
13
14      /* 定義結構指標變數，指向結構變數 general 的位址 */
15      struct employee *ptr = &general;
16
17      /* 使用-> 運算子取得各結構元素 */
18      printf("<< 使用-> 運算子取得各結構元素 >>\n");
19      printf("ID number: %s\n", ptr->id);
20      printf("Employee Name: %s\n", ptr->name);
21      printf("Salary: %d\n\n", ptr->salary);
22
23      /* 使用(*). 運算子取得各結構元素 */
24      printf("<< 使用(*). 運算子取得各結構元素 >>\n");
25      printf("ID number: %s\n", (*ptr).id);
26      printf("Employee Name: %s\n", (*ptr).name);
27      printf("Salary: %d\n", (*ptr).salary);
28      return 0;
29  }
```

輸出結果

```
<< 使用-> 運算子取得各結構元素 >>
ID number: D62128
Employee Name: Johnson
Salary: 39000
```

```
<< 使用(*). 運算子取得各結構元素 >>
ID number: D62128
Employee Name: Johnson
Salary: 39000
```

【程式剖析】

程式中第 15 行使用結構指標變數 ptr，指向結構變數 general 的位址，如下圖所示：

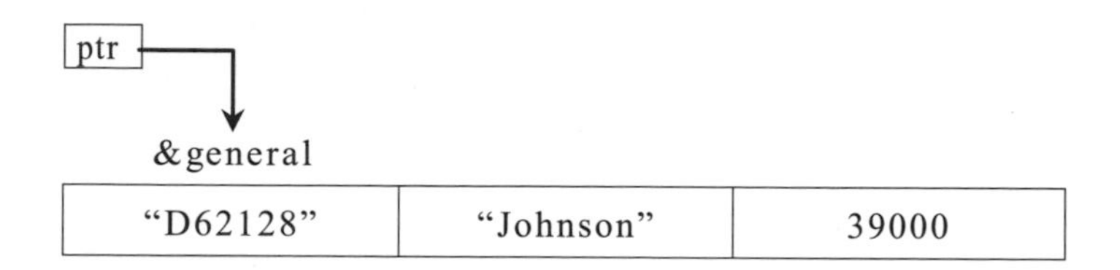

我們在第 19-21 行使用 ptr->id、ptr->name、ptr->salary，印出 "D62128"、"Johnson"、39000 這三個結構成員的值。同時也在第 25-27 行使用 (*ptr).id、(*ptr).name 與 (*ptr).salary 取得各結構成員的值，不過使用起來較不方便，而且也較易出錯，若沒有加括號，如 *ptr.id，將會造成錯誤。(*ptr).id 與 *ptr.id 在意義上是差很多的，因為 . 的運算優先順序比 * 來得高，所以 (*ptr).id 好比要先將禮盒拆了，得知裡面有什麼東西後才去拿；但 *ptr.id，則好比沒拆禮盒就得知裡面是有什麼東西，您說對嗎？

11-2-2 結構指標變數與函數

接下來，解說如何傳送結構參數給函數，請參閱範例 11-2b。

範例 11-2b

```
01  /* ex11-2b.c */
02  #include <stdio.h>
03  struct work {
04      char name[20];      /* 姓名 */
05      int hours;          /* 工作時數 */
06      int pay;            /* 時薪 */
07      int total_pay;      /* 總工資 */
```

```
08  };
09  void calculate(struct work *);
10
11  int main()
12  {
13      struct work service;   /* 定義結構變數 */
14      service.pay = 120;
15      printf("請輸入您的姓名: ");
16      gets(service.name);
17      printf("請輸入工作時數: ");
18      scanf("%d", &service.hours);
19
20      /* 呼叫calculate()函數，傳送service結構位址 */
21      calculate(&service);
22      printf("您總共的薪資是 $%d\n", service.total_pay);
23      return 0;
24  }
25
26  /* 定義calculate()函數，以結構指標變數接收結構位址 */
27  void calculate(struct work *ptr)
28  {
29      ptr->total_pay = ptr->hours * ptr->pay;   /* 計算總工資 */
30  }
```

輸出結果

```
請輸入您的姓名: Tommy
請輸入工作時數: 32
您總共的薪資是 $3840
```

【程式剖析】

程式第 21 行呼叫 calculate() 函數時，傳遞了 &service 給 calculate() 函數，因為 &service 是一個位址，必須使用結構指標變數 struct work *ptr 來接收（第 27 行），至於 calculate() 函數的工作，則是計算員工的總薪資。

在 calculate() 函數中，ptr 為結構指標變數，必須使用->運算子存取結構成員（第 29 行），由於呼叫函數時，是傳遞結構變數的位址，所以當 ptr->total_pay 的值被指定為 3840，在 service 結構變數中，service.total_pay 的值也是 3840。

1. 小黃學小黑，看完範例後也自行撰寫了一個程式，如下所示。他看了許久也找不出錯誤在哪裡，請您幫他除錯一下。

```
/* bugs11-2-1.c */
#include <stdio.h>
int main()
{
    struct employee {
        char id[7];         /* ID 號碼 */
        char name[20];      /* 員工姓名 */
        int salary;         /* 所得薪資 */
    };

    /* 宣告結構變數，並設定其初值 */
    struct employee general = {"D62128", "Johnson", 39000};

    /* 定義結構指標變數，指向結構變數 general 的位址 */
    struct employee *ptr = &general;

    /* 使用->運算子取得各結構元素 */
    printf("<< employee Data >>\n");
    printf("ID number: %s\n", *ptr.id);
    printf("Employee Name: %s\n", *ptr.name);
    printf("Salary: %d\n", *ptr.salary);
    return 0;
}
```

2. 小王也學小黑，看完範例後也自行撰寫了一個程式，如下所示。他左看右看找不出錯誤在哪裡，請您幫他除錯一下。

```
/* bug11-2-2.c */
#include <stdio.h>

struct work {
    char name[20];      /* 姓名 */
    int hours;          /* 工作時數 */
    int pay;            /* 時薪 */
    int total_pay;      /* 總工資 */
};
void calculate(struct work );

int main()
{
    struct work service;  /* 定義結構變數 */
```

```
    service.pay = 120;
    printf("請輸入您的姓名: ");
    gets(service.name);
    printf("請輸入工作時數: ");
    scanf("%d", &service.hours);
    calculate(service);  /* 呼叫 calculate()函數，傳送 service 結構位址 */
    printf("您總共的薪資是 $%d\n", service.total_pay);
    return 0;
}

/* 定義 calculate()函數，以結構指標變數接收結構位址 */
void calculate(struct work ptr)
{
    ptr.total_pay = ptr.hours * ptr.pay;  /* 計算總工資 */
}
```

11-3 結構陣列

結構陣列（structure array）表示每一陣列的成員都是結構的資料型態。結構陣列的定義方式與一般陣列相同，請參閱範例 11-3a。

範例 11-3a

```
01  /* ex11-3a.c */
02  #include <stdio.h>
03  int main()
04  {
05      /* 利用結構陣列存取資料 */
06      struct student {
07          int id;
08          char name[10];
09          double score;
10      };
11      /* 定義結構陣列，設定其初值 */
12      struct student classes[5] = {
13          {10811, "John", 88.0},
14          {10812, "Mary", 82.0},
15          {10813, "Bob", 76.5},
16          {10814, "Helen", 91.0},
17          {10815, "Peter", 61.5}};
18      int i;
19      printf("    學生名單如下 \n");
```

```
20        printf("    ------------\n\n");
21        printf("學號      姓名          分數\n");
22        /* 使用 for 迴圈將資料印出 */
23        for(i=0; i<5; i++)
24            printf("%-7d %-10s %5.1f\n", classes[i].id,
25                            classes[i].name, classes[i].score);
26        return 0;
27    }
```

輸出結果

```
    學生名單如下
    ------------

學號    姓名       分數
10811   John       88.0
10812   Mary       82.0
10813   Bob        76.5
10814   Helen      91.0
10815   Peter      61.5
```

【程式剖析】

此範例第 12-17 行定義了一個結構陣列以儲存多個學生的資料。定義結構陣列時就給定其初值。結構陣列的初值設定，則是使用大括號 { } ，指定每筆資料的成員值，資料之間以逗號（,）隔開。

程式第 23-25 行利用 for 迴圈印出每一筆資料。classes[0] 表示陣列中的第一筆紀錄，其後接續成員運算子來取得其結構成員，若要存取第一筆資料的結構成員，則使用 classes[0].id、classes[0].name、classes[0].score，因為此結構陣列是一般變數，所以使用點運算子存取結構成員。範例 11-3b 是以結構陣列當作資料庫儲存資料的地方。

範例 11-3b

```
01  /* ex11-3b.c */
02  #include <stdio.h>
03  struct student {
04      int id;
05      char name[10];
06      double score;
```

```
07  };
08  struct student classes[10];
09  int i = 0;
10
11  void create();  /* create()函數的原型定義 */
12  void list();    /* list()函數的原型定義 */
13  int main()
14  {
15      char choice;
16      do {
17          printf("\n1 => 新增一筆學生資料\n");
18          printf("2 => 列印學生資料\n");
19          printf("3 => 結束\n");
20          printf("請輸入選擇項: ");
21          choice = getchar();  /* 輸入選項 */
22          while (getchar() != '\n')
23              continue;        /* 刪除緩衝區不必要的資料 */
24          switch (choice) {
25              /* 選項 1 呼叫 create()函數做新增工作 */
26              case '1': create();
27                        break;
28              /* 選項 2 呼叫 list()函數做列印工作 */
29              case '2': list();
30                        break;
31              case '3': printf("Bye bye!!\n");
32                        break;
33              default : printf("選項錯誤!!\n");
34          }
35      }  while (choice != '3');  /* 選擇為 3 則跳出迴圈 */
36      return 0;
37  }
38
39  /* 定義 create()函數 */
40  void create()
41  {
42      if (i >= 10) {
43          printf("陣列已滿\n");
44          return;
45      }
46
47      printf("\n<< 加入一學生資料 >>\n");
48      printf("ID: ");
49      scanf("%d", &classes[i].id);
50
```

```
51         printf("姓名: ");
52         scanf("%s", classes[i].name);
53
54         printf("分數: ");
55         scanf("%lf", &classes[i].score);
56         while (getchar() != '\n')
57             continue;          /* 刪除緩衝區不必要的資料 */
58         i++;
59     }
60
61     /* 定義 list()函數 */
62     void list()
63     {
64         int n;
65         printf("\n<< 學生資料如下: >>\n");
66         /* 利用 for 迴圈將結構陣列中的資料一一列出 */
67         for (n=0; n<i; n++)
68             printf("%-10d  %-10s %5.1f\n", classes[n].id,
69                          classes[n].name, classes[n].score);
70     }
```

輸出結果

```
1 => 新增一筆學生資料
2 => 列印學生資料
3 => 結束
請輸入選擇項: 1

<< 加入一學生資料 >>
ID: 101
姓名: Bright
分數: 98

1 => 新增一筆學生資料
2 => 列印學生資料
3 => 結束
請輸入選擇項: 1

<< 加入一學生資料 >>
ID: 102
姓名: Linda
分數: 90

1 => 新增一筆學生資料
2 => 列印學生資料
```

```
3 => 結束
請輸入選擇項: 1

<< 加入一學生資料 >>
ID: 103
姓名: Amy
分數: 88

1 => 新增一筆學生資料
2 => 列印學生資料
3 => 結束
請輸入選擇項: 1

<< 加入一學生資料 >>
ID: 104
姓名: Jennifer
分數: 96

1 => 新增一筆學生資料
2 => 列印學生資料
3 => 結束
請輸入選擇項: 2

<< 學生資料如下: >>
101         Bright      98.0
102         Linda       90.0
103         Amy         88.0
104         Jennifer    96.0

1 => 新增一筆學生資料
2 => 列印學生資料
3 => 結束
請輸入選擇項: 3
Bye bye!!
```

【程式剖析】

此範例是一個陽春型的學生資料庫，它提供了新增與列印的基本功能。第 8 行 struct student classes[10]; 敘述定義了一個結構陣列，此陣列最多可存放 10 筆資料。新增、列印等功能的選擇，是以 switch...case 的敘述完成的（第 24-34 行），各功能皆有其對應的函數來執行。

新增功能是呼叫 create() 函數（第 40-59 行），函數呼叫時先判斷 i 是否大於等於 10，若是，則表示此陣列已滿，印出提示訊息並返回。新增完畢後，i++ 會做遞增的動作。列印功能是呼叫 list() 函數（第 62-70 行），for 迴圈將陣列中的資料逐一列出，並以 i 為列印的結束點。

看完上述範例後，您是否發現使用結構陣列有一個問題存在。在範例 11-3b 中，假設定義結構陣列是定數的陣列成員（例如 100 個），會造成記憶體空間的浪費或不數使用，應如何解決這個問題，請參閱 11-4 節之鏈結串列。

還有一項要注意的是，因為 getchar() 和 scanf() 函數都是緩衝區的 I/O，所以必須有一機制將緩衝區的資料清空，以防止下一次讀取資料時讀到錯誤的資料，這是很重要的。如下所示：

```
while (getchar() != '\n')
     continue;          /* 刪除緩衝區中不必要的資料 */
```

1. 老師要大家按照範例 11-3b 自己練習一下，以下是 Nancy 撰寫的程式，請您幫她看一下哪裡出了問題，並改正之。

```
/* bugs11-3-1.c */
#include <stdio.h>
struct student {
    int id;
    char name[10];
    double score;
};
struct student classes[10];
int i = 0;

void create();
void list();
int main()
{
    char choice;
    do {
        printf("\n1 => 新增一筆學生資料\n");
        printf("2 => 列印學生資料\n");
```

```
        printf("3 => 結束\n");
        printf("請輸入選擇項: ");
        choice = getchar();  /* 輸入選項 */
        while (getchar() != '\n' )
            continue;
        switch (choice) {
            case '1': create();
                      break;
            case '2': list();
                      break;
            case '3': printf("Bye bye!!\n");
                      break;
            default : printf("選項錯誤!!\n");
        }
    } while (choice != '3');
    return 0;
}

/* 定義 create() 函數 */
void create()
{
    if (i >= 10) {
        printf("陣列已滿\n");
        return;
    }

    printf("\n<< 加入一學生資料 >>\n");
    printf("ID: ");
    scanf("%d", classes[i].id);

    printf("姓名: ");
    scanf("%s", classes[i].name);

    printf("分數: ");
    scanf("%lf", classes[i].score);

    i++;
}

/* 定義list()函數 */
void list()
{
    int n;
    printf("\n<< 學生資料如下: >>\n");
    for (n=0; n<10; i++)
        printf("%d  %5.1f\n", classes[n].id, classes[n].score);
}
```

1. 試修改範例 11-1c，假設有五筆資料，請以結構陣列的方式表示之。

11-4 結構的應用範例

在 11-3 節曾提及使用結構陣列可能會浪費記憶體空間，這是因為大家都會要很多個記憶體，但實際上卻沒用那麼多，這種是屬於靜態的記憶體配置。本節將介紹另一種記憶體配置的方式，那就是**動態記憶體配置**（dynamic memory allocation），其表示當有需要記憶體時才配置給它，需要多少就給多少，只要呼叫 malloc 函數就可完成上述的動作。請參閱應用範例 11-4a。

應用範例 11-4a

```
01  /* ex11-4a.c */
02  #include <stdio.h>
03  #include <stdlib.h>
04  int main()
05  {
06      /* 宣告結構型態 */
07      struct student {
08          char name[20];
09          int score;
10      };
11      struct student *ptr;  /* 定義結構指標ptr */
12
13      /* 使用malloc()配置記憶體 */
14      ptr = (struct student *) malloc(sizeof(struct student));
15      printf("請輸入學生的姓名: ");
16      gets(ptr->name);
17      printf("請輸入學生的成績: ");
18      scanf("%d", &ptr->score);
19      printf("\n 學生的姓名是 %s\n", ptr->name);
20      printf("成績為 %d\n", ptr->score);
21      return 0;
22  }
```

輸出結果

```
請輸入學生的姓名: John
請輸入學生的成績: 80
學生的姓名是 John
成績為 80
```

【程式剖析】

此範例並未定義任何結構變數（意即沒有配置記憶體空間），而是以 malloc() 函數來動態的配置記憶體空間。malloc() 的原型定義是放在標頭檔 stdlib.h 中，所以使用 malloc() 函數時必須將此標頭檔載入。首先第 14 行的 malloc(sizeof(struct student)) 是要求系統配置 struct student 型態所需的記憶體空間，24 bytes 提供給程式使用，記憶體空間大小以 sizeof() 函數取得，經過 (struct student *) 轉型為結構指標的型態後，再指定給 ptr 指標。

為什麼要經過轉型（type casting）才能指定給 ptr 指標呢？這是因為 ptr 是指向 struct student 型態的指標，所以必須將 malloc() 配置的記憶體空間，轉換為 struct student * 型態，才能指定給 ptr 使用，這就是所謂的門當戶對。如此一來，ptr 就指向一塊大小為 24 bytes 的記憶體空間。

了解 malloc() 函數如何動態配置記憶體後，接下來介紹**鏈結串列**（linked list）。相信大家都見過鎖鍊，鎖鍊是由環狀的鐵鍊一個個串起來的，鏈結串列與鎖鍊的構成原理是一樣的。鏈結串列是由許多**節點**（nodes）組合而成的，每一個節點皆為結構，利用結構指標將節點與節點串連起來。

要使用鏈結串列，在節點的結構型態中，必須有一個結構成員指向此結構型態的指標，使其可以擔任串連的作用。假設有一結構名稱 node 如下：

```
struct node {
    int data;
    struct node *next;
};
struct node *ptr1, *ptr2, *ptr3;
```

成員 next 是一個指向同為 node 結構的指標，我們稱此結構為**自我參考結構（self-referenced structure）**。若已使用 malloc() 函數配置記憶體給結構指標，如 ptr1、ptr2 與 ptr3，現將 ptr1->next 指向 ptr2，ptr2->next 指向 ptr3，ptr3->next 指向空指標（NULL），示意圖如下：

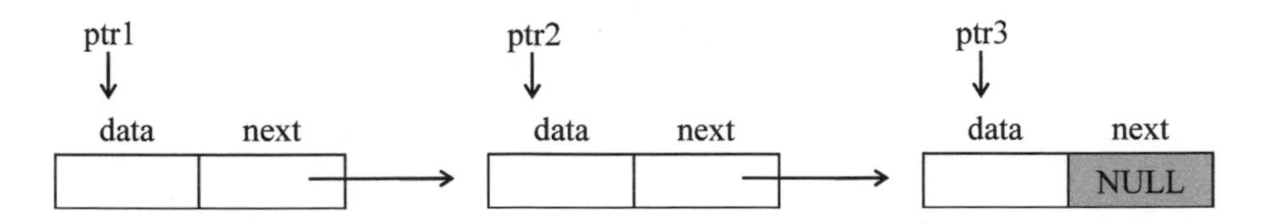

上圖就是所謂的鏈結串列()，每一個節點都是 node 的結構型態，節點與節點之間以結構指標 next 串連起來，藉由 ptr1->next 找到 ptr2，ptr2->next 找到 ptr3，ptr3 後面已無節點存在，所以將 ptr3->next 指向空指標（NULL）。什麼是空指標（NULL）呢？表示此指標沒有指向任何節點。我們以應用範例 11-4b 解說如何建立一鏈結串列。

應用範例 11-4b

```
01  /* ex11-4b.c */
02  #include <stdio.h>
03  #include <stdlib.h>
04  int main()
05  {
06      /* 宣告結構型態 */
07      struct node {
08          char name[20];
09          int  score;
10          struct node *next;
11      };
12      struct node *ptr1, *ptr2, *ptr3, *current;
13
14      /* 使用malloc()配置記憶體 */
15      ptr1 = (struct node *) malloc(sizeof(struct node));
16      printf("請輸入ptr1 節點的姓名: ");
17      scanf("%s", ptr1->name);
18      printf("請輸入ptr1 節點的分數: ");
19      scanf("%d", &ptr1->score);
20
21      ptr2 = (struct node *) malloc(sizeof(struct node));
```

```
22        printf("\n 請輸入ptr2 節點的姓名: ");
23        scanf("%s", ptr2->name);
24        printf("請輸入ptr2 節點的分數: ");
25        scanf("%d", &ptr2->score);
26        ptr1->next = ptr2;       /* 將 ptr1 的 next 指標指向 ptr2 */
27
28        ptr3 = (struct node *) malloc(sizeof(struct node));
29        printf("\n 請輸入ptr3 節點的姓名: ");
30        scanf("%s", ptr3->name);
31        printf("請輸入ptr3 節點的分數: ");
32        scanf("%d", &ptr3->score);
33        ptr3->next = NULL;        /* ptr3 的 next 指標設為NULL */
34        ptr2->next = ptr3;        /* 將 ptr2 的 next 指標指向 ptr3 */
35
36        current = ptr1;
37        printf("\n\n 縺結串列的資料如下:\n");
38        while (current != NULL) {
39            printf("%10s ", current->name);
40            printf("%5d\n", current->score);
41            current = current->next;
42        }
43        return 0;
44    }
```

輸出結果

```
請輸入 ptr1 節點的姓名: Bright
請輸入 ptr1 節點的分數: 98

請輸入 ptr2 節點的姓名: Linda
請輸入 ptr2 節點的分數: 90

請輸入 ptr3 節點的姓名: Jennifer
請輸入 ptr3 節點的分數: 97


縺結串列的資料如下:
    Bright    98
     Linda    90
  Jennifer    97
```

【程式剖析】

第 26 行利用

```
ptr1->next = ptr2;
```

將 ptr1 的 next 指標指向 ptr2，如下圖所示。

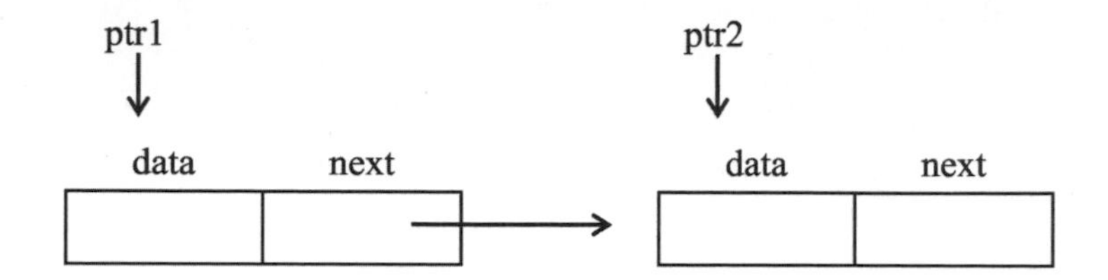

接著執行第 33-34 行二個敘述：

```
ptr3->next = NULL;      /* ptr3 的 next 指標設為 NULL */
ptr2->next = ptr3;      /* 將 ptr2 的 next 指標指向 ptr3 */
```

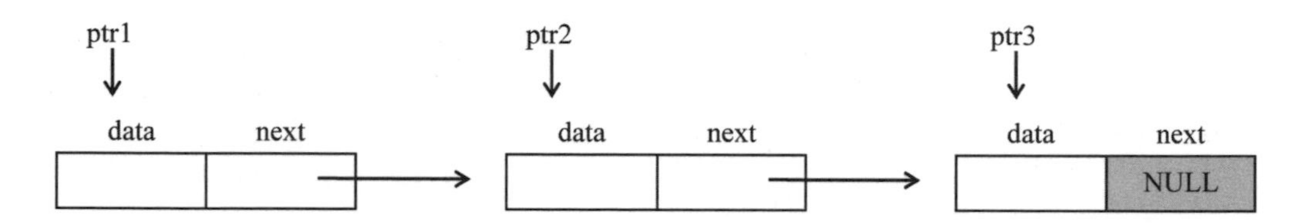

這就是完整的圖形了。此範例利用 while 迴圈，將鏈結串列的資料一一印出（第 38-42 行）。

```
current = ptr1;
printf("\n\n 鏈結串列的資料如下: \n");
while (current != NULL) {
     printf("%10s ", current->name);    /* 輸出姓名 */
     printf("%5d\n", current->score);   /* 輸出分數 */
     current = current->next;           /* 使 current 指標移到下一筆 */
}
```

首先，將 current 指向 ptr1（第 36 行），接著判斷 current 指標所指向的節點，是否為空節點（第 38 行），若不是，則印出此節點資料，並利用第 41 行

```
current = current->next;
```

將 current 指向下一節點。

接下來，我們將以鏈結串列的方式存放資料，並說明如何建立與列印鏈結串列的資料。請參閱範例 11-4c。

範例 11-4c

```
01  /* ex11-4c.c */
02  #include <stdio.h>
03  #include <stdlib.h>
04  void insert();
05  void list();
06  void flushBuffer();
07
08  struct student {
09      int id;
10      char name[10];
11      double score;
12      struct student *next;     /* 指向下一個鏈結 */
13  };
14  /* 定義結構指標，head 指向第一個鏈結 */
15  struct student *head, *ptr;
16
17  int main()
18  {
19      char choice;
20      head = (struct student *) malloc(sizeof(struct student));
21      head->next = NULL;     /* head 指向的節點不存任何資料 */
22
23      do {
24          /* 使用選項讓使用者選擇新增、列印或結束 */
25          printf("\n1 =>新增一節點\n");
26          printf("2 =>列印串列的所有節點\n");
27          printf("3 =>結束\n");
28          printf("請選擇一項目: ");
29          choice = getchar();  /* 輸入選項 */
30          flushBuffer();         //清空記憶體
```

```
31            switch(choice) {
32               case '1':insert();
33                        break;
34               case '2':list();
35                        break;
36               case '3':printf("Bye bye!!");
37                        break;
38               default: printf("選項錯誤!!\n");
39            }
40        } while(choice != '3');  /* 選擇為 3 則跳出迴圈 */
41        return 0;
42    }
43
44    /* 定義insert()，此函數不接受任何參數，且不傳回任何值 */
45    /* 新增一筆資料於鏈結串列的前端 */
46    void insert()
47    {
48        /* 以malloc( )函數配置記憶體 */
49        ptr = (struct student *) malloc(sizeof(struct student));
50        printf("\n<< 加入一學生資料 >>\n");
51        printf("ID <int> : ");
52        scanf("%d", &ptr->id);
53        printf("姓名 <string> : ");
54        scanf("%s", ptr->name);
55        printf("分數 <double> : ");
56        scanf("%lf", &ptr->score);
57        flushBuffer();      //清空記憶體
58        /* 加入前端的步驟 */
59        ptr->next = head->next;
60        head->next = ptr;
61    }
62
63    /* 定義list()，此函數不接受任何參數，且不傳回任何值 */
64    /* 列印資料於螢幕 */
65    void list()
66    {
67        struct student *current;
68        if (head->next == NULL)
69            printf("目前串列的資料是空的\n");
70        else {
71            current = head->next;        /* 將node指向head */
72            printf("\n<< 目前的串列資料如下: >>\n");
73            /* 列印資料直到current為空指標 */
74            while (current != NULL) {
```

```
75                  printf("%-10d %-10s %-10.2f\n", current->id,
76                          current->name, current->score);
77                  current = current->next;
78              }
79          }
80  }
81
82  void flushBuffer()
83  {
84      while (getchar() != '\n')
85              continue;
86  }
```

輸出結果

```
1 =>新增一節點
2 =>列印串列的所有節點
3 =>結束
請選擇一項目: 1

<< 加入一學生資料 >>
ID <int>: 1001
姓名 <string>: Bright
分數 <double>: 98.6

1 =>新增一節點
2 =>列印串列的所有節點
3 =>結束
請選擇一項目: 1

<< 加入一學生資料 >>
ID <int>: 1002
姓名 <string>: Linda
分數 <double>: 88.7

1 =>新增一節點
2 =>列印串列的所有節點
3 =>結束
請選擇一項目: 1

<< 加入一學生資料 >>
ID <int>: 1003
姓名 <string>: Jennifer
分數 <double>: 92.8
```

```
1 =>新增一節點
2 =>列印串列的所有節點
3 =>結束
請選擇一項目: 2

<< 目前的串列資料如下: >>
1003        Jennifer    92.80
1002        Linda       88.70
1001        Bright      98.60

1 =>新增一節點
2 =>列印串列的所有節點
3 =>結束
請選擇一項目: 3
Bye bye!!
```

【程式剖析】

首先，程式提供一選單給使用者，選擇他要執行功能的項目，計有新增和列印二項功能。

我們假設鏈結串列的 head 所指向的節點不存放資料，所以配置記憶體之後，只將 NULL 指定給 head->next（第 21 行），如以下敘述所示：

```
head = (struct student *) malloc(sizeof(struct student));
head->next = NULL;     /* head 不存任何資料 */
```

呼叫 insert() 時，使用 malloc() 配置適當的記憶體給 ptr 指標變數（第 49 行）。接著，由使用者輸入資料（第 52-56 行），並將它加到鏈結串列的前端（第 59-60 行）。如下敘述就可完成：

```
/* 加入前端的步驟 */
ptr->next = head->next;
head->next = ptr;
```

鏈結串列中資料的列印，則以第 68-69 行的敘述判斷串列是否為空的。

```
if (head->next == NULL)
    printf("目前串列的資料是空的\n");
```

若不是空串列，則將 current 指標指向串列的第一個有存放資料的節點，這個工作由第 71 行的

```
current = head->next;
```

敘述來完成（注意！head 指標所指向的那一節點是空的）。current 為指向有存放資料的第一個節點（head->next），接下來利用迴圈（第 74-78 行），重複執行下列動作：列印資料→往下一節點→列印資料→往下一節點→...，就能將所有的資料都印出，當 current 為空指標（NULL）時，表示此串列已無資料，此時就可停止列印。

了解鏈結串列的新增與列印的功能之後，接下來，將範例 11-4d 加入 del() 函數，以解說如何完成刪除的功能。請參閱範例 11-4d。

範例 11-4d

```
001  /* ex11-4d.c */
002  #include <stdio.h>
003  #include <stdlib.h>
004  void insert();
005  void del();
006  void list();
007  void flushBuffer();
008
009  struct student
010  {
011      int id;                    /* ID 號碼 */
012      char name[10];             /* 學生姓名 */
013      double score;              /* 學生分數 */
014      struct student *next;      /* 指向下一個鏈結 */
015  };
016
017  /* 定義結構指標，head 指向第一個鏈結 */
018  struct student *head, *ptr, *current;
```

```
019
020  int main()
021  {
022      char choice;
023      head = (struct student *) malloc(sizeof(struct student));
024      head -> next = NULL;     /* head 指向的節點不存任何資料 */
025      do {
026          /* 使用選項讓使用者選擇新增、刪除、列印或結束 */
027          printf("\n1 =>新增一節點\n");
028          printf("2 =>刪除一節點\n");
029          printf("3 =>列印串列的所有節點\n");
030          printf("4 =>結束\n");
031          printf("請選擇一項目: ");
032          choice = getchar();           /* 輸入選項 */
033          flushBuffer();                /* 清空緩衝區 */
034          switch(choice) {
035              case '1': insert( );
036                        break;
037              case '2': del( );
038                        break;
039              case '3': list( );
040                        break;
041              case '4': printf("Bye bye!!\n");
042                        break;
043              default : printf("選項錯誤!!\n");
044          }
045      }  while(choice != '4');  /* 選擇為 4 則跳出迴圈 */
046      return 0;
047  }
048
049  /* 定義 insert()，此函數不接受任何參數，且不傳回任何值 */
050  /* 新增一筆資料於鏈結串列的前端 */
051  void insert()
052  {
053      /* 以malloc()函數配置記憶體 */
054      ptr = (struct student *) malloc(sizeof(struct student));
055      printf("\n<< 加入一學生資料 >>\n");
056      printf("ID <int>: ");
057      scanf("%d", &ptr->id);
058      printf("姓名 <string>: ");
059      flushBuffer();
060      scanf("%s", ptr->name);
061      printf("分數 <double>: ");
```

```
062         scanf("%lf", &ptr->score);
063         flushBuffer();
064
065         /* 加入前端 */
066         ptr->next = head->next;
067         head->next = ptr;
068     }
069
070     /* 定義 del()，此函數不接受任何參數，且不傳回任何值 */
071     /* 刪除鏈結串列前端資料 */
072     void del()
073     {
074             current = head->next ;
075
076             /* 判斷鏈結串列是不是空的 */
077             if (current == NULL)
078                 printf("鏈結串列是空的 !!!\n");
079             else {
080                 head->next = current->next;  /* 利用這一敘述將前端的節點刪除 */
081                 printf("\n<< 被刪除學生的資料如下: >>\n");
082                 printf("%-10d %-10s %-10.2f\n",
083                         current->id, current->name, current->score);
084                 free(current);
085             }
086     }
087
088     /* 定義 list()，此函數不接受任何參數，且不傳回任何值 */
089     /* 列印資料於螢幕 */
090     void list()
091     {
092         if (head->next == NULL)
093             printf("目前串列無資料\n");
094         else {
095             current = head->next;        /* 將 node 指向 head */
096             printf("\n<< 目前的串列資料如下: >>\n");
097             /* 列印資料直到 current 為空指標 */
098             while(current != NULL) {
099                 printf("%-10d %-10s %-10.2f\n",current->id, current->name,
100                                                 current->score);
101                 current = current->next;
102             }
103         }
104     }
```

```
105
106  /* 清空緩衝區 */
107  void flushBuffer()
108  {
109      while (getchar() != '\n')
110          continue;
111  }
```

輸出結果

```
1 =>新增一節點
2 =>刪除一節點
3 =>列印串列的所有節點
4 =>結束
請選擇一項目: 1

<<加入一學生資料>>
ID <int>: 1001
姓名 <string>: Bright
分數 <double>: 92.3

1 =>新增一節點
2 =>刪除一節點
3 =>列印串列的所有節點
4 =>結束
請選擇一項目: 1

<< 加入一學生資料 >>
ID <int>: 1002
姓名 <string>: Linda
分數 <double>: 88.6

1 =>新增一節點
2 =>刪除一節點
3 =>列印串列的所有節點
4 =>結束
請選擇一項目: 1

<< 加入一學生資料 >>
ID <int>: 1003
姓名 <string>: Jennifer
分數 <double: 78.5

1 =>新增一節點
2 =>刪除一節點
```

```
3 =>列印串列的所有節點
4 =>結束
請選擇一項目: 3

<<目前的串列資料如下: >>
1003        Jennifer   78.50
1002        Linda      88.60
1001        Bright     92.30

1 =>新增一節點
2 =>刪除一節點
3 =>列印串列的所有節點
4 =>結束
請選擇一項目: 2

<< 被刪除學生的資料如下: >>
1003        Jennifer   78.50

1 =>新增一節點
2 =>刪除一節點
3 =>列印串列的所有節點
4 =>結束
請選擇一項目: 3

<< 目前的串列資料如下: >>
1002        Linda      88.60
1001        Bright     92.30

1 =>新增一節點
2 =>刪除一節點
3 =>列印串列的所有節點
4 =>結束
請選擇一項目: 4
Bye bye!!
```

【程式剖析】

首先，第 74 行 head->next 所指向的節點指定給 current，第 77 行判斷 current 指標是否指向 NULL。若是，則表示此串列是空的；若不是，則刪除串列前端的節點，利用第 80 行

```
head->next = current->next;
```

就可達成。程式第 84 行

```
free(current);
```

將 current 所指向的節點回收。鏈結串列是以動態配置記憶體的方式來處理資料，所以刪除一筆資料時，也要將該資料所占之記憶體空間釋放。我們以下列的圖形來説明之。

假設串列中有二筆資料存在，每一節點有二個欄位，如下所示。

```
struct node {
    int id;
    struct node *next;
};
```

今欲刪除串列的前端節點，並假設 head 指標所指向的節點是沒有存放資料。

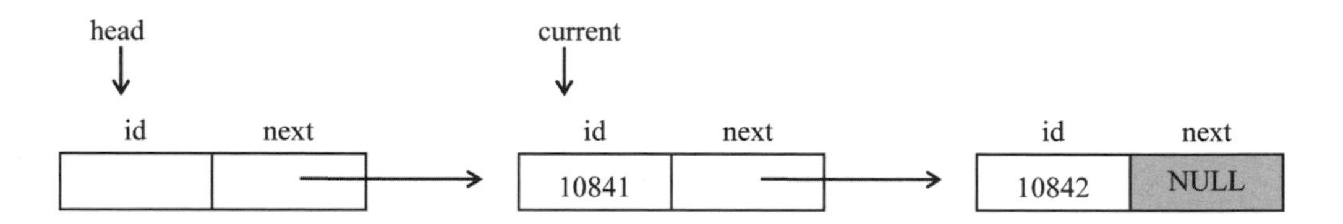

將 current->next 指定給 head-next，最後，以 free (current) 回收被刪除的節點，以圖形所示如下。

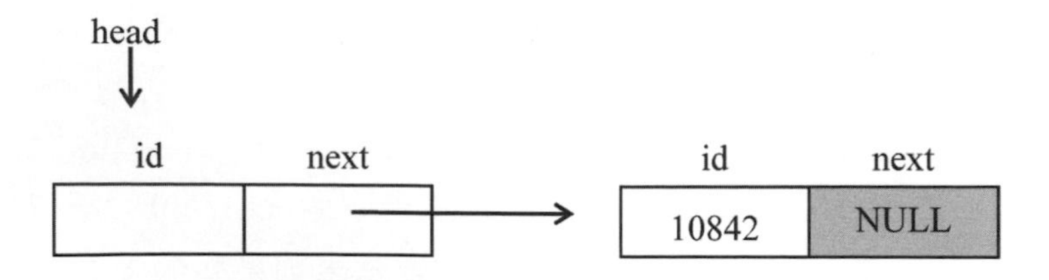

範例 11-4d 是將鏈結串列的前端節點刪除，您可以試著寫一函數，刪除鏈結串列的尾端節點。若刪除前、尾端節點的原理都瞭解了，還可以刪除某一特定節點，如要求刪除某一特定的 id。

將程式的執行情形與圖形配合，是學習鏈結串列的不二法門。因為鏈結串列的運作也都是以指標來處理，複雜度較高，所以不論是參閱別人或自行撰寫的程式，若能以圖來輔助，在學習上將會事半功倍。

看完了加入、刪除，以及列印的功能後，我們再來看一個常會用到的修改功能。以範例 11-4d 為藍本，加入了刪除的功能。如範例 11-4e 所示。

範例 11-4e

```
001  /* ex11-4e.c */
002  #include <stdio.h>
003  #include <stdlib.h>
004  void insert();
005  void del();
006  void list();
007  void modify();
008  void flushBuffer();
009
010  struct student
011  {
012      int id;                  /* ID 號碼 */
013      char name[10];           /* 學生姓名 */
014      double score;            /* 學生分數 */
015      struct student *next;    /* 指向下一個鏈結 */
016  };
017
018  /* 定義結構指標，head 指向第一個鏈結 */
019  struct student *head, *ptr, *current;
020
021  int main()
022  {
023      char choice;
024      head = (struct student *) malloc(sizeof(struct student));
025      head->next = NULL;      /* head 指向的節點不存任何資料 */
026      do {
027          /* 使用選項讓使用者選擇新增、刪除、列印或結束 */
028          printf("\n1 =>新增一節點\n");
029          printf("2 =>刪除一節點\n");
030          printf("3 =>修改某一節點\n");
031          printf("4 =>列印串列的所有節點\n");
032          printf("5 =>結束\n");
```

```
033          printf("請選擇一項目: ");
034          choice = getchar();  /* 輸入選項 */
035          flushBuffer();            /* 清空記憶體 */
036          switch (choice){
037              case '1': insert();
038                      break;
039              case '2': del();
040                      break;
041              case '3': modify();
042                      break;
043              case '4': list();
044                      break;
045              case '5': printf("Bye bye!!\n");
046                      break;
047              default:  printf("選項錯誤!!\n");
048          }
049      }  while (choice != '5');  /* 選擇為 5 則跳出迴圈 */
050      return 0;
051  }
052
053  /* 定義 insert(),此函數不接受任何參數,且不傳回任何值 */
054  /* 新增一筆資料於鏈結串列的前端 */
055  void insert()
056  {
057      /* 以malloc()函數配置記憶體 */
058      ptr = (struct student *) malloc(sizeof(struct student));
059      printf("\n<< 加入一學生資料 >>\n");
060      printf("ID <int> : ");
061      scanf("%d", &ptr->id);
062      flushBuffer();
063      printf("姓名 <string> : ");
064      scanf("%s", ptr->name);
065      printf("分數 <double> : ");
066      scanf("%lf", &ptr->score);
067      flushBuffer();
068
069      /* 加入於前端 */
070      ptr->next = head->next;
071      head->next = ptr;
072  }
073
074  /* 定義 del(),此函數不接受任何參數,且不傳回任何值 */
075  /* 刪除鏈結串列前端資料 */
```

```
076  void del()
077  {
078      current = head->next ;
079      /* 判斷鏈結串列是不是空的 */
080      if (current == NULL)
081          printf("鏈結串列是空的!!!\n");
082      else {
083          head->next = current->next;  /* 將前端的節點除 */
084          printf("\n<< 被刪除學生的資料如下: >>\n");
085          printf("%-10d %-10s %-10.2f\n", current->id, current->name,
086                                          current->score);
087          free(current);
088      }
089  }
090
091  /* 定義 modify()，此函數不接受任何參數，且不傳回任何值 */
092  /* 修改鏈結串列某一節點的資料 */
093  void modify()
094  {
095      current = head->next;
096      int modifyId, updated = 0;
097      double modifyScore;
098      /* 判斷鏈結串列是不是空的 */
099      if (current == NULL)
100          printf("鏈結串列是空的!!!\n");
101      else {
102          printf("\n 請輸入欲修改的 id: ");
103          scanf("%d", &modifyId);
104          flushBuffer();
105          while (current != NULL) {
106              if (current->id == modifyId) {
107                  printf("%d 原來的分數為 %.2f\n", current->id,
108                                      current->score);
109                  printf("請輸入欲修改的分數: ");
110                  scanf("%lf", &modifyScore);
111                  flushBuffer();
112                  current->score = modifyScore;
113                  updated = 1;
114                  printf("已修改此節點\n");
115                  break;
116              }
117              current = current->next;
118          }
```

```
119
120            /* 若 updated 等於 0 表示找不到此節點 */
121            if (updated == 0) {
122                printf("找不到此節點\n");
123            }
124        }
125    }
126
127    /* 定義 list()，此函數不接受任何參數，且不傳回任何值 */
128    /* 列印資料於螢幕 */
129    void list()
130    {
131        if (head->next == NULL)
132            printf("目前串列無資料\n");
133        else {
134            current = head->next;          /* 將 node 指向 head */
135            printf("\n<< 目前的串列資料如下: >>\n");
136            /* 列印資料直到 current 為空指標 */
137            while (current != NULL) {
138                printf("%-10d %-10s %-10.2f\n",
139                              current->id, current->name, current->score);
140                current = current->next;
141            }
142        }
143    }
144
145    /* 清空記憶體 */
146    void flushBuffer()
147    {
148        while (getchar() != '\n') {
149            continue;
150        }
151    }
```

輸出結果

```
1 =>新增一節點
2 =>刪除一節點
3 =>修改某一節點
4 =>列印串列的所有節點
5 =>結束
請選擇一項目: 1
```

```
<< 加入一學生資料 >>
ID <int>: 1001
姓名 <string>: Bright
分數 <double>: 98

1 =>新增一節點
2 =>刪除一節點
3 =>修改某一節點
4 =>列印串列的所有節點
5 =>結束
請選擇一項目: 1

<< 加入一學生資料 >>
ID <int>: 1002
姓名 <string>: Linda
分數 <double>: 88.5

1 =>新增一節點
2 =>刪除一節點
3 =>修改某一節點
4 =>列印串列的所有節點
5 =>結束
請選擇一項目: 1

<< 加入一學生資料 >>
ID <int>: 1003
姓名 <string>: Peter
分數 <double: 82.1

1 =>新增一節點
2 =>刪除一節點
3 =>修改某一節點
4 =>列印串列的所有節點
5 =>結束
請選擇一項目: 4

<< 目前的串列資料如下: >>
1003        Peter       82.10
1002        Linda       88.50
1001        Bright      98.00

1 =>新增一節點
2 =>刪除一節點
3 =>修改某一節點
4 =>列印串列的所有節點
5 =>結束
```

```
請選擇一項目: 2

<< 被刪除學生的資料如下: >>
1003        Peter       82.10

1 =>新增一節點
2 =>刪除一節點
3 =>修改某一節點
4 =>列印串列的所有節點
5 =>結束
請選擇一項目: 1

<< 加入一學生資料 >>
ID <int>: 1003
姓名 <string>: Jennifer
分數 <double>: 93.5

1 =>新增一節點
2 =>刪除一節點
3 =>修改某一節點
4 =>列印串列的所有節點
5 =>結束
請選擇一項目: 4

<< 目前的串列資料如下: >>
1003        Jennifer    93.50
1002        Linda       88.50
1001        Bright      98.00

1 =>新增一節點
2 =>刪除一節點
3 =>修改某一節點
4 =>列印串列的所有節點
5 =>結束
請選擇一項目: 3

請輸入欲修改的 id: 1002
1002 原來的分數為 88.50
請輸入欲修改的分數: 90.2
已修改此節點

1 =>新增一節點
2 =>刪除一節點
3 =>修改某一節點
4 =>列印串列的所有節點
5 =>結束
```

```
請選擇一項目: 4

<< 目前的串列資料如下: >>
1003        Jennifer    93.50
1002        Linda       90.20
1001        Bright      98.00

1 =>新增一節點
2 =>刪除一節點
3 =>修改某一節點
4 =>列印串列的所有節點
5 =>結束
請選擇一項目: 5
Bye bye!!
```

【程式剖析】

此程式和 ex11-4d.c 的程式大致雷同，只是增加了修改的功能而已。先判斷鏈結串列是不是空的。若不是，則提示使用者輸入欲修改學生的，之後印出此學生 id 的資料，再提示使用者輸入新的成績。

1. 小蔡老師講解完範例 11-4d 之後，請大家自己撰寫一遍。以下是小莉同學所撰寫的程式，有些小地方她沒有注意到，所以程式有一些錯誤，請您幫她除錯一下，謝謝。

```
/* bugs11-4-1.c */
#include <stdio.h>
#include <stdlib.h>
void insert();
void del();
void list();

struct student {
    int id;                     /* ID 號碼 */
    char name[10];              /* 學生姓名 */
    double score;               /* 學生分數 */
    struct student *next;       /* 指向下一個鏈結 */
};
```

```
/* 定義結構指標，head 指向第一個鏈結 */
struct student *head, *ptr;

int main()
{
    char choice;
    do {
        /* 使用選項讓使用者選擇新增、刪除、列印或結束 */
        printf("\n1 => 新增一節點\n");
        printf("2 => 刪除一節點\n");
        printf("3 => 列印串列的所有節點\n");
        printf("4 => 結束\n");
        printf("請選擇一項目: ");
        choice = getchar();  /* 輸入選項 */
        switch (choice) {
            case '1': insert();
                      break;
            case '2': del();
                      break;
            case '3': list();
                      break;
            case '4': printf("Bye bye!!\n");
                      break;
            default : printf("選項錯誤!!\n");
        }
    } while (choice != '4');  /* 選擇為 4 則跳出迴圈 */
    return 0;
}

/* 定義 insert()，此函數不接受任何參數，且不傳回任何值 */
/* 新增一筆資料於鏈結串列的前端 */
void insert()
{
    /* 以 malloc()配置記憶體 */
    ptr = (struct student *) malloc(sizeof(struct student));
    printf("\n<< 加入一學生資料 >>\n");
    printf("ID <int>: ");
    scanf("%d", ptr->id);
    printf("姓名 <string>: ");
    scanf("%s", ptr->name);
    printf("分數 <double>: ");
    scanf("%lf", ptr->score);

    ptr->next = head->next;
    head->next = ptr;
}
```

```
/* 定義 del()，此函數不接受任何參數，且不傳回任何值 */
/* 刪除鏈結串列前端資料 */
void del()
{
    struct student *current;
    current = head ;
    /* 判斷鏈結串列是不是空的 */
    if (current == NULL)
        printf("鏈結串列是空的 !!!\n");
    else {
        head->next = current->next;  /*利用這一敘述將前端的節點除 */
        printf("\n<< 被刪除學生的資料如下: >>\n");
        printf("%-10d %-10s %-10.2f\n",
                current->id, current->name, current->score);
        free(current);
    }
}

/* 定義 list()，此函數不接受任何參數，且不傳回任何值 */
/* 列印資料於螢幕 */
void list()
{
    struct student *current;
    if (head == NULL)
        printf("目前串列無資料\n");
    else {
        current = head->next;  /* 將 current 指向 head->next 的節點 */
        printf("\n<< 目前的串列資料如下: >>\n");
        /* 列印資料直到 current 為空指標 */
        while (current->next != NULL) {
            printf("%-10d %-10s %-10.2f\n",
                    current->id, current->name, current->score);
            current = current->next;
        }
    }
}
```

1. 為什麼範例 11-4d 中的 head 節點不存放資料，若要存放資料，應如何修改程式？

11-5 問題演練

1. 試問下一程式的輸出結果為何？

```
#include <stdio.h>
struct house {
    double sqft;
    int rooms;
    int stories;
    char *address;
};

int main()
{
    struct house fruzt = {1560.0, 6, 1, "22 Spiffo Road"};
    struct house *sign;
    sign = &fruzt;
    printf("%d %d\n", fruzt.rooms, sign->stories);
    printf("%s \n", fruzt.address);
    printf("%c %c\n", sign->address[3],fruzt.address[4]);
    return 0;
}
```

2. 請考慮下列之宣告，並回答下列問題。

```
struct bard {
    char fname[20];
    char lname[20];
    int born;
    int died;
};
struct bard willie;
struct bard *pt = &willie;
```

(a) 請以 willie 變數表示 willie 結構中 born 之成員。

(b) 請以 pt 變數表示 willie 結構中 born 之成員。

(c) 請以 willie 變數和 pt 變數寫出某人名字（fname）的第三個字元。

(d) 如何表示某人的姓名（lname）共有多少個字元？請以 willie 變數和 pt 變數表示之。

11-6 程式實作

1. 試利用結構陣列記錄三位好朋友的資料，如姓名、出生年月日，以及電話號碼。利用迴圈輸入與輸出這些資料。
2. 承上，改以鏈結串列的方式實作之，此時就不限好友的人數。
3. 將五個學生的基本資料輸入於一個結構陣列中，然後將主修相同的學生印出。學生的基本資料包含學號、姓名、就讀科系、年級及電話號碼。
4. 承上一題，改以鏈結串列的方式實作，此時就不限學生的人數。
5. 範例 11-4d 的鏈結串列，其新增和刪除的節點皆在前端，若要將新增和刪除的作用點在尾端，程式應如何修改？請以 head 所指向的節點不存放資料方式建立之。
6. 試撰寫一程式，建立一鏈結串列，如同應用範例程式 ex11-4d 動作，但加入的動作是依據分數由小至大的準則，刪除則是由使用者輸入欲刪除節點的 id。
7. 擴充程式實作第 6 題，加入修改的功能，首先讓使用者輸入欲修改的節點再加以修改其分數。注意，修改後的節點可能要加以重新處理其所在的位置，因為此鏈結串列是以分數的大小加入的。

檔案

當執行一個程式，需要使用者利用鍵盤輸入一長篇的文章，用以計算該篇文章共有多少字元（characters）、單字（words）、行（lines），及多少空白（space）。這有一個缺點是，當第二次再執行此程式時，勢必要再次的輸入此長篇文章，因為程式在執行結束後，輸入的資料也跟著消失了。這個問題可利用**檔案的輸出與輸入（file output/input）**來解決。

12-1 檔案的基本操作流程

檔案的基本操作流程，如下所示：

1. 定義一指向檔案的指標。
2. 呼叫 fopen 函數，打開檔案。
3. 呼叫檔案輸出入函數，將資料寫入檔案，或從檔案讀取。
4. 呼叫 fclose 函數，關閉檔案。

以下將針對這些流程加以討論。

12-1-1 檔案的開啟與關閉

在使用檔案前，必須先將檔案開啟，使用結束後，則將此檔案關閉。程式與檔案之間的溝通，是藉由指向檔案結構的指標完成的。檔案結構定義於 stdio.h 標頭檔，它記錄一些與檔案相關的訊息。有興趣的讀者可參閱此標頭檔。

一、定義一指向檔案的指標

在使用檔案前，必須先定義一個指向檔案結構的指標，其語法如下：

```
FILE  *變數名稱;
```

如有下一敘述：

```
FILE *fptr;
```

表示 fptr 是一指向檔案結構的指標。注意，FILE 必須是大寫字母。

二、開啟檔案

定義一檔案指標後，利用 fopen() 將檔案開啟。fopen() 函數的語法如下：

```
檔案結構指標 = fopen("檔案名稱", "開啟模式");
```

fopen() 函數有兩個參數。第一個參數為**檔案名稱**，第二個參數為檔案**開啟模式**。這兩個參數都是以雙引號括起來的。有關檔案的開啟模式如表 12-1 所示：

表 12-1 檔案的開啟模式

檔案開啟模式	功 能 說 明
"r"	以文字檔方式開啟檔案，作為讀取之用，此檔案必須已存在。
"w"	以文字檔方式開啟檔案，作為寫入之用。若檔案不存在，則會產生一個新的檔案；若已有檔案存在，則檔案內的資料將被覆蓋。

檔案開啟模式	功　能　說　明
"a"	以文字檔方式開啟檔案，作為寫入之用，其用途與 "w" 類似，差別在於，當檔案存在時，資料不會覆蓋原有檔案，而是將資料附加於後。
"rt"	功能同 "r"。
"wt"	功能同 "w"。
"at"	功能同 "a"。
"rb"	以二進位方式開啟檔案，功能同 "r"。
"wb"	以二進位方式開啟檔案，功能同 "w"。
"ab"	以二進位方式開啟檔案，功能同 "a"。
"r+"	功能同 "r"，但檔案可讀取與寫入。
"w+"	功能同 "w"，但檔案可讀取與寫入。
"a+"	功能同 "a"，但檔案可讀取與寫入。

表中的 r 表示讀取（read）、w 表示寫入（write）、a 表示附加（append）。rt 中的 t，表示**文字檔（text file）**格式，rb 中的 b，則表示**二進位檔（binary file）**格式，它是 0 與 1 的組合。r+ 的 + 表示可以寫入與讀取。其中 rt、wt、at 為檔案開啟的預設型態，一般都直接以 r、w、a 表示 rt、wt、at。

fopen() 執行後，若開啟成功，則將回傳檔案指標所指向的位址，一般是檔案存放資料的第一個位址；若開啟失敗，則回傳 NULL。舉例來說

```
fptr = fopen("test.dat", "r");
```

表示在目前的目錄下，開啟 test.dat 檔案，做為文字檔讀取模式。由 fptr 接收 fopen 函數回傳的檔案指標。

請不要認為開啟檔案一定會成功，失敗的原因有可能是開檔的模式為讀取(r)，但檔案卻不存在，或因檔案損壞無法存取而出現錯誤；若是開檔的模式為寫入(w)，而檔案的屬性是唯讀，或是磁碟空間不足，也會導致檔案無法開啟。

三、關閉檔案

關閉檔案的方法十分簡單，只要呼叫 fclose() 函數即可，其語法如下：

```
fclose(檔案結構指標);
```

fclose() 中唯一的參數是檔案結構指標，此指標是先前利用 fopen() 函數所開啟的檔案指標。

12-2 檔案的輸出入函數

檔案與標準的輸出入函數，如表 12-2 所示：

表 12-2 檔案與標準輸出入函數

資料存取	檔案輸出入函數	標準輸出入函數
字元 I/O	fgetc、fputc	getchar、putchar
字串 I/O	fgets、fputs	gets、puts
格式化 I/O	fscanf、fprintf	scanf、printf
記錄 I/O	fread、fwrite	scanf、printf
搜尋	fseek	無

檔案的輸出入函數，提供了四種資料讀/寫方式－字元 I/O、字串 I/O、格式化 I/O 與記錄 I/O。只要知道每一函數的功能和語法，就可以加以運用。注意!檔案的輸出是將資料寫入檔案，而檔案的輸入，則是從檔案中讀取資料。

以下的範例都會先呼叫檔案的輸出函數，將資料寫入檔案後，再呼叫檔案的輸入函數，讀取資料以驗證其輸出函數是否運作正確。

12-2-1 字元輸出入

檔案字元輸入函數有 fgetc()，字元輸出函數有 fputc()，其原型皆定義於 stdio.h 標頭檔中。表 12-3 為 fgetc() 與 fputc() 的語法及功能說明。

表 12-3 字元 I/O 函數

字元 I/O 函數	語　法	功　能
fputc()	fputc(字元變數, 檔案指標);	將字元寫入檔案
fgetc()	字元變數 = fgetc(檔案指標);	從檔案中讀取字元

fputc() 與一般標準輸出入中的 putchar() 功能類似。若要將 ch 字元變數，輸出至標準輸出設備（螢幕）上，只要執行 putchar(ch); 敘述即可；若要將輸出資料寫入檔案，則需更改為

```
fputc(ch, fptr);
```

此表示將 ch 變數值，寫入 fptr 所指向的檔案。如範例 12-2a 第 15 行所示：

範例 12-2a

```
01  /* ex12-2a.c */
02  #include <stdio.h>
03  int main()
04  {
05      /* 開啟一檔案，將輸入內容寫入檔案 */
06      FILE *fptr;  /* 宣告檔案結構指標 */
07      char ch;
08
09      /* 步驟一: 開啟檔案為寫入型態 */
10      fptr = fopen("cfile.dat", "w");
11
12      /* 步驟二: 呼叫檔案字元輸出函數 fputc() */
13      printf("請輸入一行字元: ");
14      while ((ch = getchar()) != '\n')
15          fputc(ch, fptr);
16
17      /* 步驟三: 關閉檔案 */
18      fclose(fptr);
19      return 0;
20  }
```

輸出結果

```
請輸入一行字元: This is a file character I/O
```

【程式剖析】

執行此程式時，若輸入 This is a file character I/O，則此字串將會被**寫入到目前目錄下檔名為 cfile.dat 的檔案**。在範例 12-2b 將以其對應的 fgetc 函數，將此檔案的資料加以讀取。

fgetc() 與一般標準輸出入的 getchar() 十分類似，其功能是將字元從檔案中讀取之。還記得 getchar() 的使用方法嗎？假設我們要利用 getchar() 從標準輸入取得一個字元，再將此字元置於 input 變數中，執行下一敘述

```
input = getchar();
```

即可達到目的。現在回過頭看 fgetc()，它與 getchar() 的相異之處，是 fgetc() 需要一個指向檔案指標的參數。舉例來說，欲從檔案指標 fptr 中讀取一個字元，並將讀取的字元置於 input 變數中，利用以下敘述就可達成：

```
input = fgetc(fptr);
```

此時 fgetc() 從檔案指標 fptr 所指向的檔案，讀取一個字元，之後，將檔案指標指向下一個字元的位址。請參閱範例 12-2b 第 17 行。

範例 12-2b

```
01  /* ex12-2b.c */
02  #include <stdio.h>
03  #include <stdlib.h>
04  int main()
05  {
06      /* 開啟一檔案，將其內容輸出至螢幕 */
07      FILE *fptr;  /* 宣告檔案結構指標 */
08      char input;
09
10      /* 開啟檔案為讀取型態 */
11      if ((fptr = fopen("cfile.dat", "r")) == NULL) {
12          puts("cfile.dat 檔案無法開啟!");
13          exit(1);
14      }
15
```

```
16        /* 呼叫檔案字元輸入函數 fgetc() */
17        while ((input = fgetc(fptr)) != EOF)
18            putchar(input);
19
20        fclose(fptr);   /* 關閉檔案 */
21        return 0;
22    }
```

輸出結果

```
This is a file character I/O
```

【程式剖析】

在開啟檔案時，為了確保檔案成功的被開啟，使用了 if 敘述來判斷（第 11-14 行），若 fopen 傳回 NULL，表示檔案開啟失敗，原因可能是檔案不存在或檔案損壞。此程式的輸出結果就是範例 12-2a 的輸入資料，即為 This is a file character I/O。這裡有個地方要注意是 fopen 函數，將回傳值指定給 fptr 時，必須以括號先括起來，之後再判斷是否等於 NULL，因為 == 運算子的運算優先順序比 = 來得高，所以利用括號改變其運算順序。

12-2-2 字串輸出入

fputs() 與 fgets() 分別是檔案寫入與讀取字串的函數，在使用上與一般標準字串輸出入的 gets() 與 puts() 類似，差別在於 fgets() 與 fputs() 需提供檔案結構指標（FILE *）。其語法如表 12-4 所示：

表 12-4 字串 I/O 函數

字串 I/O 函數	語　法	功　能
fputs()	fputs(字串變數, 檔案指標);	將字串寫入檔案。
fgets()	fgets(字串變數, 字元個數, 檔案指標);	從檔案中讀取資料，並將它置於字串變數中。

呼叫 fputs() 時需要兩個參數，第一個參數為欲寫入的字串，可為字元陣列或字元指標；第二個參數為檔案結構指標，指向字串寫入的檔案。請參閱範例 12-2c 第 19 行。

範例 12-2c

```
01  /* ex12-2c.c */
02  #include <stdio.h>
03  #include <string.h>
04  int main()
05  {
06      /* 將使用者輸入之文章寫入至檔案 */
07      FILE *fptr;
08
09      /* input[81]表示一行最多可輸入 80 個字元(不包含空字元) */
10      char input[81], filename[20];
11      printf("請輸入欲寫入的檔名: ");
12      gets(filename);
13      fptr = fopen(filename, "w");  /* 開啟檔案 */
14
15      puts("請輸入字串，當字串為 quit 表示結束: ");
16      /* 以行為單位，利用 gets( )輸入字串 */
17
18      while (strcmp(gets(input), "quit") != 0) {
19          fputs(input, fptr);   /* 利用 fputs()將字串輸出至檔案 */
20          fputc('\n', fptr);    /* 輸出跳行字元至檔案中 */
21      }
22      fclose(fptr);
23      return 0;
24  }
```

輸出結果

```
請輸入欲寫入的檔名: test.dat
請輸入字串，當字串為 quit 表示結束:
Department
of
Information
Management
quit
```

【程式剖析】

首先輸入一檔名，表示要將資料寫入此處。接著輸入字串，直到輸入的字串是 quit 為止。同時在第 19 行 fputs() 執行後，利用 fputc() 函數（第 20 行），將跳行字元 '\n' 寫入到檔案，希望能將每一字串以一行的形式出現。

接下來，以 fgets() 從檔案中讀取一字串，呼叫此函數時，需傳遞三個參數。第一個參數為字串，可為字元陣列（char [ ]）或字元指標（char *）變數，所讀取的字串存放的地方；第二個參數為一次讀取的最大字元數，字串讀取的動作會一直持續至讀到 '\n'，或所規定的最大字元數減 1 為止。假設存放字串的字元陣列長度為 10，則最大讀取字元數為 9 個，因字串的最後還需儲存一個空字元（'\0'），做為判斷字串的結束點；第三個參數為一檔案指標。fgets() 函數執行後，若有錯誤，則會傳回 NULL。請參閱範例 12-2d 第 15 行。

範例 12-2d

```
01  /* ex12-2d.c */
02  #include <stdio.h>
03  #include <stdlib.h>
04  int main()
05  {
06      /* 使用 fgets()讀取檔案中的字串後輸出 */
07      FILE *fptr;
08      char str[81], filename[20];
09      printf("請輸入欲讀取的檔名: ");
10      gets(filename);
11      if ((fptr = fopen(filename, "r")) == NULL) { /* 開啟檔案 */
12          printf("%s 無法開啟!!!\n", filename);
13          exit(1);
14      }
15      while (fgets(str, 81, fptr) != NULL) /* 使用 fgets()讀取字串 */
16          printf("%s", str);  /* 輸出字串 */
17      fclose(fptr);  /* 關閉檔案 */
18      return 0;
19  }
```

輸出結果

```
請輸入欲讀取的檔名: test.dat
Department
of
Information
Management
```

【程式剖析】

呼叫 fgets(string, 81, fptr); 後，string 將儲存讀取的字串。讀取時，若遇到 '\n' 字元或已讀取 80（即 81-1）個字元便停止，待下次呼叫 fgets() 函數時，再繼續從檔案取出。當 fgets() 傳回值為 NULL，表示 fptr 指標已指向檔案結尾，將關閉檔案，並結束程式。

12-2-3 格式化輸出入

檔案格式化的寫入與讀取函數，分別為 fprintf() 與 fscanf()。其語法如表 12-5 所示：

表 12-5 格式化 I/O 函數

格式化 I/O 函數	語　法	功　能
fprintf()	fprintf(檔案結構指標, “格式化字串”, 變數列);	將資料寫入檔案
fscanf()	fscanf(檔案結構指標, “格式化字串”, 變數位址);	從檔案讀取資料

fprintf() 在使用上與 printf() 十分類似，第一個參數為檔案結構指標；第二個參數為格式化字串；第三個參數是變數列。如有一敘述如下：

```
fprintf(fptr, "%d %c\n", dnum, cnum);
```

表示將整數變數 dnum 與字元變數 cnum 的值，寫入檔案指標 fptr 所指向的檔案，並於寫入後跳至下一行。請參閱範例 12-2e。

範例 12-2e

```
01  /* ex12-2e.c */
02  #include <stdio.h>
03  #include <stdlib.h>
04  #include <ctype.h>
05  void flushBuffer();
06
07  int main()
08  {
09      /* 將使用者輸入的資料儲存至檔案中 */
10      FILE *fptr;
11      char no[10], filename[20], answer;
12      int score_c, score_j;
13      printf("請輸入欲寫入的檔名: ");
14      gets(filename);     /* 鍵入輸出檔名 */
15      fptr = fopen(filename, "w");  /* 開啟檔案 */
16      do {
17          /* 輸入各項資料 */
18          printf("輸入學號: ");
19          scanf("%s", no);
20          printf("輸入 C 語言的成績: ");
21          scanf("%d", &score_c);
22          printf("輸入 JAVA 語言的成績:");
23          scanf("%d", &score_j);
24          flushBuffer();
25          /* 利用 fprintf()將資料寫入指定的檔案中 */
26          fprintf(fptr, "%s %d %d\n", no, score_c, score_j);
27          /* 詢問是否輸入下一筆 */
28          do {
29              printf("繼續輸入否 (Y/N)? ");
30              answer = getchar();
31              flushBuffer();
32              printf("\n\n");
33          } while (toupper(answer) != 'Y' && toupper(answer) != 'N');
34      } while (toupper(answer) == 'Y');
35      fclose(fptr);  /* 關閉檔案 */
36      return 0;
37  }
38
39  void flushBuffer()
40  {
```

```
41        while (getchar() != '\n')
42            continue;
43    }
```

輸出結果

```
請輸入欲寫入的檔名: score.dat
輸入學號: 1001
輸入 C 語言的成績:90
輸入 JAVA 語言的成績:99
繼續輸入否 (Y/N)? y

輸入學號: 1002
輸入 C 語言的成績:88
輸入 JAVA 語言的成績:94
繼續輸入否 (Y/N)? y

輸入學號: 1003
輸入 C 語言的成績:78
輸入 JAVA 語言的成績:87
繼續輸入否 (Y/N)? y

輸入學號: 1004
輸入 C 語言的成績:76
輸入 JAVA 語言的成績:65
繼續輸入否 (Y/N)?
```

【程式剖析】

首先，輸入欲將資料寫入的檔案名稱(第 14 行)，接著輸入學號、C 與 JAVA 的成績（第 18-23 行），再詢問使用者是否要繼續執行。程式利用第 26 行 fprintf 函數，將完成資料寫入檔案。同時也利用兩個 do...while 做為控制程式是否繼續執行之用（第 28-33 行）。

接下來，以 fscanf() 函數，從上一範例所建立的 score.dat 檔案中讀取資料。呼叫 fscanf 函數時需要三個參數，第一個參數為指向讀取檔案的指標；第二個參數為讀取時格式化字串；第三個參數是存放被讀取資料的位址。當讀取過程中遇到檔案的終點時，fscanf() 將傳回 EOF，否則，傳回讀取資料的筆數。請參閱 12-2f。

範例 12-2f

```
01  /* ex12-2f.c */
02  #include <stdio.h>
03  #include <stdlib.h>
04  int main()
05  {
06      /* 計算、輸出學生成績 */
07      FILE *fptr;
08      char no[10], filename[20];
09      int score_c, score_j, total_c = 0, total_j = 0, ctr = 0;
10      double avg_c, avg_j;
11      printf("請輸入讀取的檔名: ");
12      gets(filename);
13      if ((fptr = fopen(filename, "r")) == NULL) { /* 開啟檔案 */
14          printf("%s 無法開啟!!!", filename);
15          exit(1);
16      }
17      puts("==================");
18      puts("ID       C   JAVA");
19      puts("==================");
20
21      /* 使用 fscanf()讀取檔案資料，EOF 判斷檔案是否結束 */
22      while (fscanf(fptr, "%s %d %d", no, &score_c, &score_j) != EOF) {
23          printf("%-6s %3d %3d\n", no, score_c, score_j);
24          total_c += score_c;
25          total_j += score_j;
26          ctr++;
27      }
28      puts("==================");
29      /* 計算平均值，使用(double)轉型使計算結果為 double 型態 */
30      avg_c = (double) total_c / ctr;
31      avg_j = (double) total_j / ctr;
32      printf("C 語言的平均分數是: %.1f\n", avg_c);
33      printf("JAVA 語言的平均分數是: %.1f\n", avg_j);
34      fclose(fptr);  /* 關閉檔案 */
35      return 0;
36  }
```

輸出結果

```
請輸入讀取的檔名:score.dat
==================
ID       C  JAVA
==================
1001     90  99
1002     88  94
1003     78  87
1004     76  65
==================
C 語言的平均分數是: 83.0
Java 語言的平均分數是: 86.3
```

【程式剖析】

利用 fscanf() 來讀取資料時（第 22 行），以傳回值 EOF 判斷檔案是否要結束。計算平均分數時，使用了轉型（double），這是因為 total_c 與 ctr 皆為整數型態（第 9 行），整數型態相除的結果仍為整數，故先將 total_c 轉型為 double 型態（第 30 行），才能得到準確的平均分數，同理 total_j 也是如此處理。

12-2-4 記錄的輸出入

C 程式語言所提供的記錄寫入與讀取函數，如表 12-6 所示：

表 12-6 記錄 I/O 函數

記錄 I/O 函數	語 法	功 能
fwrite()	fwrite(記錄位址, 容量, 個數, 檔案結構指標);	將記錄寫入檔案
fread()	fread(記錄位址, 容量, 個數, 檔案結構指標);	從檔案讀取記錄

fwrite() 函數可將陣列或記錄寫入檔案。此函數需四個參數，第一個參數為寫入檔案的陣列或記錄起始位址；第二個參數為每個陣列或記錄元素所占的 bytes 數，通常使用 sizeof() 函數計算之；第三個參數表示一次要寫入多少筆；第四個參數表示指向欲寫入檔案的指標。函數執行結束，會傳回成功寫入的筆數，此值通常與第三個參數相等。

假設欲將含有 10 個元素的整數陣列 idata，寫入檔案結構指標 fptr 所指向的檔案，而且一次寫入 10 筆資料，可使用以下敘述完成之：

```
fwrite(idata, sizeof(int), 10, fptr);
```

範例 12-2g 將展示如何將一結構寫入檔案中。

範例 12-2g

```
01  /* ex12-2g.c */
02  #include <stdio.h>
03  int main()
04  {
05      FILE *fptr;
06      /* 利用 fwrite()將結構陣列寫入檔案 */
07      struct test {
08          char name[10];
09          int c_score;
10      };
11
12      /* 定義結構陣列 */
13      struct test student[3] = { {"Bright", 97}, {"Linda", 96},
14                                 {"Jennifer ", 92} };
15
16      /* 以二進位模式開啟檔案 */
17      fptr = fopen("dfile2.dat", "wb");
18      /* 將結構資料寫入檔案，一次寫入三筆 */
19      fwrite(student, sizeof(struct test), 3, fptr);
20      printf("資料已被寫入到 dfile2.dat\n");
21      fclose(fptr);        /* 關閉檔案 */
22      return 0;
23  }
```

輸出結果

```
資料已被寫入到 dfile2.dat
```

【程式剖析】

此範例第 19 行利用 fwrite()，呼叫函數時使用了四個參數，分別為 (1) student 陣列的位址 student、(2) test 結構的大小 sizeof(struct test)、(3) 寫入的筆數 3，(4) 檔案結構指標為 fptr，以完成結構陣列的寫入工作。

接著，利用 **fread()** 函數，讀取 fwrite 所寫入的資料。fread() 與 fwrite() 所需的參數是相同的，在此不再贅述。函數執行後會傳回成功讀取的筆數，通常與呼叫 fread() 函數所傳遞的第三個參數相等，若不相等，可能是錯誤的讀取或已達檔案尾端。

範例 12-2h 是將範例 12-2g 所建立的 dfile2.dat 檔案加以讀取，並將其輸出至螢幕上。

範例 12-2h

```
01  /* ex12-2h.c */
02  #include <stdio.h>
03  #include <stdlib.h>
04  
05  int main()
06  {
07      /* 利用fread()讀取檔案中的結構陣列 */
08      struct test {  /* 宣告test結構型態 */
09          char name[10];
10          int c_score;
11      };
12      struct test student[3];  /* 定義test結構陣列 */
13      FILE *fptr;
14      int i;
15      if ((fptr = fopen("dfile2.dat", "rb")) == NULL) { /* 開啟檔案 */
16          puts("dfile2.dat 無法開啟!!!");
17          exit(1);
18      }
19      fread(student, sizeof(struct test), 3, fptr); /* 從檔案中讀取資料 */
20      printf("學生的分數如下:\n");
21      printf("----------------\n");
22      for (i=0; i<3; i++)  /* 輸出讀取結果 */
23          printf("%-10s %5d\n", student[i].name, student[i].c_score);
```

```
24        fclose(fptr);   /* 關閉檔案 */
25        return 0;
26    }
```

輸出結果

```
學生的分數如下:
--------------
Bright      97
Linda       96
Jennifer    92
```

【程式剖析】

此範例第 19-23 行驗證範例 12-2g，是否成功將輸入的資料寫入到 c:\dfile2.dat 檔案。

上述範例是一次寫入與讀取三筆資料。其實也可以一次寫入和讀取一筆資料，如範例 12-2i 和範例 12-2j 所示。

範例 12-2i

```
01    /* ex12-2i.c */
02    #include <stdio.h>
03    #include <stdlib.h>
04    int main()
05    {
06        FILE *fptr;
07        /* 利用 fwrite()將結構資料寫入檔案 */
08        struct test {
09            char name[10];
10            int c_score;
11        };
12
13        /* 定義結構指標 */
14        struct test *ptr;
15
16        if ((fptr = fopen("dfile3.dat", "wb")) == NULL) {
17            printf("Can't open dfile3.dat");
18            exit(1);
19        }
20
21        for (int i=1; i<=3; i++) {
```

```
22          ptr = (struct test *)malloc(sizeof(struct test));
23          printf("請輸入姓名: ");
24          scanf("%s", ptr->name);
25
26          printf("請輸入分數: ");
27          scanf("%d", &ptr->c_score);
28          fwrite(ptr, sizeof(struct test), 1, fptr);
29      }
30
31      fclose(fptr);
32      return 0;
33  }
```

輸出結果

```
請輸入三筆資料:
#1:
請輸入姓名: Bright
請輸入分數: 99
#2:
請輸入姓名: Linda
請輸入分數: 92
#3:
請輸入姓名: Jennifer
請輸入分數: 98
```

【程式剖析】

此範例利用交談式的方法，由使用者入三筆資料，並且每一次皆呼叫 fwrite()，處理寫入 dfile3.dat 檔案於目前的目錄下（第 21-29 行）。

範例 12-2j 是將範例 12-2i 所建立的 dfile3.dat 檔案加以讀取，並將其輸出至螢幕上。

範例 12-2j

```
01  /* ex12-2j.c */
02  #include <stdio.h>
03  int main()
04  {
05      FILE *fptr;
06
07      struct test {
```

```
08            char name[10];
09            int c_score;
10        };
11
12        /* 定義結構陣列 */
13        struct test ptr;
14
15        /* 利用 fread() 讀取檔案的資料 */
16        if ((fptr = fopen("dfile3.data", "r")) == NULL) { /* 開啟檔案 */
17            puts("dfile3.dat 無法開啟!!!");
18            exit(1);
19        }
20
21        printf("學生的分數如下:\n");
22        printf("----------------\n");
23        while (fread(&ptr, sizeof(struct test), 1, fptr) == 1) {
24            printf("%-10s %5d\n", ptr.name, ptr.c_score);
25        }
26        fclose(fptr);   /* 關閉檔案 */
27        return 0;
28    }
```

輸出結果

```
學生的分數如下:
----------------
Bright         99
linda          92
Jennifer       98
```

【程式剖析】

此範例驗證範例 12-2i，是否成功將輸入的資料寫入到 c:\dfile3.dat 檔案。

基本上，fwrite 和 fread 函數以二進位檔作為寫入與讀取的格式較佳。有關二進位檔的說明，請參閱 12-3 節。

小蔡老師上完這一小節後，請大家自己上機實作，以下是幾位同學撰寫的程式，請您幫忙除錯一下。

1. 以下是小美模仿範例 12-2b 所撰寫的程式。

```
/* bugs12-2-1.c */
#include <stdio.h>
int main()
{
    /* 開啟一檔案，將其內容輸出至螢幕 */
    FILE *fptr;  /* 宣告檔案結構指標 */
    char input;

    /* 開啟檔案為讀取型態 */
    if(fptr = fopen("cfile.dat", "r") == NULL) {
        puts("cfile.dat 檔案無法開啟!");
        exit(1);
    }

    /* 呼叫檔案字元輸入函數 fgetc() */
    while (input = fgetc(fptr) != EOF)
        putchar(input);

    fclose("cfile.dat");  /* 關閉檔案 */
    return 0;
}
```

2. 以下是小哥模仿範例 12-2d 所撰寫的程式，請您比較哪裡不一樣。

```
/* bugs12-2-2.c */
#include <stdio.h>
int main()
{
    /* 使用 fgets()讀取檔案中的字串後輸出 */
    FILE *fptr;
    char str[81], filename[20];
    printf("請輸入欲讀取的檔名: ");
    gets(filename);
    if ((fptr = fopen(filename, "r")) == NULL) { /* 開啟檔案 */
        printf("%s 無法開啟!!!\n", filename);
        exit(1);
    }

    while (fgets(fptr, str, 81) != NULL) /*使用 fgets()讀取字串*/
```

```
        printf("%s", str);    /* 輸出字串 */
    fclose(fptr);             /* 關閉檔案 */
    return 0;
}
```

3. 以下是小馬模仿範例 12-2f 所撰寫的程式，請您比較哪裡不一樣。

```
/* bug12-2-3.c */
#include <stdio.h>
int main()
{
    /* 計算、輸出學生成績 */
    FILE *fptr;
    char no[10], filename[20];
    int score_c, score_j, total_c = 0, total_j = 0, ctr = 0;
    double avg_c, avg_j;
    printf("請輸入讀取的檔名: ");
    gets(filename);
    if ((fptr = fopen(filename, "r")) == NULL) { /* 開啟檔案 */
        printf("%s 無法開啟!!!", filename);
        system("PAUSE");
        exit(1);
    }
    puts("==================");
    puts("ID       C   JAVA");
    puts("==================");

    /* 使用 fscanf()讀取檔案資料，EOF 判斷檔案是否結束 */
    while (fscanf("%s %d %d", no, score_c, score_j, fptr) != EOF) {
        printf("%-6s %3d %3d\n", no, score_c, score_j);
        total_c += score_c;
        total_j += score_j;
        ctr++;
    }
    puts("==================");
    /* 計算平均值，使用(double)轉型使計算結果為 double 型態 */
    avg_c = (double) total_c / ctr;
    avg_j = (double) total_j / ctr;
    printf("C 語言的平均分數是: %.1f\n", avg_c);
    printf("JAVA 語言的平均分數是: %.1f\n", avg_j);
    fclose(fptr);  /* 關閉檔案 */
    return 0;
}
```

4. 以下是阿亮模仿範例 12-2h 所撰寫的程式，請您比較哪裡不一樣。

```
/* bugs12-2-4.c */
#include <stdio.h>
int main()
```

```
{
    /* 利用 fread()讀取檔案中的結構陣列 */
    struct test {          /* 宣告 test 結構型態 */
        char name[10];
        int c_score;
    };
    struct test student[3];  /* 定義 test 結構陣列 */
    FILE *fptr;
    int i;
    if((fptr = fopen("dfile2.dat", "r")) == NULL) { /* 開啟檔案 */
        puts("dfile2.dat 無法開啟!!!");
        system("PAUSE");
        exit(1);
    }
    fread(fptr, student, sizeof(struct test), 3);  /* 從檔案中讀取資料 */
    printf("學生的分數如下:\n");
    printf("----------------\n");
    for(i = 0; i <= 3; i++)  /* 輸出讀取結果 */
        printf("%-10s %5d\n", student[i].name, student[i].c_score);
    fclose(fptr);  /* 關閉檔案 */
    return 0;
}
```

練習題

1. 試撰寫一程式將一篇文章由鍵盤輸入後，利用檔案字元的寫入函數 fputc()，將輸入資料儲存於某一檔案，再利用檔案字元讀取函數 fgetc() 讀取並驗證是否為您輸入的資料。

2. 將上一練習題，改以 fputs() 和 fgets() 函數完成之。

3. 仿照範例 12-2e 與 12-2f，輸入學生的 ID、C 及 Java 之分數，然後計算總平均的分數。C 的比重為 0.6，Java 的比重為 0.4，最後利用 fprintf 函數，將 ID、C、Java 和總平均寫入到檔案 out.dat。有了 out.dat 之後，再撰寫一程式以 fread 函數讀取檔案資料，驗證是否為剛剛寫入的資料。

4. 試將您好朋友的資料，如姓名、出生年月日、電話號碼，利用 fwrite() 將這些資料寫入檔案（檔名為 friend.dat）。至少建立 3 筆，然後利用 fread() 讀取資料，並將它顯示於螢幕上。

12-3 文字檔與二進位檔的差異

文字檔與二進位檔的差異有二，一為換行（new line），二為檔案結尾（end of file）。

12-3-1 文字檔與二進位檔的差異一換行

C 語言的換行字元 '\n' 是由 CR（carriage return）/LF（line feed）所組成，CR/LF 分別對應到 ASCII 十進位碼的 13 與 10，因此儲存於檔案時會占 2 bytes；當以文字檔讀取時，換行字元是以 '\n' 表示，所以當作一個字元，而在二進位檔中，換行字元是以 CR 和 LF 表示，所以當作二個字元。

先在 c:\ 目錄下建立 temp 子目錄，並鍵入以下資料：

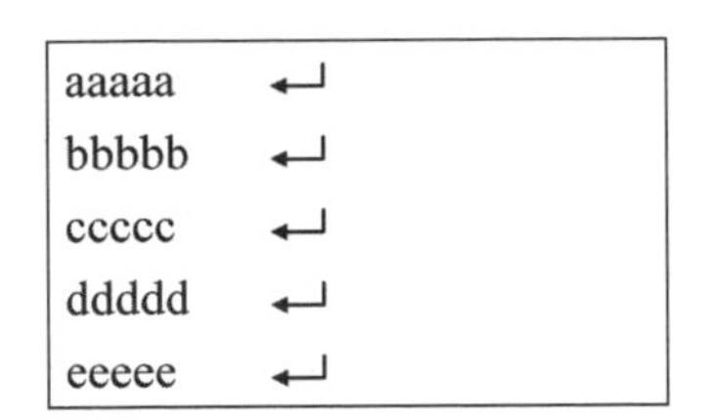

之後，將它存於 text.dat 檔案。此處按了五次「Enter」鍵，相當於 5 個 '\n'。為了能進一步的觀察，利用 fgetc 函數讀取此檔案的每一字元，計算共有多少字元。我們先以文字檔的格式加以讀取之。請參閱 12-3a。

範例 12-3a

```
01  /* ex12-3a.c  */
02  #include <stdio.h>
03  #include <stdlib.h>
04
05  int main()
06  {
07      FILE *fptr;
08      char ch;
09      int ctr = 0;
10      if ((fptr = fopen("c:\\temp\\text.dat", "r")) == NULL) {
11          puts("檔案 c:\\temp\\text.dat 不存在!");
```

```
12          exit(1);
13      }
14      while ((ch = fgetc(fptr)) != EOF) {
15          printf("%c", ch);
16          ctr++;
17      }
18      printf("以文字檔格式讀取上述資料，共有 %d bytes\n", ctr);
19      fclose(fptr);
20      return 0;
21  }
```

輸出結果

```
aaaaa
bbbbb
ccccc
ddddd
eeeee
以文字檔格式讀取上述資料，共有 30 bytes
```

【程式剖析】

範例 12-3a 第 10 行利用文字檔模式 "r" 開啟檔案，程式計算出來的字元共有 (25+5) 等於 30 個字元，其中的 5 是按了五次的「Enter」鍵。儲存於檔案中的 CR/LF 將轉為 '\n' 讀取之。

接著，以二進位的格式加以讀取之，如範例 12-3b 所示：

範例 12-3b

```
01  /* ex12-3b.c */
02  #include <stdio.h>
03  #include <stdlib.h>
04  int main()
05  {
06      FILE *fptr;
07      int ctr = 0;
08      char ch;
09      if ((fptr = fopen("c:\\temp\\text.dat", "rb")) == NULL) {
10          puts("檔案 c:\\temp\\text.dat 不存在!");
11          exit(1);
12      }
13      While ((ch = fgetc(fptr)) != EOF) {
```

```
14            printf("%c", ch);
15            ctr++;
16        }
17        printf("以二進位讀取上述資料，共有 %d bytes\n", ctr);
18        fclose(fptr);
19        return 0;
20    }
```

輸出結果

```
aaaaa
bbbbb
ccccc
ddddd
eeeee
以二進位讀取上述資料，共有 35 bytes
```

【程式剖析】

若以二進位模式 "rb" 的方式讀取字元（第 9 行），其結果為 (25+10) 等於 35 個字元。其中的 10 是五個 CR/LF 所計算出來的。從範例 12-3a 和 12-3b 可了解文字檔模式和二進位檔模式在換行上的差異。

12-3-2 文字檔與二進位檔的差異—檔案結尾

文字檔與二進位檔的另一個差異是檔案結尾的判斷。文字檔以 ASCII 碼 26（十進位）作為結束點，會視為檔案的結束，而二進位檔則直接以檔案長度，判定檔案是否結束。請參閱範例 12-3c：

範例 12-3c

```
01    /* ex12-3c.c */
02    #include <stdio.h>
03    #include <stdlib.h>
04    int main()
05    {
06        FILE *fptr;
07        int narr[] = {6, 16, 26, 36, 46, 56};
08        int n, i;
09        fptr = fopen("bin.dat", "w");
10        fwrite(narr, sizeof(narr), 1, fptr);
```

```
11        fclose(fptr);
12        if ((fptr = fopen("bin.dat", "r")) == NULL)  {
13            puts("File bin.dat not found!");
14            exit(1);
15        }
16        while (fread(&n, sizeof(int), 1, fptr) == 1)
17            printf("%d ", n);
18        fclose(fptr);
19        return 0;
20    }
```

輸出結果

```
6 16
```

【程式剖析】

程式第 7 行先將陣列

```
int narr[] = {6, 16, 26, 36, 46, 56};
```

以文字檔 "r" 模式來讀取時，當讀到 26，即判讀為結束，但事實並非如此，因為 narr 陣列共有 6 個元素。

若以 "rb" 方式讀取，則所有的陣列元素將被讀取，如範例 12-3d 第 12 行所示。

範例 12-3d

```
01  /* ex12-3d.c */
02  #include <stdio.h>
03  #include <stdlib.h>
04  int main()
05  {
06      FILE *fptr;
07      int narr[] = {6, 16, 26, 36, 46, 56};
08      int n, i;
09      fptr = fopen("bin.dat", "w");
10      fwrite(narr, sizeof(narr), 1, fptr);
11      fclose(fptr);
```

```
12      if ((fptr = fopen("c:\\temp\\bin.dat", "rb")) == NULL)  {
13          puts("File bin.dat not found!");
14          exit(1);
15      }
16      while (fread(&n, sizeof(int), 1, fptr) == 1)
17          printf("%d ", n);
18      fclose(fptr);
19      return 0;
20  }
```

輸出結果

```
6  16  26  36  46  56
```

1. 以下是小蔡老師請大家一起來除錯的程式，歡迎您的加入。您可以與範例 12-3b 比較一下。

```
/* bugs12-3-1.c */
#include <stdio.h>
#include <stdlib.h>
int main()
{
    FILE *fptr;
    int ctr = 0;
    char ch;
    if ((fptr = fopen("text.dat", "rb")) == NULL) {
        puts("檔案 text.dat 不存在!");
        exit(1);
    }
    while (ch = fgetc(fptr) != EOF) {
         printf("%c", ch);
         ctr++;
    }
    printf("以二進位讀取上述資料，共有 %d bytes\n", ctr);
    fclose(fptr);
    return 0;
}
```

12-4 檔案的搜尋

到目前為止所使用檔案存取皆為循序存取，亦即讀取或寫入資料時，皆從檔案的開頭依序進行到檔尾，無法從檔案中任意位置存取資料。以檔案搜尋函數 fseek()，配合 fread 和 fwrite 可以達到隨機存取的功能。fseek() 函數的語法如表 12-7 所示：

表 12-7 搜尋函數

搜尋函數	語　法	功　能
fseek()	fseek(檔案結構指標, 位移, 起始點);	隨機搜尋

fseek() 函數需要三個參數，第一個參數是指向欲搜尋檔案結構的指標；第二個參數是位移（offset），表示從起始點到欲讀取的資料間之距離，此距離是以位元組（byte）計算，且是長整數型態（long）；第三個參數是起始點，它有三種模式，如表 12-8 所示：

表 12-8 fseek() 函數的三種模式

模　式	常數表示法	開始計算的地方
0	SEEK_SET	檔頭
1	SEEK_CUR	目前檔案指標的位置
2	SEEK_END	檔尾

若 fseek() 執行成功，則傳回值為 0。若發生錯誤，則傳回非 0 的數值。

範例 12-4a 可隨機讀取範例 12-2g 所產生的檔案（dfile2.dat）之資料。

範例 12-4a

```
01  /* ex12-4a.c */
02  #include <stdio.h>
03  #include <stdlib.h>
04  int main()
05  {
06      /* 隨機讀取檔案中的記錄 */
07      /* 定義 student 結構 */
```

```
08      struct test{
09          char name[10];
10          int c_score;
11      };
12      struct test student;
13      FILE *fptr;
14      int record, count=0;
15      long offset;
16
17      if ((fptr = fopen("dfile2.dat", "rb")) == NULL) { /* 開啟檔案 */
18          puts("dfile2.dat 無法開啟!!!");
19          exit(1);
20      }
21
22      while (fread(&student, sizeof(struct test), 1, fptr) == 1)
23          count++;
24      printf("c:\\dfile2.dat 共有 %d 筆資料\n", count);
25      for ( ; ; ) { /* 無窮迴圈 */
26          printf("請問您要找尋哪一筆資料(0 表示結束): ");
27          scanf("%d", &record);  /* 輸入查看哪一筆資料 */
28          if (record == 0)        /* 輸入為 0 會跳出迴圈 */
29              break;
30          offset = (record - 1) * sizeof(struct test);  /* 計算 offset */
31          if (fseek(fptr, offset, 0) != 0 || record > count)
32              puts("無此筆資料!");
33              continue;
34          }
35          fread(&student, sizeof(struct test), 1, fptr);  /* 讀取資料 */
36          /* 輸出資料 */
37          printf("\n");
38          printf("姓名: %s\n", student.name);
39          printf("C 語言分數: %d\n", student.c_score);
40      }
41      fclose(fptr);  /* 關閉檔案 */
42      return 0;
43  }
```

輸出結果

```
dfile2.dat 共有 3 筆資料
請問您要找尋哪一筆資料(0 表示結束): 1
姓名: Bright
C 語言成績: 97

請問您要找尋哪一筆資料(0 表示結束): 2
```

```
姓名: Linda
C 語言成績: 96

請問您要找尋哪一筆資料(0 表示結束): 3
姓名: Jennifer
C 語言成績: 92

請問您要找尋哪一筆資料(0 表示結束): 0
```

此範例可查詢檔案中任何一筆記錄，比較難理解的地方在於 offset 的計算（第 30 行）。程式使用下一敘述

```
offset = (record - 1) * sizeof(struct student);
```

以計算位移值。student 結構的大小為 14 bytes，所以每一筆記錄的間隔為 14 bytes。假設欲查詢第 3 筆記錄，則 record 等於 3，所以 offset 等於 (3 - 1) * 14，亦即 28。以圖形表示如下：

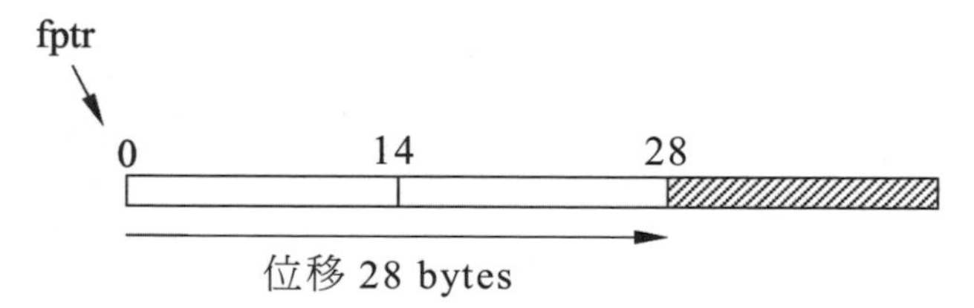

由圖中可看出位移的狀況，fptr 開始時指向檔案開頭處（模式 0），假設其位址為 0，位移 28 bytes 後，fptr 將指向第三筆記錄開頭的位址。

fseek() 函數也可以向前搜尋嗎？答案是可以的。若向前位移時，則位移值（offset）為負數，假設檔案結構指標 fptr 一開始指向檔尾（模式 2），若欲讀取最後一筆記錄，offset 的值等於 -14，如下圖所示：

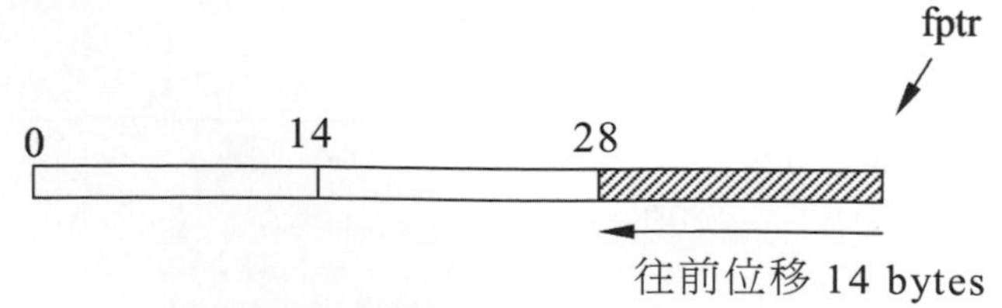

此時 fptr 指向最後一筆記錄開頭位址。

1. 以下是小偉同學模仿範例 12-4a 所撰寫的程式，可是他 run 出來的答案有點奇怪，請您比較一下哪裡出了問題。

```
/* bugs12-4-1.c */
#include <stdio.h>
#include <stdlib.h>
int main()
{
    /* 隨機讀取檔案中的記錄 */
    /* 定義 student 結構 */
    struct test{
        char name[10];
        int c_score;
    };
    struct test student;
    FILE *fptr;
    int record, count=0;
    long offset;

    if ((fptr = fopen("dfile2.dat", "rb")) == NULL) {
        puts("dfile2.dat 無法開啟!!!");
        exit(1);
    }

    while (fread(&student, sizeof(struct test), 1, fptr) == 1)
        count++;
    printf("dfile2.dat 共有 %d 筆資料\n", count);
    for ( ; ; ) { /* 無窮迴圈 */
        printf("請問您要找尋哪一筆資料(0 表示結束): ");
        scanf("%d", &record);  /* 輸入查看哪一筆資料 */
        if (record == 0)       /* 輸入為 0 會跳出迴圈 */
            break;
        offset = (record - 1) * sizeof(struct test);  /* 計算 offset */
        if (fseek(fptr, offset, 0) != 0 ) { /* 位移檔案指標 */
            puts("無此筆資料!");
            continue;
        }
        fread(&student, sizeof(struct test), 1, fptr);  /* 讀取資料 */
        /* 輸出資料 */
        printf("\n");
        printf("姓名: %s\n", student.name);
        printf("C 語言分數: %d\n", student.c_score);
```

```
    }
    fclose(fptr);   /* 關閉檔案 */
    return 0;
}
```

1. 試開啟 12-2 節之練習題第 4 題所建立的 friend.dat，然後利用 fseek() 將位於奇數位置的記錄資料印出。

12-5 檔案的應用範例

我們將範例 11-4d 為主軸，當使用者選擇結束選項時，程式會將鏈結串列的每一節點內容寫入指定的檔案，因此會保存每次鏈結串列運作的結果。當下次再執行程式時，程式會先開啟檔案，並加以讀取其內容，然後重建一新的鏈結串列。之後，將以此新的鏈結串列為主軸，處理有關加入、刪除，以及列印的動作。

範例 12-5a

```
001  /* ex12-5a.c */
002  #include <stdio.h>
003  #include <stdlib.h>
004  #include <string.h>
005
006  void insert();
007  void del();
008  void list();
009  void saveToFile();
010  void flushBuffer();
011
012  struct student
013  {
014      int id;                      /* ID 號碼 */
015      char name[10];               /* 學生姓名 */
016      double score;                /* 學生分數 */
```

```
017     struct student *next;      /* 指向下一個鏈結 */
018 };
019
020 /* 定義結構指標，head 指向第一個鏈結 */
021 struct student *head, *ptr, *current;
022
023 int main()
024 {
025     char choice;
026     struct student data, *temp;
027
028     head = (struct student *) malloc(sizeof(struct student));
029     head->next = NULL;     /* head 指向的節點不存任何資料 */
030
031     //從開啟的檔案讀取串列的資料
032     FILE *fptr;
033     if ((fptr = fopen("ex12-5.dat", "rb")) == NULL) {
034         printf("無法開啟檔案\n");
035     }
036     else {
037         printf("<<目前鏈結串列的資料如下: >>\n\n");
038         //讀取資料，並配置記憶體加以儲存，重複此動作直到檔案結束
039         //先印標頭，再印讀取的資料
040
041         while ((fread(&data, sizeof(struct student), 1, fptr))) {
042             temp = (struct student *) malloc(sizeof(struct student));
043             temp->id = data.id;
044             strcpy(temp->name, data.name);
045             temp->score = data.score;
046             temp->next = NULL;
047             current = head->next;
048             printf("%-5d %-10s %-10.2f\n", temp->id,
049                     temp->name, temp->score);
050
051             //資料加入於尾端，建立一鏈結串列
052             //若串列是空的，則指定 temp 為串列的第一個節點
053             if (current == NULL) {
054                 head->next = temp;
055             }
056             else {
057                 while (current->next != NULL) {
058                     current = current->next;
059                 }
```

```
060                 current->next = temp;
061             }
062         }
063         //關閉檔案
064         fclose(fptr);
065     }
066 
067     //使用選單，讓使用者選擇新增、刪除、列印與結束等項目
068     do {
069         /* 使用選項讓使用者選擇新增、刪除、列印或結束 */
070         printf("\n1 =>新增一節點\n");
071         printf("2 =>刪除一節點\n");
072         printf("3 =>列印串列的所有節點\n");
073         printf("4 =>結束\n");
074         printf("請選擇一項目: ");
075         choice = getchar();  /* 輸入選項 */
076         flushBuffer();
077         switch (choice) {
078           case '1':insert();
079                    break;
080           case '2':del();
081                    break;
082           case '3':list();
083                    break;
084           case '4':saveToFile();
085                    printf("Bye bye!!\n");
086                    break;
087           default :printf("選項錯誤!!\n");
088         }
089     } while (choice != '4');  /* 選擇為 4 則跳出迴圈 */
090     return 0;
091 }
092 
093 /* 定義 insert()，此函數不接受任何參數，且不傳回任何值
094 新增一筆資料於鏈結串列的前端 */
095 void insert()
096 {
097     /* 以 malloc() 函數配置記憶體 */
098     ptr = (struct student *) malloc(sizeof(struct student));
099 
100     printf("\n<<加入一學生資料>>\n");
101     printf("ID <int> : ");
102     scanf("%d", &ptr->id);
```

```
103
104         printf("姓名 <string> : ");
105         scanf("%s", ptr->name);
106
107         printf("分數 <double> : ");
108         scanf("%lf", &ptr->score);
109         flushBuffer();
110
111         ptr->next = head->next;
112         head->next = ptr;
113     }
114
115     /* 定義 del()，此函數不接受任何參數，且不傳回任何值 */
116     /* 刪除串列前端的資料 */
117     void del()
118     {
119         current = head->next ;
120         /* 判斷鏈結串列是不是空的 */
121         if (current == NULL)
122             printf("鏈結串列是空的!!!\n");
123         else {
124             current = head->next;
125             if (current != NULL) {
126                 printf("\n<<被刪除的學生資料如下: >>\n");
127                 printf("%-10d %-10s %-10.2f\n",
128                        current->id, current->name, current->score);
129                 head->next = current->next;   /* 利用這一敘述將前端的節點除 */
130                 free(current);
131             }
132             else {
133                 printf("欲刪除的節點不存在\n");
134             }
135         }
136     }
137
138     /* 定義 list()，此函數不接受任何參數，且不傳回任何值 */
139     /* 列印資料於螢幕 */
140     void list()
141     {
142         if (head->next == NULL)
143             printf("目前串列無資料\n");
144         else {
145             current = head->next;        /* 將 node 指向 head */
```

```
146             printf("\n<<目前的串列資料如下: >>\n");
147
148             while (current != NULL) {     /* 列印資料直到 current 為空指標 */
149                 printf("%-10d %-10s %-10.2f\n",
150                        current->id, current->name, current->score);
151                 current = current->next;
152             }
153         }
154 }
155
156 /* 定義 saveToFile()，此函數不接受任何參數，且不傳回任何值 */
157 /* 將資料於儲存於檔案 */
158 void saveToFile()
159 {
160     FILE *fptr;
161     if ((fptr = fopen("ex12-5.dat", "wb")) == NULL) {
162         printf("無法開啟檔案\n");
163         exit(1);
164     }
165     if (head->next == NULL) {
166         printf("沒有資料可儲存\n");
167         return;
168     }
169
170     current = head->next;
171     printf("\n<<儲存資料於檔案>>\n");
172     //將資料儲存於檔案
173     while (current != NULL) {
174         fwrite(current, sizeof(struct student), 1, fptr);
175         current = current->next;
176     }
177     fclose(fptr);
178 }
179
180 void flushBuffer()
181 {
182     while(getchar() != '\n') {
183             continue;
184     }
185 }
```

輸出結果 1

```
無法開啟檔案

1 => 新增一節點
2 => 刪除一節點
3 => 列印串列的所有節點
4 => 結束
請選擇一項目: 1

<< 加入一學生資料 >>
ID <int> : 1001
姓名 <string> : Bright
分數 <double> : 98

1 => 新增一節點
2 => 刪除一節點
3 => 列印串列的所有節點
4 => 結束
請選擇一項目: 1

<< 加入一學生資料 >>
ID <int> : 1002
姓名 <string> : Linda
分數 <double> : 92

1 => 新增一節點
2 => 刪除一節點
3 => 列印串列的所有節點
4 => 結束
請選擇一項目: 1

<< 加入一學生資料 >>
ID <int> : 1003
姓名 <string> : Jennifer
分數 <double> : 98

1 => 新增一節點
2 => 刪除一節點
3 => 列印串列的所有節點
4 => 結束
請選擇一項目: 3

<< 目前的串列資料如下: >>
1003        Jennifer   98.00
```

```
1002        Linda      92.00
1001        Bright     98.00

1 => 新增一節點
2 => 刪除一節點
3 => 列印串列的所有節點
4 => 結束
請選擇一項目: 1

<< 加入一學生資料 >>
ID <int> : 1007
姓名 <string> : Michael
分數 <double> : 88

1 => 新增一節點
2 => 刪除一節點
3 => 列印串列的所有節點
4 => 結束
請選擇一項目: 2

<< 被刪除學生的資料如下: >>
1007        Michael    88.00

1 => 新增一節點
2 => 刪除一節點
3 => 列印串列的所有節點
4 => 結束
請選擇一項目: 3

<< 目前的串列資料如下: >>
1003        Jennifer   98.00
1002        Linda      92.00
1001        Bright     98.00

1 => 新增一節點
2 => 刪除一節點
3 => 列印串列的所有節點
4 => 結束
請選擇一項目: 4

<< 儲存資料於檔案 >>
Bye bye!!
```

【程式剖析】

此程式大致上是範例 11-4d 的擴充，主要在 main 函數中加入開啟檔案（第 33-35 行），讀取檔案內容（第 41-46 行），然後加以建立一鏈結串列（第 51-62 行）。讀者可以在加入幾筆資料後、印列資料、刪除資料、再列印資料，最後結束程式，並將鏈結串列的資料儲存於指定的檔案（第 158-178 行）。輸出結果 1 為檔案是空的情況下所執行狀況。有關敘述的描述，請參閱程式中註解的說明。

輸出結果 2

```
<< 目前鏈結串列的資料如下: >>

1003  Jennifer   98.00
1002  Linda      92.00
1001  Bright     98.00

1 => 新增一節點
2 => 刪除一節點
3 => 列印串列的所有節點
4 => 結束
請選擇一項目: 1

<< 加入一學生資料 >>
ID <int> : 1005
姓名 <string> : Amy
分數 <double> : 89

1 => 新增一節點
2 => 刪除一節點
3 => 列印串列的所有節點
4 => 結束
請選擇一項目: 3

<< 目前的串列資料如下: >>
1005        Amy         89.00
1003        Jennifer    98.00
1002        Linda       92.00
1001        Bright      98.00

1 => 新增一節點
2 => 刪除一節點
```

```
3 => 列印串列的所有節點
4 => 結束
請選擇一項目: 1

<< 加入一學生資料 >>
ID <int> : 1007
姓名 <string> : Peter
分數 <double> : 98

1 => 新增一節點
2 => 刪除一節點
3 => 列印串列的所有節點
4 => 結束
請選擇一項目: 3

<< 目前的串列資料如下: >>
1007        Peter       98.00
1005        Amy         89.00
1003        Jennifer    98.00
1002        Linda       92.00
1001        Bright      98.00

1 => 新增一節點
2 => 刪除一節點
3 => 列印串列的所有節點
4 => 結束
請選擇一項目: 2

<< 被刪除學生的資料如下: >>
1007        Peter       98.00

1 => 新增一節點
2 => 刪除一節點
3 => 列印串列的所有節點
4 => 結束
請選擇一項目: 3

<< 目前的串列資料如下: >>
1005        Amy         89.00
1003        Jennifer    98.00
1002        Linda       92.00
1001        Bright      98.00

1 => 新增一節點
2 => 刪除一節點
```

```
3 => 列印串列的所有節點
4 => 結束
請選擇一項目: 4

<< 儲存資料於檔案 >>

Bye bye!!
```

【程式剖析】

當鏈結串列的資料已被建立於指定檔案時，此時再執行此程式，將會先從此檔案讀取資料，並建立一新的鏈結串列，如輸出結果 2 所示。您也可以依照加入、印列、加入、列印、刪除、列印，以及結束的步驟加以測試之。這是一個結構與檔案結合的最佳範例，請您務必了解其過程和寫法。

12-6 問題演練

1. 試修改下一程式。

```
#include <stdio.h>
int main()
{
    int *fp;
    int k;
    fp = fopen("jello");
    for (k=0; k<30; k++)
        fputs(fp, "Nanette eats jello.");
    fclose("jello");
    return 0;
}
```

2. 有一片段程式如下：

```
#include <stdio.h>
FILE *fp1, *fp2;
char ch;
fp1 = fopen("terky", "r");
fp2 = fopen("jerky", "w");
```

請填入下列空白：

(a) ch=fgetc(   );

(b) fprintf(, "%c\n",   ) ;

(c) fputc(   );

(d) fclose(   ); /*close the terky file*/

12-7 程式實作

1. 讀取一資料檔（salary.dat），此資料檔的格式為：人名（name）、售出車輛數（soldnum）、售出金額（soldcash）。請依照如下公式計算總薪資（totalwage）。總薪資 = 底薪(250) + 佣金(15) * 售出車輛數 + 獎金(售出金額 / 20)。

2. 從一資料檔（wage.dat）讀取資料，格式為：ID、rate、hours，計算其薪資（wage）、稅（tax），及淨額（net）。計算方法：

   若 hours 超過 40 小時，則 hours = hours * 1.5

   wage = rate * hours

   tax = 0.03625 * wage

   net = wage – tax

3. 從一資料檔（answer.dat）讀取標準答案，以及每一位學生所作的答案，然後算出其等級。答對題數與答對最高題數相比，若差 1 則等級為 'A'，差 2 或 3 為 'C'，其它為 'F'。

4. 試修改範例 12-5a，增加一個查詢學生資料的功能。

5. 試設計一程式，可供使用者處理讀取、寫入同一檔案的資料。

6. 將第 11 章的程式實作 7 加入檔案存取的功能。

其它論題

這一章將討論之前章節未談及的一些重要主題。

13-1 前置處理指令

前置處理指令（preprocessor）都是以 # 開始，可以放在程式的任何地方，但通常都置於程式的最前面。本章將討論一些較常用的前置處理指令包括 #include、#define、#ifndef、#undef。

13-1-1 #include

#include 的主要作用是將會用到的標頭檔（副檔名為 .h）載入進來。標頭檔除了有庫存函數的原型宣告外，還有定義一些符號常數或是巨集。將標頭檔以 < > 符號括起來，如

```
#include <stdio.h>
```

表示 stdio.h 標頭檔，是從系統所設定的目錄中載入。

若標頭檔是由程式設計者自行撰寫的，如 userdef.h 時，則以雙引號（" "），代替角括號（< >），如

```
#include "usrdef.h"
```

表示將 usrdef.h 標頭檔，從程式檔的目前的目錄中載入。若標頭檔不是儲放在目前的目錄下，則需將完整的路徑寫出。

注意！請不要在 #include 指令的後面加分號。凡是前置處理指令的後面都不可以加分號。

13-1-2 #define

#define 是將某一名稱定義為常數來使用，此名稱稱為**符號常數**（symbol constant），其語法如下：

```
#define 被定義名稱 常數
```

如欲定義一整數陣列 array 的元素個數為 5，一般來說，都會使用

```
int array[5];
```

但日後若需改變 array 陣列元素的個數時，勢必要將程式中所有的 5 改為 20。請參閱範例 13-1a：

範例 13-1a

```
01  /* ex13-1a.c */
02  #include <stdio.h>
03  int main()
04  {
05      /* 輸入 5 個整數，並將其輸出 */
06      int array[5], i;
07      for (i=0; i<5; i++) {
08          printf("請輸入第 %d 個元素的資料: ", i+1);
09          scanf("%d", &array[i]);
10      }
11      printf("\n 此陣列計有下列資料: \n");
12      for (i=0; i<5; i++)
13          printf("array[%d]=%d\n", i, array[i]);
14      return 0;
15  }
```

輸出結果

```
請輸入第 1 個元素的資料: 100
請輸入第 2 個元素的資料: 200
請輸入第 3 個元素的資料: 300
請輸入第 4 個元素的資料: 400
請輸入第 5 個元素的資料: 500

此陣列計有下列資料:
array[0]=100
array[1]=200
array[2]=300
array[3]=400
array[4]=500
```

【程式剖析】

程式第 7 行直接以陣列元素的個數 5，應用在迴圈敘述中。

若將上例程式第 6 行陣列元素的個數 5，改為 20 個，則程式有二個地方需要改變：輸入與輸出所使用的 for 迴圈執行次數（第 7 行與第 12 行）。您會說，這並不困難啊！只是更改一下就 OK 了，問題是，若在較大的程式（上千行或上萬行）恐怕就要逐一的加以搜尋並更改。還好可利用 #define 來定義一符號常數，以表示 array 陣列的元素個數，請參閱範例 13-1b。

範例 13-1b

```
01  /* ex13-1b.c */
02  #include <stdio.h>
03  #define MAX 5       /* 使用 #define 定義陣列元素為 5 個 */
04  int main()
05  {
06      /* 更改範例 13-1a */
07      /* 輸入 5 個整數，並將其輸出 */
08      int array[MAX], i;
09      for (i=0; i<MAX; i++) {
10          printf("請輸入第 %d 個元素的資料: ", i+1);
11          scanf("%d", &array[i]);
12      }
13      printf("\n 此陣列計有下列資料: \n");
14      for (i=0; i<MAX; i++)
```

```
15            printf("array[%d]=%d\n", i, array[i]);
16        return 0;
17    }
```

輸出結果

```
同範例 13-1a
```

【程式剖析】

編譯程式將 MAX「轉換」為 #define 所定義的常數 5（第 3 行），換句話說，將 int array[MAX]; 視為 int array[5];。此時若想修改陣列元素的個數為 20，只要將第 3 行

```
#define MAX 5
```

中的 5 改為 20 即可，如

```
#define MAX 20
```

如此就不會出現像範例 13-1a 中要修改這裡，又修改那裡的情況發生。注意！不可以在 #define 指令的後面加分號。我們稱 MAX 為符號常數，一般將它以大寫的英文字母表示之。

#define 除了上述的功能外，還可以定義類似函數的功能，此稱之為巨集指令（macro）。假設有一函數如下：

```
int square(int n)
{
    return n * n;
}
```

此函數的功能是計算 n 的平方（n^2）。若將此函數改以巨集指令表示如下：

```
#define SQUARE(n)  n * n
```

SQUARE(n) 為名稱，定義其為 n * n。要注意名稱不可含空白字元。不可以在 #define 定義的巨集指令後面加分號。

要如何使用巨集指令呢？假設要計算 5 的平方，並將結果指定給 result 變數，則巨集指令

```
result = SQUARE(5);
```

將 n 視為 5，而此巨集指令將轉換為 5 * 5，其結果為 25。若要計算 num 變數的平方，則此時的 n 將被 num 所取代，如下所示：

```
result = SQUARE(num);
```

將 SQUARE(num) 轉換為 num * num 後，指定給 result。

使用巨集指令要注意的是，SQUARE(n) 是以替換的方式來處理的，例如：SQUARE(5 + 10)，經替換後為 5 + 10 * 5 + 10 = 65，但正確答案應是 (5 + 10) * (5 + 10) = 225，要如何解決此問題呢？其實由 (5 + 10) * (5 + 10) 運算式中，應可以得到一點提示，只要將 SQUARE(n) 重新定義為

```
#define SQUARE(n)   (n) * (n)
```

即可避免錯誤發生。請參閱範例 13-1c。

範例 13-1c

```
01  /* ex13-1c.c */
02  #include <stdio.h>
03  #define SQUARE1(n) n*n       /* 定義SQUARE1(n) */
04  #define SQUARE2(n) (n)*(n)   /* 定義SQUARE2(n) */
05
06  int square(int);     /* 定義一函數 */
07
08  int main()
09  {
10      int sqrt;
```

```
11          sqrt = SQUARE1(6+2);
12          printf("SQUARE1(6+2)=%d\n", sqrt);
13
14          sqrt = SQUARE2(6+2);
15          printf("SQUARE2(6+2)=%d\n", sqrt);
16
17          sqrt = square(6+2);
18          printf("square(6+2)=%d\n", sqrt);
19          return 0;
20      }
21
22      int square(int n)
23      {
24          return n*n;
25      }
```

輸出結果

```
SQUARE1(6+2)=20
SQUARE2(6+2)=64
square(6+2)=64
```

【程式剖析】

此範例驗證上述的説法，使用一般函數 square 時（第 17 行），先將 6 加 2 計算之後，再傳給 square 函數的形式參數 n，得到的結果是 64。此結果與使用 SQUARE2 的巨集指令（第 4 行）是相同的，但不同於 SQUARE1 的巨集指令（第 3 行）。

13-1-3 #ifndef

#ifndef 中的 n 表示 not（沒有）的意思。一般用在防止標頭檔重複地被載入，或避免重複定義常數，如以下敘述所示：

```
#ifndef  RATE
#define  RATE  28.78
#endif
```

表示若沒有定義 RATE 常數時，則將以 #define 定義 RATE 為 28.78。若有定義 RATE，則會直接跳到 #endif。#ifndef 和 #endif 是對應的。請參閱範例 13-1d。

範例 13-1d

```
01  /* ex13-1d.c */
02  #include <stdio.h>
03  #define RATE 28.68
04  #ifndef RATE
05  #define RATE 28.78
06  #endif
07  
08  int main()
09  {
10      double usDollar, ntDollar;
11      printf("請輸入您有多少美金? ");
12      scanf("%lf", &usDollar);
13  
14      ntDollar=usDollar*RATE;
15      printf("您可換 %.2f 的台幣。\n", ntDollar);
16      return 0;
17  }
```

輸出結果

```
請輸入您有多少美金? 100
您可換 2868.00 的台幣。
```

【程式剖析】

由於程式 3 行將 RATE 定義為 28.68，所以不會再定義 RATE 為 28.78。若將

```
#define RATE 28.68
```

這一行去掉，則答案將是 2878.00。

在一專案（project）有多個檔案存在時，為了避免重複載入標頭檔，可利用下列方式處理之。

```
#ifndef THINGS_H
#define THINGS_H
#include "thing.h"
#endif
```

假設專案的某一程式已將此標頭檔載入，若專案的某一程式想再次載入things.h 標頭檔時，將會被禁止，因為在第一次被載入時，THINGS_H 已經被定義了。

1. 輸入十個整數之後將其印出，以下是 Nancy 撰寫的程式，可否幫她看一下有哪一些是錯誤，並將其更正之。

```
/* bugs13-1-1.c */
#include <stdio.h>
int main()
{
    /* 輸入 10 個數，並將其輸出 */
    int array[10], i;
    for (i=0; i<10; i++) {
        printf("Enter a number: ");
        scanf("%d", &array[i]);
    }
    printf("array[10] : \n");
    for (i=0; i<20; i++)
        printf("%d\n", array[i]);
    return 0;
}
```

2. 題目和第一題相同，但現在 Nancy 以 #define 的方式定義陣列的個數，也請您幫忙除錯一下，謝謝。

```
/* bugs13-1-2.c */
#include <stdio.h>
#define MAX 10
int main()
{
    int array[Max], i;
    for (i=0; i<Max; i++) {
        printf("請輸入第 %d 個元素的資料: ");
        scanf("%d", &array[i]);
    }
    printf("此陣列計有下列資料:\n", MAX);
    for (i=0; i<Max; i++)
        printf("%d\n", array[i]);
    return 0;
}
```

3. 以下是 Amy 撰寫的程式，請您幫它除錯一下。

```
/* bug13-1-3.c */
#include <stdio.h>
#define RATE 32.68;
#ifndef RATE 32.78;
#define RATE 32.78;
#endif

int main()
{
    double usDollar, ntDollar;
    printf("請輸入您有多少美金? ");
    scanf("%d", &usDollar);

    ntDollar = usDollar * RATE;
    printf("您可換 %.2f 的台幣。\n", ntDollar);
    return 0;
}
```

1. 試撰寫一程式，以 #define 定義計算一數 n 次方的巨集，另外以函數方式撰寫相同功能的程式，並加以比較之。

13-2 常用庫存函數

本節將一些常用的庫存函數，輔以例題加以說明，希望對您有所幫助。

13-2-1 資料轉換函數

簡單的說，資料轉換就是將某一型態的資料，轉換為另一型態的資料，如字串→整數、字串→浮點數、整數→字串等等。

這些資料轉換函數的原型定義於 stdlib.h 標頭檔。幾個常用的資料轉換函數，如表 13-1 所示：

表 13-1 常用的資料轉換函數

庫存函數	語　法	說　明
atoi()	int atoi(const char *string);	字串→整數
atol()	long int atol(const char *string);	字串→長整數
atof()	double atof(const char *string);	字串→浮點數
strtol	long int strtol(const char *string, char **endptr, int base)	字串→長整數

一、atoi()

atoi() 函數將字串轉換為整數，其語法如下：

```
int atoi(const char *string);
```

函數僅需一個參數 string，此為欲轉換成整數的字串。函數執行後會將轉換後的結果回傳，若轉換失敗，其原因可能為傳回值太大（超過 -32768～32767 的範圍），此回傳值將不具任何意義。atol() 功能相同，只是將字串轉為長整數而已。

atoi() 轉換函數必須注意輸入的字串，是否能轉換為整數。舉例來說，字串 "x1234" 的第一個字母為 x，不能被視為整數來使用，所以結果為 0。

試問下列字串，經由 atoi() 函數轉換後的結果為何？

(1) 2312　　(2) 3+55　　(3) 5

(4) x1234　　(5) -25。

答案為：

(1) 2312　　(2) 3　　(3) 5

(4) 0　　(5) -25

因為 (2) 只轉換到+號就會停止，第 (4) 項的 x，則是不合規定的字元，所以結果為 0。您可以利用範例 13-2a 執行看看。

範例 13-2a

```
01  /* ex13-2a.c */
02  #include <stdio.h>
03  #include <stdlib.h>
04  int main()
05  {
06      char string[10];
07      int result;
08      printf("請輸入一整數的字串: ");
09      gets(string);
10      result = atoi(string);
11      printf("將字串轉換為整數: %d\n", result);
12      return 0;
13  }
```

輸出結果

```
請輸入一整數的字串: 2312
將字串轉換為整數: 2312
```

二、atof()

atof() 函數與 atoi() 函數的作法相同，只是 atof() 是將字串轉換為 double 浮點數型態而已。其語法如下：

```
double atof(const char *string);
```

表示將 string 轉換為 double 浮點數型態後傳回，其轉換工作會一直持續到無法處理的字元為止。請參閱範例 13-2b 第 10 行。

範例 13-2b

```
01  /* ex13-2b.c */
02  #include <stdio.h>
03  #include <stdlib.h>
04  int main()
05  {
06      char string[10];
07      double result;
08      printf("請輸入一浮點數的字串: ");
09      gets(string);
10      result = atof(string);  /* 呼叫atof() */
11      printf("將字串轉換為浮點數: %.2f\n", result);
12      return 0;
13  }
```

輸出結果

```
請輸入一浮點數的字串: 123.456
將字串轉換為浮點數: 123.46
```

三、strtol()

此函數也是將字串轉為長整數，與 atol 函數不同的是，它可以轉換為不同的基底長整數，其語法如下：

```
long int strtol(const char *string, char **endptr, int base);
```

strtol() 有三個參數，第一個參數 string 為欲被轉換的字串；第二個參數 endptr，指向停止轉換的字元指標；第三個參數 base，為數字系統的基底數，其範圍介於 2 到 36 之間。

舉例來說，strtol(string, endptr, 16) 函數，將字串 string 以 16 進位的表示法轉換為長整數，傳回值為轉換後的數值。請參閱範例 13-2c 第 14 行。

範例 13-2c

```
01  /* ex13-2c.c */
02  #include <stdio.h>
03  #include <stdlib.h>
04  int main()
05  {
06      /* 使用strtol( )函數將字串某一基底數，轉換為長整數 */
07      char string[20], *endptr;
08      long int final;
09      int base;
10      printf("請輸入一字串: ");
11      scanf("%s", string);
12      printf("基底數是多少? ");
13      scanf("%d", &base);
14      final = strtol(string, &endptr, base);
15      printf("轉換後的結果為: %ld\n", final);
16      printf("endptr 指向: %s\n", endptr);
17      return 0;
18  }
```

輸出結果 1

```
請輸入一字串: 100
基底數是多少? 2
轉換後的結果為: 4
endptr 指向:
```

輸出結果 2

```
請輸入一整數: 100
基底數是多少? 16
轉換後的結果為: 256
endptr 指向:
```

輸出結果 3

```
請輸入一整數: 123c123
基底數是多少? 10
轉換後的結果為: 123
endptr 指向:c123
```

輸出結果 1 與 2 的 endptr 皆指向空的，因為字串皆可被轉換，而輸出結果 3，endptr 指向不能轉換的字串 c123。

小蔡老師上完這一小節後，撰寫了以下的程式，請各位同學加以修改之。您是否也加入我們的行列，一起來除錯。

1.
```
/* bugs13-2-1a.c */
#include <stdio.h>
#include <stdlib.h>
int main()
{
    /* 使用 strtol()函數將字串某一基底數，轉換為長整數 */
    char string[20], *endptr;
    long int final;
    int base;
    printf("請輸入一字串: ");
    scanf("%s", string);
    printf("基底數是多少? ");
    scanf("%d", base);
    final = strtol(string, endptr, base);
    printf("轉換後的結果為: %ld\n", final);
    printf("endptr 指向: %s\n", endptr);
    return 0;
}
```

2.
```
/* bugs13-2-1b.c */
#include <stdio.h>
#include <stdlib.h>
int main()
{
    char string[10];
    double result;
    printf("請輸入一浮點數的字串: ");
    gets(string);
    result = atof(string);  /* 呼叫 atof() */
    printf("將字串轉換為浮點數: %d\n", result);
    return 0;
}
```

3.
```
/* bugs13-2-1c.c */
#include <stdio.h>
#include <stdlib.h>
int main()
{
    char string[10];
    int result;
```

```
    printf("請輸入一整數的字串: ");
    gets(string);
    result = atol(string);
    printf("將字串轉換為整數: %d\n", result);
    return 0;
}
```

練習題

1. 試撰寫一程式，要求使用者輸入兩個數字的字串（以 gets 函數輸入），將其轉換為數值型態（整數或浮點數皆可）後相加，並將結果加以輸出。
2. 有一數字字串為 123 及基底數為 8，請以 strtol 函數將此數字字串轉換為一數值後輸出。

13-2-2 常用的數學庫存函數

此節將介紹一些常用的數學運算的庫存函數，如下表所示。它們的原型定義於 math.h 標頭檔。

表 13-2 數學庫存函數

數學庫存函數	語　法	說　明
abs	int abs(int x);	取得整數 x 的絕對值。
fabs	double fabs(double x);	取得浮點數 x 的絕對值。
exp	double exp(double x);	計算 x 的指數值，即 e^x
sqrt	double sqrt(double x);	計算 x 的平方根。
log	double log(double x);	計算 x 的自然對數值，即 lnx
log10	double log10(double x);	計算 x 以 10 為底的對數值，即 $log_{10}x$
pow	double pow(double x, double n);	計算 x 的 n 次方，即 x^n
rand	int rand(void);	產生亂數。
srand	void srand(unsigned int seed);	設定亂數種子，並產生亂數。

一、abs 與 fabs 函數

abs() 函數是計算整數的絕對值，其語法如下：

```
int abs(int x);
```

它將回傳 x 的絕對值，所以 abs(-20) 回傳值是 20。

fabs 函數的功能皆與 abs 函數相同，只是 abs 函數是回傳整數的絕對值，而 fabs 函數，則是回傳浮點數的絕對值，其語法如下：

```
double fabs(double x);
```

注意！fabs() 函數的資料型態是 double，而 abs 函數的資料型態是 int。請參閱範例 13-2d 第 10 行。

範例 13-2d

```
01  /* ex13-2d.c */
02  #include <stdio.h>
03  #include <math.h>
04  int main()
05  {
06      /* 利用abs()取得絕對值 */
07      int value, result;
08      printf("請輸入一負的整數: ");
09      scanf("%d", &value);
10      result = abs(value);  /* 呼叫abs( ) */
11      printf("|%d| = %d\n", value, result);
12      return 0;
13  }
```

輸出結果

```
請輸入一負的整數: -100
|-100| = 100
```

二、exp 函數

exp() 函數用於計算某數的指數值，其語法如下：

```
double exp(double x);
```

此函數將回傳浮點數 x 的指數值，即 e^x，e 為自然對數的底數，其值約等於 2.71828。一般情況下，exp(x) 回傳 x 的指數值。若發生錯誤，exp 將回傳 HUGE_VAL（double 型態所能表示的最大值）。請參閱範例 13-2e 第 10 行。

範例 13-2e

```
01  /* ex13-2e.c */
02  #include <stdio.h>
03  #include <math.h>
04  int main()
05  {
06      /* 利用exp()計算指數值 */
07      double value, result;
08      printf("請輸入一浮點數: ");
09      scanf("%lf", &value);
10      result = exp(value);  /* 呼叫exp( ) */
11      printf("exp(%.2f) = %.2g\n", value, result);
12      return 0;
13  }
```

輸出結果

```
請輸入一浮點數: 100
exp(100.00) = 2.7e+043
```

【程式剖析】

此範例第 11 行是以 %.2g，此以 %.2f 相似，若數字大於 10 的 6 次方，則以科學記號 %e 印出。當浮點數大於等於 10^6 或小於 10^{-4} 時，則以 %e 印出，其餘以 %f 印出。

三、sqrt 函數

sqrt() 函數用來計算某數的平方根，其語法為

```
double sqrt(double x);
```

此函數將 x 的平方根傳回，請參閱範例 13-2f 第 10 行。

範例 13-2f

```
01  /* ex13-2f.c */
02  #include <stdio.h>
03  #include <math.h>
04  int main()
05  {
06      /* 利用sqrt()計算平方根 */
07      double value, result;
08      printf("請輸入一數值: ");
09      scanf("%lf", &value);
10      result = sqrt(value);   /* 呼叫sqrt() */
11      printf("此數的平方根為: %.2f\n", result);
12      return 0;
13  }
```

輸出結果

```
請輸入一數值: 2
此數的平方根為: 1.41
```

四、pow()

pow() 函數用來計算某數的 n 次方，語法如下：

```
double pow(double x, double n);
```

表示計算 x 的 n 次方（x^n）。參數 x 與 n 皆可為 0，當 x 為負數時，n 的值只能為小於 2^{64} 的整數，當 n 是介於 -1 與 1 之間的浮點數時，其功能相當於開根號，如執行 pow(100, 0.5)，其傳回值為 100 的平方根，執行結果與呼叫 sqrt(100) 相同。當計算結果太大，或 x = 0 且 n < 0 時，將會傳回不正確的值。請參閱範例 13-2g 第 14 行。

範例 13-2g

```
01  /* ex13-2g.c */
02  #include <stdio.h>
03  #include <math.h>
```

```
04    int main()
05    {
06        /* 利用pow()取得某數的n 次方值 */
07        double value, n, result;
08        printf("請輸入一數值: ");
09        scanf("%lf", &value);
10
11        printf("多少次方: ");
12        scanf("%lf", &n);
13
14        result = pow(value, n);
15        printf("%.1f 的%.1f 次方為: %.2f\n", value, n, result);
16        return 0;
17    }
```

輸出結果

```
請輸入一數值: 11
多少次方: 2
11.0 的 2.0 次方為: 121.00
```

五、rand()

rand() 函數的功能相當於一個亂數產生器（random number generator），其語法如下：

```
int rand(void);
```

rand() 執行後，將傳回 0 到 32767 間的整數。使用 rand() 時，別忘了 #include 標頭檔 stdlib.h，因為 rand() 函數的語法放在此。請參閱範例 13-2h 第 11 行。

範例 13-2h

```
01    /* ex13-2h.c */
02    #include <stdio.h>
03    #include <stdlib.h>
04    #define MAX 10
05    int main()
06    {
07        /* 利用rand()函數來產生亂數 */
08        int i;
```

```
09      puts("<<產生的亂數如下>>");
10      for (i = 0; i < MAX; i++)
11          printf("%d\n", rand());  /* 呼叫rand( ) */
12      return 0;
13  }
```

輸出結果 1

```
<<產生的亂數如下>>
41
18467
6334
26500
19169
15724
11478
29358
26962
24464
```

輸出結果 2

```
<<產生的亂數如下>>
41
18467
6334
26500
19169
15724
11478
29358
26962
24464
```

若要產生一個介於 0 到特定數字範圍之間的亂數，可先利用 #define 定義一巨集指令，如下所示：

```
#define random(num) (rand() % (num))
```

此巨集指令將產生從 0 到 num-1 之間的亂數，如執行 random(10)，程式將會回傳 0 到 9 之間的整數。請參閱範例 13-2i 第 5 行。

範例 13-2i

```
01  /* ex13-2i.c */
02  #include <stdio.h>
03  #include <stdlib.h>
04  #define MAX 10
05  #define random(num) (rand() % (num))
06  int main(void)
07  {
08      /* 利用random()巨集來產生亂數 */
09      int i, range;
10      printf("最大的亂數值為: ");
11      scanf("%d", &range);
12      puts("<<產生的亂數如下>>");
13      for (i=0; i<MAX; i++)
14          printf("%d\n", random(range)+1);
15      return 0;
16  }
```

輸出結果

```
最大的亂數值為: 100
<<產生的亂數如下>>
41
85
72
38
80
69
65
68
96
22
```

六、srand()

在範例 13-2h 中，每一次產生的亂數都是一樣的，此乃因為亂數產生器所需之亂數種子（seed）沒有被重新設定，所以產生的亂數都一樣。srand() 函數可用以重設 rand 執行時所需之亂數種子，使得每一次產生的亂數都不一樣。

使用 srand() 函數時，需以一個新的亂數種子做為參數（亂數種子為整數型態），再呼叫 rand()，就會產生不同的亂數。同樣地，別忘了將 stdlib.h 標頭檔載入到程式中。請參閱範例 13-2j 第 10 行與 13 行。

範例 13-2j

```
01  /* ex13-2j.c */
02  #include <stdio.h>
03  #include <stdlib.h>
04  #define MAX 10
05  int main()
06  {
07      int i, seed;
08      printf("請給一新的數值當種子: ");
09      scanf("%d", &seed);
10      srand(seed);  /* 呼叫seed，重新設定亂數種子 */
11      puts("<<產生的亂數如下>>");
12      for (i=0; i<MAX; i++)
13          printf("%d\n", rand());  /* 呼叫rand，印出亂數 */
14      return 0;
15  }
```

輸出結果 1

```
請給一新的數值當種子: 20
<<產生的亂數如下>>
336140
1354537686
240746755
371520337
1407342130
814290852
2020550880
1239730149
1258271049
1490048534
```

輸出結果 2

```
請給一新的數值當種子: 10
<<產生的亂數如下>>
168070
677268843
1194115201
1259501992
```

```
703671065
407145426
1010275440
1693606898
1702877348
745024267
```

直接使用 srand 有個缺點，那就是亂數種子是由使用者加以指定，如我們在此範例中指定了 20 與 10 當作亂數種子。要改善這個缺點，可以利用時間作為產生亂數時所需之種子。其作法是利用 #define，定義一個新的巨集指令 randomize，如下所示：

```
#define randomize() srand((unsigned) time(NULL))
```

它使用到 time() 時間處理函數，所以每次產生的亂數都會不一樣。請參閱範例 13-2k 第 7 行。注意，您產生的亂數也會與此處產生的不同喔！

範例 13-2k

```
01  /* ex13-2k.c */
02  #include <stdio.h>
03  #include <stdlib.h>
04  #include <time.h>
05  #define MAX 10
06  #define random(num) (rand() % (num))
07  #define randomize() srand((unsigned) time(NULL))
08  int main()
09  {
10      int i, range;
11      printf("最大的亂數值為: ");
12      scanf("%d", &range);  /* 輸入亂數範圍 */
13      puts("<<產生的亂數如下>>");
14      randomize();  /* 以randomize()設定亂數種子 */
15      for (i=0; i<MAX; i++)
16          printf("%d\n", random(range)+1);
17      return 0;
18  }
```

輸出結果 1

```
最大的亂數值為: 1000
<<產生的亂數如下>>
```

```
659
110
438
686
116
46
833
225
46
291
```

輸出結果 2

```
最大的亂數值為: 1000
<<產生的亂數如下>>
457
69
239
98
950
330
645
691
121
50
```

除錯題

小蔡老師上完這一小節後，也撰寫了以下幾個程式，要請同學們一起來錯誤，請您也加入除錯的行列。

1.
```
/* bugs13-2-2a.c */
#include <stdio.h>
#include <math.h>
int main()
{
    double value, n, result;
    printf("請輸入一數值: ");
    scanf("%f", &value);

    printf("多少次方: ");
    scanf("%f", &n);

    result = pow(value, n);
    printf("%.f 的%.f 次方為: %.2f\n", value, n, result);
    return 0;
}
```

2.
```
/* bugs13-2-2b.c */
#include <stdio.h>
#include <stdlib.h>
#include <time.h>
#define MAX 10
#define random(num) (rand() % (num))
#define randomize() srand((unsigned) time(NULL))

int main()
{
    int i, range;
    printf("最大的亂數值為: ");
    scanf("%d", range);
    puts("<<產生的亂數如下>>");
    randomize();
    for (i=0; i<MAX; i++)
        printf("%d\n", random(range));
    return 0;
}
```

1. 試撰寫程式計算 $|10^3 - 6^2 + 5 - e^{10}|$ 的解。
2. 試利用亂數產生器產生介於 1 到 1000 的 100 個亂數，將亂數加以輸出。

13-2-3 時間處理函數

C 程式語言提供的時間處理函數，可幫助程式設計者輕易取得目前系統的時間，在呼叫此類函數時，會使用到一個名為 tm 的結構。tm 結構是用來存放年、月、日、時、分、秒等資訊，此結構宣告如下：

```
struct tm
{
    int tm_sec;      /* 秒 */
    int tm_min;      /* 分 */
    int tm_hour;     /* 時 */
    int tm_mday;     /* 日 */
    int tm_mon;      /* 月 */
```

```
    int tm_year;        /* 年 */
    int tm_wday;        /* 星期 */
    int tm_yday;        /* 從 1/1 起經過的天數 */
    int tm_isdst;       /* 是否實施日光節約時間 */
}
```

tm 結構與時間處理函數的原型均定義於 time.h 標頭檔中。本節將介紹三個時間處理函數，請參閱表 13-3。表中的 time_t 是以 typedef 所定義的長整數（long）的資料型態。

表 13-3 時間處理函數

庫存函數	語法	說明
time()	time_t time(time_t *tptr);	取得至 1970/1/1 起經過的秒數
localtime()	struct tm *localtime(const time_t *tptr);	將 time_t 時間儲存至 tm 結構中
gmtime()	struct tm *gmtime(const time_t *tptr);	轉換地方時間為標準時間
asctime()	char *asctime(const struct tm *time);	將 tm 結構的時間轉換成字串

一、time()

利用 time() 可得到從標準時（格林威治時間）1970/1/1 00:00:00 起所經過的秒數，其語法如下：

```
time_t time(time_t *tptr);
```

time() 函數會讀取目前系統的時間值，然後計算自格林威治時間 1970/1/1 00:00:00 至今所經過的秒數，其結果將被存放於 *tptr 指標變數所指向的位址中，如果 tptr 是 NULL，則結果將不會被儲存。time() 會傳回經過的秒數。

二、localtime()

使用 localtime() 可將 time_t 型態所對應的時間值，放入 tm 結構中。其語法如下：

```
struct tm *localtime(const time_t *tptr);
```

此函數將 tptr 所儲存的時間值分為好幾個部分，如年、月、日、時、分、秒等，並將這幾個部分，分別存放至 tm 結構的欄位中。localtime() 會傳回一個指向 tm 結構的指標。有一點要注意的是，此函數使用的 tm，為一靜態結構，所以每次呼叫 localtime()，都會更新前一次呼叫的結果。

三、gmtime()

gmtime() 函數將 time_t 型態所對應的時間轉換為格林威治標準時間後，儲存於 tm 結構中，其語法如下：

```
struct tm *gmtime(const time_t *tptr);
```

gmtime() 的功能與 localtime() 類似，它將一個時間值拆成好幾個部分，再存放至 tm 結構中，參數 tptr 的值是從格林威治時間 1970/1/1 00:00:00 起經過的秒數，呼叫 time() 函數即可得到。轉換完畢後，gmtime() 會傳回一個指向 tm 結構的指標。gmtime() 與 localtime() 一樣，都是使用靜態的 tm 結構，所以每次呼叫此函數都會更新前一次執行的結果。

四、asctime()

要如何將上述函數所得到的時間輸出呢？時間的相關資訊均存放於 tm 結構中，雖然可藉 tm 結構變數，將結構中的欄位一個一個輸出，但這樣不是一個好的方法。若使用 asctime() 函數，先將 tm 結構的資料轉換為字串，則輸出工作就簡單多了。asctime() 的語法如下：

```
char *asctime(const struct tm *time);
```

tm 結構是 localtime() 或 gmtime() 函數所設定的，asctime() 函數會將 time 所指的 tm 結構的資料轉換為一個 26 字元的字串，如 Mon Feb 2 17:15:06 2009\n\0 即表示 2009 年 2 月 2 日星期一下午 5 點 15 分 6 秒。

有關時間的處理函理，請參閱範例 13-2L。

範例 13-2L

```
01  /* ex13-2L.c */
02  #include <stdio.h>
03  #include <time.h>
04  int main()
05  {
06      struct tm *ptrnow;
07      time_t loc_now, std_now;
08      time(&loc_now);
09      time(&std_now);
10      ptrnow = localtime(&loc_now);   /* 呼叫 localtime() */
11      printf("區域時間: %s", asctime(ptrnow));
12      ptrnow = gmtime(&std_now);      /* 呼叫 gmtime() */
13      printf("標準時間: %s", asctime(ptrnow));
14      return 0;
15  }
```

輸出結果

```
區域時間: Tue Dec 22 18:40:54 2020
標準時間: Tue Dec 22 10:40:54 2020
```

【程式剖析】

標準時間相當於格林威治時間，它與我們所在的區域時間相差 8 小時。

1. 下一個程式是 John 所撰寫的程式，請您幫他除錯一下。

```
/* bugs13-2-3a.c */
#include <stdio.h>
#include <time.h>
```

```
int main()
{
    struct tm *ptrnow;
    time_t loc_now, std_now;
    time(&loc_now);
    time(&std_now);
    ptrnow = localtime(loc_now);  /* 呼叫 localtime() */
    printf("區域時間: %s", asctime(ptrnow));
    ptrnow = gmtime(std_now);     /* 呼叫 gmtime() */
    printf("標準時間: %s", asctime(ptrnow));
    return 0;
}
```

練習題

1. 試撰寫一程式，顯示目前的日期和時間，並於螢幕上輸出目前電腦系統的時間，並隨時間的變動更新顯示。

13-3 亂數的應用範例

以下將舉兩個利用產生亂數的應用範例。一為產生幸運的大樂透碼，二為猜數字。讓我們從產生大樂透號碼開始。

13-3-1 大樂透號碼

您有買過大樂透嗎？其規則是產生六個 1 到 49 的號碼。請參閱應用範例 13-3a。

應用範例 13-3a

```
01  /* ex13-3a.c */
02  //大樂透號碼
03  #include <stdio.h>
04  #include <time.h>
05  #include <stdlib.h>
06
07  #define randomize() srand((unsigned) time(NULL))
```

```
08  #define random(x) rand() % (x)
09
10  int main()
11  {
12      int a[50] = {0};
13      int i=0, y;
14      randomize();
15      printf("\n 大樂透號碼: ");
16
17      for (; i<6; ) {
18          y = random(49)+1;
19          if (a[y] == 0) {
20              a[y] = y;
21              printf("%5d", y);
22              i++;
23          }
24      }
25
26      printf("\nDone\n");
27      return 0;
28  }
```

輸出結果

```
大樂透號碼:    44   18    6   47   25   30
Done
```

【程式剖析】

程式第 12 行先建立具有 50 個元素的陣列，程其範圍是 0 到 49，並且加以初始化為 0。a[0] 這一元素不會用到。程式第 19 行利用 if 敘述判斷是否將產生的亂數加入到陣列中。

```
if (a[y] == 0) {
    a[y] = y;
    printf("%5d", y);
    i++;
}
```

輸出結果沒有將產生的亂數加以排序。若您想要由小至大排列，可利用第 7 章所討論的氣泡排序法加以處理。

13-3-2 猜數字

程式利用亂數產生一數字，然後使用者猜猜看，每次程式會提示您猜的數字與程式產生亂數比較的結果。再依據提示訊息輸入您想要猜的數字，直到猜中為止。如應用範例 13-3b 所示：

應用範例 13-3b

```
01  /* ex13-3b.c */
02  #include <stdio.h>
03  #include <time.h>
04  #include <stdlib.h>
05
06  int main()
07  {
08      srand((unsigned) time(NULL));
09      int number = rand() % 101;
10
11      printf("猜一猜介於 0~100 的數字");
12      int guess = -1;
13
14      while (guess != number) {
15          printf("你猜多少: ");
16          scanf("%d", &guess);
17
18          if (guess == number)
19              printf("Bingo, 你猜對了");
20          else if (guess > number)
21              printf("你猜的數字太大了");
22          else
23              printf("你猜的數字太小了");
24
25      }
26      return 0;
27  }
```

輸出結果

```
猜一猜介於 0~100 的數字你猜多少: 50
你猜的數字太大了你猜多少: 30
你猜的數字太大了你猜多少: 20
你猜的數字太大了你猜多少: 10
你猜的數字太大了你猜多少: 5
你猜的數字太小了你猜多少: 6
你猜的數字太小了你猜多少: 7
你猜的數字太小了你猜多少: 8
Bingo, 你猜對了
```

【程式剖析】

此處利用第 14-25 行的 while 迴圈和 else if 選擇敘述即可完成任務。

13-4 問題演練

1. 試將 stdio.h 標頭檔加以輸出，並研究一下裡面藏有什麼寶藏。

13-5 程式實作

1. 試將範例 13-1c 中，main 函數前定義的巨集、變數寫至一副檔名為 .h 的標頭檔案，另外將其 #include 至檔案中執行。
2. 試計算 $156 + |6.55 - 10.23| + 6^{-2} - \ln 10 + e^{5}$ 的解。
3. 試撰寫一猜數字比大小的遊戲，程式首先利用亂數產生一個值，該值介於 1 到 13 之間，使用者必須要猜下一個數字比目前的數字大或小，若答對了，再猜下一個數字，直到猜錯後，輸出使用者答對的次數。
4. 試利用亂數產生威力彩號碼。第一區號碼是 1 到 38 之間的六個號碼，接下來第二區號碼是介於 1 到 8 的一個號碼。去買一張威力彩吧！試試您的手氣，中了大獎別忘了做公益喔！

ASCII 字元碼

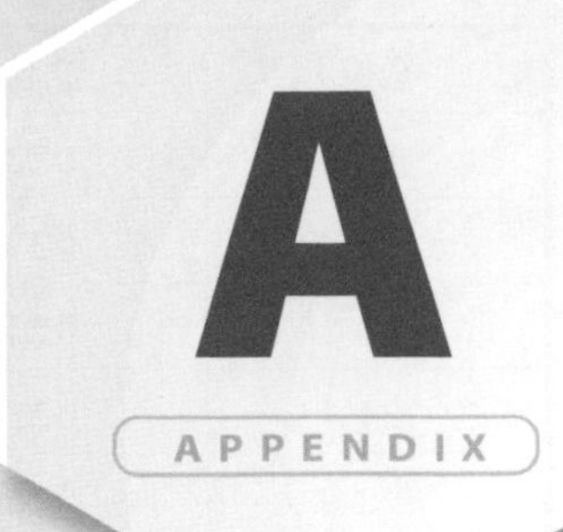

十進位碼	八進位碼	十六進位碼	字元	按鍵
0	00	0x0		Ctrl @
1	01	0x1	☺	Ctrl A
2	02	0x2	☻	Ctrl B
3	03	0x3	♥	Ctrl C
4	04	0x4	♦	Ctrl D
5	05	0x5	♣	Ctrl E
6	06	0x6	♠	Ctrl F
7	07	0x7	•	Ctrl G
8	010	0x8	◘	Ctrl H
9	011	0x9		Ctrl I
10	012	0xa		Ctrl J
11	013	0xb	♂	Ctrl K
12	014	0xc	♀	Ctrl L
13	015	0xd	♪	Ctrl M
14	016	0xe	♫	Ctrl N
15	017	0xf	☼	Ctrl O
16	020	0x10	►	Ctrl P
17	021	0x11	◄	Ctrl Q

十進位碼	八進位碼	十六進位碼	字元	按鍵
18	022	0x12	↕	Ctrl R
19	023	0x13	‼	Ctrl S
20	024	0x14	¶	Ctrl T
21	025	0x15	§	Ctrl U
22	026	0x16	▬	Ctrl V
23	027	0x17	↨	Ctrl W
24	030	0x18	↑	Ctrl X
25	031	0x19	↓	Ctrl Y
26	032	0x1a	→	Ctrl Z
27	033	0x1b	←	Ctrl Esc
28	034	0x1c	∟	Ctrl \
29	035	0x1d	↔	Ctrl]
30	036	0x1e	▲	Ctrl ^
31	037	0x1f	▼	Ctrl -
32	040	0x20		Space
33	041	0x21	!	!
34	042	0x22	"	"
35	043	0x23	#	#
36	044	0x24	$	$
37	045	0x25	%	%
38	046	0x26	&	&
39	047	0x27	'	'
40	050	0x28	(	(
41	051	0x29	)	)
42	052	0x2a	*	*
43	053	0x2b	+	+
44	054	0x2c	,	,
45	055	0x2d	-	-

十進位碼	八進位碼	十六進位碼	字元	按鍵
46	056	0x2e	.	.
47	057	0x2f	/	/
48	060	0x30	0	0
49	061	0x31	1	1
50	062	0x32	2	2
51	063	0x33	3	3
52	064	0x34	4	4
53	065	0x35	5	5
54	066	0x36	6	6
55	067	0x37	7	7
56	070	0x38	8	8
57	071	0x39	9	9
58	072	0x3a	:	:
59	073	0x3b	;	;
60	074	0x3c	<	<
61	075	0x3d	=	=
62	076	0x3e	>	>
63	077	0x3f	?	?
64	0100	0x40	@	@
65	0101	0x41	A	A
66	0102	0x42	B	B
67	0103	0x43	C	C
68	0104	0x44	D	D
69	0105	0x45	E	E
70	0106	0x46	F	F
71	0107	0x47	G	G
72	0110	0x48	H	H
73	0111	0x49	I	I

十進位碼	八進位碼	十六進位碼	字元	按鍵
74	0112	0x4a	J	J
75	0113	0x4b	K	K
76	0114	0x4c	L	L
77	0115	0x4d	M	M
78	0116	0x4e	N	N
79	0117	0x4f	O	O
80	0120	0x50	P	P
81	0121	0x51	Q	Q
82	0122	0x52	R	R
83	0123	0x53	S	S
84	0124	0x54	T	T
85	0125	0x55	U	U
86	0126	0x56	V	V
87	0127	0x57	W	W
88	0130	0x58	X	X
89	0131	0x59	Y	Y
90	0132	0x5a	Z	Z
91	0133	0x5b	[	[
92	0134	0x5c	\	\
93	0135	0x5d	]	]
94	0136	0x5e	^	^
95	0137	0x5f	_	_
96	0140	0x60	'	'
97	0141	0x61	a	a
98	0142	0x62	b	b
99	0143	0x63	c	c
100	0144	0x64	d	d
101	0145	0x65	e	e

十進位碼	八進位碼	十六進位碼	字元	按鍵
102	0146	0x66	f	f
103	0147	0x67	g	g
104	0150	0x68	h	h
105	0151	0x69	i	i
106	0152	0x6a	j	j
107	0153	0x6b	k	k
108	0154	0x6c	l	l
109	0155	0x6d	m	m
110	0156	0x6e	n	n
111	0157	0x6f	o	o
112	0160	0x70	p	p
113	0161	0x71	q	q
114	0162	0x72	r	r
115	0163	0x73	s	s
116	0164	0x74	t	t
117	0165	0x75	u	u
118	0166	0x76	v	v
119	0167	0x77	w	w
120	0170	0x78	x	x
121	0171	0x79	y	y
122	0172	0x7a	z	z
123	0173	0x7b	{	{
124	0174	0x7c	|	|
125	0175	0x7d	}	}
126	0176	0x7e	~	~
127	0177	0x7f	⌂	Ctrl ←
128	0200	0x80	ç	Alt 128
129	0201	0x81	ü	Alt 129

十進位碼	八進位碼	十六進位碼	字元	按鍵
130	0202	0x82	é	Alt 130
131	0203	0x83	â	Alt 131
132	0204	0x84	ä	Alt 132
133	0205	0x85	à	Alt 133
134	0206	0x86	å	Alt 134
135	0207	0x87	ç	Alt 135
136	0210	0x88	ê	Alt 136
137	0211	0x89	ë	Alt 137
138	0212	0x8a	è	Alt 138
139	0213	0x8b	ï	Alt 139
140	0214	0x8c	î	Alt 140
141	0215	0x8d	ì	Alt 141
142	0216	0x8e	Ä	Alt 142
143	0217	0x8f	Å	Alt 143
144	0220	0x90	É	Alt 144
145	0221	0x91	æ	Alt 145
146	0222	0x92	Æ	Alt 146
147	0223	0x93	ô	Alt 147
148	0224	0x94	ö	Alt 148
149	0225	0x95	ò	Alt 149
150	0226	0x96	û	Alt 150
151	0227	0x97	ù	Alt 151
152	0230	0x98	ÿ	Alt 152
153	0231	0x99	Ö	Alt 153
154	0232	0x9a	Ü	Alt 154
155	0233	0x9b	¢	Alt 155
156	0234	0x9c	£	Alt 156
157	0235	0x9d	¥	Alt 157

十進位碼	八進位碼	十六進位碼	字元	按鍵
158	0236	0x9e	₱	Alt 158
159	0237	0x9f	ƒ	Alt 159
160	0240	0xa0	á	Alt 160
161	0241	0xa1	í	Alt 161
162	0242	0xa2	ó	Alt 162
163	0243	0xa3	ú	Alt 163
164	0244	0xa4	ñ	Alt 164
165	0245	0xa5	Ñ	Alt 165
166	0246	0xa6	ª	Alt 166
167	0247	0xa7	º	Alt 167
168	0250	0xa8	¿	Alt 168
169	0251	0xa9	⌐	Alt 169
170	0252	0xaa	¬	Alt 170
171	0253	0xab	½	Alt 171
172	0254	0xac	¼	Alt 172
173	0255	0xad	¡	Alt 173
174	0256	0xae	«	Alt 174
175	0257	0xaf	»	Alt 175
176	0260	0xb0	░	Alt 176
177	0261	0xb1	▒	Alt 177
178	0262	0xb2	■	Alt 178
179	0263	0xb3	│	Alt 179
180	0264	0xb4	┤	Alt 180
181	0265	0xb5	╡	Alt 181
182	0266	0xb6	╢	Alt 182
183	0267	0xb7	╖	Alt 183
184	0270	0xb8	╕	Alt 184
185	0271	0xb9	╣	Alt 185

十進位碼	八進位碼	十六進位碼	字元	按鍵
186	0272	0xba	║	Alt 186
187	0273	0xbb	╗	Alt 187
188	0274	0xbc	╝	Alt 188
189	0275	0xbd	╜	Alt 189
190	0276	0xbe	╛	Alt 190
191	0277	0xbf	┐	Alt 191
192	0300	0xc0	└	Alt 192
193	0301	0xc1	┴	Alt 193
194	0302	0xc2	┬	Alt 194
195	0303	0xc3	├	Alt 195
196	0304	0xc4	─	Alt 196
197	0305	0xc5	┼	Alt 197
198	0306	0xc6	╞	Alt 198
199	0307	0xc7	╟	Alt 199
200	0310	0xc8	╚	Alt 200
201	0311	0xc9	╔	Alt 201
202	0312	0xca	╩	Alt 202
203	0313	0xcb	╦	Alt 203
204	0314	0xcc	╠	Alt 204
205	0315	0xcd	═	Alt 205
206	0316	0xce	╬	Alt 206
207	0317	0xcf	╧	Alt 207
208	0320	0xd0	╨	Alt 208
209	0321	0xd1	╤	Alt 209
210	0322	0xd2	╥	Alt 210
211	0323	0xd3	╙	Alt 211
212	0324	0xd4	╘	Alt 212
213	0325	0xd5	╒	Alt 213

十進位碼	八進位碼	十六進位碼	字元	按鍵
214	0326	0xd6	╓	Alt 214
215	0327	0xd7	╫	Alt 215
216	0330	0xd8	╪	Alt 216
217	0331	0xd9	┘	Alt 217
218	0332	0xda	┌	Alt 218
219	0333	0xdb	█	Alt 219
220	0334	0xdc	▄	Alt 220
221	0335	0xdd	▌	Alt 221
222	0336	0xde	▐	Alt 222
223	0337	0xdf	▀	Alt 223
224	0340	0xe0	α	Alt 224
225	0341	0xe1	β	Alt 225
226	0342	0xe2	Γ	Alt 226
227	0343	0xe3	π	Alt 227
228	0344	0xe4	Σ	Alt 228
229	0345	0xe5	σ	Alt 229
230	0346	0xe6	μ	Alt 230
231	0347	0xe7	τ	Alt 231
232	0350	0xe8	Φ	Alt 232
233	0351	0xe9	θ	Alt 233
234	0352	0xea	Ω	Alt 234
235	0353	0xeb	δ	Alt 235
236	0354	0xec	∞	Alt 236
237	0355	0xed	ϕ	Alt 237
238	0356	0xee	ϵ	Alt 238
239	0357	0xef	∩	Alt 239
240	0360	0xf0	≡	Alt 240
241	0361	0xf1	±	Alt 241

十進位碼	八進位碼	十六進位碼	字元	按鍵
242	0362	0xf2	≥	Alt 242
243	0363	0xf3	≤	Alt 243
244	0364	0xf4	⌠	Alt 244
245	0365	0xf5	⌡	Alt 245
246	0366	0xf6	÷	Alt 246
247	0367	0xf7	≈	Alt 247
248	0370	0xf8	□	Alt 248
249	0371	0xf9	•	Alt 249
250	0372	0xfa	·	Alt 250
251	0373	0xfb	√	Alt 251
252	0374	0xfc	ⁿ	Alt 252
253	0375	0xfd	²	Alt 253
254	0376	0xfe	■	Alt 254
255	0377	0xff		Alt 255

各章習題解答

第一章

1-1

除錯題解答

1. (3) 第一個字元要英文字母或是 _（底線），且變數名稱不可用特殊符號 # 。

   (5) 不能有空白。

   (6) 第一個字元要英文字母或是 _（底線），且不能為常數。

   (7) 不可為 -，因為它會視為減號。但可以為底線。

   (8) 變數名稱中間不可以有特殊符號 & 。

1-2

除錯題解答

1. (5) 為不合法常數名稱，因為字元常數僅有一個字元。

1-3

除錯題解答

1. (3) 浮點數無 unsigned 型態。　　(4) 浮點數無 unsigned 型態。

1-4

除錯題解答

2. 此處 num1 無設定初值，應改為：

```
int num1=100, num2=100;
```

1-5

除錯題解答

1.
```
/* include 前面加上#，stdio 加.h */
#include <stdio.h>
/* 加入回傳型態，並且 main 不加 s */
int main()
/* 改為左大括號 */
{
    char var = 'a';
    /* 將 print 改為 printf */
    printf("variable var is %c", var);
    /* 加入 return 0 */
    return 0;
/*  ( 改為右大括號 ) */
}
```

這一題小五寫得不太好，程式沒有縮排，較不易看。

2.
```
#include <stdio.h>
/* 改為小寫 int main，並在 main 後面加上左右小括號() */
int main()
{
    /* 大寫改為小寫 double，並於最後加上 ; */
    double TAX, RATE = 2.5;
    TAX = 10000*RATE;
    /* 大寫改為小寫 printf、%f 與\n */
    printf("TAX = %f\n", TAX);
    /* 大寫改為小寫 return */
    return 0;
}
```

練習題解答

1.
```
#include <stdio.h>
int main()
{
    char vara = 'c';
    int varb = 100;
    double varc = 123.45;
    printf("vara = %c\nvarb= %d\nvarc= %f\n", vara, varb, varc);
    return 0;
}
```

2.
```
Date:2/ 16/ 2009
歡迎大家來學 C 語言開學了，要開心喔!!!
```

1-6

問題演練解答

1. (a) 字元

   (b) 整數

   (c) 浮點數

   (d) 浮點數（以科學記號表示）

1. (b)(d)(e)(f)(g) 皆為合法。(a) 不可以有 $ (c) 不可以數字開頭，(h) 第一個字元要英文字母或是 _（底線），且不可用特殊符號 @。

2. (a) 此為十進位的數字，所以不可為 A。

   (b) 此為八進位的數字，所以不可以為 9。

   (c) 此為十六進位的數字，所以不可以為 G。

3. 此為巢狀註解，所以不正確。

1-7

程式實作解答

1.
```
/* prog1-1.c */
#include <stdio.h>
int main()
{
    printf("學號：123456789\n");
    printf("姓名：Mr. C\n");
    printf("行動電話：0966888888\n");
    return 0;
}
```

第二章

2-1

除錯題解答

1.
```
/* bugs2-1-1.c */
#include <stdio.h>
int main()
{
    char letter = 'a';

    printf("|%c|\n", letter);
    /* 改為%10c */
    printf("|%10c|\n", letter);
    /* 改為%-10c */
    printf("|%-10c|\n", letter);
    return 0;
}
```

2.
```
/* bugs2-1-2.c */
#include <stdio.h>
int main()
{
    int number1 = 123;
    double number2 = 123.456;

    /* 改為 |%10d| */
    printf("|%10d|\n", number1);
    /* 改為 |%-10d| */
    printf("|%-10d|\n", number1);
    /* 改為 |%10f| */
    printf("|%10f|\n", number2);
     /* 改為 |%-10.2f| */
    printf("|%-10.2f|\n", number2);
    return 0;
}
```

3.
```
/* bugs2-1-3.c */
#include <stdio.h>
int main()
{
    int i_number = 100;
    double d_number = 123.456;

    /* 將%f 改為 %d */
    printf("i_number = %d\n", i_number);
```

```
    /* 將%d 改為 %f */
    printf("d_number = %f\n", d_number);
    return 0;
}
```

練習題解答

1.
```
#include <stdio.h>
int main()
{
    char var1 = 'a';
    short int var2 = 123;
    double var3 = 123.45;
    int var4 = 1234567;
    unsigned short int var5 = 60000;
    printf("var1 = %c\n",var1);
    printf("var2 = %d\n",var2);
    printf("var3 = %f\n",var3);
    printf("var4 = %d\n",var4);
    printf("var5 = %d\n",var5);
    return 0;
}
```

2.
```
#include <stdio.h>
int main()
{
    printf("|%-4d|\n", 1);
    printf("|%-4d|\n", 10);
    printf("|%-4d|\n", 100);
    printf("|%-4d|\n", 1000);
    printf("|%-4d|\n", 10000);
    return 0;
}
```

3.
```
#include <stdio.h>
int main()
{
    printf("|%10.4f|\n", 9.9);
    printf("|%10.4f|\n", 99.99);
    printf("|%10.4f|\n", 999.999);
    printf("|%10.4f|\n", 9999.9999);
    printf("|%-10.4f|\n", 9.9);
    printf("|%-10.4f|\n", 99.99);
    printf("|%-10.4f|\n", 999.999);
    printf("|%-10.4f|\n", 9999.9999);
    return 0;
}
```

4. klmno pqrsuvwxyz

5. printf("\"1/5 = 20%%\"\n");

2-2

除錯題解答

1.
```
/* bugs2-2-1.c */
#include <stdio.h>
int main()
{
    double x;
    printf("請輸入一浮點數: ");
    /* 將%d 改為%lf，並在 x 前加入& */
    scanf("%lf", &x);
    printf("Number is %f\n", x);
    return 0;
}
```

2.
```
/* bugs2-2-2.c */
#include <stdio.h>

int main()
{
    float f_num;
    double d_num;

    printf("輸入單準確度浮點數: ");
    scanf("%f", &f_num);

    printf("請輸入倍準確度浮點數: ");
    /* 將%f 改為%lf  */
    scanf("%lf", &d_num);

    printf("f_number = %f\n", f_num);
    printf("d_number = %f\n", d_num);
    return 0;
}
```

3.
```
/* bugs2-2-3.c */
#include <stdio.h>
int main()
{
    int hour, min, sec;
    int year, month, days;
```

```
    printf("請輸入現在的時間? (hour:min:sec): ");
    scanf("%d:%d:%d", &hour, &min, &sec);  /* 輸入時間 */
    printf("請輸入現在的日期? (month/day/year): ");
    /* 將%d-%d-%d 改為%d/%d/%d */
    scanf("%d/%d/%d", &month, &days, &year);  /* 輸入日期 */
    printf("\n");

    printf("現在時間是: %d 點 %d 分 %d 秒\n", hour, min, sec);
    printf("現在的日期是: 西元 %d 年 %d 月 %d 日\n", year, month, days);
    return 0;
}
```

練習題解答

1.
```
#include <stdio.h>
int main()
{
    char var1;
    int var2;
    double var3;
    printf("請輸入三種數值(char int double):");
    scanf("%c %d %lf", &var1, &var2, &var3);
    printf("char var1 =   %c\n", var1);
    printf("int var2 =    %d\n", var2);
    printf("double var3 = %f\n", var3);
    return 0;
}
```

2.
```
#include <stdio.h>
int main()
{
    double d1, d2, d3, d4, d5;
    printf("請輸入五個 double 浮點數:");
    scanf("%lf %lf %lf %lf %lf", &d1, &d2, &d3, &d4, &d5);
    printf("d1 = %f\n", d1);
    printf("d2 = %f\n", d2);
    printf("d3 = %f\n", d3);
    printf("d4 = %f\n", d4);
    printf("d5 = %f\n", d5);
    return 0;
}
```

3.
```
#include <stdio.h>
int main()
{
    int year, month, days;
```

```
    printf("請輸入現在的日期? (year/month/day): ");
    scanf("%d/%d/%d", &year, &month, &days);   /* 輸入日期 */
    printf("\n");

    printf("現在的日期是: 西元 %d 年 %d 月 %d 日\n", year, month, days);
    return 0;
}
```

2-3

問題演練解答

1.
```
|a| using %c
|         a| using %10c
|a         | using %-10c
```

2.
```
|12345| using %d
|     12345| using %10d
|12345| using %2d
|   123.456| using %10.3f
```

3.
```
The original floating point is 678.900000
|678.900000|
|678.90|
| 678.90|
|678.90 |
|     679|
```

4.
```
 Hello, how are you?
         Hello, how are you?
Hello, how are you?
```

2-4

程式實作解答

1. 第四行：將 (改為 {。

第五行：多加一個 c 變數。

第六行：最後加入 ;。

第七行：將 ' 改為 "，並在三變數前加&。

第八行：將 print 改為 printf，並加上 c 變數。

第九行：將) 改為 }。

正確的程式如下：

```
/* prog2-1.c */
#include <stdio.h>
int main()
{
    int a, b, c;
    printf("Please enter the date today: ");
    scanf("%d %d %d", &a, &b, &c);
    printf("Today is %d:%d:%d", a ,b ,c);
    return 0;
}
```

2.

```
/* prog2-2.c */
#include <stdio.h>
int main()
{
    double d1, d2, d3, d4, d5, d6;
    printf("請輸入六位同學的成績:");
    scanf("%lf %lf %lf %lf %lf %lf", &d1, &d2, &d3, &d4, &d5, &d6);
    printf("%5.2f %5.2f %5.2f\n",d1,d2,d3);
    printf("%5.2f %5.2f %5.2f\n",d4,d5,d6);
    return 0;
}
```

第三章

3-1

練習題解答

1. 因為 6 / 2 * 3 + 2 這個運算式有多種可能性，可以是先做加法，再做乘除，也可能是一般人所知的先乘除，後加減。所以要訂定運算優先順序，還有當運算優先順序相同時，此時必須運用結合性。

3-2

除錯題解答

1.
```
/* bugs3-2-1.c */
#include <stdio.h>
int main()
{
    double d;
    printf("請輸入一浮點數: ");
    /* 將%f 改為%lf */
    scanf("%lf", &d);
    /* 將兩個%d 改為%f */
    printf("%f/3 = %f\n", d, d/3);
    return 0;
}
```

2.
```
/* bugs3-2-2.c */
#include <stdio.h>
int main()
{
    int i;
    printf("請輸入一整數: ");
    scanf("%d", &i);
    /* 將 i/3 改為 i/3. */
    printf("%d/3. = %f\n", i, i/3.);
    return 0;
}
```

練習題解答

1. (1) 120

   (2) 166（整數相除，商還是整數）

   (3) 3068

   (4) 7

   (5) ⊧（65+66+67=198）

3-3

除錯題解答

1.
```
/* bugs3-3-1.c */
#include <stdio.h>
int main()
{
    int num1, num2;
    num1 = 100;
    num2 = 200;
    printf("num1 = %d, num2 = %d\n", num1, num2);
    /* 敘述左邊必須為變數 */
    num2 = 300;
    num1 -= num2;
    printf("num1-=num2 => num1 = %d, num2 = %d\n", num1, num2);
    /* 改為 num1=num2+300; */
    num1 = num2 + 300;
    printf("num1 = %d, num2 = %d\n", num1, num2);
    return 0;
}
```

練習題解答

1. (1) a=120, b=20

   (2) a=100, b=20

   (3) a=2000, b=20

   (4) a=100, b=20

   (5) a=0, b=20

3-4

除錯題解答

1.
```
/* bugs3-4-1.c */
#include <stdio.h>
int main()
{
    int num = 20, total = 0;
    total = ++num + 2;
    printf("total = %d, num = %d\n", total, num);
    total = 0;
    num = 20;
    /* 不可 num++後，再加入++，應改為 total = num+=2; */
    total = num += 2;    /* 將 num 加 2 */
    printf("total = %d, num = %d\n", total, num);
    return 0;
}
```

練習題解答

1. a = 6, c = 6

   b = 6, d = 5

2. total = 212, num = 101

   total = 212, num = 102（因為 num 在此時已是 101）

3-5

除錯題解答

1.
```
/* bugs3-5-1.c */
#include <stdio.h>
int main()
{
    int num1;
    printf("請輸入一整數: ");
    scanf("%d", &num1);
    /* 將 = 改為 == */
    printf("%d == %d: %d\n", num1,100,num1 == 100);
    /* 將 <> 改為 != */
    printf("%d != %d: %d\n", num1 , 100, num1 != 100);
    return 0;
}
```

練習題解答

1. (a) 假　　(c) 真

   (b) 真　　(d) 假

3-6

除錯題解答

1.
```
/* bugs3-6-1.c */
#include <stdio.h>
int main()
{
    int i, j;
    printf("請輸入 i 的值: ");
    scanf("%d", &i);
    printf("請輸入 j 的值: ");
    scanf("%d", &j);
    /* 將 & 與 | 改為 && 以及 || */
    printf("%d > 100 而且 %d < 200 ===> %d\n", i, j, i>100 && j < 200);
    printf("%d > 100 或 %d < 200 ===> %d\n", i, j, i>100 || j < 200);
    return 0;
}
```

練習題解答

1. (1) 假　　(4) 真

   (2) 真　　(5) 真

   (3) 真　　(6) 真

3-7

除錯題解答

1.
```
/* bug3-7-1.c */
#include <stdio.h>
int main()
{
    short int i = 3;
    short int j = 6;
    /* 將 && 改為 & */
    printf("i & j = %x\n", i & j);
```

```
    /* 將 || 改為 | */
    printf("i | j = %x\n", i | j);
    return 0;
}
```

練習題解答

1.

運算式	二進位表示法	十進位表示法
bitjohn	|0000|0000|0000|1010|	10
bitmary	|1111|1111|1001|1001|	-103
~bitjohn	|1111|1111|1111|0101|	-11
~bitmary	|0000|0000|0110|0110|	102
bitjohn & bitmary	|0000|0000|0000|1000|	8
~bitjohn & bitmary	|1111|1111|1001|0001|	-111
~bitjohn & ~bitmary	|0000|0000|0110|0100|	100
bitjohn ^ bitmary	|1111|1111|1001|0011|	-109
~(bitjohn) ^ bitmary	|0000|0000|0110|1100|	108

2. 194

244

3. a = 20;

b = 10;

這樣的過程可將 a 與 b 交換。是一不錯的方法，可以好好利用之。

4. (a) ~a = -11

~b = -21

a&b = 0

a|b = 30

a^b = 30

(b) a >> 2 = -3

a << 2 = -40

3-8

問題演練解答

1. 若敘述無指定運算子時，前置加與後繼加將會有一樣的結果。

```
i++;         /* 敘述 1 */
total = i;   /* 敘述 1 */
++i;         /* 敘述 2 */
total = i;   /* 敘述 2 */
```

2.
```
a << 2 = 680
a >> 2 = 42
~ a = -171
```

3. (a)(d)

   (b) 'c' 的 ASCII 值為 99，'a' 為 97

   (c) 右邊運算式不成立

   (e) 裡面成立，加上 ~ 成為假。

4. (a) 1

   (b) 0

   (c) 1（因為一定會有一邊為真）

   (d) 6

   (e) 10

5. (a) number >= 1 && number < 9

   (b) ch != ‘q’ && ch != ‘k’

   (c) number <= 9 && number >= 1 && number != 5

   (d) !(number <= 1 && number <= 9)

6. (a) 2

   (b) 7

   (c) 70

   (d) 64

   (e) 8

   (f) 2

7. (b) (d)

(a) 1 小於 2

(c) 1 不等於 2

8. ! % + == ^ && +=

9. (a) x = 30

(b) x = 27

(c) y = x = 1

(d) x = 3, y = 9

(e) x = 7

(f) x = 52

(g) x = 0

(h) x = 13

10. (a) z = 12.000000

(b) z = 11.000000

11. DAD:33.0

12.
```
a | b & c = 15
a ^ b & c = 15
a & ~b | c = 5
a ^ a = 0
```

13.
```
ui << 3 = fff88888
ui >> 3 = 1fffe222
```

14. a = 0101, b = 1010

step 1. 因為 a 與 b 做了互斥 or 的運算，c 成為 1111。

step 2. 因為 c 與 b 做了互斥 or 的運算，a 成為 0101。

3-9

程式實作解答

1.
```
/* prog3-1.c */
#include <stdio.h>
int main()
{
    int num,squre,cube;
    printf("input a integer:");
```

```
    scanf("%d", &num);
    squre = num * num;
    cube = squre * num;
    printf("the squre of %d is %d\n",num,squre);
    printf("the cube of %d is %d\n",num,cube);
    return 0;
}
```

2.

```
/* prog3-2.c */
#include <stdio.h>
int main()
{
    int a,b,c;
    printf("input three integer:");
    scanf("%d %d %d",&a, &b, &c);
    printf("%d + %d + %d = %d\n", a, b, c, a + b + c);
    printf("%d / %d = %d\n", a, b, a / b);
    printf("%d %% %d = %d\n", a, b, a % b);
    return 0;
}
```

3.

```
/* prog3-3.c */
#include <stdio.h>
int main()
{
    char a,b,c;
    printf("input three characters:");
    scanf("%c %c %c", &a, &b, &c);
    printf("%c & %c & %c = %c\n", a, b, c, a & b & c);
    printf("%c | %c | %c = %c\n", a, b, c, a | b | c);
    printf("%c & %c | %c = %c\n", a, b, c, a & b | c);
    printf("~%c & ~%c & ~%c = %c\n", a, b, c, ~a & ~b & ~c);
    printf("%c<<2 & %c>>3 & %c<<1 = %c\n", a, b, c, a<<2 & b>>3 & c<<1);
    return 0;
}
```

4.

```
/* prog3-4.c */
#include <stdio.h>
int main()
{
    int num;
    printf("input a integer:");
    scanf("%d",&num);
    printf("%d * 4 = %d\n", num, num * 4);
    printf("%d / 4 = %d\n", num, num / 4);
    printf("%d * 4 = %d\n", num, num << 2);
    printf("%d / 4 = %d\n", num, num >> 2);
    return 0;
}
```

第四章

4-1

除錯題解答

1.
```
/* bugs4-1-1.c */
#include <stdio.h>
int main()
{
    int score;
    printf("請輸入您的分數: ");
    /*在 score 前加上& */
    scanf("%d", &score);
    /* 將後面的 then 去除 */
    if (score >= 60)
        printf("您通過了\n");
    return 0;
}
```

2.
```
/* bugs4-1-2.c */
#include <stdio.h>
int main()
{
    int score;
    printf("請輸入您的分數: ");
    /* 在 score 前加上& */
    scanf("%d", &score);
    /* 將 if 後面的;去除 */
    if (score >= 60)
        printf("您通過了\n");
    return 0;
}
```

3.
```
/* bugs4-1-3.c */
#include <stdio.h>
int main()
{
    int score;
    printf("請輸入您的分數: ");
    scanf("%d", &score);
    /* 複合敘述需加入 { 與 } */
    if (score >= 60) {
        printf("恭喜, ");
        printf("您通過了\n");
    }
    return 0;
}
```

練習題解答

1.
```
#include <stdio.h>
int main()
{
    int score;
    printf("若分數大於等於 0 分，則加以輸出\n");
    printf("請輸入您的分數: ");
    scanf("%d", &score);
    if (score >= 0)
        printf("您的分數為 %d\n", score);
    return 0;
}
```

2.
```
#include <stdio.h>
int main()
{
    int n1,n2, max;
    printf("請輸入兩個整數:");
    scanf("%d %d", &n1, &n2);
    max = n1;
    if (n2 > n1)
        max = n2;
    printf("%d 比較大\n", max);
    return 0;
}
```

4-2

除錯題解答

1.
```
/* bugs4-2-1.c */
#include <stdio.h>
int main()
{
    int score;
    printf("Please input your score: ");
    /* 在 score 之前加上& */
    scanf("%d", &score);
    /* 加入 { } 大括號 */
    if (score >= 60) {
        score += 10;
        printf("Your score is %d\n", score);
    }
    /* 加入 { } 大括號 */
    else {
```

```
        score += 20;
        printf("Your score is %d\n", score);
    }
    return 0;
}
```

2.

```
/* bugs4-2-2.c */
#include <stdio.h>
int main()
{
    int num;
    printf("請輸入一個整數: ");
    /* num 前加上& */
    scanf("%d", &num);
    /* 將指定運算子 = 改為關係運算子 == */
    if (num%2 == 0)
        printf("%d 是偶數\n", num);
    else
        printf("%d 是奇數\n", num);
    return 0;
}
```

練習題解答

1.

```
#include <stdio.h>
int main()
{
    int num1,num2;
    printf("請輸入兩個整數: ");
    scanf("%d %d", &num1,&num2);
    if (num1 > num2)
        printf("num1 大於 num2\n");
    else
        printf("num1 不大於 num2\n");
    return 0;
}
```

2.

```
#include <stdio.h>
int main()
{
    int num;
    printf("請輸入一個整數: ");
    scanf("%d",&num);
    if (num%2 == 0)
        printf("%d 為偶數\n", num);
    else
```

```
        printf("%d 為奇數\n", num);
    return 0;
}
```

3. 顯示 "Bingo! num is 200"

4-3

除錯題解答

1.

```
/* bugs4-3-1.c */
#include <stdio.h>
int main()
{
    int num1, num2, small;
    printf("請輸入兩個整數: ");
    /* 在 num1 與 num2 之前加上& */
    scanf("%d %d", &num1, &num2);

    /* 將較小的數存放於 small 變數 */
    /* 改為 > */
    small = (num1 > num2) ? num2 : num1;
    printf("此兩數最小值為 %d\n", small);
    return 0;
}
```

練習題解答

1.

```
#include <stdio.h>
int main()
{
    int num, abs;
    printf("請輸入一個整數: ");
    scanf("%d", &num);
    abs = (num>0) ? num : -num;
    printf("此數絕對值為 %d\n", abs);
    return 0;
}
```

2.

```
#include <stdio.h>
int main()
{
    char ch, upper;
    printf("請輸入一個英文字母: ");
    scanf("%c", &ch);
    upper = (ch<91) ? ch : ch-32;
```

```
    printf("其大寫字母為 %c\n", upper);
    return 0;
}
```

4-4

除錯題解答

1.
```
/* bugs4-4-1.c */
#include <stdio.h>
int main()
{
    int floor;
    printf("你住那一層樓 (1-5): ");
    scanf("%d", &floor);
    /*將 = 改為 == */
    if (floor == 1)
         printf("我住在一樓\n");
    else if (floor == 2)
        printf("我住在二樓\n");
    else if (floor == 3)
        printf("我住在三樓\n");
    else if (floor == 4)
        printf("我住在四樓\n");
    else if (floor == 5)
        printf("我住在五樓\n");
    else
        printf("錯誤的樓層\n\n");
    return 0;
}
```

練習題解答

1.
```
#include <stdio.h>
int main()
{
    int ch;
    printf("請輸入任意一字元:");
    scanf("%c",&ch);
    if (ch >= 48 && ch <= 57)
        printf("這是數字!!\n");
    else if (ch >= 65 && ch <= 90)
        printf("這是大寫字母!!\n");
    else if (ch >= 97 && ch <= 122)
        printf("這是小寫字母!!\n");
    else
```

```
        printf("這是符號!!\n");
    return 0;
}
```

2.

```
#include <stdio.h>
int main()
{
    int num;
    printf("請輸入一整數數字:");
    scanf("%d",&num);
    if (num < 0)
        printf("數字很小!!\n");
    else if (num >= 0 && num <= 50)
        printf("數字不大!!\n");
    else if (num >= 51 && num <= 100)
        printf("數字不小!!\n");
    else
        printf("數字很大!!\n");
    return 0;
}
```

4-5

除錯題解答

1.

```
/* bugs4-5-1.c */
#include <stdio.h>
int main()
{
    int floor;
    printf("你住哪一層樓 (1-5): ");
    scanf("%d", &floor);
    switch (floor) {
        case 1: printf("我住在一樓\n");
                break;
        case 2: printf("我住在二樓\n");
        /* 需加上break; */
                break;
        case 3: printf("我住在三樓\n");
                break;
        case 4: printf("我住在四樓\n");
        /* 需加上break; */
                break;
        case 5: printf("我住在五樓\n");
        /* 需加上break; */
                break;
```

```
        default: printf("錯誤的樓層\n\n");
    }
    return 0;
}
```

2.

```
/* bugs4-5-2.c */
#include <stdio.h>
int main()
{
    char level;
    printf("請問您是幾年級的學生 (1…5): ");
    scanf("%c", &level);
    switch (level) {
        /* case 後都改為字元'1' '2' '3' '4' '5' 表示字元常數*/
        case '1': printf("你是大一新生\n");
                  break;
        case '2': printf("你是大二學生\n");
                  break;
        case '3': printf("你是大三學生\n");
                  break;
        case '4': printf("你是大四學生\n");
                  break;
        case '5': printf("你是研究生\n");
                  break;
        default: printf("錯誤的代碼!!\n");
    }
    return 0;
}
```

練習題解答

1.

```
#include <stdio.h>
int main()
{
    int num;
    printf("請輸入一數字(0 or 1): ");
    scanf("%d", &num);
    switch (num) {
        case 0: printf("False\n");
                break;
        case 1: printf("True\n");
                break;
        default: printf("Error\n");
    }
    return 0;
}
```

2.
```
#include <stdio.h>
int main()
{
    char ch;
    printf("請輸入一字元: ");
    scanf("%c", &ch);
    switch (ch) {
        case 's':
        case 't':
        case 'a':
        case 'r': printf("Bingo\n");break;
        default: printf("Error\n");
    }
    return 0;
}
```

4-7

問題演練解答

1. (a)
```
ok
i = 200
i = 201
```
(b)
```
OK
i = 100
i = 101
```
(c)
```
no
i = 0
i = 1
```

2. (a)
```
int score;
printf("please input your score:");
scanf("%d", &score);
printf((score>=60) ? "pass\n" : "down");
```
(b)
```
int weather=0;/*0:晴天，1:雨天*/
printf((weather ==1) ? "要帶雨傘喔!\n" : "不必帶雨傘!\n");
```
(c)
```
int score, total=0;
printf("please input your score:");
scanf("%d", &score);
total = (score<60) ? score+15 : score+10;
```

3. (a) 輸入 50:
```
your score =50
```

```
輸入 70:
your score =80
輸入 90:
your score =95
```

(b)
```
輸入 50:
your score =55
輸入 70:
your score =80
輸入 90:
your score =90
```

4.
```
輸入 s:
請重新輸入代碼: 'c', 'j', 'd', 'C'!!

輸入 c:
我喜歡上 C 語言

輸入 C:
我喜歡上 C++
```

4-8

程式實作解答

1. 使用 if...else：

```
/* prog4-1-1.c */
#include <stdio.h>
int main()
{
    int num;
    printf("請輸入一個整數: ");
    scanf("%d", &num);
    if (num >= 0)
        printf("此數絕對值為 %d\n", num);
    else
        printf("此數絕對值為 %d\n", -num);
    return 0;
}
```

使用條件運算子：

```
/* prog4-1-2.c */
#include <stdio.h>
int main()
{
    int num;
```

```
    printf("請輸入一個整數: ");
    scanf("%d", &num);
    printf("此數絕對值為 %d\n", (num>0) ? num : -num);
    return 0;
}
```

2.
```
/* prog4-2.c */
#include <stdio.h>
int main()
{
    double num;
    printf("請輸入高中三年的總平均分數: ");
    scanf("%lf", &num);
    if (num >= 90)
        printf("您可申請市長獎\n");
    else if (num >= 85)
        printf("您可申請區長獎\n");
    else if (num >= 80)
        printf("您可申請家長獎\n");
    else
        printf("您沒得獎\n");
    return 0;
}
```

3.
```
/* prog4-3.c */
#include <stdio.h>
int main()
{
    int n1,n2,n3,n4,n5,big=0;
    printf("請輸入五個整數: ");
    scanf("%d %d %d %d %d", &n1, &n2, &n3, &n4, &n5);
    if (n1 > big)
        big = n1;
    if (n2 > big)
        big = n2;
    if (n3 > big)
        big = n3;
    if (n4 > big)
        big = n4;
    if (n5 > big)
        big = n5;
    printf("最大值為 %d\n",big);
    return 0;
}
```

4.
```
/* prog4-4.c */
#include <stdio.h>
int main()
```

```
{
    char ch;
    printf("請輸入一個字元: ");
    scanf("%c", &ch);
    switch (ch) {
        case 'a':
        case 'e':
        case 'i':
        case 'o':
        case 'u':printf("此字母為母音\n");
                 break;
        default :printf("此字母不為母音\n");
    }
    return 0;
}
```

5.

```
/* prog4-5.c */
#include <stdio.h>
int main()
{
    int year;
    printf("請輸入一年份(西元): ");
    scanf("%d", &year);
    if (year % 400 == 0 || (year % 4 == 0 && year % 100 != 0))
        printf("此年為閏年\n");
    else
        printf("此年不為閏年\n");
    return 0;
}
```

6.

```
/* prog4-6.c */
#include <stdio.h>
int main()
{
    int score;
    printf("請輸入分數: ");
    scanf("%d", &score);

    if (score >= 80) {
        printf("The GPA is A\n");
    }
    else if (score >= 70) {
        printf("The GPA is B\n");
    }
    else if (score >= 60) {
        printf("The GPA is C\n");
    }
    else if (score >= 50) {
        printf("The GPA is D\n");
```

```
    }
    else {
        printf("The GPA is F\n");

    }
    return 0;
}
```

輸出結果

```
請輸入分數: 89
The GPA is A

請輸入分數: 67
The GPA is C

請輸入分數: 45
The GPA is F
```

7.

```
/* prog4-7.c */
#include <stdio.h>
int main()
{
    char hexChar;
    printf("請輸入一個十六進位的數值: ");
    scanf("%c", &hexChar);

    if (hexChar >= 'A'&& hexChar <= 'F') {
        printf("%d\n", hexChar - 55);
    }
    else if (hexChar >= 'a'&& hexChar <= 'f') {
        printf("%d\n", hexChar - 87);
    }
    else {
        printf("%d\n", hexChar - 48);
    }
    return 0;
}
```

輸出結果

```
請輸入一個十六進位的數值: F
15

請輸入一個十六進位的數值: 8
8

請輸入一個十六進位的數值: f
15
```

【程式剖析】

因為大寫 A 的 ASCII 之數值為 65，由於它在十六進位所代表的數值是 10，所以只要減去 55 就可以。同理小寫的 a 的 ASCII 之數值為 97，由於它在十六進位所代表的數值是 a，所以只要減去 87 就可以。而數字 1 的 ASCII 之數值為 49，由於它在十六進位所代表的數值是 1，所以只要減去 48 就可以。

8.

```
/* prog4-8.c */
#include <stdio.h>
int main()
{
    int x, y;
    printf("請輸入 x, y 座標: ");
    scanf("%d %d", &x, &y);

    if (x <= 5 && y <= 3) {
        printf("(%d, %d) 在此矩形內\n", x, y);
    }
    else {
        printf("(%d, %d) 不在此矩形內\n", x, y);
    }
    return 0;
}
```

輸出結果

```
請輸入 x, y 座標: 4 3
(4, 3) 在此矩形內

請輸入 x, y 座標: 3 7
(3, 7) 不在此矩形內
```

【程式剖析】

此程式只要判斷座標 x 是否小於長的一半(10/2)，以及座標 y 是否小於高的一半(6/2)，若成立，表示此座標在上述規定的矩形內。

9.

```
/* prog4-9.c */
#include <stdio.h>
int main()
{
    int a, b, c, d, e, f;
    double x, y, den;
```

```
    printf("請輸入 ax+by=e 的a, b, e: ");
    scanf("%d %d %d", &a, &b, &e);
    printf("請輸入 cx+dy=f 的c, d, f: ");
    scanf("%d %d %d: ", &c, &d, &f);
    den = a*d - b*c;
    if (den == 0) {
        printf("此方程式無解!\n");
    }
    else {
        x = (e*d - b*f) / den;
        y = (a*f - e*c) / den;
        printf("x = %.2f, y = %.2f\n", x, y);
    }
    return 0;
}
```

輸出結果

```
請輸入 ax+by=e 的a, b, e: 9 4 -6
請輸入 cx+dy=f 的c, d, f: 3 -5 -21
x = -2.00, y = 3.00

請輸入 ax+by=e 的a, b, e: 1 2 4
請輸入 cx+dy=f 的c, d, f: 2 4 5
此方程式無解!
```

10.

```
/* prog4-10.c */
#include <stdio.h>
int main()
{
    int month = 0, day = 0, answer;
    // 回答出生的月份
    printf("你生日的月份有在下面的表格嗎? \n");
    printf(" 1,  3,  5,  7\n");
    printf(" 9, 11\n");
    printf("輸入 1 表示有，輸入 0 表示沒有: ");
    scanf("%d", &answer);
    if (answer == 1)
        month += 1;

    printf("\n你生日的月份有在下面的表格嗎? \n");
    printf(" 2,  3,  6,  7\n");
    printf("10, 11\n");
    printf("輸入 1 表示有，輸入 0 表示沒有: ");
    scanf("%d", &answer);
    if (answer == 1)
        month += 2;

    printf("\n你生日的月份有在下面的表格嗎? \n");
```

```
    printf(" 4,  5,  6,  7\n");
    printf("12\n");
    printf("輸入 1 表示有，輸入 0 表示沒有: ");
    scanf("%d", &answer);
    if (answer == 1)
        month += 4;

    printf("\n 你生日的月份有在下面的表格嗎? \n");
    printf(" 8,  9, 10, 11\n");
    printf("12\n");
    printf("輸入 1 表示有，輸入 0 表示沒有: ");
    scanf("%d", &answer);
    if (answer == 1)
        month += 8;

//-----------------------------------------------------
    // 回答出生的日號
    printf("\n\n 注意，接下來是問生日為哪一天\n");
    printf("你生日的年、月、日的日號有在下面的表格嗎? \n");
    printf(" 1,  3,  5,  7\n");
    printf(" 9, 11, 13, 15\n");
    printf("17, 19, 21, 23\n");
    printf("25, 27, 29, 31\n");
    printf("輸入 1 表示有，輸入 0 表示沒有: ");
    scanf("%d", &answer);
    if (answer == 1)
        day += 1;

    printf("\n 你生日的年、月、日的日號有在下面的表格嗎? \n");
    printf(" 2,  3,  6,  7\n");
    printf("10, 11, 14, 15\n");
    printf("18, 19, 22, 23\n");
    printf("26, 27, 30, 31\n");
    printf("輸入 1 表示有，輸入 0 表示沒有: ");
    scanf("%d", &answer);
    if (answer == 1)
        day += 2;

    printf("\n 你生日的年、月、日的日號有在下面的表格嗎? \n");
    printf(" 4,  5,  6,  7\n");
    printf("12, 13, 14, 15\n");
    printf("20, 21, 22, 23\n");
    printf("28, 29, 30, 31\n");
    printf("輸入 1 表示有，輸入 0 表示沒有: ");
    scanf("%d", &answer);
    if (answer == 1)
        day += 4;

    printf("\n 你生日的年、月、日的日號有在下面的表格嗎? \n");
    printf(" 8,  9, 10, 11\n");
```

```
    printf("12, 13, 14, 15\n");
    printf("24, 25, 26, 27\n");
    printf("28, 29, 30, 31\n");
    printf("輸入 1 表示有，輸入 0 表示沒有: ");
    scanf("%d", &answer);
    if (answer == 1)
        day += 8;

    printf("\n 你生日的年、月、日的日號有在下面的表格嗎? \n");
    printf("16, 17, 18, 19\n");
    printf("20, 21, 22, 23\n");
    printf("24, 25, 26, 27\n");
    printf("28, 29, 30, 31\n");
    printf("輸入 1 表示有，輸入 0 表示沒有: ");
    scanf("%d", &answer);
    if (answer == 1)
        day += 16;

    printf("\n 你的生日是 %d 月 %d 日，對吧!\n", month, day);

    return 0;
}
```

輸出結果

```
你生日的月份有在下面的表格嗎?
 1,  3,  5,  7
 9, 11
輸入 1 表示有，輸入 0 表示沒有: 1

你生日的月份有在下面的表格嗎?
 2,  3,  6,  7
10, 11
輸入 1 表示有，輸入 0 表示沒有: 1

你生日的月份有在下面的表格嗎?
 4,  5,  6,  7
12
輸入 1 表示有，輸入 0 表示沒有: 0

你生日的月份有在下面的表格嗎?
 8,  9, 10, 11
12
輸入 1 表示有，輸入 0 表示沒有: 0


注意，接下來是問生日為哪一天
你生日的年、月、日的日號有在下面的表格嗎?
 1,  3,  5,  7
```

```
 9, 11, 13, 15
17, 19, 21, 23
25, 27, 29, 31
輸入 1 表示有，輸入 0 表示沒有: 1

你生日的年、月、日的日號有在下面的表格嗎?
 2,  3,  6,  7
10, 11, 14, 15
18, 19, 22, 23
26, 27, 30, 31
輸入 1 表示有，輸入 0 表示沒有: 0

你生日的年、月、日的日號有在下面的表格嗎?
 4,  5,  6,  7
12, 13, 14, 15
20, 21, 22, 23
28, 29, 30, 31
輸入 1 表示有，輸入 0 表示沒有: 1

你生日的年、月、日的日號有在下面的表格嗎?
 8,  9, 10, 11
12, 13, 14, 15
24, 25, 26, 27
28, 29, 30, 31
輸入 1 表示有，輸入 0 表示沒有: 1

你生日的年、月、日的日號有在下面的表格嗎?
16, 17, 18, 19
20, 21, 22, 23
24, 25, 26, 27
28, 29, 30, 31
輸入 1 表示有，輸入 0 表示沒有: 0

你的生日是 3 月 13 日，對吧!
```

【程式剖析】

此程式和範例程式 ex4-6j.c 相似，只是多了計算生日的月份而已。

看完這一題後，你就可以在別人的面前當個算命師，你的女(男)朋友一定會很佩服你的。學程式設計就是這麼有趣。

第五章

5-1

除錯題解答

1.
```
/* bugs5-1a.c */
#include <stdio.h>
int main()
{
    int i, total = 0;
    /* 加入左右大括號 */
    for (i=2; i<=100; ) {
        total += i;
        i += 2;
    }
    printf("1 到 100 的偶數和是 %d\n", total);
    return 0;
}
```

2.
```
/* bugs5-1-2.c */
#include <stdio.h>
int main()
{
    /* 將 total 初值給定為 0 */
    int i, total=0;
    for (i=2; i<=100; ) {
        total += i;
        i += 2;
    }
    printf("1 到 100 的偶數和是 %d\n", total);
    return 0;
}
```

3.
```
/* bugs5-1-3.c */
#include <stdio.h>
int main()
{
    int i, total=0;
    /* 改為 i<=100 */
    for (i=2; i<=100; ) {
        total += i;
        i += 2;
    }
    printf("1 到 100 的偶數和是 %d\n", total);
    return 0;
}
```

4.
```
/* bugs5-1-4.c */
#include <stdio.h>
int main()
{
    int i, total=0;
    /* 改為 i=2, i<=100 */
    for (i=2; i<=100; i+=2)
        total += i;
    printf("1 到 100 的偶數和是 %d\n", total);
    return 0;
}
```

5.
```
/* bugs5-1-5.c */
#include <stdio.h>
int main()
{
    int i, total=0;
    /* 刪除尾端的 ; */
    /* 改為 i<=100 */
    for (i=2; i<=100; i+=2)
        total += i;
    printf("1 到 100 的偶數和是 %d\n", total);
    return 0;
}
```

6.
```
/* bugs5-1-6.c */
#include <stdio.h>
int main()
{
    int i, total=0;
    /* 改為 i=0; i<=98 */
    for (i=0; i<=98; ) {
        i += 2;
        total += i;
    }
    printf("1 到 100 的偶數和是 %d\n", total);
    return 0;
}
```

練習題解答

1.
```
#include <stdio.h>
int main()
{
    int i;
    double num=0, total=0;
    for (i=0; num != -9999; i++) {
```

```
            total += num;
            printf("請輸入一數字(輸入-9999 時結束): ");
            scanf("%lf", &num);
        }
        printf("總和為: %f\n", total);
        printf("平均為: %f\n", total/(i-1));
        return 0;
    }
```

2.

```
#include <stdio.h>
int main()
{
    int i, total=0;
    for (i=1; i<100; i+=2)
        total += i;
    printf("1+3+5+...+99 的總和為: %d\n", total);
    return 0;
}
```

5-2

除錯題解答

1.

```
/* bugs5-2-1.c */
#include <stdlib.h>
int main()
{
    /* 改為 i = 0 */
    int i = 0, total = 0;
    /* 改為 i<100 */
    while (i<100) {
        i++;
        total += i;
    }
    printf("1 + 2 + 3 + ... + 100 = %d\n", total);
    return 0;
}
```

2.

```
/* bugs5-2-2.c */
#include <stdio.h>
int main()
{
    int i = 1, total = 0;
    /* 刪掉 while 後的 ; */
    while (i<=100) {
        total += i;
        i++;
```

```
    }
    printf("1 + 2 + 3 + ... + 100 = %d\n", total);
    return 0;
}
```

3.

```
/* bugs5-2-3.c */
#include <stdio.h>
int main()
{
    /* 將 total 的初值設為 0 */
    int i = 1, total=0;
    /* 加入左右大括號 */
    while (i<=100) {
        total += i;
        i++;
    }
    printf("1 + 2 + 3 + ... + 100 = %d\n", total);
    return 0;
}
```

4.

```
/* bugs5-2-4.c */
#include <stdio.h>
int main()
{
    int i=1, total=0;
    /* 改為 i<=100 */
    while (i<=100) {
        total += i;
        i++;
    }
    printf("1 + 2 + 3 + ... + 100 = %d\n", total);
    return 0;
}
```

練習題解答

1.

```
#include <stdio.h>
int main()
{
    int i=0;
    double num=1, total=0;
    while (num != 0) {
        total += num;
        printf("請輸入一數字(輸入 0 時結束): ");
        scanf("%lf", &num);
        i++;
    }
    total -= 1;
```

```
    printf("總和為: %f\n", total);
    printf("平均為: %f\n", total/(i-1));
    return 0;
}
```

2.
```
#include <stdio.h>
int main()
{
    int num = 0;
    while (1) {
        if (num > 5)
            break;
        printf("Num is %d\n", num);
        num++;
    }
    return 0;
}
```

5-3

除錯題解答

1.
```
/* bugs5-3-1.c */
#include <stdio.h>
int main()
{
    int i = 100, total = 0;
    do {
        total += i;
        /* 改為 i-- */
        i--;
    /* 改為 i>=1 */
    } while (i>=1);
    printf("100 + 99 + 98 + ... + 1 = %d\n", total);
    return 0;
}
```

2.
```
/* bugs5-3-2.c */
#include <stdio.h>
int main()
{
    int i = 100, total = 0;
    do {
        total += i;
        i--;
    /* 改為 i>=1 */
    } while (i>=1);
```

```
    printf("100 + 99 + 98 + ... + 1 = %d\n", total);
    return 0;
}
```

3.
```
/* bugs5-3-3.c */
#include <stdio.h>
int main()
{
    int i = 100, total = 0;
    do {
        total += i;
        i--;
    /* 最後加上分號 */
    } while (i>=1);
    printf("100 + 99 + 98 + ... + 1 = %d\n", total);
    return 0;
}
```

4.
```
/* bugs5-3-4.c */
#include <stdio.h>
int main( )
{
    /* 改為 i = 101 */
    int i = 101, total = 0;
    do {
        i--;
        total += i;
    /* 改為 i>=2 */
    } while (i>=2);
    printf("100 + 99 + 98 + ... + 1 = %d\n", total);
    return 0;
}
```

練習題解答

1.
```
#include <stdio.h>
int main()
{
    int num = 0;
    do {
        if (num > 5)
            break;
        printf("Num is %d\n", num);
        num++;
    } while (1);
    return 0;
}
```

2.

```
#include <stdio.h>
int main()
{
    int i=2, total=0;
    do {
        total += i;
        i += 2;
    } while (i <= 100);
    printf("1 到 100 的偶數和: %d\n", total);
    return 0;
}
```

5-4

除錯題解答

1.

```
/* bugs5-4-1.c*/
#include <stdio.h>
int main()
{
    int i, j;
    /* 將外迴圈加入左右大括號 */
    for (i=1; i<=9; i++) {
        for (j=1; j<=9; j++)
            printf("%d*%d=%2d ", j, i, i*j);
        /* 加入 printf("\n"); */
        printf("\n");
    }
    return 0;
}
```

2.

```
/* bugs5-4-2.c*/
#include <stdio.h>
int main()
{
    int i, j;
    /* 將外迴圈加入左右大括號 */
    for (i=1; i<=9; i++) {
        for (j=1; j<=9; j++)
            printf("%d*%d=%2d ", j, i, i*j);
        printf("\n");
    }
    return 0;
}
```

3.

```
/* bugs5-4-3.c*/
#include <stdio.h>
int main()
{
    int i, j;
    /* 將外迴圈加入左右大括號 */
    for (i=1; i<=9; i++) {
        for (j=1; j<=9; j++)
            /* 去掉 \n，然後留一空白 */
            printf("%d*%d=%2d ", j, i, i*j);
        /* 加入 printf("\n"); */
        printf("\n");
    }
    return 0;
}
```

4.

```
/* bugs5-4-4.c*/
#include <stdio.h>
int main()
{
    int i, j;
    /* 刪除分號;，並加入左右大括號 */
    for (i=1; i<=9; i++) {
        for (j=1; j<=9; j++)
            printf("%d*%d=%2d ", j, i, i*j);
        printf("\n");
    }
    return 0;
}
```

練習題解答

1.

```
#include <stdio.h>
int main( )
{
    int i, j, total=0;
    for (i=1; i<=9; i++)
        for (j=1; j<=9; j++)
            total += i*j;
    printf("1*1+1*2+...+2*1+2*2+...+9*9 = %d\n", total);
    return 0;
}
```

5-5

除錯題解答

1.
```
/* bugs5-5-1.c*/
#include <stdio.h>
int main()
{
    int i=1, num, total=0;
    printf("輸入 10 個整數，只累加正整數\n");
    /* 改為 i++<=9 */
    while (i<=10) {
        printf("請輸入第 %2d 個整數: ", i);
        scanf("%d", &num);
        /* 在 if…else 加入後 i++; 並加上左、右大括號 */
        if (num >= 0) {
            total += num;
            i++;
        }
        else {
            i++;
            continue;
        }
    }
    printf("Total=%d\n", total);
    return 0;
}
```

2.
```
/* bugs5-5-2.c */
#include <stdio.h>
int main()
{
    int num, total=0;
    for (;;) {
        printf("Please input a number (-999 to quit): ");
        scanf("%d", &num);
        if (num != -999)
            total += num;
        /* 加入 else… break; */
        else
            break;
        printf("Total=%d\n", total);
    }
    return 0;
}
```

3.
```
/* bugs5-5-3.c */
#include <stdio.h>
int main()
{
    int i, number, a1=0, a2=0, a3=0, others=0;
    for (i=1; i<=10; i++) {
        printf("候選人: 1 號 朱立倫，2 號蔡英文，3 號宋楚瑜\n");
        printf("你要投哪一個候選人: ");
        scanf("%d", &number);
        switch (number) {
            /* 加入 break; */
            case 1:
                a1++;
                break;
            case 2:
                a2++;
                break;
            case 3:
                a3++;
                break;
            default:
                others++;
        }
        /* 移到右大括號外 */
        printf("a1=%d, a2=%d, a3=%d, and others=%d\n", a1, a2, a3,
               others);
    }
    return 0;
}
```

練習題解答

1.
```
#include <stdio.h>
int main()
{
    int i=1, num, total=0;
    while (i <= 10) {
        printf("請輸入一整數:");
        scanf("%d", &num);
        if (num % 2 == 0) {
            total += num;
            i++;
        }
        else
            break;
    }
    printf("總和為: %d\n", total);
    return 0;
}
```

2.

```
#include <stdio.h>
int main()
{
    int i=1, num, total=0;
    while (i <= 10) {
        printf("請輸入一整數:");
        scanf("%d",&num);
        if (num%2==0) {
            total+=num;
            i++;
        }
        else {
            i++;
            continue;
        }
    }
    printf("總合為: %d\n",total);
    return 0;
}
```

5-6

除錯題解答

1.

```
/* bugs5-6-1.c*/
#include <stdio.h>
int main()
{
    int i = 0, total = 0;
    /* 改為 i++ < 100 */
    while (i++ < 100) {
        total += i;
    }
    printf("Total = %d\n", total);
    return 0;
}
```

2.

```
/* bugs5-6-2.c*/
#include <stdio.h>
int main()
{
    int i = 0, total = 0;
    /* 改為 ++i <= 100 */
    while (++i <= 100) {
        total += i;
    }
```

```
    printf("Total = %d\n", total);
    return 0;
}
```

3.
```
/* bugs5-6-3.c*/
#include <stdio.h>
int main()
{
    /* 改為 i = 0 */
    int i = 0, total = 0;
    while (++i <= 100) {
        total += i;
    }
    printf("1 + 2 + 3 + ... + 100 = %d\n", total);
    printf("i=%d\n", i);
    return 0;
}
```

4.
```
/* bugs5-6-4.c*/
#include <stdio.h>
int main()
{
    int i = 1, total = 0;
    do {
        total +=i;
    /* 改為 i++ < 100 */
    } while(i++ < 100);
    printf("1 + 2 + 3 + ... + 100 = %d\n", total);
    printf("i=%d\n", i);
    return 0;
}
```

練習題解答

1. (a) total =5151

(b) total =5050

(c) total = 5050

5-8

問題演練解答

1. `MerryMerrMerrMerChristmas`

2.
```
input 10 numbers, or type 0 to quit
  1:1
  2:1
  3:1
  4:2
  5:3
  6:0

total = 8
```

3.
```
input 10 numbers, or type 0 to continue
  1:1
  2:1
  3:1
  4:2
  5:3
  6:0
  7:1
  8:4
  9:1
 10:3
total = 17
```

4.
```
累加正整數
請輸入#1 個整數: 1
請輸入#2 個整數: 2
請輸入#3 個整數: 3
請輸入#4 個整數: 4
請輸入#5 個整數: -5
請輸入#6 個整數: 6
請輸入#7 個整數: 7
請輸入#8 個整數: 8
請輸入#9 個整數: 9
請輸入#10 個整數: -10
Total=40
```

5. (a)
```
1
2
```

(b)
```
101
102
103
104
```

(c)
```
stuvw
```

6. (a)
```
Please input a number: 1
i1=1, i2=0, i3=0, i4=0, others=0
Please input a number: 2
i1=1, i2=1, i3=0, i4=0, others=0
Please input a number: 3
i1=1, i2=1, i3=1, i4=0, others=0
Please input a number: 4
i1=1, i2=1, i3=1, i4=1, others=0
Please input a number: 5
i1=1, i2=1, i3=1, i4=1, others=1
```

(b)
```
Please input a number: 1
i1=1, i2=1, i3=0, i4=0, others=0
Please input a number: 2
i1=1, i2=2, i3=0, i4=0, others=0
Please input a number: 3
i1=1, i2=2, i3=1, i4=1, others=0
Please input a number: 4
i1=1, i2=2, i3=1, i4=2, others=0
Please input a number: 5
i1=1, i2=2, i3=1, i4=2, others=1
```

5-9

程式實作解答

1. (a)
```
/* prog5-1-1.c */
#include <stdio.h>
int main()
{
    int i, j;
    for (i=1; i<=5; i++) {
        for (j=1; j<=i*2-1; j++)
            printf("*");
        printf("\n");
    }

    for (i=4; i>=1; i--) {
        for (j=1; j<=i*2-1; j++)
            printf("*");
        printf("\n");
    }
    return 0;
}
```

(b)
```
/* prog5-1-2.c */
#include <stdio.h>
int main()
```

```
{
    int i, j;
    for (i=1; i<=8; i++) {
        for (j=1; j<=i; j++)
            printf("*");
        printf("\n");
    }
    return 0;
}
```

2.

```
/* prog5-2.c */
#include <stdio.h>
int main()
{
    int first, difference, item,i, total=0;
    printf("請輸入等差數列首項:");
    scanf("%d", &first);
    printf("請輸入等差數列公差:");
    scanf("%d", &difference);
    printf("請輸入等差數列項數:");
    scanf("%d", &item);
    total=first;
    for (i=1; i<item; i++) {
        first += difference;
        total += first;
    }
    printf("總和為: %d\n", total);
    return 0;
}
```

3.

```
/* prog5-3.c */
#include <stdio.h>
int main()
{
    int cen;
    for (cen=-50; cen<=100; cen+=10)
        printf("攝氏 %3d 度為華氏 %6.2f 度\n", cen, cen*9/5.+32);
    return 0;
}
```

4.

```
/* prog5-4.c */
#include <stdio.h>
int main()
{
    int a1=1, a2=1, a3, i;
    printf("第 1 項為 %4d\n", a1);
    printf("第 2 項為 %4d\n", a2);
    for (i=3; i<=15; i++) {
        a3 = a1 + a2;
```

```
            a1 = a2;
            a2 = a3;
            printf("第 %2d 項為 %4d\n", i, a3);
        }
        return 0;
    }
```

5.

```
/* prog5-5.c */
#include <stdio.h>
int main()
{
    int i, j;
    printf("<< Multiplication table 11 * 11 >>\n");
    for (i=1; i<=11; i++) {
        for (j=1; j<=i; j++)
            printf("  %3d ", i*j);
        printf("\n");
    }
    return 0;
}
```

6.

```
/* prog5-6.c */
#include <stdio.h>
int main()
{
// insert code here...
int i, x;
double pi, a, b, out;
//printf("請輸入一數字: ");
//scanf("%d", &num);
    for (x=10000; x<=200000; x+=10000) {
        out = 0;
        for (i=1; i<=x; i++) {
            a = pow((-1.0), (i+1));
            b = (2*i-1);
            out += a / b;
        }
        pi = 4 * out;
        printf("x = %6d, pi = %.8f\n", x, pi);
    }

    return 0;
}
```

輸出結果

```
i =  10000, pi = 3.14149265
i =  20000, pi = 3.14154265
i =  30000, pi = 3.14155932
i =  40000, pi = 3.14156765
i =  50000, pi = 3.14157265
i =  60000, pi = 3.14157599
i =  70000, pi = 3.14157837
i =  80000, pi = 3.14158015
i =  90000, pi = 3.14158154
i = 100000, pi = 3.14158265
i = 110000, pi = 3.14158356
i = 120000, pi = 3.14158432
i = 130000, pi = 3.14158496
i = 140000, pi = 3.14158551
i = 150000, pi = 3.14158599
i = 160000, pi = 3.14158640
i = 170000, pi = 3.14158677
i = 180000, pi = 3.14158710
i = 190000, pi = 3.14158739
i = 200000, pi = 3.14158765
```

7.

```
/* prog5-7.c */
#include <stdio.h>
int main()
{
    int score;
      printf("請輸入分數: ");
      scanf("%d", &score);

      while (score >0) {
           if (score >= 80) {
              printf("The GPA is A\n");
           }
           else if (score >= 70) {
              printf("The GPA is B\n");
           }
           else if (score >= 60) {
              printf("The GPA is C\n");
           }
           else if (score >= 50) {
              printf("The GPA is D\n");
           }
           else {
              printf("The GPA is F\n");
           }
           printf("\n");
           printf("請輸入分數: ");
           scanf("%d", &score);
       }
       return 0;
}
```

輸出結果

```
請輸入分數: 90
The GPA is A

請輸入分數: 78
The GPA is B

請輸入分數: 67
The GPA is C

請輸入分數: 56
The GPA is D

請輸入分數: 23
The GPA is F

請輸入分數: -10
```

8.

```
/* prog5-8.c */
#include <stdio.h>
int main()
{
    int i, j;
    for (i=1; i<=72; i++) {
        printf("*");
    }
    printf("\n");
    for (i=1; i<=9; i++) {
        for (j=1; j<=9; j++){
            printf("%d*%d=%2d  ", j, i, i*j);
        }
        printf("\n");
    }
    for (i=1; i<=72; i++) {
        printf("*");
    }
    printf("\n");
    return 0;
}
```

9.

```
/* prog5-9.c */
#include <stdio.h>
int main()
{
    int n=1;
    while (n*n <12000) {
        n++;
```

```
    }

    printf("%d 的平方大於等於12000\n", n);
    return 0;
}
```

輸出結果

```
110 的平方大於等於 12000
```

10.

```
/* prog5-10 */
#include <stdio.h>
int main()
{
    int n1, n2, d, i;
    int gcd = 1;
    printf("請輸入兩個整數: ");
    scanf("%d %d", &n1, &n2);
    if (n1 > n2) {
        d = n1;
    }
    else {
        d = n2;
    }

    for (i=d; i>=1; i--) {
        if (n1 % i == 0&& n2 % i == 0) {
            gcd = i;
            break;
        }
    }
    printf("GCD(%d, %d) = %d\n", n1, n2, gcd);
    return 0;
}
```

輸出結果

```
請輸入兩個整數: 12 30
GCD(12, 30) = 6

請輸入兩個整數: 12 16
GCD(12, 16) = 4

請輸入兩個整數: 12 35
GCD(12, 35) = 1
```

第六章

6-1

除錯題解答

1.

```
/* bugs6-1-1.c */
#include <stdio.h>
/* 加上printstar的函數宣告 */
void printStar();
int main()
{
    printf("function call begin!!\n");
    printStar();
    printf("Apple iPhone\n");
    printStar();
    printf("function call end!!\n");
    return 0;
}

/* output()的定義 */
void printStar()
{
    int i;
    for (i=1; i<=20; i++)
        printf("*");
    printf("\n");
}
```

2.

```
/* bugs6-1-2.c */
#include <stdio.h>
/* 加上分號 */
void printStar();
int main()
{
    printf("function call begin!!\n");
    printStar();
    printf("Apple iPhone\n");
    printStar();
    printf("function call end!!\n");
    return 0;
}

/* output()的定義 */
/* 把最後的分號移除 */
void printStar()
{
    int i;
```

```
    for (i=1; i<=20; i++)
        printf("*");
    printf("\n");
}
```

練習題解答

1.
```
#include <stdio.h>
void output(void);    /* 函數原型宣告 */
void dash();

int main()
{
    printf("呼叫 output 函數!!\n");
    dash();
    output();         /* 呼叫 output()函數 */
    dash();
    printf("呼叫結束，over!!\n");
    return 0;
}

/* output()函數的定義 */
void output(void)
{
    printf("我喜歡 iPhone 12 pro\n");
    printf("也喜歡 Apple watch\n");
}

void dash()
{
    int i;
    for (i=0; i<50; i++)
        printf("-");
    printf("\n");
}
```

2.
```
#include <stdio.h>
void calculate();

int main()
{
    calculate();
    return 0;
}

void calculate()
{
    int num;
```

```
    printf("請輸入分數:");
    scanf("%d",&num);
    if (num>=60)
        printf("pass\n");
    else
        printf("down\n");
}
```

6-2

除錯題解答

1.

```
/* bugs6-2-1.c */
#include <stdio.h>
double sum();
int main()
{
    double total;

    total = sum( );
    printf("Total is %.2f\n", total);
    return 0;
}
/* int 修正為 double */
double sum()
{
    double num1, num2;
    printf("Please input two double numbers: ");
    scanf("%lf %lf", &num1, &num2);
    return (num1+num2);
}
```

2. 第七行需將 int 改為 double。

```
/* bugs6-2-2.c */
#include <stdio.h>
double sum();
int main()
{
    /* 將 int 改為 double */
    double total;
    total = sum();
    printf("Total is %.2f\n", total);
    return 0;
}

double sum()
{
```

```
    double num1, num2;
    printf("Please input two double numbers: ");
    scanf("%lf %lf", &num1, &num2);
    return (num1+num2);
}
```

練習題解答

1.
```
#include <stdio.h>
double Area();
int main()
{
    double area;
    area = Area();
    printf("長方形的面積為 %.2f\n", area);
    return 0;
}

double Area()
{
    double num1, num2;
    printf("請輸入長方形的長與寬: ");
    scanf("%lf %lf", &num1, &num2);
    return (num1*num2);
}
```

2.
```
#include <stdio.h>
double Abs();
int main()
{
    double num;
    num = Abs();
    printf("其數值之絕對值為 %f\n", num);
    return 0;
}

double Abs()
{
    double num;
    printf("請輸入一數值: ");
    scanf("%lf", &num);
    return (num > 0) ? num : -num;
}
```

6-3

除錯題解答

1.
```
/* bugs6-3-1.c */
#include <stdio.h>
double squAdd(double, double);
int main()
{
    double num1, num2, sum;
    printf("此程式在計算兩個浮點數的平方和\n\n");
    printf("請輸入兩個浮點數: ");
    /* 將%f 改為%lf */
    scanf("%lf %lf", &num1, &num2);
    sum = squAdd(num1, num2);
    printf("%f 的平方加  %f 的平方為 %f\n", num1, num2, sum);
    return 0;
}
/* 形式參數的資料型態 int 更改為 double */
double squAdd(double a, double b)
{
    /* ans 的資料型態更改為 double */
    double ans;
    ans = a * a + b * b;
    return ans;
}
```

練習題解答

1.
```
#include <stdio.h>
double cubeAdd(double, double, double);
void printstar(int);
int main()
{
    double num1, num2, num3, sum;
    int star;
    printf("此程式在計算三浮點數的立方和\n\n");
    printf("請輸入三個浮點數: ");
    scanf("%lf %lf %lf", &num1, &num2, &num3);
    /* 傳遞三個變數 num1、num2 以及 num3 到 cubeAdd()函數 */
    /* 使用變數  sum  接收函數傳回值 */
    sum = cubeAdd(num1, num2, num3);
    printf("請問要多少個*: ");
    scanf("%d", &star);
    printstar(star);
    printf("%.f 的平方加 %f 的立方加 %f 立方為 %f\n", num1, num2, num3,
            sum);
```

```
    printstar(star);
    return 0;
}

/* 定義 cubeAdd()，函數型態為 int，參數為 a、b 與 c */
/* 計算 a、b、c 的立方和後回傳 */
double cubeAdd(double a, double b, double c)
{
    double ans;
    ans = a * a * a + b * b * b + c * c *c;
    return ans;
}

void printstar(int n)
{
    int i;
    for (i=1; i<=n; i++)
        printf("*");
    printf("\n");
}
```

6-4

除錯題解答

1.
```
/* bugs6-4-1.c */
#include <stdio.h>
/* 定義一全域變數 */
int number = 100;  /* number 是一個全域變數 */
void output();
int main()
{
    int number = 100;  /* number 是一個區域變數 */
    printf("number = %d\n", number);
    output();
    return 0;
}

/* 定義 output() */
void output()
{
    printf("number = %d\n", number);
}
```

2.
```
/* bugs6-4-2.c */
#include <stdio.h>
/* 將全域變數放到 main 函數之前 */
int number = 100;  /* number 是一個全域變數 */
void output();
int main()
{
    printf("number = %d\n", number);
    output();
    return 0;
}

/* 定義 output()*/
void output()
{
    printf("number = %d\n", number);
}
```

練習題解答

1.
```
#include <stdio.h>
int num;
int cube();
int main()
{
    printf("輸入一整數: ");
    scanf("%d", &num);
    printf("此整數三次方為:%d\n", cube());
    return 0;
}

int cube()
{
    return num*num*num;
}
```

2.
```
#include <stdio.h>
int num;
int input();
int main()
{
    input();
    printf("此整數為:%d\n", num);;
    return 0;
}

int input()
```

```
{
    printf("輸入一整數:");
    scanf("%d", &num);
    return num;
}
```

6-5

除錯題解答

1.
```
/* bugs6-5-1.c */
#include <stdio.h>
double factorial(int);
int main()
{
    int num;
    printf("Please input a number: ");
    scanf("%d", &num);
    /* 第二個%d改為%g */
    printf("Factorial(%d)=%g\n", num, factorial(num));
    return 0;
}

/* 改為 double 函數形態 */
double factorial(int n)
{
    if (n > 1)
      return (n * factorial(n-1));
    else
      return 1;
}
```

練習題解答

1. 使用遞迴：

```
#include <stdio.h>
int gcd(int, int);
int main()
{
    int num1,num2;
    printf("請輸入二整數: ");
    scanf("%d %d", &num1, &num2);
    printf("%d 與 %d 的最大公因數為: %d\n", num1, num2,
              gcd((num1>num2)? num1,num2 : num2,num1));
    return 0;
}
```

```
int gcd(int n1, int n2)
{
    int n3;
    n3 = n1%n2;
    if (n3 != 0)
      return gcd(n2,n3);
    else
      return n2;
}
```

不使用遞迴：

```
#include <stdio.h>
int gcd(int, int);
int main()
{
    int num1, num2;
    printf("請輸入二整數: ");
    scanf("%d %d", &num1, &num2);
    printf("%d 與 %d 的最大公因數為: %d\n", num1, num2,
           gcd((num1>num2)? num1,num2 : num2,num1));
    return 0;
}
int gcd(int n1, int n2)
{
    int n3 = 1;
    while (n3 != 0) {
        n3 = n1 % n2;
        n1 = n2;
        n2 = n3;
    }
    return n1;
}
```

6-6

除錯題解答

（請將以下每一題分為多個檔案執行之）

1. **/* bugs6-6-1.c */**

```
/* 此專案的第一個檔案 */
#include <stdio.h>
int sum();
int i, j;  /* 定義全域變數 i, j*/
int main()
```

```
{
    int total=0;
    printf("Please input two integer numbers: ");
    scanf("%d %d", &i, &j);

    total = sum();   /* 呼叫在檔案bugs6-6-2.c中的函數sum() */
    /* 加入第三個對應的變數total */
    printf("%d+%d=%d\n", i, j, total);
    return 0;
}

/* bugs6-6-2.c */
/* 此專案的第二個檔案 */
/* 定義sum()函數 */
/* 將void改為int */
int sum()
{
    /* 加入int */
    extern int i, j;
    return (i+j);
}
```

2.

```
/* bugs6-6-3.c */
/* 此專案的第一個檔案 */
#include <stdio.h>
int sum();
int i, j;   /* 定義全域變數i, j */
int main()
{
    int total=0;
    printf("Please input two integer numbers: ");
    scanf("%d %d", &i, &j);

    total = sum();   /* 呼叫在檔案 bugs6-6-4.c中的sum() */
    printf("%d+%d=%d\n", i, j, total);
    return 0;
}

/* bugs6-6-4.c */
/* 此專案的第二個檔案 */
/* 定義sum()*/
int sum()
{
    /* 加入外部變數宣告 */
    extern int i, j;
    return (i+j);
}
```

3.

```
/* bugs6-6-5.c */
/* 此專案的第一個檔案 */
#include <stdio.h>
int sum();
/* 移除 static 宣告 */
int i, j;  /* 定義全域變數 i, j*/
int main()
{
    int total=0;
    printf("Please input two integer numbers: ");
    scanf("%d %d", &i, &j);

    total = sum();  /* 呼叫在檔案 bugs6-6-6.c 中的 sum() */
    printf("%d+%d=%d\n", i, j, total);
    return 0;
}

/* bugs6-6-6.c */
/* 此專案的第二個檔案 */
/* 定義 sum() */
int sum()
{
    extern int i, j;
    return (i+j);
}
```

練習題解答

1.

```
#include <stdio.h>
void browser();

int main()
{
    int pass;
    for(;;) {
        printf("請輸入密碼: ");
        scanf("%d", &pass);
        if (pass == -9999)
            break;
        else
            browser();
    }
    return 0;
}

void browser()
{
     static counter=0;
```

```
    counter++;
    printf("目前瀏覽網頁人數有 %d", counter);
    printf("\n\n");
}
```

6-8

問題演練解答

1.

```
/*
    a.加入 int 函數型態
    b.將下方 int  num 刪除，並將 int 加入至形式參數 num 前
*/
int abs(int num)
{
    if (num < 0)
        num -= num;
    return (num);
}
```

2.

```
/* 將函式宣告移動到 main 函數上方，加入 void 型態，並把 num 資料型態改為 int */
void type(int);
int main() /* 加上 int */
{
    int three = 3;
    type(three);
}
/* 將 float 改為 void，加入函數名稱 type，加上 num 的型態宣告 */
void type(int num)
{
    /* 將%f 改為%d */
    printf("%d", num);
}
```

3.

```
/* 加入 int 型態 */
void salami(int num)
{
    /* 刪除 num */
    int count;
    /* 改為 count++ */
    for (count=1; count<=num; count++)
        printf("o salami mio!\n");
}
```

4.

```
color in main() is B
color in first is R
color in main() is B
```

```
color in second() is G
color in main() is G
```

5.

```
ai=101, si=101
ai=101, si=102
ai=101, si=103
ai=101, si=104
ai=101, si=105
```

6.

```
...main()...
k=200
...first()...
k=100
...second()...
k=100
```

6-9

程式實作解答

1.

```
/* prog6-1.c */
#include <stdio.h>
#include <stdlib.h>
#include <time.h>
int init();
int getans();
int compare(int, int);

int main()
{
    int ans, guess;
    ans = init();
    guess = getans();
    while (compare(ans, guess))
       guess = getans();
    return 0;
}

int init()
{
    srand((unsigned) time(NULL));
    return ((rand() % 100 + 1));
}

int getans()
{
    int num;
    printf("猜一介於 1 到 100 之整數: ");
```

```
    scanf("%d", &num);
    return num;
}

int compare(int ans, int guess)
{
    if (ans != guess) {
        printf("沒猜中!!\n");
        if (ans > guess)
            printf("你猜的數字太小了\n\n");
        else if (ans < guess)
          printf("你猜的數字太大了\n\n");
        return 1;
    }
    else {
        printf("答對了!!\n");
        printf("answer = %d, guess = %d\n", ans, guess);
        return 0;
    }
}
```

2.

```
/* prog6-2.c */
#include <stdio.h>
int getMax(int, int, int);
int getMin(int, int, int);

int main()
{
    int a, b, c, maxValue, minValue;
    printf("請輸入三個整數: ");
    scanf("%d %d %d", &a, &b, &c);

    maxValue = getMax(a, b, c);
    printf("%d, %d 與 %d 的最大值是 : %d\n", a, b, c, maxValue);

    minValue = getMin(a, b, c);
    printf("%d, %d 與 %d 的最小值是 : %d\n\n", a, b, c, minValue);
    return 0;
}

int getMax(int x, int y, int z)
{
    int max = x;
    if (y > max) {
        max = y;
    }
    if (z > max) {
        max = z;
    }
    return max;
```

```
}

int getMin(int x, int y, int z)
{
    int min = x;
    if (y < min) {
        min= y;
    }
    if (z < min) {
        min = z;
    }
    return min;
}
```

3. 以遞迴實作：

```
/* prog6-3-1.c */
#include <stdio.h>
int fib(int);
int main()
{
    int num;
    printf("請輸入項數:");
    scanf("%d",&num);
    printf("其費式數列和為: %d\n", fib(num));
    return 0;
}

int fib(int n)
{
    if (n<=2)
       return 1;
    else
       return fib(n-1)+fib(n-2);
}
```

以非遞迴實作：

```
/* prog6-3-2. C */

#include <stdio.h>
int fib(int);
int main()
{
    int num;
    printf("請輸入項數:");
    scanf("%d", &num);
    printf("其費式數列和為: %d\n", fib(num-2));
    return 0;
}
```

```
int fib(int num)
{
    int n1=1, n2=1, n3;
    for (; num>=3; num--) {
        n3 = n1 + n2;
        n1 = n2;
        n2 = n3;
    }
    return n2;
}
```

4.

```
/* prog6-4.c */
#include <stdio.h>
#include <math.h>
double pi(int);
double pi(int n)
{
      int i;
      double total=0.0, pi;
      for (i=1; i<=n; i+=1) {
          total += (pow(-1, i+1)) / (2*i-1);
      }
      pi = 4 * total;
      return pi;
}

int main()
{
      int i;
      double p;
      for (i=1; i<=200001; i+=5000) {
          p = pi(i);
          printf("i = %6d, pi = %.8f\n", i, p);
     }
}
```

輸出結果

```
i =      1, pi = 4.00000000
i =   5001, pi = 3.14179261
i =  10001, pi = 3.14169264
i =  15001, pi = 3.14165932
i =  20001, pi = 3.14164265
i =  25001, pi = 3.14163265
i =  30001, pi = 3.14162599
i =  35001, pi = 3.14162122
i =  40001, pi = 3.14161765
i =  45001, pi = 3.14161488
```

```
i =  50001, pi = 3.14161265
i =  55001, pi = 3.14161084
i =  60001, pi = 3.14160932
i =  65001, pi = 3.14160804
i =  70001, pi = 3.14160694
i =  75001, pi = 3.14160599
i =  80001, pi = 3.14160515
i =  85001, pi = 3.14160442
i =  90001, pi = 3.14160376
i =  95001, pi = 3.14160318
i = 100001, pi = 3.14160265
i = 105001, pi = 3.14160218
i = 110001, pi = 3.14160174
i = 115001, pi = 3.14160135
i = 120001, pi = 3.14160099
i = 125001, pi = 3.14160065
i = 130001, pi = 3.14160035
i = 135001, pi = 3.14160006
i = 140001, pi = 3.14159980
i = 145001, pi = 3.14159955
i = 150001, pi = 3.14159932
i = 155001, pi = 3.14159911
i = 160001, pi = 3.14159890
i = 165001, pi = 3.14159871
i = 170001, pi = 3.14159854
i = 175001, pi = 3.14159837
i = 180001, pi = 3.14159821
i = 185001, pi = 3.14159806
i = 190001, pi = 3.14159792
i = 195001, pi = 3.14159778
i = 200001, pi = 3.14159765
```

5.

```
/* prog6-5.c */
#include <stdio.h>
double fahToCel(int);

int main()
{
    int i;
    double cel;
    printf("%6s %9s\n", "華氏", "攝氏");
    for (i=212; i>=32; i-=5) {
         cel = fahToCel(i);
         printf("%-6d %6.2f\n", i, cel);
    }
    return 0;
}
```

```
double fahToCel(int f)
{
    double cel;
    cel = (f - 32) * (5/9.);
    return cel;
}
```

輸出結果

```
華氏攝氏
212     100.00
207      97.22
202      94.44
197      91.67
192      88.89
187      86.11
182      83.33
177      80.56
172      77.78
167      75.00
162      72.22
157      69.44
152      66.67
147      63.89
142      61.11
137      58.33
132      55.56
127      52.78
122      50.00
117      47.22
112      44.44
107      41.67
102      38.89
97       36.11
92       33.33
87       30.56
82       27.78
77       25.00
72       22.22
67       19.44
62       16.67
57       13.89
52       11.11
47        8.33
42        5.56
37        2.78
32        0.00
```

6.

```
/* prog6-6.c */
#include <stdio.h>
void displayPattern(int);

int main()
{
     int number;
     printf("請輸入一整數: ");
     scanf("%d", &number);
     displayPattern(number);
     return 0;
}

void displayPattern(int n)
{
     int i, j, k;
     for (i=1; i<=n; i++) {
         for (j=n-i; j>=1; j--)
             printf("   ");
         for (k=i; k>=1; k--)
             printf("%3d", k);
         printf("\n");
     }
}
```

輸出結果 1

```
請輸入一整數: 4
          1
       2  1
    3  2  1
 4  3  2  1
```

輸出結果 2

```
請輸入一整數: 10
                            1
                         2  1
                      3  2  1
                   4  3  2  1
                5  4  3  2  1
             6  5  4  3  2  1
          7  6  5  4  3  2  1
       8  7  6  5  4  3  2  1
    9  8  7  6  5  4  3  2  1
 10  9  8  7  6  5  4  3  2  1
```

7.

```
/* prog6-7.c */
#include <stdio.h>
void reverse(int);

int main()
{
    int number;
    printf("Enter a number: ");
    scanf("%d", &number);
    reverse(number);
    return 0;
}

void reverse(int num)
{
    int remainder;
    while (num != 0) {
        remainder = num % 10;
        printf("%d", remainder);
        num = num / 10;
    }
    printf("\n");
}
```

輸出結果樣本(一):

```
Enter a number: 987654321
123456789
```

輸出結果樣本(二):

```
Enter a number: 987654321
123456789
```

8.

```
/* prog6-8.c */
#include <stdio.h>
#include <math.h>
double polygonArea(int, double);

int main()
{
    int n;
    double side;
    printf("請輸入多邊形的邊長: ");
    scanf("%lf", &side);
    printf("請輸入多邊形有幾邊: ");
    scanf("%d", &n);
```

```
    double area = polygonArea(n, side);
    printf(" %d 邊形的邊長為 %.2f，其面積為 %.2f\n", n, side, area);
    return 0;
}

double polygonArea(int n, double side)
{
    double area;
    area = (n * pow(side, 2)) / (4 * tan(3.14159/5));
    return area;
}
```

輸出結果

```
請輸入多邊形的邊長: 5.5
請輸入多邊形有幾邊: 5
 5 邊形的邊長為 5.50，其面積為 52.04
```

9.

```
/* prog6-9.c */
#include <stdio.h>
void isLeapYear(int startYear, int endYear);

int main()
{
    int start, end;
    printf("起始年份: ");
    scanf("%d", &start);
    printf("終止年份: ");
    scanf("%d", &end);

    isLeapYear(start, end);
    return 0;
}

void isLeapYear(int startYear, int endYear)
{
    int i, count = 0;
    _Bool a, b, c;
    printf("\n 以下是閏年: \n");
    for (i=startYear; i<=endYear; i++) {
        a = i % 400 == 0;
        b = i % 4 == 0;
        c = i % 100 != 0;
        if (a || (b && c)) {
            count += 1;
            printf("%6d ", i);
            if (count % 10 == 0) {
```

```
                    printf("\n");
                    count = 0;
                }
            }
        }
        printf("\n");
}
```

輸出結果

```
起始年份: 2000
終止年份: 2200

以下是閏年:
  2000   2004   2008   2012   2016   2020   2024   2028   2032   2036
  2040   2044   2048   2052   2056   2060   2064   2068   2072   2076
  2080   2084   2088   2092   2096   2104   2108   2112   2116   2120
  2124   2128   2132   2136   2140   2144   2148   2152   2156   2160
  2164   2168   2172   2176   2180   2184   2188   2192   2196
```

10.

```
/* prog6-10.c */
#include <stdio.h>
#include <stdbool.h>
#include <math.h>
_Bool isValide(double, double, double);
double areaOfTriangle(double, double, double);

int main()
{
    double side1, side2, side3;
    double area = 0.0;
    printf("請輸入三角形三邊長: ");
    scanf("%lf %lf %lf", &side1, &side2, &side3);
    if (isValide(side1, side2, side3)) {
        area = areaOfTriangle(side1, side2, side3);
        printf("三角形的面積為 %.2f\n", area);
    }
    else {
        printf("以下這三邊 %.2f, %.2f, %.2f 無法構成三角形\n", side1,
                                side2, side3);
    }
    return 0;
}

_Bool isValid(double side1, double side2, double side3)
{
    _Bool result;
    if ((side1+side2 > side3) && (side1+side3 > side2) &&
                                  (side2+side3 > side1)) {
        result = true;
```

```
    }
    else {
        result = false;
    }
    return result;
}

double areaOfTriangle(double side1, double side2, double side3)
{
    double s, area;
    s = (side1 + side2 + side3) / 2;
    area = pow((s*(s-side1)*(s-side2)*(s-side3)), 0.5);
    return area;
}
```

輸出結果 1

```
請輸入三角形三邊長: 2 2 2
三角形的面積為 1.73
```

輸出結果 2

```
請輸入三角形三邊長: 1 3 1
以下這三邊 1.00, 3.00, 1.00 無法構成三角形
```

第七章

7-2

除錯題解答

1.
```
/* bugs7-2-1.c */
#include <stdio.h>
int main()
{
    int arr[] = {10, 20, 30, 40, 50};
    int i;
    /* 將 i<=5 改為 i<5_ */
    for (i=0; i<5; i++)
        printf("arr[%d]=%d\n", i, arr[i]);
    return 0;
}
```

2.
```
/* bugs7-2-2.c */
#include <stdio.h>
int main()
{
    /* 將陣列個數改為 5，並將 ( 與 ) 改為 {} */
    int arr[5] = {10, 20, 30, 40, 50};
    int i;
    /* i 從 0 開始，i 小於 5 */
    for (i=0; i<5; i++)
        printf("arr[%d]=%d\n", i, arr[i]);
    return 0;
}
```

3.
```
/* bugs7-2-3.c*/
#include <stdio.h>
int main()
{
    int num[5], count, total=0;
    /* 連續輸入 5 個整數，並計算總和 */
    /* 改為 count < 5 */
    for (count=0; count<5; count++) {
        printf("Please enter #%d integer: ", count+1);
        /* 加入 & */
        scanf("%d", &num[count]);
        total += num[count];
    }
    printf("Input number is ");
    /* 改為 count < 5 */
    for (count=0; count<5; count++)
```

```
        printf("%d ", num[count]);
    printf("total = %d\n", total);
    return 0;
}
```

練習題解答

1.

```
#include <stdio.h>
int main()
{
    int num[100], i, total=0;
    for (i=0; i<=99; i++){
        printf("請輸入第 %d 個整數:", i+1);
        scanf("%d", &num[i]);
    }
    for (i=0; i<=99; i++)
        total += num[i];
    printf("總合為:%d\n", total);
    return 0;
}
```

7-3

除錯題解答

1.

```
/* bugs7-3-1.c */
#include <stdio.h>
int main()
{
    /* score 是 2 列 3 行的陣列 */
    int score[2][3] = {{10, 20,30}, {40, 50, 60}};
    int i, j;
    /* i<=2 改為 i<2 */
    for (i=0; i<2; i++)
    /* j<=3 改為 j<=2 */
        for (j=0; j<=2; j++)
            printf("score[%d][%d] = %d\n", i, j, score[i][j]);
    return 0;
}
```

2.

```
/* bugs7-3-2.c */
#include <stdio.h>
int main()
{
    /* 只能有六個初值，刪除 70 */
    int score[2][3] = {10, 20, 30, 40, 50, 60};
```

```
    int i, j;
    /* 刪除分號 */
    for (i=0; i<2; i++)
        /* 刪除分號 */
        for(j=0; j<3; j++)
            printf("score[%d][%d] = %d\n", i, j, score[i][j]);
    return 0;
}
```

練習題解答

1.
```
#include <stdio.h>
int main()
{
    int info[10][2], i;
    for (i=0; i <= 9; i++){
        printf("請輸入第 %2d 個人的身高:", i+1);
        scanf("%d", &info[i][1]);
        info[i][0] = i+1;
    }
    printf("\n--------------------------------\n");
    for (i=0; i<=9; i++)
        printf("第 %2d 個人的身高為: %d\n", info[i][0], info[i][1]);
    return 0;
}
```

2.
```
#include <stdio.h>
int main()
{
    int num[2][5];
    int index1, index2;

    for (index1=0; index1<2; index1++)
        for (index2=0; index2<5; index2++)
            printf("&num[%d][%d]: %p\n", index1, index2,
                    &num[index1][index2]);

    printf("\n");
    /* num[0]等於&num[0][0]，num[1]等於&num[1][0] */
    printf("num[0]=%p, num[1]=%p\n", num[0], num[1]);
    /* num 等於&num[0][0]，num+1 等於&num[1][0] */
    printf("num=%p, num+1=%p\n", num, num+1);
    return 0;
}
```

請自行執行之，就可知它與哪一個元素的位址相同。

3.
```
#include <stdio.h>
int main()
{
    static int num[5][5],i,j,total=1;
    for (i=0; i<=3; i++)
        for(j=0; j<=3; j++)
            num[i][j]=total++;

    printf("\n--------------- before ---------------\n");
    for (i=0; i<=3; i++){
        for(j=0; j<=3; j++)
            printf(" %2d ",num[i][j]);
        printf("\n");
    }

    for (i=0; i<=3; i++)
        for(j=0; j<=3; j++)
            num[i][4] += num[i][j];

    for (j=0; j<=3; j++)
        for(i=0; i<=3; i++)
            num[4][j] += num[i][j];

    printf("\n--------------- after ---------------\n");
    for (i=0; i<=4; i++){
        for (j=0; j<=4; j++)
            printf(" %2d ",num[i][j]);
        printf("\n");
    }

    return 0;
}
```

具有 static 的儲存類別的變數，若沒有設定初值，其值將設為 0。

7-4

除錯題解答

1.
```
/* bugs7-4-1.c */
#include <stdio.h>
int main()
{
    /* 新增一個 temp 暫存值 */
    int a=100, b=200, temp;
    printf("Before swapping: ");
    printf("a=%d, b=%d\n", a, b);

    /* 兩數對調 */
```

```
    /* 將 a 值放入 temp */
    temp = a;
    a=b;
    /* 將 temp 值給 b */
    b = temp;
    printf("After swapping: ");
    printf("a=%d, b=%d\n", a, b);
    return 0;
}
```

練習題解答

1.
```
#include <stdio.h>
int main()
{
    int arr[] = {80, 90, 40, 70, 60, 50};
    int i, j, temp, size;
    size = sizeof(arr) / sizeof(int);
    for (i=0; i<=size-1; i++)
        for (j=0; j<=size-i-1; j++)
            if (arr[j] > arr[j+1]) {
                temp=arr[j];
                arr[j]=arr[j+1];
                arr[j+1]=temp;
            }

    for (i=0; i<=5; i++)
        printf("arr[%d]=%d\n",i,arr[i]);

    return 0;
}
```

2.
```
#include <stdio.h>
int main()
{
    int i, j, temp, flag, size;
    int left, right, mid, kd, bingo;
    int arr[6]={0};
    size = sizeof(arr) / sizeof(int);
    for (i=0; i<=size-1; i++){
        printf("第%d 筆數值(輸入 0 結束):",i+1);
        scanf("%d", &arr[i]);
        if (arr[i] == 0)
            break;
    }
    /**********Bubble sort****************/
    for (i=0; i<size-1; i++) {
        flag=0;
```

```
        for (j=0; j<size-i-1; j++)
            if (arr[j] > arr[j+1]) {
                flag=1;
                temp = arr[j];
                arr[j] = arr[j+1];
                arr[j+1] = temp;
            }
            if (flag == 0)
                break;
    }
    for (i=0; i <= size-1; i++)
        printf("%d ", arr[i]);
    printf("\n\n");
    /***********Binary search***************/
    printf("\n 您要尋找哪一個數字(輸入是英文字母將結束): ");
    while (scanf("%d", &kd) == 1) {
        left=0;
        right=size-1;
        bingo = 0;
        while (left <= right) {
            mid = (left+right)/2;
            if (kd == arr[mid]) {
                bingo=1;
                break;
            }
            if (kd < arr[mid])
                right = mid-1;
            else
                left = mid+1;
        }
        if (bingo == 1)
            printf("在 arr[%d] 找到 %d.\n", mid, kd);
        else
            printf("對不起，查無此資料! \n");
        printf("\n 您要尋找哪一個數字(輸入是英文字母將結束): ");
    }
    return 0;
}
```

(a) 必須事先進行過排序

(b) $\log_2 N$, N=8192 => $\log_2{}^{8192}$=13

7-5

問題演練解答

1. (a) &grid[22][56]

   (b) grid[22], grid+22

   (c) grid, grid[0], &grid[0][0]

2. (a) int digits[10];

   (b) double rates[6];

   (c) int mat[3][5];

3. 0, 9

4. (a) int arr[]={1, 2, 4, 8, 16, 32};

   (b) arr[2]

5.
```
22ff50
22ff54
22ff58
```

   (以上資料是記憶體位址，每台電腦上的位址都可能不同，但都是占 4 個 Bytes)

7-6

程式實作解答

1.
```
/* prog7-1.c */
#include <stdio.h>
int main()
{
    int arr1[]={1,2,3,4,5};
    int arr2[]={6,7,8,9,10};
    int arr3[sizeof(arr1)],i;
    for (i=0; i<=4; i++)
        arr3[i]=arr1[i]+arr2[i];
    for (i=0; i<=4; i++)
        printf("arr3[%d]=%d\n", i, arr3[i]);
    return 0;
}
```

2.

```
/* prog7-2.c */
#include <stdio.h>
int main()
{
    double arr[]={1.1, 2.2, 3.3, 4.4, 5.5, 6.6, 7.7, 8.8, 9.9, 10.1};
    double total=0;
    int i;
    for (i=0; i<=9; i++)
        total += arr[i];
    for (i=0; i<=9; i++)
        printf("arr[%d]= %5.2f\n", i, arr[i]);
    printf("total=%.2f, average=%.2f", total, total/10);
    return 0;
}
```

3.

```
/* prog7-3.c */
#include <stdio.h>
int main()
{
    int arr1[2][2]={{3, 4},{5, 6}};
    int arr2[2][2]={{7, 6},{5, 4}};
    int arr3[2][2]={0},i,j,k;
    for (i=0; i<=1; i++)
        for (j=0; j<=1; j++)
            for (k=0; k<=1; k++)
            arr3[i][j] += arr1[i][k] * arr2[k][j];

    printf("\narr1:\n");
    for (i=0; i<=1; i++) {
        for (j=0; j<=1; j++)
            printf(" %2d ", arr1[i][j]);
        printf("\n");
    }

    printf("\narr2:\n");
    for (i=0; i<=1; i++) {
        for (j=0; j<=1; j++)
            printf(" %2d ", arr2[i][j]);
        printf("\n");
    }

    printf("\narr3:\n");
    for (i=0; i<=1; i++) {
        for (j=0; j<=1; j++)
            printf(" %2d ", arr3[i][j]);
        printf("\n");
    }
    return 0;
}
```

4.
```
/* prog7-4.c */
#include <stdio.h>
int main()
{
    int arr1[3][3]={{1,2,3},{4,5,6},{7,8,9}};
    int arr2[3][3]={{9,6,3},{8,5,2},{7,4,1}};
    int arr3[3][3]={0},i,j;
    for (i=0; i<=2; i++)
        for (j=0; j<=2; j++)
            arr3[i][j]=arr1[i][j]+arr2[i][j];

    printf("\narr1:\n");
    for (i=0;i<=2;i++) {
        for (j=0; j<=2; j++)
            printf(" %2d ", arr1[i][j]);
        printf("\n");
    }

    printf("\narr2:\n");
    for (i=0; i<=2; i++){
        for (j=0; j<=2; j++)
            printf(" %2d ", arr2[i][j]);
        printf("\n");
    }

    printf("\narr3:\n");
    for (i=0; i<=2; i++){
        for (j=0; j<=2; j++)
            printf(" %2d ", arr3[i][j]);
        printf("\n");
    }
    return 0;
}
```

5.
```
/* prog7-5.c */
#include <stdio.h>
int main()
{
    int size;
    printf("請輸入學生人數:");
    scanf("%d", &size);
    char name[size][10];
    int score[size][3];
    int i, j, total;
    for (i=0; i<size; i++) {
        printf("\n 請輸入第 %d 個學生的姓名:", i+1);
        scanf("%s", name[i]);
        for (j=0; j<3; j++) {
```

```
            printf(" -第 %d 科分數為:", j+1);
            scanf("%d", &score[i][j]);
        }
    }

    printf("\n-------------- (1) --------------\n");
    for (i=0; i<size; i++){
        total = 0;
        printf("第 %d 個學生%s:", i+1, name[i]);
        for (j=0; j<3; j++) {
            total += score[i][j];
        }
        printf(" -分數總和: %3d\n", total);
        printf(" -平均分數: %5.2f\n", total/3.);
    }

    printf("\n-------------- (2) --------------\n");
    for (j=0; j<3; j++) {
        total = 0;
        for (i=0; i<size; i++)
            total += score[i][j];
        printf("第 %d 科總和: %3d\n", j+1, total);
        printf(" -平均分數: %5.2f\n", total/(double)size);
    }

    printf("\n-------------- (3) --------------\n");
    total = 0;
    for (i=0; i<size; i++)
        for(j=0; j<3; j++)
            total += score[i][j];
    printf("總平均分數: %5.2f\n", total/(double)(size*3));
    return 0;
}
```

〔註〕這在 C99 或以後的的 C 編譯器是可以執行的，若你不是使用上述的編譯器，則 name 和 score 變數可能要設定為

```
char name[20][10];
int score[20][3];
```

表示最多有 20 位學生。

6.

```
/* prog7-6.c */
#include <stdio.h>
int main()
{
    // insert code here...
    short int bin[16]={0};
```

```
    int a, q, r, i, k;

    printf("請輸入一整數: ");
    scanf("%d", &a);

    printf("其對應的二進位數值為: ");
    for (i=0; a>=1; i++) {
        q = a / 2;
        r = a % 2;
        bin[i] = r;
        a = q;
    }

    for (k=15; k>=0; k--) {
        printf("%d", bin[k]);
    }
    printf("\n")
    return 0;
}
```

7.

```
/* prog7-7.c */
#include <stdio.h>
int main()
{
    int arr2[3][4];
    int i, j;
    int sumOfCol[4] = {0, 0, 0, 0};

    for (i=0; i<3; i++) {
        for (j=0; j<4; j++) {
            printf("請輸入arr2[%d][%d]的值: ", i, j);
            scanf("%d", &arr2[i][j]);
        }
    }

    printf("\n此二維陣列如下:\n");
    for (i=0; i<3; i++) {
        for (j=0; j<4; j++)
            printf("%3d ", arr2[i][j]);
        printf("\n");
    }

    printf("\n");
    for (j=0; j<4; j++) {
        for (i=0; i<3; i++) {
            sumOfCol[j] += arr2[i][j];
        }
        printf("第 %d 行的和為: %d\n", j+1, sumOfCol[j]);
    }
    return 0;
}
```

輸出結果

```
請輸入 arr2[0][0]的值: 10
請輸入 arr2[0][1]的值: 20
請輸入 arr2[0][2]的值: 30
請輸入 arr2[0][3]的值: 40
請輸入 arr2[1][0]的值: 11
請輸入 arr2[1][1]的值: 21
請輸入 arr2[1][2]的值: 31
請輸入 arr2[1][3]的值: 41
請輸入 arr2[2][0]的值: 12
請輸入 arr2[2][1]的值: 22
請輸入 arr2[2][2]的值: 32
請輸入 arr2[2][3]的值: 42

此二維陣列如下:
 10  20  30  40
 11  21  31  41
 12  22  32  42

第 1 行的和為: 33
第 2 行的和為: 63
第 3 行的和為: 93
第 4 行的和為: 123
```

8.

```
/* prog7-8.c */
#include <stdio.h>
#include <math.h>
double m(int []);
double var(int [], double);

int main()
{
    int num[10] = {12, 8, 9, 21, 34, 25, 28, 11, 42, 27};
    double mean = m(num);
    printf("平均值為: %.2f\n", mean);

    double variance = var(num, mean);
    double standDev = sqrt(variance);

    printf("變異數為: %.2f\n", variance);
    printf("標準差為: %.2f\n", standDev);
    return 0;
}

double m(int num[])
{
```

```
    double total=0, mean;
    int i;
    for (i=0; i<10; i++) {
        total += num[i];
    }
    mean = total / 10;
    return mean;
}

double var(int num[], double mean)
{
    double variance, minusTot=0.0;
    int i;
    for (i=0; i<10; i++) {
        minusTot += pow((num[i] - mean), 2);
    }
    variance = minusTot/(10);
    return variance;
}
```

輸出結果

```
平均值為: 21.70
變異數為: 120.01
標準差為: 10.95
```

9.

```
/* prog7-9.c */
#include <stdio.h>
#include <stdbool.h>
int main()
{
    double arr2[3][3];
    _Bool result = true;
    int i, j;
    double sumOfCol[3] = {0.0, 0.0, 0.0};

    for (i=0; i<3; i++) {
        for (j=0; j<3; j++) {
            printf("請輸入arr2[%d][%d]的值: ", i, j);
            scanf("%lf", &arr2[i][j]);
        }
    }

    printf("\n 此二維陣列如下:\n");
    for (i=0; i<3; i++) {
        for (j=0; j<3; j++)
            printf("%6.3f ", arr2[i][j]);
        printf("\n");
```

```
    }

    printf("\n");
    for (j=0; j<3; j++) {
            for (i=0; i<3; i++) {
                sumOfCol[j] += arr2[i][j];
            }
            printf("第 %d 行的和為: %f\n", j+1, sumOfCol[j]);
            if (sumOfCol[j] != 1) {
                result = false;
        }
    }
    if (result == false) {
        printf("此矩陣不是正的馬可夫矩陣\n");
    }
    else {
        printf("此矩陣是正的馬可夫矩陣\n");
    }
        return 0;
}
```

輸出結果 1

```
請輸入 arr2[0][0]的值: 0.15
請輸入 arr2[0][1]的值: 0.875
請輸入 arr2[0][2]的值: 0.375
請輸入 arr2[1][0]的值: 0.55
請輸入 arr2[1][1]的值: 0.005
請輸入 arr2[1][2]的值: 0.225
請輸入 arr2[2][0]的值: 0.30
請輸入 arr2[2][1]的值: 0.12
請輸入 arr2[2][2]的值: 0.4

此二維陣列如下:
 0.150  0.875  0.375
 0.550  0.005  0.225
 0.300  0.120  0.400

第 1 行的和為: 1.000000
第 2 行的和為: 1.000000
第 3 行的和為: 1.000000
此矩陣是正的馬可夫矩陣
```

輸出結果 2

```
請輸入 arr2[0][0]的值: 0.15
```

```
請輸入 arr2[0][1]的值: 0.875
請輸入 arr2[0][2]的值: 0.375
請輸入 arr2[1][0]的值: 0.45
請輸入 arr2[1][1]的值: 0.005
請輸入 arr2[1][2]的值: 0.215
請輸入 arr2[2][0]的值: 0.30
請輸入 arr2[2][1]的值: 0.12
請輸入 arr2[2][2]的值: 0.4

此二維陣列如下:
 0.150  0.875  0.375
 0.450  0.005  0.215
 0.300  0.120  0.400

第 1 行的和為: 0.900000
第 2 行的和為: 1.000000
第 3 行的和為: 0.990000
此矩陣不是正的馬可夫矩陣
```

10.

```
/* prog7-10.c */
#include <stdio.h>
void isbn13();

int main()
{
    isbn13();
    return 0;
}

void isbn13()
{
    int n[14];
    int i, total=0, checkNum;
    for (i=1; i<=12; i++) {
        printf("請輸入第 %d 個數字: ", i);
        scanf("%d", &n[i]);
        if(i % 2 == 0) {
            total += n[i]*3;
        }
        else {
            total += n[i];
        }
    }
    checkNum = 10 - total  % 10;
    if (checkNum == 10) {
        n[13] = 0;
    }
    else {
```

```
        n[13] = checkNum;
    }

    for (i=1; i<=13; i++) {
        printf("%d", n[i]);
    }
    printf("\n");
}
```

輸出結果

```
請輸入第 1 個數字: 9
請輸入第 2 個數字: 7
請輸入第 3 個數字: 8
請輸入第 4 個數字: 0
請輸入第 5 個數字: 1
請輸入第 6 個數字: 3
請輸入第 7 個數字: 2
請輸入第 8 個數字: 1
請輸入第 9 個數字: 3
請輸入第 10 個數字: 0
請輸入第 11 個數字: 8
請輸入第 12 個數字: 0
9780132130806
```

第八章

8-1

除錯題解答

1.

```
/* bugs8-1-1.c */
#include <stdio.h>
int main()
{
    int i, *pi=&i;
    float f, *pf=&f;
    double d, *pd=&d;
    printf("Please input an integer number: ");
    scanf("%d", &i);
    printf("i=%d, *pi=%d\n", i, *pi);

    printf("Please input a float number: ");
    scanf("%f", &f);
    /* pf 加上* */
    printf("f=%.2f, *pf=%.2f\n", f, *pf);

    printf("Please input a double number: ");
    /* 改為%lf */
    scanf("%lf", &d);
    /* pd 加上* */
    printf("d=%.2f, *pd=%.2f\n",d , *pd);
    return 0;
}
```

2.

```
/* bugs8-1-2.c */
#include <stdio.h>
int main()
{
    double mile, kilometer;
    double *ptr= &mile;

    printf("Please enter mile: ");
    /* 改為%lf */
    scanf("%lf", &mile);
    kilometer = 1.6 * mile;
    printf("%.2f mile = %.2f Kilmeter\n\n", mile, kilometer);
    /* ptr 加上* */
    *ptr = 100;
    kilometer = 1.6 * mile;
    printf("%.2f mile = %.2f Kilmeter\n", mile, kilometer);
    return 0;
}
```

練習題解答

1.
```
#include <stdio.h>
int main()
{
    /* 定義一指向 char 資料型態的指標，並觀察其內容 */
    char ch = 'a';
    char *ptr;         /* ptr 是一個指向 char 的指標 */
    ptr = &ch;         /* ptr 指向 ch 的位址 */

    /* 印出 ch 的位址及內容 */
    printf("num 在記憶體的位址為 %p\n", &ch);
    printf("num 變數值為 %c\n", ch);

    /* 印出 ptr 變數位址 */
    printf("&ptr is %p\n", &ptr);

    /* 印出 ptr 所指向的位址 */
    printf("ptr is %p\n", ptr);

    /* 印出 ptr 所指向位址的內容  */
    printf("*ptr =  %c\n", *ptr);
    return 0;
}
```

2.
```
#include <stdio.h>
int main()
{
    int c, f;
    int *pc=&c, *pf=&f;
    printf("請輸入華氏溫度:");
    scanf("%d", pf);
    *pc = (*pf-32) * 5/9;
    printf("攝氏溫度為:%d\n", *pc);
    return 0;
}
```

8-2

除錯題解答

1.
```
/* bugs8-2-1.c */
#include <stdio.h>
int main()
{
    int num[10] = {10, 20, 30, 40, 50, 60, 70, 80, 90, 100};
```

```
    int *ptr = num;
    int i, total=0;
    for (i=0; i<10; i++)
    /* 將*(ptr+1) 改為 *(ptr+i) */
        total += *(ptr+i);
    printf("Total of array is %d\n", total);
    return 0;
}
```

2.

```
/* bugs8-2-2.c */
#include <stdio.h>
int main()
{
    int num[10] = {10, 20, 30, 40, 50, 60, 70, 80, 90, 100};
    int *ptr = num;
    int i, total=0;
    for (i=0; i<10; i++)
    /* 改為 *(ptr+i) */
        total += *(ptr+i);
    printf("Total of array is %d\n", total);
    return 0;
}
```

3.

```
/* bugs8-2-3.c */
#include <stdio.h>
int main()
{
    int num[10] = {10, 20, 30, 40, 50, 60, 70, 80, 90, 100};
    int *ptr = num;
    int i, total=0;
    /* 移除分號 ; */
    for (i=0; i<10; i++)
        total += *(ptr+i);
    printf("Total of array is %d\n", total);
    return 0;
}
```

4.

```
/* bugs8-2-4.c */
#include <stdio.h>
int main()
{
    int num[10] = {10, 20, 30, 40, 50, 60, 70, 80, 90, 100};
    int *ptr = num;
    /* 將 total 初始為 0 */
    int i, total=0;
    for (i=0; i<10; i++)
        total += *(ptr+i);
```

```
    printf("Total of array is %d\n", total);
    return 0;
}
```

練習題解答

1.
```
#include <stdio.h>
int main()
{
    char *str = "language";
    printf("str[4] = %c\n", str[4]);
    printf("*(str+4) = %c\n", *(str+4));
    return 0;
}
```

2. (a) Information

   (b) ation

   (c) a

   (d) a

8-3

除錯題解答

1.
```
/* bugs8-3-1.c */
#include <stdio.h>
/* 函數型態為 double */
double sum(double, double);
int main()
{
    double total, x, y;
    printf("請輸入兩個浮點數: ");
    /* 改為%lf，x 與 y 改為&x 與&y */
    scanf("%lf %lf", &x, &y);
    total = sum(x, y);
    printf("Total is %.2f\n", total);
    return 0;
}

/* 加入 num2 的型態 double */
double sum(double num1, double num2)
{
    return (num1+num2);
}
```

2.
```
/* bugs8-3-2.c */
#include <stdio.h>
void change(int *, int *);
int main()
{
    int x, y;
    printf("請輸入兩個整數: ");
    /* 更改為&x 與&y */
    scanf("%d %d", &x, &y);
    change(&x, &y);
    printf("After change!!\n");
    printf("x is %d\n", x);
    printf("y is %d\n", y);
    return 0;
}

void change(int *a, int *b)
{
    int temp;
    /* 改為*a */
    temp = *a;
    /* 改為*a = *b; */
    *a = *b;
    /* 改為 *b */
    *b = temp;
}
```

3.
```
/* bugs8-3-3.c */
#include <stdio.h>
void change(int *, int *);
int main()
{
    int x, y;
    printf("請輸入兩個整數: ");
    scanf("%d %d", &x, &y);
    change(&x, &y);
    printf("After change!!\n");
    printf("x is %d\n", x);
    printf("y is %d\n", y);
    return 0;
}

void change(int *a, int *b)
{
    /* 加入 int temp */
    int temp;
```

```
    /* temp = *a; */
    temp = *a;
    /* *a = *b */
    *a = *b;
    /* *b = temp; */
    *b = temp;
}
```

練習題解答

1.
```
#include <stdio.h>
int cube(int);
int main()
{
    int num;
    printf("請輸入一整數: ");
    scanf("%d", &num);
    printf("num 的立方值為: %d \n", cube(num));
    return 0;
}

int cube(int num)
{
    return num * num * num;
}
```

2.
```
#include <stdio.h>
int max(int, int);
int main()
{
    int a, b;
    printf("請輸入二整數: ");
    scanf("%d %d", &a, &b);
    printf("兩數較大者為: %d \n", max(a, b));
    return 0;
}

int max(int a, int b)
{
    return (a>b) ? a : b;
}
```

8-4

除錯題解答

1.

```
/* 計算陣列所有元素的和 */
/* bugs8-4-1.c */
#include <stdio.h>
int sum(int *, int);
int main()
{
    int arr[] = {10, 20, 30, 40, 50, 60};
    int total, n;
    n = sizeof(arr)/sizeof(arr[0]);
    total = sum(arr, n);
    printf("sum of array : %d\n", total);
    return 0;
}

int sum(int *p, int num)
{
    /* total 初始為 0 */
    int i, total=0;
    /* i< num */
    for (i=0; i<num; i++)
        total += *(p+i);
    return total;
}
```

2.

```
/* 計算陣列所有元素的和 */
/* bugs8-4-2.c */
#include <stdio.h>
int sum(int *, int);
int main()
{
    int arr[] = {10, 20, 30, 40, 50, 60};
    int total;
    total = sum(arr, sizeof(arr)/sizeof(arr[0]));
    printf("sum of array : %d\n", total);
    return 0;
}

int sum(int *p, int num)
{
    int i, total=0;
    for (i=0; i<num; i++)
    /* 將 *p+i 更改為 *(p+i) */
        total += *(p+i);
    return total;
}
```

練習題解答

1.
```
#include <stdio.h>
void transpose(int p[][4]);
int main()
{
    int ary2[6][4] = {{1, 2, 3, 4},
                      {5, 6, 7, 8},
                      {9, 10, 11, 12},
                      {13, 14, 15, 16},
                      {17, 18, 19, 20},
                      {21, 22, 23, 24}};
    transpose(ary2,);
    return 0;
}

void transpose(int p[][4])
{
    int arr[4][6];
    int i, j;
    for (i=0; i<6; i++)
        for (j=0; j<4; j++)
            arr[j][i] = p[i][j];

    for (i=0; i<4; i++){
        for (j=0; j<6; j++)
            printf(" %3d", arr[i][j]);
        printf("\n");
    }
}
```

8-5

問題演練解答

1. (a) 100

   (b) 1010

   (c) 1010

   (d) 100

   (e) 2020

   (f) 102

   (g) error，不可以這樣寫。

   (h) 3

2. (a) 1026

   (b) 1034

   (c) 400.4

   (d) 103.1

3. (a) 300

   (b) 100

   (c) 200

   (d) 205

   (e) 205

4. 因為此行敘述無指定運算式，所以++ptr 與 ptr++其之後輸出結果相同的。

   至於 ptr+1 並沒有使 ptr 指標變數改變，因此，之後的輸出會等同於刪除此行的結果。

5. (a) *ptr = 12 , *(ptr+2) = 121

   (b) *ptr = 10023 , *(ptr+2) = 0

6. (b)

7. (a) 可

   (b) 不可

   (c) 不可

   (d) 可

8. (b)(d)

9. 4 4

   5 5

   6 6

8-6

程式實作解答

1.

```
/*prog8-1.c */
#include<stdio.h>
int main()
{
    int arr[20]={1,2,36,4,15,6,7,38,9,10,21,22,21,11,39,41,12,32,15,85};
    int *ptr = arr;
    int total=0, i;
    for (i=0; i<20; i++)
        total += *(ptr+i);
    printf("total = %d, average = %f\n", total,total/20.);
    return 0;
}
```

2.

```
/* prog8-2.c */
#include <stdio.h>
int sum(int *, int);
/* 計算陣列所有元素的和 */
int main()
{
    int arr[100] = {0};
    int total, n, i;

    /* 輸入陣列元素 */
    for (i=0; i<=99;){
        printf("請輸入第 %d 個元素:", i+1);
        scanf("%d", &arr[i]);
        if (arr[i++] == -9999)
            break;
    }

    total = sum(arr, i-1);
    for (n=i-1, i=0; i<n; i++)
        printf("arr[%d]=%d\n", i, arr[i]);
    printf("\n");
    printf("陣列的總和 : %d\n", total);
    return 0;
}

int sum(int *p, int num)
{
    int i, total=0;
    for (i=0; i<num; i++)
        total += *(p+i);
    return total;
}
```

3.
```
/* prog8-3.c */
#include <stdio.h>
int min(int *,int);
int main()
{
    int arr[]={199,42,300,114,51,61,77,48,29,101};
    printf("最小值為: %d\n", min(arr, sizeof(arr)/sizeof(int)));
    return 0;
}

int min(int *arr, int n)
{
    int minimum=arr[0], i;
    for (i=1; i<n; i++)
        if (arr[i] < minimum)
            minimum = arr[i];
    return minimum;
}
```

4.
```
/* prog8-4.c */
#include <stdio.h>
void bubbleSort(int *,int);
void printStar(int);
int main()
{
    int i, j, k, temp, flag, size, star;
    int arr[]={80, 90, 40, 70, 50, 60};
    size = sizeof(arr) / sizeof(int);
    printf("請問要多少個星星:");
    scanf("%d",&star);
    printf(".....Before sorted........\n");
    for (i=0; i<=size-1; i++)
        printf("%d ", arr[i]);
    printStar(star);
    bubbleSort(arr, size);
    printStar(star);
    printf(".....After sorted.......\n");
    for (i=0; i<size; i++)
        printf("%d ", arr[i]);
    printf("\n");
    return 0;
}

void bubbleSort(int *arr, int size)
{
    int i, j, k, temp, flag;
    /**********Bubble sort***************/
```

```
    /* 總共有 size 個資料，所以會有 size-1 次的 pass */
    for (i=0; i<size-1; i++) {
        flag=0; /* 用來判斷是否要再繼續排序 */
        /* 印出第幾次的 pass 的資料 */
        printf("#%2d pass 的資料計有: ", i+1);
        for (k=0; k<size-i; k++)
            printf("%d ", arr[k]);
            printf("\n");

        /* 要比較的資料，第一次 pass 會減 1，第二次 pass 會減 2，第三次 pass 會
           減 3，依此類推。所以迴圈的條件運算式為 j<size-1-i */
        for (j=0; j<size-1-i; j++) {
            /* 當此筆資料大於下一筆資料時，則加以對調 */
            if (arr[j] > arr[j+1]) {
                flag=1;  /* 若有對調，則將 flag 設為 1 */
                temp = arr[j];
                arr[j] = arr[j+1];
                arr[j+1] = temp;
        }
        /* 印出每一次 compare 後的資料 */
        printf("   #%d compare: ", j+1);
        for (k=0; k<size-i; k++)
            printf("%d ", arr[k]);
        printf("\n");
    }

    /* 印出每一次 pass 後的資料 */
    printf("#%d pass 結束時資料順序如下: \n", i+1);
    for (k=0; k<size; k++)
        printf("%d ", arr[k]);
    printf("\n\n");
    /* 當 flag 為 0 時，表示上一回合沒有對調，此表示已排序好了 */
    if (flag == 0)
        break;
    }
    /*************************************/
}

void printStar(int n)
{
    int i;
    printf("\n");
    for (i=1; i<=n; i++)
        printf("*");
    printf("\n");
}
```

5.

```
/* prog8-5.c /
#include <stdio.h>
#include <math.h>
double mean(int *, int);
double variance(int *, int);
double meanValue;

int main()
{
    int data[10], i;
    double varianceValue, standardDeviValue;

    printf("請輸入十個整數: \n");
    for (i=0; i<10; i++) {
        printf("#%d: ", i+1);
        scanf("%d", &data[i]);
    }

    meanValue = mean(data, 10);
    varianceValue = variance(data, 10);
    standardDeviValue = sqrt(varianceValue);

    printf("平均值: %.2f\n", meanValue);
    printf("變異數: %.2f\n", varianceValue);
    printf("標準差: %.2f\n", standardDeviValue);
    return 0;
}

double mean(int *p, int n)
{
    double tot = 0; int i;
    for (i=0; i<n; i++) {
        tot += *(p+i);
    }
    meanValue = tot/n;
    return meanValue;
}

double variance(int *p, int n)
{
    int i;
    double sum = 0;
    for (i=0; i<n; i++) {
        sum += pow((*(p+i) - meanValue), 2);
    }
    return sum/n;
}
```

第九章

9-1

除錯題解答

1.
```
/* bugs9-1-1.c */
#include <stdio.h>
int main()
{
    int a=100;
    /* 於 a 前面加上& */
    int *p = &a;
    /* 於 p 前面加上& */
    int **pp = &p;
    printf("a=%d, *p=%d, and **pp=%d\n", a, *p, **pp);
    return 0;
}
```

2.
```
/* bugs9-1-2.c */
#include <stdio.h>
int main()
{
    double d;
    double *p = &d;
    /* 於 p 前面加上& */
    double **pp = &p;
    printf("請輸入一 double 數: ");
    /* %f 改為%lf，d 改為&d */
    scanf("%lf", &d);
    /* 全部改為%f */
    printf("a=%f, *p=%f, and **pp=%f\n", d, *p, **pp);
    return 0;
}
```

練習題解答

1.
```
#include <stdio.h>
int main()
{
    /* 定義一指標變數 onePointer，指向 int 的變數 ch；
    定義一雙重指標變數 twoPointer，指向指標變數 onePointer */
    char **twoPointer, *onePointer, ch;
    /* 設定 ch、onePointer 及 twoPointer */
    ch = 'c';
    onePointer = &ch;
```

```
    twoPointer = &onePointer;

    /* 印出 ch 的位址及值 */
    printf("&ch: %p \n", &ch);
    printf("ch: %c\n\n", ch);

    /* 印出 onePointer 的位址及其相關資訊*/
    printf("&onePointer: %p \n", &onePointer);
    printf("onePointer: %p \n", onePointer);
    printf("*onePointer: %c\n\n", *onePointer);

    /* 印出 twoPointer 的位址及其相關資訊*/
    printf("&twoPointer: %p \n", &twoPointer);
    printf("twoPointer: %p \n", twoPointer);
    printf("*twoPointer: %p \n", *twoPointer);
    printf("**twoPointer: %c\n\n", **twoPointer);

    /* 印出單一與雙重指標占多少 bytes */
    printf("onePointer 占 %d bytes\n", sizeof(onePointer));
    printf("twoPointer 占 %d bytes\n", sizeof(twoPointer));
    return 0;
}
```

9-2

除錯題解答

1.
```
/* bugs9-2-1.c */
#include <stdio.h>
int main()
{
    char *str[4]={"Department", "of", "Information", "Management"};
    int i;
    printf("str=%p, *str=%p, str[0]=%p\n", str, *str, str[0]);

    /*印出 Department, of, Information, Management 這四個字串 */
    for (i=0; i<4; i++)
        printf("str[%d]=%s\n", i, str[i]);

    /*印出 D, o, I, M 這四個字 */
    for (i=0; i<4; i++)
        /* 改為%c */
        printf("*str[%d]=%c\n", i, *str[i]);

    /*印出 D, o, I, M 這四個字 */
    for (i=0; i<4; i++)
```

```
        /* 改為**(str+i) */
        printf("**(str+%d)=%c\n", i, **(str+i));
    return 0;
}
```

練習題解答

1. (a) Stanford 的元素 S 的位址
   (b) Stanford 的元素 S 的位址
   (c) California 的元素 C 的值
   (d) University 的元素 U 值再加 1 等於 V
   (e) University 的元素 U 的位址
   (f) Stanford 的元素 t 的位址
   (g) University 的元素 U 的值

9-4

問題演練解答

1. (a) marr 為 10 的位址。
   marr[0] 為 10 的位址。
   &marr[0][0] 為 10 的位址。
   (b) 13
   (c) 相同，皆是 10 的位址
   (d) (marr+0)+1 是 13 的位址，*(marr+0)+1 是 11 的位址
   (e) 10
   (f) 18
   (g) marr[2]+1 是 17 的位址，*(marr[2]+1) 為 17

2. (a) printf("%s %s\n",str[0],str[1]);

(b) w

(c) ford

(d) Stanford

(e) University

3. (a) 20

(b) 30

(c) 垃圾值（超出陣列範圍）

(d) b[2]

4. (a) 100

(b) i 的位址

(c) i 的位址

(d) 100

(e) p1 的位址

(f) p1 的位址

(g) i 的位址

(h) 100

(i) p2 的位址

第十章

10-1

除錯題解答

1.

```
/* bugs10-1-1.c */
#include <stdio.h>
int main()
{
    /* 測試 getchar()輸入字元 */
    char ch;
    int i;
    for (i=1; i<=3 ; i++) { /* 使用迴圈要求輸入 3 次字元 */
        printf("#%d 的輸入資料為: ", i);
        ch = getchar();
        printf("#%d 的輸出資料為: %c\n\n", i, ch);
        /* 加入此敘述以清空緩衝區裡剩餘的字元 */
        while (getchar() != '\n')
            continue;
    }
    return 0;
}
```

2.

```
/* bugs10-1-2.c */
#include <stdio.h>
#include <stdlib.h>
int main()
{
    /* 測試 getchar()輸入字元 */
    char ch;
    int i = 1;
    printf("若要結束程式，請輸入'q'\n\n");
    do {
        printf("#%d 的輸入資料為: ", i);
        ch = getchar();
        printf("#%d 的輸出資料為: %c\n\n", i, ch);
        /* 加入此敘述以清空緩衝區裡剩餘的字元 */
        while (getchar() != '\n')
            continue;
        i++;
    } while(ch != 'q');
    return 0;
}
```

練習題解答

1.
```
#include <stdio.h>
int main()
{
    char ch;
    /* 以getchar()輸入測試 */
    printf("getchar-input:");
    ch = getchar();
    puts("output:");
    putchar(ch);
    putchar('\n');

    return 0;
}
```

2. 輸入一個字元時，因為必須按 enter 鍵，所以第一個 putchar 會出現輸入的字元，但第二個 getchar 會取用緩衝區剩餘的字元 '\n'，並用 putchar 印出，第三個 getchar 才能再次輸入。

   輸入多個字元時，每個 getchar 都會直接取用緩衝區剩餘的字元，因此，輸入超過三個字元時，getchar 會直接取用剩餘的，並且用 putchar 印出。

10-2

除錯題解答

1.
```
/* bugs10-2-1.c */
#include <stdio.h>
#include <ctype.h>
int main()
{
    char ch;
    printf("Please enter a character: ");
    ch = getchar();
    if (isalnum(ch))
    /* 改為%c */
        printf("%c 是一英文字母或數字\n", ch);
    else
    /* 改為%c */
        printf("%c 不是一字元為英文字母或數字\n", ch);
    return 0;
}
```

2.
```
/* bugs10-2-2.c */
#include <stdio.h>
#include <ctype.h>
int main()
{
    char ch;
    printf("Please enter a character: ");
    ch = getchar();
    /* 改為 isupper */
    if (isupper(ch))
        printf("%c 是大寫英文字母 \n", ch);
    /* 改為 islower */
    else if (islower(ch))
        printf("%c 是小寫英文字母\n", ch);
    else
        printf("%c 不是英文字母\n", ch);
    return 0;
}
```

練習題解答

1.
```
#include <stdio.h>
#include <ctype.h>
char Toupper(char);
int main()
{
    char ch;
    printf("請輸入英文字母: ");
    ch = getchar();
    printf("\n 大寫為: %c\n", Toupper(ch));
    return 0;
}

char Toupper(char ch)
{
    return (ch>91) ? ch-32 : ch;
}
```

2.
```
#include <stdio.h>
#include <ctype.h>
char Tolower(char);
int main()
{
    char ch;
    printf("請輸入英文字母: ");
    ch = getchar();
    printf("小寫為: %c\n", Tolower(ch));
```

```
    return 0;
}

char Tolower(char ch)
{
    return (ch<91) ? ch+32 : ch;
}
```

10-3

除錯題解答

1.
```
/* bugs10-3-1.c */
#include <stdio.h>
int main()
{
    /* 使用字串方式設定初值 */
    /* 初始化時就必須給定初值 */
    char str[10] = "program";
    printf("Default string is ");
    puts(str);
    return 0;
}
```

2.
```
/* bugs10-3-2.c */
#include <stdio.h>
int main()
{
    /* 使用字元陣列方式設定初值 */
    /* 設陣列為 5，並在後方加入'\0' */
    char str[5] = {'i', 'P', 'o', 'd','\0'};
    printf("此字串為: ");
    puts(str);
    return 0;
}
```

3.
```
/* bugs10-3-3.c */
#include <stdio.h>
int main()
{
    char string[10];
    printf("Please enter a word: ");
    /* 改為 string 的位址 */
    scanf("%s", string);
    printf("This word is %s\n", string);
    return 0;
}
```

4.

```
/* bugs10-3-4.c */
#include <stdio.h>
int main()
{
    /* 將陣列個數設為 9 或不加以設定 */
    char str[9] = "Computer";
    printf("str = %s\n", str);
    return 0;
}
```

練習題解答

1. (a)

```
printf("%s", name[3]);
```

(b)

```
printf("%c%c%c%c", **(name), **(name+1), **(name+2), **(name+3));
```

2.

```
#include <stdio.h>
int Size(char *);
int main()
{
    char name[20];
    printf("請輸入一字串:");
    scanf("%s", name);
    printf("此字串大小為: %d\n", Size(name));
    return 0;
}

int Size(char *str)
{
    int i=0;
    while (str[i++] != '\0')
         ;
    return i-1;
}
```

10-4

除錯題解答

1.

```
/* bugs10-4-1.c */
#include <stdio.h>
int main()
{
    char string1[80], string2[10];
    printf("請輸入第一個字串: ");
    gets(string1);
```

```
    printf("將此字串拷貝到 string2 中\n");
    /* 將兩變數順序調換 */
    strcpy(string2, string1);
    /* 改為%s */
    printf("第二個字串為: %s\n", string2);
    return 0;
}
```

10-6

問題演練解答

1. (a) `The length of Stanford University is 19`

   (b)
   ```
   The string t is IBM PC computer
   The string t is IBM PC computer comp
   ```

   (c)
   ```
   s = computer
   t = computer
   ```

   (d)
   ```
   strcmp(s, t) is 1
   strncmp(s, t, 4) is 0
   ```

   (e)
   ```
   strchr(s, 'a') = 4206593
   strrchr(s, 'a') = 4206597
   ```

   以上的答案是一位址，也許和你產生的答案不一樣。

2.
```
See you at the snack bar
ee you at the snack bar
See you
e you
```

3.
```
y
my
mmy
ummy
Yummy
```

4. `I come not to bury CaesarI come not to bury Caesarto bury Caesar`

5.
```
How are you, sweetie?How are you, sweetie?
Beat the clock.
eat the clock.
Beat the clock. Win a toy.
Beat
```

6.
```
chat
hat
at
t
t
at
How are you, sweetie?
```

10-7

程式實作解答

1.
```
/* prog10-1.c */
#include <stdio.h>
#include <string.h>
int main()
{
    char str1[4][20], str2[80], temp[80]={'\0'};
    int i;
    for (i=0; i<4; i++) {
        printf("請輸入第 %d 個字串: ", i+1);
        gets(str1[i]);
    }
    for (i=0; i<4; i++) {
        strcat(temp, str1[i]);
        strcat(temp, " ");
    }
    strcpy(str2, temp);
    printf("\n%s\n", str2);
    return 0;
}
```

2.
```
/* prog10-2.c */
#include <stdio.h>
int strLen(char *);
void strCat(char [], char *);

int main()
{
    char dest[80] = "Apple ";
    char str[] = "iPhone 6s";
    int n;

    //模擬 strlen() 函數
    n = strLen(str);
```

```
    printf("str 的長度是 %d\n", n);

    //模擬 strCat() 函數
    strCat(dest, str);
    printf("%s\n", dest);
    return 0;
}

int strLen(char *p)
{
    int i=0;
    while (*(p+i) != '\0') {
        i++;
    }
    return i;
}

void strCat(char *final, char *q)
{
    int n;
    n = strLen(final);

    while (*q != '\0') {
        final[n++] = *q;
        q++;
    }
 }
```

3.

```
/* prog10-3.c */
#include <stdio.h>
#include <string.h>
void strcatUser(char [], char []);

int main()
{
     char str1[80] = "Apple ";
     char str2[] = "iPhone XS";
     printf("%s 和 %s 相連後的字串如下： \n", str1, str2);
     strcatUser(str1, str2);
     return 0;
}

void strcatUser(char str1[], char str2[])
{
     int i=0;
     while (str1[i] != '\0') {
         i++;
     }
```

```
    longint len = strlen(str2);
    for (int j=0; j < len; j++) {
        str1[i] = str2[j];
        i++;
    }
    printf("%s\n", str1);
}
```

輸出結果樣本:

```
Apple  和  iPhone XS 相連後的字串如下：
Apple iPhone XS
```

4.

```
/* prog10-4.c */
#include <stdio.h>
#include <string.h>
char *bubbleSort(char []);

int main()
{
    char str1[80], str2[80];
    printf("請輸入一個字串： ");
    scanf("%s", str1);
    printf("請再輸入一個字串： ");
    scanf("%s", str2);
    printf("%s 和  %s  ", str1, str2);

    char *str1Sorted, *str2Sorted;
    str1Sorted = bubbleSort(str1);
    str2Sorted = bubbleSort(str2);

    if (strcmp(str1Sorted, str2Sorted) == 0) {
        printf("是變位詞\n");
    }
    else {
        printf("不是變位詞\n");
    }
    return 0;
}

char *bubbleSort(char str[])
{
    char temp;
    int len = strlen(str);
    int i, j;
    for (i=0; i<len-1; i++) {
        for (j=0; j<len-i-1; j++) {
            if (str[j] > str[j+1]) {
```

```
                    temp = str[j];
                    str[j] = str[j+1];
                    str[j+1] = temp;
                }
            }
        }
        return str;
}
```

輸出結果 1

```
請輸入一個字串：Python
請再輸入一個字串：tyPhon
Python 和  tyPhon  是變位詞
```

輸出結果 2

```
請輸入一個字串：heart
請再輸入一個字串：earth
heart 和  earth  是變位詞
```

判斷是否為變位詞，最簡單的做法是將兩個的字串排序之後，再比較其是否相等即可得知。此程式利用

```
char *bubbleSort(char []);
```

函式將字串加以排序後，利用 strcmp 函式來比較兩個字串是否相等，若相等則為變位詞，否則不是。

5.
```
/* prog10-5.c */
#include <stdio.h>
int main()
{
    char str[80];
    char ch;
    int num[10] = {0};
    printf("請輸入一字串: ");
    scanf("%s", str);
    for (int i=0; str[i] != '\0'; i++) {
        ch = str[i];
        switch (ch) {
            case'0':  num[0]++;
                      break;
```

```
                case'1':  num[1]++;
                          break;
                case'2':  num[2]++;
                          break;
                case'3':  num[3]++;
                          break;
                case'4':  num[4]++;
                          break;
                case'5':  num[5]++;
                          break;
                case'6':  num[6]++;
                          break;
                case'7':  num[7]++;
                          break;
                case'8':  num[8]++;
                          break;
                case'9':  num[9]++;
                          break;
            }
        }
        for (int x=0; x<10; x++) {
            printf("%d 有幾個  %d\n", x, num[x]);
        }
        return 0;
}
```

輸出結果

```
請輸入一字串: 1223345331ABC
0 有幾個  0
1 有幾個  2
2 有幾個  2
3 有幾個  4
4 有幾個  1
5 有幾個  1
6 有幾個  0
7 有幾個  0
8 有幾個  0
9 有幾個  0
```

第十一章

11-1

除錯題解答

1.

```
/* bugs11-1-1.c */
#include <stdio.h>
int main()
{
    struct order {
        char product[20];      /* 產品名稱 */
        double price;          /* 產品單價 */
        int quantity;          /* 產品數量 */
    };

   /* 以設定方式給予初值 */
    struct order num = {"iPod nano", 6700.0, 20};
    double total;
    /* 需取 num1 裡的 price 與 quantity */
    total =num1.price * num.quantity;

    printf("\n<< 訂單列表 >>\n");
    /* 加上 num1. */
    printf("產品名稱: %s\n", num.product);
    /* 加上 num1. */
    printf("價格: %.1f\n", num.price);
    /* 加上 num1. */
    printf("數量: %d\n", num.quantity);
    printf("總共價格: %.1f\n\n", total);
    return 0;
}
```

2.

```
/* bugs11-1-2.c */
#include <stdio.h>
int main()
{
    struct order {
        /* 將*product 改為 product[20] */
        char product[20];      /* 產品名稱 */
        double price;          /* 產品單價 */
        int quantity;          /* 產品數量 */
    };

    struct order num2;
    double total;
```

```
    printf("請輸入產品名稱: ");
    scanf("%s", num2.product);
    printf("請輸入產品價格: ");
    /* 改為%lf */
    scanf("%lf", &num2.price);
    printf("請輸入訂購數量: ");
    scanf("%d", &num2.quantity);
    total =num2.price * num2.quantity;
    /* total 產品總價為產品單價乘以產品數量 */

    printf("\n<< 訂單列表 >>\n");
    printf("產品名稱: %s\n", num2.product);
    printf("價格: %.1f\n", num2.price);
    printf("數量: %d\n", num2.quantity);
    printf("總共價格: %.1f\n", total);
    return 0;
}
```

練習題解答

1.

```
#include <stdio.h>
int main()
{
    /* 宣告結構 square 的型態，以成員運算子" . "存取結構成員 */
    struct square {
        int length;       /* 正方形的一邊長 */
        double area;      /* 正方形的面積 */
    };
    struct square squ;

    printf("請輸入正方形的長: ");
   /* 以 squ.length 存取結構成員 length */
    scanf("%d", &squ.length);
   /* 以 squ.area 存取結構成員 area */
    squ.area = squ.length * squ.length;
    printf("正方形的面積為: %.2f\n", squ.area);
    return 0;
}
```

2.

```
#include <stdio.h>
int main()
{
    struct S {
        char name[20];
        int score;
    };
```

```
    struct S stu;

    printf("請輸入學生姓名: ");
    scanf("%s", stu.name);
    printf("請輸入考試分數: ");
    scanf("%d", &stu.score);

    printf("學生姓名: %s\n",stu.name);
    printf("成績    : %d\n",stu.score);
    return 0;
}
```

11-2

除錯題解答

1.
```
/* bugs11-2-1.c */
#include <stdio.h>
int main()
{
    struct employee {
        char id[7];         /* ID 號碼 */
        char name[20];      /* 員工姓名 */
        int salary;         /* 所得薪資 */
    };

    /* 宣告結構變數，並設定其初值 */
    struct employee general = {"D62128", "Johnson", 39000};

    /* 定義結構指標變數，指向結構變數 general 的位址 */
    struct employee *ptr = &general;

    /* 使用->運算子取得各結構元素 */
    printf("<< employee Data >>\n");
    /* 改為 ptr->id */
    printf("ID number: %s\n", ptr->id);
    /* 改為 ptr->name */
    printf("Employee Name: %s\n", ptr->name);
    /* 改為 ptr->salary */
    printf("Salary: %d\n", ptr->salary);
    return 0;
}
```

2.
```
/* bug11-2-2.c */
#include <stdio.h>
struct work {
    char name[20];      /* 姓名 */
```

```
    int hours;          /* 工作時數 */
    int pay;            /* 時薪 */
    int total_pay;      /* 總工資 */
};
/* 改為 struct work * */
void calculate(struct work *);

int main()
{
    struct work service;  /* 定義結構變數 */
    service.pay = 120;
    printf("請輸入您的姓名: ");
    gets(service.name);
    printf("請輸入工作時數: ");
    scanf("%d", &service.hours);
    /* 加上& */
    calculate(&service); /* 呼叫 calculate()函數,傳送 service 結構位址 */
    printf("您總共的薪資是 $%d\n", service.total_pay);
    return 0;
}

/* 定義 calculate()函數,以結構指標變數接收結構位址 */
/* 改為 struct work *ptr */
void calculate(struct work *ptr)
{
    /* 將.換成-> */
    ptr->total_pay = ptr->hours * ptr->pay;  /* 計算總工資 */
}
```

11-3

除錯題解答

1.

```
/* bugs11-3-1Sol.c */
#include <stdio.h>
struct student {
    int id;
    char name[10];
    double score;
};
struct student classes[10];
int i = 0;

void create();
void list();
int main()
{
```

```
    char option;
    do {
        printf("\n1 => 新增一筆學生資料\n");
        printf("2 => 列印學生資料\n");
        printf("3 => 結束\n");
        printf("請輸入選項: ");
        option = getchar( );  /* 輸入選項 */
        /* 加入以下片段程式 */
        while(getchar() != '\n' )
            continue;

        switch (option) {
            case '1': create();
                      break;
            case '2': list();
                      break;
            case '3': printf("Bye bye!!\n");
                      break;
            default : printf("選項錯誤!!\n");
        }
    } while (option != '3');
    return 0;
}

/* 定義 create()函數 */
void create()
{
    if (i >= 10) {
        printf("陣列滿了\n");
        return;
    }

    printf("\n<< 加入一學生資料 >>\n");
    printf("Student ID: ");
    /* 加入& */
    scanf("%d", &classes[i].id);

    printf("姓名: ");
    scanf("%s", classes[i].name);

    printf("分數: ");
    /* 加入& */
    scanf("%lf", &classes[i].score);

    /* 加入以下片段程式 */
    while (getchar() != '\n' )
        continue;

    i++;
```

```
}

/* 定義 list( )函數 */
void list()
{
    int n;
    printf("\n<< 列印學生資料 >>\n");
    /* 改為 n<i，及 n++; */
    for (n=0; n<i; n++)
    /* 也要印出 name 並且設定版面 */
    printf("%-10d  %-10s  %5.1f\n", classes[n].id,
                classes[n].name, classes[n].score);
}
```

練習題解答

1.
```
#include <stdio.h>
int main()
{
   struct order {
      char product[20];      /* 產品名稱 */
      double price;          /* 產品單價 */
      int quantity;          /* 產品數量 */
   };
   struct order num[5];
   int i;
   double total=0;

   for (i=0; i<5; i++) {
       printf("\n 請輸入產品名稱: ");
       scanf("%s", num[i].product);
       printf("請輸入產品價格: ");
       scanf("%lf", &num[i].price);
       printf("請輸入訂購數量: ");
       scanf("%d", &num[i].quantity);
   }

   /* total 產品總價為產品單價乘以產品數量 */
   printf("\n<< 訂單列表 >>\n");
   for (i=0; i<5; i++) {
       total =num[i].price * num[i].quantity;
       printf("產品名稱: %s\n", num[i].product);
       printf("價格: %.1f\n", num[i].price);
       printf("數量: %d\n", num[i].quantity);
       printf("總共價格: %.1f\n\n", total);
   }
   return 0;
}
```

11-4

除錯題解答

1.
```
/* bugs11-4-1Sol.c */
#include <stdio.h>
#include <stdlib.h>
void insert();
void del();
void list();

struct student {
    int id;                     /* ID 號碼 */
    char name[10];              /* 學生姓名 */
    double score;               /* 學生分數 */
    struct student *next;       /* 指向下一個鏈結 */
};

/* 定義結構指標，head 指向第一個鏈結 */
struct student *head, *ptr;

int main()
{
    char choice;
    /* 配置新空間給 head 節點 */
    head = (struct student *) malloc(sizeof(struct student));
    head->next = NULL;     /* head 指向的節點不存任何資料 */
    do {
        /* 使用選項讓使用者選擇新增、刪除、列印或結束 */
        printf("\n1 => 新增一節點\n");
        printf("2 => 刪除一節點\n");
        printf("3 => 列印串列的所有節點\n");
        printf("4 => 結束\n");
        printf("請選擇一項目: ");
        choice = getchar( );   /* 輸入選項 */
        /* 加入以下片段程式 */
        while (getchar() != '\n')
            continue;          /* 刪除 buffer 不必要的資料 */
        switch (choice) {
            case '1': insert();
                      break;
            case '2': del();
                      break;
            case '3': list();
                      break;
            case '4': printf("Bye bye!!\n");
                      break;
            default : printf("Option error!!\n");
        }
```

```
    } while (choice != '4');   /* 選擇為 4 則跳出迴圈 */
    return 0;
}

/* 定義 insert()，此函數不接受任何參數，且不傳回任何值 */
/* 新增一筆資料於鏈結串列的前端 */
void insert()
{
    /* 以 malloc() 配置記憶體 */
    ptr = (struct student *) malloc(sizeof(struct student));
    printf("\n<< Insert a student data >>\n");
    printf("ID <int>: ");
    /* 加入& */
    scanf("%d", &ptr->id);

    printf("name <string>: ");
    scanf("%s", ptr->name);

    printf("score <double>: ");
    /* 加入& */
    scanf("%lf", &ptr->score);

    /* 加入以下片段程式 */
    while (getchar() != '\n')
        continue;          /* 刪除 buffer 不必要的資料 */

    ptr->next = head->next;
    head->next = ptr;
}

/* 定義 del()，此函數不接受任何參數，且不傳回任何值 */
/* 刪除鏈結串列前端資料 */
void del()
{
    struct student *current;
    /* 需指向 head 的下一個 */
    current = head->next ;
    /* 判斷鏈結串列是不是空的 */
    if (current == NULL)
        printf("The linked list is empty !!!\n");
    else {
        head->next = current->next;  /*利用這一敘述將前端的節點除 */
        printf("\n<< Delete a student data >>\n");
        printf("%-10d %-10s %-10.2f\n", current->id,
                 current->name, current->score);
        free(current);
    }
}

/* 定義 list()，此函數不接受任何參數，且不傳回任何值 */
```

```
/* 列印資料於螢幕 */
void list()
{
    struct student *current;
    /* 需指向 head 的下一個 */
    if (head->next == NULL)
        printf("No data\n");
    else {
        current = head->next;          /* 將 node 指向 head */
        printf("\n<< Listing student data >>\n");
        /* 僅判斷 current */
        while (current != NULL) { /* 列印資料直到 current 為空指標 */
            printf("%-10d %-10s %-10.2f\n", current->id,
                   current->name, current->score);
            current = current->next;
        }
    }
}
```

練習題解答

1.
```
/* practice11-4.c */
#include <stdio.h>
#include <stdlib.h>
void insert();
void del();
void list();
void flushBuffer();

struct student {
    int id;                     /* ID 號碼 */
    char name[10];              /* 學生姓名 */
    double score;               /* 學生分數 */
    struct student *next;       /* 指向下一個鏈結 */
};
/* 定義結構指標，head 指向第一個鏈結 */
struct student *head=NULL, *ptr;

int main()
{
    char choice;
    do {
        /* 使用選項讓使用者選擇新增、刪除、列印或結束 */
        printf("\n1 => 新增一節點\n");
        printf("2 => 刪除一節點\n");
        printf("3 => 列印串列的所有節點\n");
        printf("4 => 結束\n");
        printf("請選擇一項目: ");
```

```
        choice = getchar();   /* 輸入選項 */
        flushBuffer();   //清空記憶體
        switch (choice) {
            case '1': insert();
                      break;
            case '2': del();
                      break;
            case '3': list( );
                      break;
            case '4': printf("Bye bye!!\n");
                      break;
            default : printf("Option error!!\n");
        }
    } while (choice != '4');  /* 選擇為 4 則跳出迴圈 */
    return 0;
}

/* 定義 insert()，此函數不接受任何參數，且不傳回任何值 */
/* 新增一筆資料於鏈結串列的前端 */
void insert()
{
    /* 以 malloc()配置記憶體 */
    ptr = (struct student *) malloc(sizeof(struct student));
    printf("\n<< Insert a student data >>\n");
    printf("ID <int>: ");
    scanf("%d", &ptr->id);
    printf("name <string>: ");
    scanf("%s", ptr->name);
    printf("score <double>: ");
    scanf("%lf", &ptr->score);
    flushBuffer();   //清空記憶體
    if (head == NULL) {
        ptr->next = NULL;
        head = ptr;
    } else {
        ptr->next = head->next;
        head->next = ptr;
    }
 }

/* 定義 del()，此函數不接受任何參數，且不傳回任何值 */
/* 刪除鏈結串列前端資料 */
void del()
{
    struct student *current;
    current = head;

    /* 判斷鏈結串列是不是空的 */
    if (current == NULL)
```

```
        printf("The linked list is empty !!!\n");
    else {
        head = current->next;   /* 將前端的節點刪除 */
        printf("\n<< Delete a student data >>\n");
        printf("%-10d %-10s %-10.2f\n",
                current->id, current->name, current->score);
        free(current);
    }
}

/* 定義 list()，此函數不接受任何參數，且不傳回任何值 */
/* 列印資料於螢幕 */
void list()
{
    struct student *current;
    if (head == NULL)
        printf("No data\n");
    else {
        current = head;          /* 將 current 指向 head */
        printf("\n<< Listing student data >>\n");
        while (current != NULL) { /* 列印資料直到 current 為空指標 */
            printf("%-10d %-10s %-10.2f\n", current->id,
                    current->name, current->score);
            current = current->next;
        }
    }
}

void flushBuffer()
{
    while (getchar() != '\n')
        continue;
}
```

11-5

問題演練解答

1.

```
6 1
22 Spiffo Road
S p
```

2. (a) `willie.born`

(b) `pt->born`

(c) `willie.fname[2],*(pt->fname+2)`

(d) `/* willie */`

```
int i, total=0, flag=0;
for (i=0; i<20 && flag!=1; i++){
    if (willie.lname[i] == '\0')
        flag=1;
    else
        total++;
}
printf("\n 有%d 個字元\n",total);

/* pt */
int i, total=0, flag=0;
for (i=0; i<20 && flag!=1; i++){
    if (pt->lname[i] == '\0')
        flag=1;
    else
        total++;
}
printf("\n 有%d 個字元\n",total);
```

11-6

程式實作解答

1.
```
/* prog11-1.c */
#include <stdio.h>
struct friendBook {
    char name[20];
    char birthday[12];
    char tel[12];
};

int main()
{
    struct friendBook fb[3];
    int i;
    for (i=0; i<3; i++) {
          printf("\n 請輸入第 %d 筆資料: \n", i+1);
          printf("姓名: ");
          scanf("%s", fb[i].name);
          printf("生日(yyyy/mm/dd): ");
          scanf("%s", &fb[i].birthday);
          printf("行動電話: ");
          scanf("%s", &fb[i].tel);
    }

   printf("\n==========\n");
   for (i=0; i<3; i++) {
         printf("\n 第 %d 位好友資料: \n", i+1);
```

```
            printf("%s\n", fb[i].name);
            printf("%s\n", fb[i].birthday);
            printf("%s\n", fb[i].tel);
        }
        return 0;
    }
```

2.

```
/* prog11-2.c */
#include <stdio.h>
#include <stdlib.h>
void insert();
void del();
void list();
void flushBuffer();

struct friendBook {
    char name[20];
    char birthday[12];
    char tel[12];
    struct friendBook *next;
};
/* 定義結構指標，head 指向第一個鏈結 */
struct friendBook *head, *ptr;
int main()
{
    char choice;
    head = (struct friendBook *) malloc(sizeof(struct friendBook));
    head->next = NULL;     /* head 指向的節點不存任何資料 */
    do {
        /* 使用選項讓使用者選擇新增、刪除、列印或結束 */
        printf("\n1 => 新增一節點\n");
        printf("2 => 刪除一節點\n");
        printf("3 => 列印串列的所有節點\n");
        printf("4 => 結束\n");
        printf("請選擇一項目: ");
        choice = getchar();   /* 輸入選項 */
        flushBuffer();            //清空記憶體
        switch (choice) {
            case '1': insert();
                      break;
            case '2': del();
                      break;
            case '3': list();
                      break;
            case '4': printf("Bye bye!!\n");
                      break;
            default : printf("Option error!!\n");
        }
    } while(choice != '4');  /* 選擇為 4 則跳出迴圈 */
```

```
    return 0;
}

/* 定義 insert()，此函數不接受任何參數，且不傳回任何值 */
/* 新增一筆資料於鏈結串列的前端 */
void insert()
{
    /* 以 malloc() 配置記憶體 */
    ptr = (struct friendBook *) malloc(sizeof(struct friendBook));
    printf("\n<< 加入好友資料: >>\n");
    printf("請輸入姓名: ");
    scanf("%s", ptr->name);
    printf("請輸入生日(yyyy/mm/dd): ");
    scanf("%s", ptr->birthday);
    printf("請輸入行動電話: ");
    scanf("%s", ptr->tel);
    while (getchar() != '\n')
        continue;        /* 刪除 buffer 不必要的資料 */

    ptr->next = head->next;
    head->next = ptr;
}

/* 定義 del()，此函數不接受任何參數，且不傳回任何值 */
/* 刪除鏈結串列前端資料 */
void del()
{
    struct friendBook *current;
    current = head->next ;

    /* 判斷鏈結串列是不是空的 */
    if (current == NULL)
        printf("鏈結串列是空的 !!!\n");
    else {
        head->next = current->next;  /* 將前端的節點刪除 */
        printf("\n<< 刪除好友資料 >>\n");
        printf("姓名: %s\n", current->name);
        printf("生日: %s\n", current->birthday);
        printf("電話號碼: %s\n", current->tel);
        free(current);
    }
}

/* 定義 list()，此函數不接受任何參數，且不傳回任何值 */
/* 列印資料於螢幕 */
void list()
{
    struct friendBook *current;
```

```
    int total;
    if (head->next == NULL)
        printf("No data\n");
    else {
        current = head->next;          /* 將 node 指向 head */
        printf("\n<< Listing student data >>\n");
        total=1;

        /* 列印資料直到 current 為空指標 */
        while (current != NULL) {
            printf("\n<--第 %d 筆資料-->\n", total++);
            printf("姓名:%s\n", current->name);
            printf("生日:%s\n", current->birthday);
            printf("行動電話:%s\n", current->tel);
            current = current->next;
        }
    }
}

void flushBuffer()
{
    while (getchar() != '\n') {
        continue;
    }
}
```

3.

```
/prog11-3.c */
#include <stdio.h>
#include <string.h>
struct student {
    int id;
    char name[20];
    char department[20];
    int year;
    char phone[11];
};
int main()
{
    struct student stu[5];  //假設只有五位學生
    int count=0, i, flag;
    char temp[20];
    printf("請輸入五位學生的資料: \n");
    for (i=0; i<5; i++) {
        printf("\n#%d 位學生", i+1);
        printf("\n學號: ");
        scanf("%d", &stu[i].id);
        printf("姓名: ");
        scanf("%s", stu[i].name);
        printf("就讀科系: ");
```

```
            scanf("%s", stu[i].department);
            printf("年級: ");
            scanf("%d", &stu[i].year);
            printf("電話: ");
            scanf("%s", stu[i].phone);
        }
        printf("\n請輸入欲印出學生的主修:");
        scanf("%s", temp);
        for (i=0; i<5; i++) {
            if (strcmp(stu[i].department, temp) == 0) {
                printf("\n學號:%d\n", stu[i].id);
                printf("姓名:%s\n", stu[i].name);
                printf("就讀科系:%s\n", stu[i].department);
                printf("年級:%d\n", stu[i].year);
                printf("電話:%s\n", stu[i].phone);
            }
        }
        return 0;
    }
```

4.

```
/* prog11-4.c */
#include <stdio.h>
#include <stdlib.h>
#include <string.h>
void insert();
void del();
void list();
void flushBuffer();

struct student {
    int id;
    char name[20];
    char department[20];
    int year;
    char phone[11];
    struct student *next;
};
/* 定義結構指標，head指向第一個鏈結 */
struct student *head, *ptr;

int main()
{
    char choice;
    head = (struct student *) malloc(sizeof(struct student));
    head->next = NULL;        /* head指向的節點不存任何資料 */
    do {
        /* 使用選項讓使用者選擇新增、刪除、列印或結束 */
        printf("\n1 => 新增一節點\n");
        printf("2 => 刪除一節點\n");
```

```
        printf("3 => 列印串列的所有節點\n");
        printf("4 => 結束\n");
        printf("請選擇一項目: ");
        choice = getchar();    /* 輸入選項 */
        flushBuffer();         //清空記憶體
        switch (choice) {
            case '1': insert();
                      break;
            case '2': del();
                      break;
            case '3': list();
                      break;
            case '4': printf("Bye bye!!\n");
                      break;
            default : printf("錯誤的選項!!\n");
        }
    } while (choice != '4');   /* 選擇為4則跳出迴圈 */
    return 0;
}

/* 定義insert()，此函數不接受任何參數，且不傳回任何值 */
/* 新增一筆資料於鏈結串列的前端 */
void insert()
{
    /* 以malloc() 配置記憶體 */
    ptr = (struct student *) malloc(sizeof(struct student));
    printf("\n<< 請輸入以下的資料: >>\n");
    printf("\n學號: ");
    scanf("%d", &ptr->id);
    printf("姓名: ");
    scanf("%s", ptr->name);
    printf("就讀科系: ");
    scanf("%s", ptr->department);
    printf("年級: ");
    scanf("%d", &ptr->year);
    printf("電話: ");
    scanf("%s", ptr->phone);
    flushBuffer();     //清空記憶體
    ptr->next = head->next;
    head->next = ptr;
}

/* 定義del()，此函數不接受任何參數，且不傳回任何值 */
/* 刪除鏈結串列前端資料 */
void del()
{
    struct student *current;
    current = head->next ;
```

```
    }

        /* 判斷鏈結串列是不是空的 */
        if (current == NULL)
            printf("串列是空的!!!\n");
        else {
            head->next = current->next;  /* 將前端的節點刪除 */
            printf("\n<< 刪除學生資料 >>\n");
            printf("\n學號:%d\n", current->id);
            printf("姓名:%s\n", current->name);
            printf("科系:%s\n", current->department);
            printf("年級:%d\n", current->year);
            printf("電話:%s\n", current->phone);
            free(current);
        }
}

/* 定義list()，此函數不接受任何參數，且不傳回任何值 */
/* 列印資料於螢幕 */
void list()
{
    struct student *current;
    char temp[20];
    int count;
    if (head->next == NULL)
        printf("串列是空的\n");
    else {
        count = 0;
        current = head->next;        /* 將node指向head */
        printf("\n請輸入欲印出學生的主修:");
        scanf("%s", temp);
        flushBuffer();  //清空記憶體
        printf("\n<< 學生資料如下: >>\n");
        while (current != NULL) { /* 列印資料直到current為空指標 */
            if (strcmp(current->department, temp) == 0) {
                printf("\n學號:%d\n", current->id);
                printf("姓名:%s\n", current->name);
                printf("科系:%s\n", current->department);
                printf("年級:%d\n", current->year);
                printf("電話:%s\n", current->phone);
                count++;
            }
            current = current->next;
        }
        if (count == 0)
            printf("\n沒有符合的資料\n");
    }
}
```

```
void flushBuffer()
{
     while (getchar() != '\n') {
         continue;
}
```

5.

```
/* prog11-5.c */
#include <stdio.h>
#include <stdlib.h>
void insert();
void del();
void list();
void flushBuffer();

struct student {
    int id;                   /* ID號碼 */
    char name[10];            /* 學生姓名 */
    double score;             /* 學生分數 */
    struct student *next;     /* 指向下一個鏈結 */
};
/* 定義結構指標，head指向第一個鏈結 */
struct student *head, *ptr;

int main()
{
    char choice;
    head = (struct student *) malloc(sizeof(struct student));
    head -> next = NULL;     /* head指向的節點不存任何資料 */
    do {
        /* 使用選項讓使用者選擇新增、刪除、列印或結束 */
        printf("\n1 => 新增一節點\n");
        printf("2 => 刪除一節點\n");
        printf("4 => 列印串列的所有節點\n");
        printf("5 => 結束\n");
        printf("請選擇一項目: ");
        choice = getchar();    /* 輸入選項 */
        flushBuffer();          //清空記憶體
        switch (choice) {
            case '1': insert();
                      break;
            case '2': del();
                      break;
            case '4': list();
                      break;
            case '5': printf("Bye bye!!\n");
                      break;
            default : printf("Option error!!\n");
        }
    }  while(choice != '5');   /* 選擇為 5 則跳出迴圈 */
```

```
    return 0;
}

/* 定義insert()，此函數不接受任何參數，且不傳回任何值 */
/* 新增一筆資料於鏈結串列的後端 */
void insert()
{
    struct student *current;
    /* 以malloc()配置記憶體 */
    ptr = (struct student *) malloc(sizeof(struct student));
    printf("\n<< Insert a student data >>\n");
    printf("Student ID <int>: ");
    scanf("%d", &ptr->id);
    printf("Student name <string>: ");
    scanf("%s", ptr->name);
    printf("Student score <double>: ");
    scanf("%lf", &ptr->score);
    flushBuffer();    //清空記憶體
    ptr->next = NULL;
    current=head;
    while (current->next != NULL)
        current=current->next;
    current->next = ptr;
 }

/* 定義del()，此函數不接受任何參數，且不傳回任何值 */
/* 刪除鏈結串列後端資料 */
void del()
{
    struct student *current,*prev;
    prev=head;
    current = head->next ;

    /* 判斷鏈結串列是不是空的 */
    if (current == NULL)
        printf("The linked list is empty !!!\n");
    else {
        while (current->next != NULL) {
            prev = current;
            current = current->next;
        }
        prev->next = NULL;  /* 將後端的節點刪除 */
        printf("\n<< Delete a student data >>\n");
        printf("%-10d %-10s %-10.2f\n",
                current->id, current->name, current->score);
        free(current);
    }
}

/* 定義list()，此函數不接受任何參數，且不傳回任何值 */
```

```
/* 列印資料於螢幕 */
void list()
{
    struct student *current;
    if (head->next == NULL)
        printf("No data\n");
    else {
        current = head->next;        /* 將node指向head */
        printf("\n<< Listing student data >>\n");
        while (current != NULL) {    /* 列印資料直到current為空指標 */
            printf("%-10d %-10s %-10.2f\n", current->id,
                        current->name, current->score);
            current = current->next;
        }
    }
}

void flushBuffer()
{
    while (getchar() != '\n') {
        continue;
    }
}
```

6.

```
/* prog11-6.c */
#include <stdio.h>
#include <stdlib.h>
void insert();
void del();
void list();
void flushBuffer();

struct student {
    int id;                     /* ID號碼 */
    char name[10];              /* 學生姓名 */
    double score;               /* 學生分數 */
    struct student *next;       /* 指向下一個鏈結 */
};

/* 定義結構指標，head指向第一個鏈結 */
struct student *head, *ptr, *current, *prev;
int main()
{
    char choice;
    head = (struct student *) malloc(sizeof(struct student));
    head->next = NULL;     /* head 指向的節點不存任何資料 */
    do {
        /* 使用選項讓使用者選擇新增、刪除、列印或結束 */
        printf("\n1 =>新增一節點\n");
```

```
        printf("2 =>刪除一節點\n");
        printf("4 =>列印串列的所有節點\n");
        printf(" =>結束\n");
        printf("請選擇一項目: ");
        choice = getchar();    /* 輸入選項 */
        flushBuffer();  //清空記憶體
        switch(choice) {
            case '1': insert();
                      break;
            case '2': del();
                      break;
            case '4': list();
                      break;
            case '5': printf("Bye bye!!\n");
                      break;
            default : printf("選項錯誤!!\n");
        }
    } while (choice != '5');  /* 選擇為 5 則跳出迴圈 */
    return 0;
}

/* 定義insert(),此函數不接受任何參數,且不傳回任何值 */
/* 新增一筆資料於鏈結串列,且按分數的高低排列 */
void insert()
{
    /* 以malloc()函數配置記憶體 */
    ptr = (struct student *) malloc(sizeof(struct student));
    printf("\n<< 加入一學生資料 >>\n");
    printf("ID <int>: ");
    scanf("%d", &ptr->id);
    printf("姓名 <string>: ");
    scanf("%s", ptr->name);
    printf("分數 <double>: ");
    scanf("%lf", &ptr->score);
    flushBuffer();  //清空記憶體
    prev = head;
    current = head->next;
    while (current != NULL && (current->score > ptr->score)) {
        prev = current;
        current = current->next;
    }

    ptr->next = current;
    prev->next = ptr;
}

/* 定義del(),此函數不接受任何參數,且不傳回任何值 */
/* 刪除使用者指定的資料 */
void del()
```

```
{
    int deletedId;
    current = head->next ;

    /* 判斷鏈結串列是不是空的 */
    if (current == NULL)
        printf("鏈結串列是空的!!!\n");
    else {
        prev = head;
        current = head->next;
        printf("請輸入欲刪除節點的 id: ");
        scanf("%d", &deletedId);
        flushBuffer();  //清空記憶體
        while (current != NULL && deletedId != current->id) {
            prev = current;
            current = current->next;
        }
        if (current != NULL) {
            printf("\n<< 被刪除學生的資料如下: >>\n");
            printf("%-10d %-10s %-10.2f\n",
                    current->id, current->name, current->score);
            /*利用這一敘述將前端的節點除 */
            prev->next = current->next;
            free(current);
        }
        else {
            printf("欲刪除的節點不存在\n");
        }
    }
}

/* 定義list()，此函數不接受任何參數，且不傳回任何值 */
/* 列印資料於螢幕 */
void list()
{
    if (head->next == NULL)
        printf("目前串列無資料\n");
    else {
        current = head->next;        /* 將node指向head */
        printf("\n<< 目前的串列資料如下: >>\n");
        /* 列印資料直到current為空指標 */
        while(current != NULL) {
            printf("%-10d %-10s %-10.2f\n",
            current->id, current->name, current->score);
            current = current->next;
        }
    }
}
```

```
void flushBuffer()
{
    while (getchar() != '\n')
        continue;
}
```

7.

```
/* prog11-7.c */
#include <stdio.h>
#include <string.h>
#include <stdlib.h>
void insert();
void del();
void modify();
void list();
void flushBuffer();

struct student {
    int id;                 /* ID號碼 */
    char name[10];          /* 學生姓名 */
    double score;           /* 學生分數 */
    struct student *next; /* 指向下一個鏈結 */
};

/* 定義結構指標，head指向第一個鏈結 */
struct student *head, *ptr, *current, *prev;

int main()
{
    char choice;
    head = (struct student *) malloc(sizeof(struct student));
    head -> next = NULL;     /* head指向的節點不存任何資料 */
    do {
        /* 使用選項讓使用者選擇新增、刪除、列印或結束 */
        printf("\n1 =>新增一節點\n");
        printf("2 =>刪除一節點\n");
        printf("3 =>修改一節點\n");
        printf("4 =>列印串列的所有節點\n");
        printf("5 =>結束\n");
        printf("請選擇一項目: ");
        choice = getchar();  /* 輸入選項 */
        flushBuffer();  //清空記憶體
        switch (choice) {
            case '1': insert();
                      break;
            case '2': del();
                      break;
            case '3': modify();
                      break;
            case '4': list();
```

```
                    break;
            case '5': printf("Bye bye!!\n");
                    break;
            default : printf("選項錯誤!!\n");
        }
    } while (choice != '5');  /* 選擇為 5 則，跳出迴圈 */
    return 0;
}

/* 定義insert()，此函數不接受任何參數，且不傳回任何值 */
/* 新增一筆資料於鏈結串列，且按分數的高低排列 */
void insert()
{
    /* 以malloc()函數配置記憶體 */
    ptr = (struct student *) malloc(sizeof(struct student));
    printf("\n<< 加入一學生資料 >>\n");
    printf("ID <int>: ");
    scanf("%d", &ptr->id);
    printf("姓名 <string>: ");
    scanf("%s", ptr->name);
    printf("分數 <double>: ");
    scanf("%lf", &ptr->score);
    flushBuffer();  //清空記憶體
    prev = head;
    current = head->next;
    while (current != NULL && (current->score > ptr->score)) {
        prev = current;
        current = current->next;
    }

    ptr->next = current;
    prev->next = ptr;
}

/* 定義del()，此函數不接受任何參數，且不傳回任何值 */
/* 刪除使用者指定的資料 */
void del()
{
    int deletedId;
    current = head->next ;

     /* 判斷鏈結串列是不是空的 */
    if (current == NULL)
        printf("鏈結串列是空的!!!\n");
    else {
        prev = head;
        current = head->next;
        printf("請輸入欲刪除節點的 id: ");
        scanf("%d", &deletedId);
```

```
        flushBuffer();  //清空記憶體
        while (current != NULL && deletedId != current->id) {
            prev = current;
            current = current->next;
        }
        if (current != NULL) {
            printf("\n<< 被刪除學生的資料如下: >>\n");
            printf("%-10d %-10s %-10.2f\n",
                current->id, current->name, current->score);
            /*利用這一敘述將前端的節點除 */
            prev->next = current->next;
            free(current);
        }
        else {
            printf("欲刪除的節點不存在\n");
        }
    }
}

/* 定義 modify()，此函數不接受任何參數，且不傳回任何值 */
/* 修改使用者指定的節點 */
void modify()
{
    int modifiedId;
    double tempScore;
    current = head->next ;

    /* 判斷鏈結串列是不是空的 */
    if (current == NULL)
        printf("鏈結串列是空的!!!\n");
    else {
        prev = head;
        current = head->next;
        printf("請輸入欲修改節點的 id: ");
        scanf("%d", &modifiedId);
        flushBuffer();  //清空記憶體
        while (current != NULL && modifiedId != current->id) {
            prev = current;
            current = current->next;
        }

        if (current != NULL) {
            printf("\n<< 欲修改節點的資料如下: >>\n");
            printf("%-10d %-10s %-10.2f\n",
                current->id, current->name, current->score);
            //輸入新的分數
            printf("\n請輸入新的分數: ");
            scanf("%lf", &tempScore);
            flushBuffer();
```

```
            //配置一新的節點，並將資料指定給它
            ptr = (struct student *)malloc(sizeof(struct student));
            ptr->id = current->id;
            strcpy(ptr->name, current->name);
            ptr->score = tempScore;

            //將 current節點刪除
            prev->next = current->next;
            free(current);

            //再將節點加入於串列中
            prev = head;
            current = head->next;
            while (current != NULL && current->score > ptr->score) {
                prev = current;
                current = current->next;
            }
            ptr->next = current;
            prev->next = ptr;
        }
        else {
            printf("欲修改的節點不存在\n");
        }
    }
}

/* 定義list()，此函數不接受任何參數，且不傳回任何值 */
/* 列印資料於螢幕 */
void list()
{
    if (head->next == NULL)
        printf("目前串列無資料\n");
    else {
        current = head->next;        /* 將node指向head */
        printf("\n<< 目前的串列資料如下: >>\n");

        while (current != NULL) { /* 列印資料直到current為空指標 */
            printf("%-10d %-10s %-10.2f\n",
                    current->id, current->name, current->score);
            current = current->next;
        }
    }
}

void flushBuffer()
{
    while (getchar() != '\n')
        continue;
}
```

輸出結果

```
1 =>新增一節點
2 =>刪除一節點
4 =>列印串列的所有節點
5 =>結束
請選擇一項目: 1

<< 加入一學生資料 >>
ID <int>: 1001
姓名 <string>: Bright
分數 <double>: 91.3

1 =>新增一節點
2 =>刪除一節點
4 =>列印串列的所有節點
5 =>結束
請選擇一項目: 1

<< 加入一學生資料 >>
ID <int>: 1002
姓名 <string>: Peter
分數 <double>: 78.7

1 =>新增一節點
2 =>刪除一節點
4 =>列印串列的所有節點
5 =>結束
請選擇一項目: 1

<< 加入一學生資料 >>
ID <int>: 1003
姓名 <string>: Linda
分數 <double>: 88.2

1 =>新增一節點
2 =>刪除一節點
4 =>列印串列的所有節點
5 =>結束
請選擇一項目: 4

<< 目前的串列資料如下: >>
1001        Bright      91.30
1003        Linda       88.20
1002        Peter       78.70

1 =>新增一節點
```

```
2 =>刪除一節點
4 =>列印串列的所有節點
5 =>結束
請選擇一項目: 2
請輸入欲刪除節點的 id: 1002

<< 被刪除學生的資料如下: >>
1002        Peter       78.70

1 =>新增一節點
2 =>刪除一節點
4 =>列印串列的所有節點
5 =>結束
請選擇一項目: 4

<< 目前的串列資料如下: >>
1001        Bright      91.30
1003        Linda       88.20

1 =>新增一節點
2 =>刪除一節點
4 =>列印串列的所有節點
5 =>結束
請選擇一項目: 1

<< 加入一學生資料 >>
ID <int>: 1004
姓名 <string>: Jennifer
分數 <double>: 90.7

1 =>新增一節點
2 =>刪除一節點
4 =>列印串列的所有節點
5 =>結束
請選擇一項目: 4

<< 目前的串列資料如下: >>
1001        Bright      91.30
1004        Jennifer    90.70
1003        Linda       88.20

1 =>新增一節點
2 =>刪除一節點
4 =>列印串列的所有節點
5 =>結束
請選擇一項目: 5
Bye bye!!
```

第十二章

12-2

除錯題解答

1.

```
/* bugs12-2-1.c */
#include <stdio.h>
#include <stdlib.h>
int main()
{
    /* 開啟一檔案，將其內容輸出至螢幕 */
    FILE *fptr;  /* 宣告檔案結構指標 */
    char input;

    /* 開啟檔案為讀取型態 */
    /* 加入括號 */
    if ((fptr = fopen("c:\\cfile.dat", "r")) == NULL) {
        puts("cfile.dat 檔案無法開啟!");
        system("PAUSE");
        exit(1);
    }

    /* 呼叫檔案字元輸入函數 fgetc() */
    /* 加入括號 (input = fgetc(fptr)) */
    while ((input = fgetc(fptr)) != EOF)
        putchar(input);
    /* 改為 fptr */
    fclose(fptr);  /* 關閉檔案 */
    return 0;
}
```

2.

```
/* bugs12-2-2.c */
#include <stdio.h>
#include <stdlib.h>
int main()
{
    /* 使用 fgets()讀取檔案中的字串後輸出 */
    FILE *fptr;
    char str[81], filename[20];
    printf("請輸入欲讀取的檔名: ");
    gets(filename);
    if ((fptr = fopen(filename, "r")) == NULL) { /* 開啟檔案 */
        printf("%s 無法開啟!!!\n", filename);
        system("PAUSE");
        exit(1);
```

```
    }
    /* fgets 的參數順序錯誤 */
    while (fgets(str, 81, fptr) != NULL)  /* 使用 fgets()讀取字串 */
        printf("%s", str);  /* 輸出字串 */
    fclose(fptr);           /* 關閉檔案 */
    return 0;
}
```

3.

```
/* bug12-2-3.c */
#include <stdio.h>
#include <stdlib.h>
int main()
{
    /* 計算、輸出學生成績 */
    FILE *fptr;
    char no[10], filename[20];
    int score_c, score_j, total_c = 0, total_j = 0, ctr = 0;
    double avg_c, avg_j;
    printf("請輸入讀取的檔名: ");
    gets(filename);
    if ((fptr = fopen(filename, "r")) == NULL) { /* 開啟檔案 */
        printf("%s 無法開啟!!!", filename);
        system("PAUSE");
        exit(1);
    }
    puts("==================");
    puts("ID      C  JAVA");
    puts("==================");

    /* 使用 fscanf()讀取檔案資料，EOF 判斷檔案是否結束 */
    /* fptr 的參數位置錯誤 */
    /* score_c, score_j 需在前面加上& */
    while (fscanf(fptr, "%s %d %d", no, &score_c, &score_j) != EOF) {
        printf("%-6s %3d %3d\n", no, score_c, score_j);
        total_c += score_c;
        total_j += score_j;
        ctr++;
    }
    puts("==================");
    /* 計算平均值，使用(double)轉型使計算結果為 double 型態 */
    avg_c = (double) total_c / ctr;
    avg_j = (double) total_j / ctr;
    printf("C 語言的平均分數是: %.1f\n", avg_c);
    printf("JAVA 語言的平均分數是: %.1f\n", avg_j);
    fclose(fptr);  /* 關閉檔案 */
    return 0;
}
```

4.
```
/* bugs12-2-4.c */
#include <stdio.h>
#include <stdlib.h>
int main()
{
    /* 利用 fread()讀取檔案中的結構陣列 */
    struct test {  /* 宣告 test 結構型態 */
        char name[10];
        int c_score;
    };
    struct test student[3];  /* 定義 test 結構陣列 */
    FILE *fptr;
    int i;
    /* 更改為 c:\\dfile2.dat */
    if ((fptr = fopen("dfile2.dat", "r")) == NULL) { /* 開啟檔案 */
        puts("dfile2.dat 無法開啟!!!");
        system("PAUSE");
        exit(1);
    }
    /* fptr 檔案指標的參數位置錯誤 */
    fread(student, sizeof(struct test), 3, fptr); /* 從檔案中讀取資料 */
    printf("學生的分數如下:\n");
    printf("----------------\n");
    /* 改為 i < 3 */
    for (i=0; i<3; i++)  /* 輸出讀取結果 */
        printf("%-10s %5d\n", student[i].name, student[i].c_score);
    fclose(fptr);  /* 關閉檔案 */
    return 0;
}
```

練習題解答

1.
```
#include <stdio.h>
#include <string.h>
int main()
{
    FILE *fptr;
    char ch;

    if ((fptr = fopen("cfile.dat", "w")) == NULL) {
        puts("cfile.dat 檔案無法開啟!");
        exit(1);
    }
    puts("請輸入一段文字:");
    while ((ch = getchar()) != '\n')
```

```
        fputc(ch, fptr);
    fclose(fptr);

    printf("\nopen file...\n\n");

    if ((fptr = fopen("cfile.dat", "r")) == NULL) {
        puts("cfile.dat 檔案無法開啟!");
        system("PAUSE");
        exit(1);
    }
    while ((ch = fgetc(fptr)) != EOF)
        putchar(ch);
    putchar('\n');

    fclose(fptr);
    return 0;
}
```

2.

```
#include <stdio.h>
#include <string.h>
int main()
{
    FILE *fptr;
    char input[81],ch;

    if ((fptr = fopen("cfile.dat", "w")) == NULL) {
        puts("cfile.dat 檔案無法開啟!");
        exit(1);
    }
    puts("請輸入一段文字:");
    gets(input);
    fputs(input,fptr);
    fclose(fptr);

    printf("\nopen file...\n\n");

    if ((fptr = fopen("cfile.dat", "r")) == NULL) {
        puts("cfile.dat 檔案無法開啟!");
        exit(1);
    }
    fgets(input, 81, fptr);
    puts(input);
    putchar('\n');
    fclose(fptr);
    return 0;
}
```

3.
```
#include <stdio.h>
#include <stdlib.h>
#include <conio.h>
#include <ctype.h>
int main()
{
    /* 將使用者輸入的資料儲存至檔案中 */
    FILE *fptr;
    char no1[10], no2[10];
    int c1, c2, java1, java2;
    double average1,average2;
    fptr = fopen("out.dat", "w");  /* 開啟檔案 */
    /* 輸入各項資料 */
    printf("輸入學號: ");
    scanf("%s", no1);
    printf("輸入 C 語言的成績: ");
    scanf("%d", &c1);
    printf("輸入 JAVA 語言的成績:");
    scanf("%d", &java1);
    average1 = c1 * 0.6 + java1 * 0.4;
    /* 利用 fprintf( )將資料寫入指定的檔案中 */
    fprintf(fptr, "%s %d %d %f\n", no1, c1, java1, average1);
    fclose(fptr);  /* 關閉檔案 */

    printf("\nopen file...\n\n");

    fptr = fopen("out.dat", "r");  /* 開啟檔案 */
    fscanf(fptr,"%s %d %d %lf", no2, &c2, &java2, &average2);
    printf("學號: %s\n",no2);
    printf("C 語言的成績: %d\n", c2);
    printf("JAVA 語言的成績: %d\n", java2);
    printf("總平均: %f\n", average2);
    fclose(fptr);  /* 關閉檔案 */
    return 0;
}
```

4.
```
#include <stdio.h>
#include <stdlib.h>

int main()
{
    FILE *fptr;
    struct Friend {
        char name[10];
        char birth[11];
        char phone[11];
    };
```

```
    /* 定義結構陣列 */
    struct Friend fri[3], fri_r[3];
    int i;
    for (i=0; i<3; i++) {
        printf("\n 好朋友姓名: ");
        scanf("%s", fri[i].name);
        printf("好朋友出生年月日(yyyy/mm/dd):");
        scanf("%s", &fri[i].birth);
        printf("好朋友電話號碼:");
        scanf("%s", fri[i].phone);
    }
    fptr = fopen("friend.dat", "wb");
    fwrite(fri, sizeof(struct Friend), 3, fptr);
    fclose(fptr);          /* 關閉檔案 */

    printf("\n 讀取資料...\n\n");
    fptr = fopen("friend.dat", "rb");
    for (i=0; i<3; i++) {
        fread(fri_r, sizeof(struct Friend), 1, fptr);
        printf("好朋友姓名:%s\n", fri[i].name);
        printf("好朋友出生年月日:%s\n", fri[i].birth);
        printf("好朋友電話號碼:%s\n\n", fri[i].phone);
    }
    fclose(fptr);          /* 關閉檔案 */
    return 0;
}
```

12-3

除錯題解答

1.
```
/* bugs12-3-1.c */
#include <stdio.h>
#include <stdlib.h>
int main()
{
    FILE *fptr;
    int ctr = 0;
    char ch;
    if ((fptr = fopen("text.dat", "rb")) == NULL)  {
       puts("File text.dat not found!");
       exit(1);
    }
    /* 加上括號  (ch=fgetc(fptr)) */
    while ((ch=fgetc(fptr)) != EOF) {
         printf("%c", ch);
         ctr++;
    }
```

```
    printf("以二進位讀取上述資料，共有 %d bytes\n", ctr);
    fclose(fptr);
    return 0;
}
```

12-4

除錯題解答

1.
```
/* bugs12-4-1c */
#include <stdio.h>
#include <stdlib.h>
int main()
{
    /* 隨機讀取檔案中的記錄 */
    /* 定義 student 結構 */
    struct test {
        char name[10];
        int c_score;
    };
    struct test student;
    FILE *fptr;
    int record, count=0;
    long offset;

    if ((fptr = fopen("dfile2.dat", "rb")) == NULL) { /* 開啟檔案 */
        puts("dfile2.dat 無法開啟!!!");
        exit(1);
    }

    while (fread(&student, sizeof(struct test), 1, fptr) == 1)
        count++;
    printf("dfile2.dat 共有 %d 筆資料\n", count);
    for ( ; ; ) { /* 無窮迴圈 */
        printf("請問您要找尋哪一筆資料(0 表示結束): ");
        scanf("%d", &record);  /* 輸入查看哪一筆資料 */
        if (record == 0)         /* 輸入為 0 會跳出迴圈 */
            break;
        offset = (record - 1) * sizeof(struct test);  /* 計算 offset */
        /* 新增 || record > count */
        if (fseek(fptr, offset, 0) != 0 || record > count ) /* 位移檔案指標 */
        {
           puts("無此筆資料!");
           continue;
        }
```

```
        fread(&student, sizeof(struct test), 1, fptr);  /* 讀取資料 */
        /* 輸出資料 */
        printf("\n");
        printf("姓名: %s\n", student.name);
        printf("C 語言分數: %d\n", student.c_score);
    }
    fclose(fptr);  /* 關閉檔案 */
    return 0;
}
```

練習題解答

1.

```
#include <stdio.h>
#include <stdlib.h>
int main()
{
    struct Friend {
        char name[10];
        char birth[11];
        char phone[11];
    };

    struct Friend friend;  /* 定義test結構陣列 */
    int count=0,record=0,i,offset;
    FILE *fptr;
    if ((fptr = fopen("friend.dat", "r")) == NULL) { /* 開啟檔案 */
        puts("friend.dat 無法開啟!!!");
        exit(1);
    }
    while (fread(&friend, sizeof(struct Friend), 1, fptr) == 1)
        count++;
    for (; record<count; record+=2) {
        offset = record * sizeof(struct Friend);  /* 計算offset */
        fseek(fptr, offset, 0);
        fread(&friend, sizeof(struct Friend), 1, fptr); /* 讀取資料 */
        /* 輸出資料 */
        printf("\n");
        printf("姓名: %s\n", friend.name);
        printf("出生年月日:%s\n", friend.birth);
        printf("電話號碼:%s\n\n", friend.phone);
    }
    fclose(fptr);  /* 關閉檔案 */
    return 0;
}
```

12-6

問題演練解答

1.
```
#include <stdio.h>
#include <stdlib.h>
int main()
{
    /* 改為檔案型態 FILE */
    FILE *fp;
    int k;
    /* 加入讀取模式 "w" */
    fp = fopen("jello", "w");
    for (k=0; k<30; k++)
    /* 修改 fp 參數位置 */
       fputs("Nanette eats jello.", fp);
    /* 改為 fp */
    fclose(fp);
    return 0;
}
```

2. (a) fp1

   (b) fp2, ch

   (c) ch, fp2

   (d) fp1

12-7

程式實作解答

1.
```
/* prog12-1.c */
#include <stdio.h>
#include <stdlib.h>
int main()
{
    FILE *fptr;
    char name[10];
    int soldnum, soldcash;
    double total;
    fptr = fopen("salary.dat", "r");
    while ((fscanf(fptr,"%s %d %d", name, &soldnum, &soldcash)) != EOF){
        total = 250 + 15*soldnum + soldcash/20.;
        printf("\n 人名：%s\n", name);
        printf("售出車輛數:%d\n", soldnum);
```

```
        printf("售出金額:%d\n", soldcash);
        printf("總薪資:%f\n", total);
    }
    fclose(fptr);
    return 0;
}
```

2.

```
/* prog12-2.c */
#include <stdio.h>
int main()
{
    FILE *fptr;
    char id[10];
    double rate, wage, tax, net, hours;
    fptr = fopen("wage.dat","r");
    while ((fscanf(fptr, "%s %lf %lf", id, &rate, &hours)) != EOF) {
        hours = (hours>40) ? 1.5*hours : hours;
        wage = rate * hours;
        tax = 0.03625 * wage;
        net = wage - tax;
        printf("\nID:%s\n",id);
        printf("Wage:%f\n",wage);
        printf("Tax :%f\n",tax);
        printf("Net :%f\n",net);
    }
    fclose(fptr);
    return 0;
}
```

3.

```
/* 原始檔案 answer.dat (第一列為正確解答)
1 2 3 4 4 3 2 1
1 2 3 4 4 2 2 1
1 2 4 4 4 4 2 1
1 2 4 3 4 4 2 1
1 2 4 4 4 4 2 1
1 2 2 4 4 4 2 1
1 2 4 4 4 1 2 1
1 2 3 1 4 4 2 1
1 2 4 2 4 4 2 1
1 2 2 4 4 4 2 1
3 2 1 4 1 4 2 3
*/

/* prog12-3.c */
#include <stdio.h>
#include <stdlib.h>
#include <conio.h>
int main()
{
    FILE *fptr;
```

```
    char ch, std[8], answer[8];
    char stu[100];
    int qnum=0, index=0, count, stu_i, top=0;
    fptr = fopen("answer.dat", "r");
    while ((ch = fgetc(fptr)) != '\n') {
        if (ch != 32) { /* 檢查是否為空白 */
            std[index++] = ch;
            qnum++; /* 設定標準答案的題數 */
        }
    }
    stu_i = 0; /* 初始答題學生人數 */
    while ((ch = fgetc(fptr)) != EOF) {
        index=0;
        count=0;
        while (index <= qnum-1){
            if (ch != 32) /* 檢查是否為空白 */
                if (std[index++] == ch) /* 檢查是否為答對 */
                    count++;
            ch = fgetc(fptr);
        }
        stu[stu_i++] = count; /* 記錄學生答對題數 */
        if (count > top)      /* 記錄最高答對題數 */
            top=count;
    }
    index = 0;
    printf("總題數為: %d 題\n\n", qnum);
    while (index<stu_i) {
        printf("第 %2d 位同學答對 %d 題，", index+1, stu[index]);
        switch (top-stu[index++]) {
            case 0:
            case 1:printf("得: A\n");
                   break;
            case 2:
            case 3:printf("得: C\n");
                   break;
            default :printf("得: F\n");
        }
    }
    fclose(fptr);
    return 0;
}
```

4.

```
/* 定義 query()，此函數不接受任何參數，且不傳回任何值 */
/* 此函數的功能是查詢某一節點，將此筆資料顯示於螢幕 */
void query()
{
    struct student *current;
    char nameQuery[10];
```

```
    printf("\n 請輸入欲查詢資料的姓名: ");
    scanf("%s", nameQuery);
    flushBuffer();
    /* 刪除 buffer 中不必要的資料 */
    /* 否則上次輸入的字串中會有殘餘值 \n，它將在下次輸入一字元時被讀取 */
    while (getchar()!= '\n')
        continue;

    if (head->next == NULL)
        printf("目前串列無資料\n\n");
    else {
        current = head->next;      /* 將 current 指向 head 的下一個 */
        printf("\n<< 目前查詢資料如下: >>\n");

        /* 列印資料直到 current 為空指標 */
         while(current != NULL && strcmp(current->name, nameQuery) != 0{
            current = current->next;
        }
        if (current == NULL) {
            printf("查無此資料\n\n");
        }
        else {
            printf("%s 的分數為 %.2f\n", current->name, current->score);
        }
    }
}
```

記得還要加上函數的原型，並在選單加上查詢的選項。

5.

```
/* prog12-5.c */
#include <stdio.h>
#include <stdlib.h>

int main()
{
    FILE *fptr;
    char ch;
    long offset=0;

    fptr = fopen("test.dat", "r+");
    printf("請輸入一行字元: ");
    while ((ch = getchar())!= '\n')
        fputc(ch, fptr);

    fseek(fptr, offset, 0);
    //rewind(fptr);
    printf("test.dat 的內容如下: ");
```

```
    while ((ch = fgetc(fptr))!= EOF)
        putchar(ch);
    return 0;
}
```

6.

```
/* prog12-6.c */
#include <stdio.h>
#include <stdlib.h>
#include <string.h>

void insert();
void del();
void modify();
void list();
void saveToFile();
void flushBuffer();

struct student {
    int id;                  /* ID 號碼 */
    char name[10];           /* 學生姓名 */
    double score;            /* 學生分數 */
    struct student *next;    /* 指向下一個鏈結 */
};

/* 定義結構指標，head 指向第一個鏈結 */
struct student *head, *ptr, *current, *prev;

int main()
{
    char choice;
    struct student data, *temp, *trackNode;

    head = (struct student *) malloc(sizeof(struct student));
    head->next = NULL;    /* head 指向的節點不存任何資料 */

    //從開啟的檔案讀取串列的資料
    FILE *fptr;
    if ((fptr = fopen("prog12-6.dat", "rb")) == NULL) {
        printf("無法開啟檔案\n");
    }
    else {
        printf("\n<<讀取目前鏈結串列的資料: >>\n\n");
        //讀取資料，並配置記憶體加以儲存，重複此動作直到檔案結束
        //先印標頭，再印讀取的資料
        printf("%-5s %-10s %-10s\n", "ID", "Name", "Score");
        printf("%-5s %-10s %-10s\n", "==", "====", "=====");
        while ((fread(&data, sizeof(struct student), 1, fptr))) {
            temp = (struct student *) malloc(sizeof(struct student));
            temp->id = data.id;
```

```
            strcpy(temp->name, data.name);
            temp->score = data.score;
            temp->next = NULL;
            trackNode = head->next;
            printf("%-5d %-10s %-10.2f\n", temp->id,
                    temp->name, temp->score);

            //資料加入於尾端，建立一鏈結串列
            //若串列是空的，則指定 temp 為串列的第一個節點
            if (trackNode == NULL) {
                head->next = temp;
            }
            else {
                while (trackNode->next != NULL) {
                    trackNode = trackNode->next;
                }
                trackNode->next = temp;
            }

        }
        //關閉檔案
        fclose(fptr);
    }

    do {
        /* 使用選項讓使用者選擇新增、刪除、列印或結束 */
        printf("\n1 =>新增一節點\n");
        printf("2 =>刪除一節點\n");
        printf("3 =>修改一節點\n");
        printf("4 =>列印串列的所有節點\n");
        printf("5 =>結束\n");
        printf("請選擇一項目: ");
        choice = getchar();  /* 輸入選項 */
        flushBuffer();
        puts("");            /* 跳行 */
        switch (choice) {
            case '1': insert();
                    break;
            case '2': del();
                    break;
            case '3': modify();
                    break;
            case '4': list();
                    break;
            case '5': saveToFile();
                    printf("Bye bye!!\n");
                    break;
            default : printf("選項錯誤!!\n");
        }
    } while(choice != '5');  /* 選擇為 5 則跳出迴圈 */
```

```
    return 0;
}

/* 定義 insert()，此函數不接受任何參數，且不傳回任何值 */
/* 新增一筆資料於鏈結串列，且按分數的高低排列 */
void insert()
{
    /* 以 malloc()函數配置記憶體 */
    ptr = (struct student *) malloc(sizeof(struct student));

    printf("\n<< 加入一學生資料 >>\n");
    printf("ID <int> : ");
    scanf("%d", &ptr->id);

    printf("姓名 <string> : ");
    scanf("%s", ptr->name);

    printf("分數 <double> : ");
    scanf("%lf", &ptr->score);
    flushBuffer();
    prev = head;
    current = head->next;
    while (current != NULL && (current->score > ptr->score)) {
        prev = current;
        current = current->next;
    }

    ptr->next = current;
    prev->next = ptr;
}

/* 定義 del()，此函數不接受任何參數，且不傳回任何值 */
/* 刪除使用者指定的資料 */
void del()
{
    int deletedId;
    current = head->next ;

    /* 判斷鏈結串列是不是空的 */
    if (current == NULL)
        printf("鏈結串列是空的 !!!\n");
    else {
        prev = head;
        current = head->next;
        printf("請輸入欲刪除節點的 id: ");
        scanf("%d", &deletedId);
        flushBuffer();
        while (current != NULL && deletedId != current->id) {
            prev = current;
            current = current->next;
```

```
        }
        if (current != NULL) {
            printf("\n<< 被刪除學生的資料如下: >>\n");
            printf("%-10d %-10s %-10.2f\n",
                   current->id, current->name, current->score);
            prev->next = current->next;  /*利用這一敘述將前端的節點除 */
            free(current);
        }
        else {
            printf("欲刪除的節點不存在\n");
        }
    }
}
/* 定義 modify()，此函數不接受任何參數，且不傳回任何值 */
/* 修改使用者指定的節點 */
void modify()
{
    int modifiedId;
    double tempScore;
    current = head->next ;

    /* 判斷鏈結串列是不是空的 */
    if (current == NULL)
        printf("鏈結串列是空的 !!!\n");
    else {
         prev = head;
         current = head->next;
         printf("請輸入欲修改節點的 id: ");
         scanf("%d", &modifiedId);
         flushBuffer();
         while (current != NULL && modifiedId != current->id) {
             prev = current;
             current = current->next;
         }
         if (current != NULL) {
             printf("\n<< 欲修改節點的資料如下: >>\n");
             printf("%-10d %-10s %-10.2f\n",
                    current->id, current->name, current->score);
             //輸入新的分數
             printf("請輸入新的分數: ");
             scanf("%lf", &tempScore);
             flushBuffer();
             //配置一新的節點，並將資料指定給它
             ptr = (struct student *)malloc(sizeof(struct student));
             ptr->id = current->id;
             strcpy(ptr->name, current->name);
             ptr->score = tempScore;

             //將 current 節點刪除
             prev->next = current->next;
```

```
                free(current);

                //再將節點加入於串列中
                prev = head;
                current = head->next;
                while (current != NULL && current->score >
                                   ptr->score) {
                    prev = current;
                    current = current->next;
                }
                ptr->next = current;
                prev->next = ptr;
            }
            else
                printf("欲修改的節點不存在\n");
        }
}

/* 定義 list()，此函數不接受任何參數，且不傳回任何值 */
/* 列印資料於螢幕 */
void list()
{
    if (head->next == NULL)
        printf("目前串列無資料\n");
    else {
        current = head->next;         /* 將 node 指向 head */
        printf("\n<< 目前的串列資料如下: >>\n");

        while (current != NULL) { /* 列印資料直到 current 為空指標 */
            printf("%-10d %-10s %-10.2f\n",
                    current->id, current->name, current->score);
            current = current->next;
        }
    }
}

/* 定義 saveToFile()，此函數不接受任何參數，且不傳回任何值 */
/* 將資料於儲存於檔案 */
void saveToFile()
{
    FILE *fptr;
    if ((fptr = fopen("prog12-6.dat", "wb")) == NULL) {
        printf("無法開啟檔案\n");
        exit(1);
    }
    if (head->next == NULL) {
        printf("沒有資料可儲存\n");
        return;
    }
```

```
    current = head->next; //將 current 指向 head 的下一節點
    printf("\n<< 儲存資料於檔案 >>\n");
    //將資料儲存於檔案
    while (current != NULL) {
        fwrite(current, sizeof(struct student), 1, fptr);
        current = current->next;
    }
    fclose(fptr);
    printf("關閉檔案\n");
}

void flushBuffer()
{
    while (getchar() != '\n') {
        continue;
    }
}
```

輸出結果 1

```
無法開啟檔案

1 =>新增一節點
2 =>刪除一節點
3 =>修改一節點
4 =>列印串列的所有節點
5 =>結束
請選擇一項目: 1

<< 加入一學生資料 >>
ID <int> : 1001
姓名 <string> : Bright
分數 <double> : 92

1 =>新增一節點
2 =>刪除一節點
3 =>修改一節點
4 =>列印串列的所有節點
5 =>結束
請選擇一項目: 1

<< 加入一學生資料 >>
ID <int> : 1002
姓名 <string> : Amy
分數 <double> : 86

1 =>新增一節點
2 =>刪除一節點
```

```
3 =>修改一節點
4 =>列印串列的所有節點
5 =>結束
請選擇一項目: 1

<< 加入一學生資料 >>
ID <int> : 1003
姓名 <string> : Peter
分數 <double> : 82

1 =>新增一節點
2 =>刪除一節點
3 =>修改一節點
4 =>列印串列的所有節點
5 =>結束
請選擇一項目: 4
<< 目前的串列資料如下: >>
1001        Bright      92.00
1002        Amy         86.00
1003        Peter       82.00

1 =>新增一節點
2 =>刪除一節點
3 =>修改一節點
4 =>列印串列的所有節點
5 =>結束
請選擇一項目: 2
請輸入欲刪除節點的 id: 1003

<< 被刪除學生的資料如下: >>
1003        Peter       82.00

1 =>新增一節點
2 =>刪除一節點
3 =>修改一節點
4 =>列印串列的所有節點
5 =>結束
請選擇一項目: 4

<< 目前的串列資料如下: >>
1001        Bright      92.00
1002        Amy         86.00

1 =>新增一節點
2 =>刪除一節點
3 =>修改一節點
```

```
4 =>列印串列的所有節點
5 =>結束
請選擇一項目: 1

<< 加入一學生資料 >>
ID <int> : 1003
姓名 <string> : Jennifer
分數 <double> : 90

1 =>新增一節點
2 =>刪除一節點
3 =>修改一節點
4 =>列印串列的所有節點
5 =>結束
請選擇一項目: 3
請輸入欲修改節點的 id: 1002

<< 欲修改節點的資料如下: >>
1002        Amy         86.00
請輸入新的分數: 88

1 =>新增一節點
2 =>刪除一節點
3 =>修改一節點
4 =>列印串列的所有節點
5 =>結束
請選擇一項目: 4

<< 目前的串列資料如下: >>
1001        Bright        92.00
1003        Jennifer      90.00
1002        Amy           88.00

1 =>新增一節點
2 =>刪除一節點
3 =>修改一節點
4 =>列印串列的所有節點
5 =>結束
請選擇一項目: 5
```

輸出結果 2

```
<<讀取目前鏈結串列的資料: >>

ID    Name        Score
==    ====        =====
```

```
1001  Bright     92.00
1003  Jennifer   90.00
1002  Amy        88.00

1 =>新增一節點
2 =>刪除一節點
3 =>修改一節點
4 =>列印串列的所有節點
5 =>結束
請選擇一項目: 1

<< 加入一學生資料 >>
ID <int> : 1005
姓名 <string> : Peter
分數 <double> : 88.3

1 =>新增一節點
2 =>刪除一節點
3 =>修改一節點
4 =>列印串列的所有節點
5 =>結束
請選擇一項目: 4

<< 目前的串列資料如下: >>
1001        Bright     92.00
1003        Jennifer   90.00
1005        Peter      88.30
1002        Amy        88.00

1 =>新增一節點
2 =>刪除一節點
3 =>修改一節點
4 =>列印串列的所有節點
5 =>結束
請選擇一項目: 2
請輸入欲刪除節點的 id: 1005

<< 被刪除學生的資料如下: >>
1005        Peter      88.30

1 =>新增一節點
2 =>刪除一節點
3 =>修改一節點
4 =>列印串列的所有節點
5 =>結束
請選擇一項目: 4
```

```
<< 目前的串列資料如下： >>
1001        Bright      92.00
1003        Jennifer    90.00
1002        Amy         88.00

1 =>新增一節點
2 =>刪除一節點
3 =>修改一節點
4 =>列印串列的所有節點
5 =>結束
請選擇一項目： 1

<< 加入一學生資料 >>
ID <int> : 1004
姓名 <string> : Linda
分數 <double> : 78.9

1 =>新增一節點
2 =>刪除一節點
3 =>修改一節點
4 =>列印串列的所有節點
5 =>結束
請選擇一項目： 4

<< 目前的串列資料如下： >>
1001        Bright      92.00
1003        Jennifer    90.00
1002        Amy         88.00
1004        Linda       78.90

1 =>新增一節點
2 =>刪除一節點
3 =>修改一節點
4 =>列印串列的所有節點
5 =>結束
請選擇一項目： 3
請輸入欲修改節點的 id: 1004

<< 欲修改節點的資料如下： >>
1004        Linda       78.90
請輸入新的分數： 88.8

1 =>新增一節點
2 =>刪除一節點
3 =>修改一節點
4 =>列印串列的所有節點
5 =>結束
```

```
請選擇一項目: 4

<< 目前的串列資料如下: >>
1001        Bright      92.00
1003        Jennifer    90.00
1004        Linda       88.80
1002        Amy         88.00

1 =>新增一節點
2 =>刪除一節點
3 =>修改一節點
4 =>列印串列的所有節點
5 =>結束
請選擇一項目: 5

<< 儲存資料於檔案 >>
關閉檔案
Bye bye!!
```

第十三章

13-1

除錯題解答

1.
```
/* bugs13-1-1.c */
#include <stdio.h>
int main()
{
    /* 輸入 10 個數，並將其輸出 */
    int array[10], i;
    for (i=0; i<10; i++) {
        printf("Enter a number: ");
        scanf("%d", &array[i]);
    }
    printf("array[10] : \n");
    /* 改為 10 */
    for (i=0; i<10; i++)
        printf("%d\n", array[i]);
    return 0;
}
```

2.

```
/* bugs13-1-2.c */
#include <stdio.h>
#include <stdlib.h>
#define MAX 10
int main()
{
    /* 大寫 MAX */
    int array[MAX], i;
    /* 大寫 MAX */
    for (i=0; i<MAX; i++) {
        /* 加入 i+1 */
        printf("請輸入第 %d 個元素的資料: ",i+1);
        scanf("%d", &array[i]);
    }
    /* 刪除 MAX */
    printf("此陣列計有下列資料:\n");
    /* 大寫 MAX */
    for (i=0; i<MAX; i++)
        printf("%d\n", array[i]);
    /* 加入 return 0 */
    return 0;
}
```

3.

```
/* bug13-1-3.c */
#include <stdio.h>
/* 刪除分號 */
#define RATE 32.68
/* 刪除數字與分號 */
#ifndef RATE
/* 刪除分號 */
#define RATE 32.78
#endif

int main()
{
    double usDollar, ntDollar;
    printf("請輸入您有多少美金? ");
    /* 改為%lf */
    scanf("%lf", &usDollar);
    ntDollar = usDollar*RATE;
    printf("您可換 %.2f 的台幣。\n", ntDollar);
    return 0;
}
```

練習題解答

1.
```
#include <stdio.h>
#define SQUARE(n)  (n)*(n)   /* 定義SQUARE(n) */
int square(int);     /* 定義一函數 */
int main()
{
    int sqrt;
    sqrt = SQUARE(6+2);
    printf("SQUARE(6+2)=%d\n", sqrt);
    sqrt = square(6+2);
    printf("square(6+2)=%d\n", sqrt);
    return 0;
}

int square(int n)
{
    return n*n;
}
```

以巨集定義的 SQUARE(n)，會被置換成 (n)*(n) 程式碼；但 square 則是呼叫函數後，回傳其結果。巨集較浪費空間，而函數的呼叫較浪費時間。

13-2

13-2-1

除錯題解答

1.
```
/* bugs13-2-1a.c */
#include <stdio.h>
#include <stdlib.h>
int main()
{
    /* 使用strtol()函數將字串某一基底數，轉換為長整數 */
    char string[20], *endptr;
    long int final;
    int base;
    printf("請輸入一字串: ");
    scanf("%s", string);
    printf("基底數是多少? ");
    /* 加入& */
    scanf("%d", &base);
    /* 加入&於 endptr */
    final = strtol(string, &endptr, base);
    printf("轉換後的結果為: %ld\n", final);
```

```
    printf("endptr 指向: %s\n", endptr);
    return 0;
}
```

2.
```
/* bugs13-2-1b.c */
#include <stdio.h>
#include <stdlib.h>
int main()
{
    char string[10];
    double result;
    printf("請輸入一浮點數的字串: ");
    gets(string);
    result = atof(string);  /* 呼叫 atof() */
    /* 改為 %f */
    printf("將字串轉換為浮點數: %f\n", result);
    return 0;
}
```

3.
```
/* bugs13-2-1c.c */
#include <stdio.h>
#include <stdlib.h>
int main()
{
    char string[10];
    int result;
    printf("請輸入一整數的字串: ");
    gets(string);
    /* 將 atol 改為 atoi */
    result = atoi(string);
    printf("將字串轉換為整數: %d\n", result);
    return 0;
}
```

練習題解答

1.
```
#include <stdio.h>
#include <stdlib.h>
int main()
{
    char string1[10],string2[10];
    int result;
    printf("請輸入一整數的字串 1: ");
    gets(string1);
    printf("請輸入一整數的字串 2: ");
    gets(string2);
    result = atoi(string1)+atoi(string2);
```

```
    printf("將二字串轉換為整數相加後為: %d\n", result);
    return 0;
}
```

2.
```
#include <stdio.h>
#include <stdlib.h>
int main()
{
    /* 使用 strtol( )函數將字串某一基底數，轉換為長整數 */
    char string[20]="123", *endptr;
    long int final;
    int base=8;
    final = strtol(string, &endptr, base);
    printf("轉換後的結果為: %ld\n", final);
    return 0;
}
```

13-2-2

除錯題解答

1.
```
/* bugs13-2-2a.c */
#include <stdio.h>
#include <math.h>
int main()
{
    double value, n, result;
    printf("請輸入一數值: ");
    /* 改為 %lf */
    scanf("%lf", &value);

    printf("多少次方: ");
    /* 改為 %lf */
    scanf("%lf", &n);

    result = pow(value, n);
    printf("%.f 的%.f 次方為: %.2f\n", value, n, result);
    return 0;
}
```

2.
```
/* bugs13-2-2b.c */
#include <stdio.h>
#include <stdlib.h>
#include <time.h>
#define MAX 10
#define random(num) (rand() % (num))
#define randomize() srand((unsigned) time(NULL))
```

```
int main()
{
    int i, range;
    printf("最大的亂數值為: ");
    /* 加入 & */
    scanf("%d", &range);
    puts("<<產生的亂數如下>>");
    randomize();
    for (i=0; i<MAX; i++)
        /* 改為 random(range)+1 */
        printf("%d\n", random(range)+1);
    return 0;
}
```

練習題解答

1.
```
#include <stdio.h>
#include <math.h>
int main()
{
    int answer;
    answer = abs((int)(pow(10,3)-pow(6,2)+5-exp(10)));
    printf(" | 10^3 - 6^2 + 5 - e^10 | = %d\n", answer);
    return 0;
}
```

2.
```
#include <stdio.h>
#include <stdlib.h>
#include <time.h>
#define MAX 100
#define random(num) (rand() % (num))
#define randomize() srand((unsigned) time(NULL))
int main()
{
    int i;
    puts("<<產生的亂數如下>>");
    randomize();  /* 以randomize()設定亂數種子 */
    for (i=0; i<MAX; i++)
        printf("%d\n", random(1000)+1);
    return 0;
}
```

13-2-3

除錯題解答

1.

```
/* bugs13-2-3a.c */
#include <stdio.h>
#include <time.h>
int main()
{
    struct tm *ptrnow;
    time_t loc_now, std_now;
    time(&loc_now);
    time(&std_now);
    /* 加入& */
    ptrnow = localtime(&loc_now);   /* 呼叫 localtime() */
    printf("區域時間: %s", asctime(ptrnow));
    /* 加入& */
    ptrnow = gmtime(&std_now);      /* asctime() */
    printf("標準時間: %s", asctime(ptrnow));
    return 0;
}
```

練習題解答

1.

```
#include <stdio.h>
#include <stdlib.h>
#include <time.h>
int main()
{
    struct tm *ptrnow;
    int i;
    time_t loc_now, std_now;
    time(&std_now);
    i=0;
    while (1){
        time(&loc_now);
        if (loc_now-std_now == i){
            system("cls");
            ptrnow = localtime(&loc_now);
            printf(" %s", asctime(ptrnow));
            i++;
        }
    }
    return 0;
}
```

13-4

問題演練解答

（略）請自行下載看一下

13-5

程式實作解答

1. **/* prog13-1.h */**

```
#define SQUARE1(n)  n*n        /* 定義 SQUARE1(n)  */
#define SQUARE2(n)  (n)*(n)    /* 定義 SQUARE2(n)  */

int square(int);     /* 定義一函數 */
============================================

/* prog13-1.c */
#include <stdio.h>
#include "prog13-1.h"
int main()
{
    int sqrt;
    sqrt = SQUARE1(6+2);
    printf("SQUARE1(6+2)=%d\n", sqrt);

    sqrt = SQUARE2(6+2);
    printf("SQUARE2(6+2)=%d\n", sqrt);

    sqrt = square(6+2);
    printf("square(6+2)=%d\n", sqrt);
    return 0;
}

int square(int n)
{
    return n*n;
}
```

請將 prog13-1.h 與 prog13-1.c 放在同一目錄下，若不在同一目錄，則需將 prog13-1.h 檔案所在的目錄寫出。

==

2.

```
/* prog13-2.c */
#include <stdio.h>
#include <math.h>
int main()
{
    double answer;
    answer = 156 + fabs(6.55-10.23) + pow(6 , -2) - log(10) + exp(5);
    printf("156 + |6.55 - 10.23| + 6^-2 -ln10 + e^5 為: %f\n", answer);
    return 0;
}
```

3.

```
/* prog13-3.c */
#include <stdio.h>
#include <stdlib.h>
#include <time.h>
#define random(num) (rand() % (num))
#define randomize() srand((unsigned) time(NULL))
int main()
{
    int a1, a2=5, right=1, count=-1;
    char guess;
    while (right) { /* right 等於 1 便繼續 */
        printf("\n 累積猜中次數: %d", ++count);
        printf("\n----------------------------\n");
        a1 = a2;
        randomize();
        a2 = random(13)+1;
        printf("\n 目前數字為:%d\n", a1);
        printf("(1) 大\n");
        printf("(2) 小\n");
        printf("請問下一個數字會比此次數字大或小?: ");
        scanf("%c", &guess);
        while (getchar() != '\n')
           continue;
        if (guess == '1')
            if (a2 >= a1)
                printf("\n 您答對了,本次數字為 %d\n", a2);
            else{
                printf("\n 您答錯了,本次數字為 %d\n", a2);
                right=0;
            }
        else if (guess == '2')
             if (a2 <= a1)
                 printf("\n 您答對了,本次數字為 %d\n", a2);
             else {
                 printf("\n 您答錯了,本次數字為 %d\n", a2);
                 right=0;
```

```
            }
        else {
            printf("\n 錯誤的選項，請重猜!!\n");
            count--;
        }
    }
    printf("\n 總答對次數為 %d 次\n", count);
    return 0;
}
```

4.

```
/* prog13-4.c */
//威力彩隨機號碼
#include <stdio.h>
#include <time.h>
#include <stdlib.h>

#define randomize() srand((unsigned) time(NULL))
#define random(x) rand() % (x)

int main()
{
    // insert code here...

    int a[39] = {0};
    int i=0, y, z;
    randomize();

    printf("\n威力彩號碼: ");
    printf("\n第一區號碼: ");
    for (; i<6; ) {
        y = random(38)+1;
        if (a[y] == 0) {
            a[y] = y;
            printf("%5d", y);
            i++;
        }

    }

    z = random(8)+1;
    printf("\n第二區號碼: %5d\n\n", z);

    printf("Done\n");
    return 0;
}
```

戰勝 C 語言(第三版)

作　　者：蔡明志
企劃編輯：江佳慧
文字編輯：江雅鈴
設計裝幀：張寶莉
發 行 人：廖文良

發 行 所：碁峰資訊股份有限公司
地　　址：台北市南港區三重路 66 號 7 樓之 6
電　　話：(02)2788-2408
傳　　真：(02)8192-4433
網　　站：www.gotop.com.tw
書　　號：ACL061100
版　　次：2021 年 05 月三版
建議售價：NT$600

國家圖書館出版品預行編目資料

戰勝 C 語言 / 蔡明志著. -- 三版. -- 臺北市：碁峰資訊, 2021.05
面；　公分
ISBN 978-986-502-743-8(平裝)
1.C(電腦程式語言)
312.32C　　　110002388

讀者服務

- 感謝您購買碁峰圖書，如果您對本書的內容或表達上有不清楚的地方或其他建議，請至碁峰網站：「聯絡我們」\「圖書問題」留下您所購買之書籍及問題。(請註明購買書籍之書號及書名，以及問題頁數，以便能儘快為您處理)
http://www.gotop.com.tw
- 售後服務僅限書籍本身內容，若是軟、硬體問題，請您直接與軟體廠商聯絡。
- 若於購買書籍後發現有破損、缺頁、裝訂錯誤之問題，請直接將書寄回更換，並註明您的姓名、連絡電話及地址，將有專人與您連絡補寄商品。